U0368811

普通高等教育土建学科专业"十二五"规划教材
全国高职高专教育土建类专业教学指导委员会规划推荐教材

金 属 结 构

（工业设备安装工程技术专业适用）

高文安　主编

中国建筑工业出版社

图书在版编目（CIP）数据

金属结构/高文安主编 . —北京 . 中国建筑工业出版社，2011.10
普通高等教育土建学科专业"十二五"规划教材. 全国高职高专教
育土建类专业教学指导委员会规划推荐教材. 工业设备安装工程技术
专业适用
ISBN 978-7-112-13682-7

Ⅰ.①金… Ⅱ.①高… Ⅲ.①金属结构-高等学校-教材 Ⅳ.①TU39

中国版本图书馆 CIP 数据核字（2011）第 207994 号

本教材是根据全国高职高专土建类专业教学指导委员会建筑设备类分
委员会制定的高等职业教育工业设备安装工程技术专业教育标准、人才培
养方案和《金属结构课程教学大纲》编写的。本教材重点突出职业实践能
力的培养和职业素质的提高。

全书共分 12 个单元，其中前 3 单元分别为绪论、钢结构的材料和钢结
构的连接，第 4 单元到第 6 单元为基本构件，即：梁、轴心受力构件和拉
弯、压弯构件，第 7 单元、第 8 单元、第 9 单元为轻型刚架结构、网架结构
和屋盖结构，第 10 单元、第 11 单元为起重臂架和起重桅杆，第 12 单元为
钢结构的制作、安装、防腐与防火。

本教材主要作为高职高专土建类工业设备安装工程技术专业的教学用
书，也可作为岗位培训教材或安装工程技术人员的参考书。

* * *

责任编辑：朱首明　田立平
责任设计：叶延春
责任校对：王雪竹　刘　钰

普通高等教育土建学科专业"十二五"规划教材
全国高职高专教育土建类专业教学指导委员会规划推荐教材
金属结构
（工业设备安装工程技术专业适用）
高文安　主编

*

中国建筑工业出版社出版、发行（北京西郊百万庄）
各地新华书店、建筑书店经销
北京红光制版公司制版
北京建筑工业印刷厂印刷

*

开本：787×1092 毫米　1/16　印张：22½　插页：1　字数：546 千字
2011 年 12 月第一版　　2011 年 12 月第一次印刷
定价：**43.00** 元
ISBN 978-7-112-13682-7
（21436）

前　　言

　　本书是根据全国高等职业教育工业设备安装工程技术专业人才培训方案对本课程的基本教学要求编写的。本教材注重了职业实践能力的培养和职业素质的提高，符合高等职业教育人才培养要求。

　　工业设备安装工程技术专业，主要从事工业厂房的建设、工业设备的制作和安装工程的施工管理，涉及建筑钢结构和起重机械金属结构两个方面的内容。两者有共性，又有独立性。如：荷载计算不同、设计强度或许用应力确定方法不同、材料也各有侧重等。对建筑钢结构中的连接、梁和柱的承载力、刚度和稳定性以《钢结构设计规范》GB 50017—2003 为主，在起重臂架和桅杆中以《起重机设计规范》GB 3811—2007 为主。所有内容均采用新的标准、规范和规程。

　　本书系统地介绍了钢结构的特点、应用和设计方法；钢结构的材料、连接和基本构件的设计；钢结构在土木工程中常用的三种形式，即轻型刚架结构、网架和屋盖结构；钢结构在安装工程中常见的起重臂架和起重桅杆。为增加学生的实践能力介绍了钢结构的制作安装。为保证钢结构的正常使用介绍了钢结构的防腐与防火。除了单元设置上反映专业特色外，还加设了大型例题，为学者和工程技术人员参考。

　　全书共有 12 个单元，其中第 1 单元、第 2 单元、第 3 单元、第 11 单元由山西建筑职业技术学院高文安编写，第 6 单元、第 7 单元、第 8 单元由五邑大学史天录编写，第 9 单元、第 12 单元由五邑大学苏俊华编写，第 4 单元由山西建筑职业技术学院陈建军编写，第 5 单元由山西建筑职业技术学院张晓琴编写，山西建筑职业技术学院梁桐兵编写了第 10 单元并画了部分插图。本书由高文安主编，由山西建筑职业技术学院刘桂征担任主审，提出了很多宝贵意见，在此表示衷心感谢。

　　限于时间和作者水平，书中不足之处在所难免，恳请广大读者批评指正。

目　　录

第1单元 绪 论

[知识点] 我国钢结构的发展历史和发展趋势；钢结构的特点、应用范围和基本要求；容许应力计算法的设计表达式；采用以基本变量标准值和分项系数形式表达的极限状态设计公式；承载能力极限状态设计表达式；正常使用极限状态设计表达式；结构可靠性；结构满足的四项基本功能。

[教学目标] 了解金属结构的发展状况；掌握钢结构的特点和应用范围；熟悉钢结构的基本要求；掌握钢结构的设计方法；熟悉现行《钢结构设计规范》的极限状态、设计表达式。

由金属材料轧制的型材和板材作为基本构件，采用焊接、铆接或螺栓连接等方法，按照一定的结构组成规则连接起来，能承受荷载的结构物叫做金属结构。所用的金属材料目前主要是钢材。例如：钢屋架、钢桥、钢梁、钢柱、钢桁架、钢网架、起重机臂架、桅杆和容器等。在冶炼技术不发达时期有铸铜和铸铁，例如：寺庙里的铁塔、金属佛像等；随着工业发展的需要，铝、铜及其合金的工业结构也不断涌现，例如：铝、铜及其合金制作的槽罐类设备。只用钢材制作的结构又称钢结构。本书以介绍钢结构为主，但解决问题的方法具有普遍性。

项目1 金属结构的发展概况

1.1 概述

在金属结构的应用和发展方面，我们的祖先具有光辉的历史。世界上建造的最早的一座铁链桥是我国的兰津桥。它建于公元 58～75 年，比欧洲最早的铁链桥要早 70 多年。云南的源江桥（建于 400 多年以前）、贵州的盘江桥（建于 300 多年前）以及四川的大渡河桥等，无论在建设规模上还是在建造技术上，在当时都处于世界领先地位。

18 世纪欧洲工业革命兴起以后，由于钢铁冶炼技术的发展，钢结构在欧美的应用增长很快，不断出现了采用钢结构的工业和民用建筑物。

新中国成立后，我国很快有了自己的冶金工业、重型机器制造业、汽车制造业以及动力设备制造业等。在社会主义建设事业中，钢结构的采用起到了很大作用。在短短的五、六年内我国就建造了大批钢结构厂房，其中有：鞍山钢铁公司、武汉钢铁公司、大连造船厂、太原重型机器制造厂、富拉尔基重型机器制造厂、长春第一汽车制造厂、洛阳拖拉机厂以及一些飞机制造厂等。这一时期是我国钢结构迅速发展的时期。但钢产量还不高，远不能满足大规模建设的需要。只有在必须采用钢结构的重要建筑物中才能得到应用。例如：1959 年在北京建成的人民大会堂，采用了跨度 60.9m、高 7m 的钢屋架和分别挑出 15.5m 和 16.4m 的看台钢梁。1961 年建成的北京工人体育馆采用了直径为 94m 的车辐式悬索屋盖结构。1967 年建成的首都体育馆，屋盖采用了平板网架结构，跨度达 99m。1973 年建成的上海体育馆，屋盖采用了圆形平板网架结构，直径达 110m。1968 年建成的南京长江大桥，桥孔跨度为 160m。1991 年建成的天津广播电视塔，高度 415m。1992 年建成的上海国贸中心大厦，高度 146m。1994 年竣工的上海东方明珠塔高 467.9m。1999 年建成的江阴长江大桥，主跨采用悬索桥，跨长 1385m。2010 年建成的"世界第一高塔"——广州新电视塔，其核心筒结构的主塔体高度 454m，天线桅杆高度 156m，总高度达到 610m，也都采用了钢结构。

发达国家，例如美国和日本，在 20 世纪 80 年代修建的工业建筑物中，采用钢结构的占 70％左右。随着我国四化建设的迅速发展，我国的钢产量也迅速增长，钢结构在我国的应用已日渐广泛，并在应用过程中进入新的更高的发展阶段。

1.2 钢结构的发展趋势

近年来，国内外对钢结构进行了大量的研究，出现了许多新的结构形式，使用了新的设计方法，创造了先进的制造工艺。使钢结构的设计和制造取得很大成就。但是，钢结构的设计和制造仍有不完善之处，应做进一步研究，其研究的重点及发展方向是：

1. 研究并广泛运用、推广新的设计理论和设计方法

以前，我国在钢结构中一直使用许用应力法。随着生产发展的要求，试验研究工作的开展，国内外出现许多新的设计理论和计算方法。主要的有：钢结构的优化设计法、钢结构极限状态设计法、钢结构预应力设计法、钢结构有限元计算法等。

上述设计方法有的已被采用，如《钢结构设计规范》GB 50017—2003 规定："除疲劳计算外，工业与民用房屋和一般构筑物的钢结构设计，用极限状态设计法。"有的尚未应用。极限状态法正确地考虑了荷载作用的性质、钢材性能及结构工作特点等因素，使计算准确，能够充分地利用材料，有待于在其他领域中推广。若用预应力法设计起重机，钢结构部分可节省材料 30％。若用结构优化设计，能确保结构具有最优的形式和尺寸。若采用有限元法，能计算复杂的结构，且可使计算达到所需的精度，简化了设计过程，缩短了设计时间。

2. 部件标准化、统一化和结构定型系列化

钢结构零部件标准化、统一化是结构定型系列化的基础。采用一定规格尺寸的标准零部件组装成定型系列产品，首先能减少结构的方案数和设计计算量，大大减轻了设计工作量。结构定型系列化能促进标准零部件的大批生产，零件生产工艺过程也易于程序化，便于使用定型设备组织流水生产，提高生产率，降低成本。其次能改进安装方法，提高安装速度，保证安装质量。在我国，有些结构部分已经定型系列化，如轻型钢结构厂房、起重机、桁架、网架、塔架等均有系列产品。

3. 改进钢结构的结构形式

改进钢结构的结构形式是生产发展的需要，也是有效地减轻钢结构自重的方法之一。创造新的结构形式，不仅能节省钢材、降低成本，更主要的是改善性能，满足工作要求。结构合理选型是设计中十分重要的问题。

4. 研究使用新型材料

继续使用和研究具有较高经济指标的合金钢、轻金属，采用和生产各种新型热轧薄壁型钢和冷弯模压型材以及其他新型材料。特别是高强度钢材的应用。如采用高强度低合金

结构钢或轻金属铝合金，既能保证性能，又能节省材料减轻自重。国外已制造铝合金结构的桥式起重机和龙门起重机的桥架，使自重减轻 30％～60％。德国制造的铝合金箱形单梁桥式起重机桥架的自重比双梁桥架减轻 70％左右，从而减轻了厂房结构和基础的荷载，降低了投资。我国生产的低合金结构钢 Q345、Q390 和 Q420 在金属结构中早已采用。由于其材质好，强度高，产品坚固耐用，约可减轻重量达 20％左右。另外，热轧薄壁型材、冷弯压型钢材是很有发展前途的材料。它可设计成任意截面形状，以满足受力要求。此外，钢和混凝土组合构件的应用也可以看成是材料引起的结构革新。

5. 广泛使用焊接结构，研究新的连接方法

焊接连接构造简单、加工方便，易于采用自动化操作。对简化结构型式、减少制造劳动量等方面具有独特的优点。焊接结构的应用越来越广泛。高强度螺栓连接是近年来应用较多的一种连接方法，这种连接是由于螺栓有很大初拉力，使钢板之间产生很高的摩擦力来传递外力的。由于螺栓强度高（经热处理后的抗拉强度不小于 800MPa），连接牢固，工作性能好，安装迅速，施工方便，所以是一种很有发展前途的连接方法。另外，胶合连接是构件连接的新动向。英国曾以工程塑料为原料，用胶合方法制造出起重机结构，它大大简化了制造工艺，减轻了自重。

6. 钢结构大型化

随着国民经济的发展，机械设备逐渐向大型化、专业化、高效率的方向发展。各种工业与民用大跨度建筑物以及一些高层建筑物的需求正在不断增长，网架结构和大跨度悬索结构深受欢迎。由于结构尺寸的增大，给设计和制造工作提出了许多新的研究课题。例如，怎样保证结构的空间刚度和局部稳定性；高大的空间结构在外荷载作用下进行精确内力分析和动力性能研究；怎样保证结构焊接、组装质量以及探讨科学运输方案和快速安装方法等均需在今后的研究和生产实践中进一步解决。

项目 2　金属结构的特点和应用范围

2.1　金属结构的特点

（1）金属结构自重轻、强度高、塑性和韧性好、抗震性好。金属材料和其他建筑材料相比强度高得多，机械性能稳定。构件截面小，自重轻，运输和架设也较方便。金属结构一般不会因超载而突然断裂，适宜在动力荷载下工作。

（2）金属结构计算准确，安全可靠。钢材更接近于均质等向体。弹性模量大，质地优良，结构计算与实际较符合，计算结果精确，保证了结构的安全。

（3）金属结构制造简单，施工方便，具有良好的装配性。由于金属结构的制造是在设备完善、生产率高的专门车间进行，具备成批生产和精度高的特点，提高了工业化的程度。采用金属结构，施工工期短，可提前竣工投产。金属结构是由一些独立部件、梁、柱等组成。这些构件在安装现场可直接用焊接或螺栓连接起来，安装迅速，更换、修配也很方便。

（4）金属结构的密闭性好，便于做成密闭容器。钢材本身组织非常致密，采用焊接连接容易做到紧密不渗漏，可制作压力容器。

（5）金属结构建筑在使用过程中易于改造。如加固、接高、扩大楼面、内部分割、外

部装饰比较容易灵活。钢结构建筑还是环保型建筑，可以重复利用，减少垃圾、减少矿产资源的开采。

（6）金属结构可以作成大跨度、大空间的建筑。管线布置方便，维修方便。

（7）金属结构耐锈蚀性差。钢材容易腐蚀，隔一定时间需重新刷涂料，保养维修费用较高。

（8）金属结构的材料较贵重，造价较高，耐热性好，耐火性差。在火灾中，未加防护的钢结构一般只能维持 20min。因此需要防火时，应采取防护措施。在金属结构的表面包混凝土或其他防火材料，或在表面喷涂防火涂料。

2.2　金属结构的应用范围

选用金属结构时要根据上述特点，综合考虑结构物的使用要求、结构安全、节省材料和使用寿命等因素，目前金属结构中钢结构应用较多，应用范围大致如下：

（1）厂房结构。一般工业厂房中用作车间的承重骨架，例如平炉车间、转炉车间、轧钢车间、铸钢车间、锻压车间、机加工车间等厂房结构。

（2）大跨度结构。例如飞机库、火车站、剧场、体育馆和大会堂等。

（3）多层框架结构。例如高层或超高层建筑物的骨架，炼油设备构架等。

（4）机器的骨架。例如桥式起重机的桥架部分，塔式起重机的金属塔架，石油钻机的井架等结构。

（5）板壳结构。例如高炉、大型储油库、油罐、烟囱、水塔和煤气柜等。

（6）塔桅结构。例如输电塔、电视塔、排气筒和起重桅杆等结构。

（7）桥梁。例如南京长江大桥、上海长江大桥等。

（8）水工建筑物和其他构筑物。如挡水闸门、大直径管道、栈桥、管道支架、井架和海上采油平台等。

（9）钢与混凝土组合结构。如钢与混凝土组合梁、钢管混凝土组合柱等。

（10）可拆卸或移动结构。商业、旅游业和建筑业用活动房屋，多采用轻型钢结构。

综上可见，金属结构特别是钢结构应用很广，结构形式多种多样，在国家经济建设中起着重要的作用。

2.3　钢结构的基本要求

钢结构承受的荷载大，有时承受频繁的交变荷载。为保证其正常使用，对钢结构提出如下要求：

（1）坚固耐用。钢结构必须保证有足够的承载能力，也就是应保证有足够的材料强度（静强度、疲劳强度）、刚度（静刚度、动态刚度）和稳定性（整体稳定、局部稳定）的要求。

（2）工作性能好，使用方便，满足工作要求。

（3）结构自重小，省材料。

（4）制造工艺性好，成本低，经济性好。

（5）安装迅速，便于运输，维修简便。

（6）结构合理，外形美观。

上述要求既互相联系又互相制约，在设计时应辩证地处理这些要求。

项目 3 钢结构的设计方法

3.1 概述

结构计算是根据所拟定的结构方案和构造措施，按照所承受的荷载进行内力计算，确定出各杆件的内力，再根据所用材料的特性，对整个结构和构件及其连接进行核算，看它是否符合经济、可靠、适用等方面的要求。

结构计算中所采用的标准荷载与实际荷载之间，计算所得应力值和实际应力值之间，钢材的力学性能取值和材料性能的实际数值之间，计算截面和钢材实际尺寸之间，都存在着一定的差异。也就是说，在结构计算中所采用的荷载、材料性能、截面特性、施工质量等都不是固定不变的定值。在设计时如何恰当地考虑这些因素的变动规律，人们曾进行过多方面的探讨，形成结构设计方法的几个阶段。

建国初期，用一个总的安全系数来考虑上述因素的变动规律，即把钢材可以使用的最大强度，除以安全系数作为结构计算时构件容许达到的最大应力即容许应力。这种方法称为容许应力计算法。其设计表达式为：

$$\sigma \leqslant [\sigma] \tag{1-1}$$

式中 σ——由标准荷载与构件截面公称尺寸所计算的应力；

  $[\sigma]$——容许应力，$[\sigma] = f_k/K$。其中，f_k——材料的标准强度，对钢材为屈服点；

  K——大于 1 的安全系数。

容许应力法计算简单，但不能从定量上度量结构的可靠度。它的缺点是笼统地采用一个定值安全系数（常数），使各构件的可靠度各不相同，而整个结构的可靠度一般取决于可靠度最小的构件。

《钢结构设计规范》TJ 17—74 采用了容许应力的计算表达式，但在确定可靠度方面与建国初期的容许应力计算法有所不同。它是以结构的极限状态为依据，对影响结构可靠度的各种因素用数理统计的方法进行多系数分析，求出单一的设计安全系数，以简单的容许应力形式表达。是半概率、半经验的极限状态计算法。它的承载能力的一般表达式为：

$$\sigma = \frac{N_k}{S} \leqslant \frac{f_k}{K_1 K_2 K_3} = \frac{f_y}{K} = [\sigma] \tag{1-2}$$

式中 N_k——根据标准荷载求得的内力；

  f_y——国标（GB）规定的钢材的屈服强度；

  $[\sigma]$——钢材的容许应力；

  S——构件的几何特性；

  K_1——荷载系数；

  K_2——材料系数；

  K_3——调整系数；

  K——定值的安全系数，$K = K_1 K_2 K_3$。

上式中没有考虑到荷载和材料性能的随机变异性而视为固定不变的定值，故称为"定值法"。这种方法常易使人误认为只要设计中采用了某一给定的安全系数，结构就百分之百的可靠，误认为安全系数就相当于结构的可靠度。实际上，定值安全系数不能真正从定量上度量结构的可靠度。因此，定值理论对结构可靠度的研究是处于以经验为基础的定性分析阶段。

实际上，各种荷载所引起的结构内力（称为荷载效应 S）与结构的承载力和抵抗变形能力（称为结构抗力 R），均受各种偶然因素的影响，都是随时间和空间变动的随机变量。从概率论的观点出发，在结构设计中应考虑上述变量的随机性。首先，在建筑结构的使用荷载中不仅可变荷载具有随机性，就是构件的自重等永久荷载也具有随机性。此外，结构材料的力学性能和构件的几何形状和尺寸等也具有随机性。进一步采用以时间、空间有关的随机过程来描述这些基本变量，这就是概率设计理论。它建立了明确的、科学的"结构可靠度"概念，把结构可靠度的研究由以经验为基础的定性分析阶段推进到以概率论、数理统计为基础的定量分析阶段。

《钢结构设计规范》GBJ 17—88 采用以概率论为基础的一次二阶矩极限状态设计法，虽然是一种概率设计法，但由于在分析中忽略或简化了基本变量随时间变化的关系，确定基本变量分布时有相当程度的近似性，且为了简化计算而将一些复杂关系进行了线性化，所以还只能算是一种近似的概率法。完全的、真正的概率设计法，有待今后继续深入和完善。

在结构设计中，常用到安全系数和安全度的术语，但其含义不够确切。长期以来所说的结构安全性（以安全度为度量）是指结构对使用结构的人来说是否安全。目前国际上已普遍采用"结构可靠性"这一术语，而结构可靠度则为结构可靠性的概率度量。结构可靠性是指结构安全性、适用性和耐久性的统称。即满足四项基本功能的要求：①能承受在正常使用和施工时可能出现的各种作用；②在正常使用时具有良好的工作性能；③具有足够的耐久性；④在偶然事件发生时及发生后仍能保持必需的整体稳定性。第①、④两项是结构安全性的要求，第②项是结构适用性的要求，第③项是结构耐久性的要求。

在结构设计中采用概率设计法时，从结构构件的整体性出发，运用概率论的观点，对结构可靠度提出了明确的、科学的定义。即结构在规定时间内，在规定条件下，完成预定功能的概率，称为结构可靠度。常用可靠指标 β 和失效概率 P_f 表示。

因可靠指标 β 是由极限状态函数的一阶原点矩和二阶中心矩确定的，故将此法称为一次二阶矩概率法。

3.2 设计表达式

现行《钢结构设计规范》GB 50017—2003 的设计表达式仍采用《钢结构设计规范》GBJ 17—88 的形式，考虑传统习惯和使用上的方便，结构设计时不直接使用可靠指标，而是根据极限状态的设计要求，采用以基本变量标准值和分项系数形式表达的极限状态设计公式：

$$\gamma_\mathrm{G} S_\mathrm{GK} + \gamma_\mathrm{Q} S_\mathrm{QK} \leqslant \frac{R_\mathrm{K}}{\gamma_\mathrm{R}} \tag{1-3}$$

式中　S_GK、S_QK——按荷载标准值计算的永久荷载效应和可变荷载效应；

γ_G、γ_Q、γ_R——永久荷载分项系、可变荷载分项系数和抗力分项系数。分项系数 γ_G、γ_Q 和 γ_R 与可靠指标 β 有关。

钢结构设计公式一般采用应力形式表达，如受弯构件的弯曲应力为：

$$\gamma_0 (\gamma_\mathrm{G} M_\mathrm{GK} + \gamma_\mathrm{Q} M_\mathrm{QK}) / W_\mathrm{n} \leqslant f_\mathrm{y} / \gamma_\mathrm{R} = f \tag{1-4}$$

式中　M_{GK}——永久荷载标准值作用在受弯构件上产生的永久荷载的弯矩标准值；

　　　　M_{QK}——可变荷载标准值作用在受弯构件上产生的可变荷载的弯矩标准值；

　　　　γ_0——结构重要性系数；

　　　　W_n——构件净截面抵抗矩；

　　　　f_y——钢材的屈服强度；

　　　　f——钢材的强度设计值。

各种承重结构均应按承载能力极限状态和正常使用极限状态设计。

承载能力极限状态可理解为结构或构件发挥允许的最大承载功能的状态。结构或构件由于塑性变形而使其几何形状发生显著改变，虽未达到最大承载能力，但已彻底不能使用，也属于达到这种极限状态。

正常使用极限状态可理解为结构或构件达到使用功能上允许的某个限值的状态。例如，某些结构必须控制变形、裂缝才能满足使用要求。因为过大的变形会造成房屋内部粉刷层剥落，填充墙和隔断墙开裂，以及屋面积水等后果，过大的裂缝会影响结构的耐久性，同时过大的变形或裂缝也会使人们在心理上产生不安全感觉。

对于承载能力极限状态，按荷载效应基本组合进行强度和稳定性设计时，采用如下极限状态设计表达式：

可变荷载效应控制的组合

$$\gamma_0 \left(\gamma_G \sigma_{G_k} + \gamma_{Q_1} \sigma_{Q_{1k}} + \sum_{i=2}^{n} \gamma_{Q_i} \psi_{c_i} \sigma_{Q_{ik}} \right) \leqslant f \tag{1-5}$$

永久荷载效应控制的组合

$$\gamma_0 \left(\gamma_G \sigma_{G_k} + \sum_{i=1}^{n} \gamma_{Q_i} \psi_{c_i} \sigma_{Q_{ik}} \right) \leqslant f \tag{1-6}$$

式中　　　γ_0——结构重要性系数，对于安全等级为一级或使用年限为 100 年及以上的结构构件，不应小于 1.1；对于安全等级为二级或使用年限为 50 年的结构构件，不应小于 1.0；对于安全等级为三级或使用年限为 5 年的结构构件，不应小于 0.9；

　　　　　σ_{G_k}——永久荷载标准值在结构构件截面或连接中产生的应力；

　　　　　$\sigma_{Q_{1k}}$——第一个可变荷载（所有可变荷载中最大的一个）标准值在结构构件截面或连接中产生的应力；

　　　　　$\sigma_{Q_{ik}}$——其他第 i 个可变荷载标准值在结构构件截面或连接中产生的应力；

γ_G、γ_{Q_1} 和 γ_{Q_i}——永久荷载分项系数、第一个可变荷载分项系数和第 i 个可变荷载分项系数，当永久荷载效应对结构构件的承载力不利时 γ_G 取 1.2，当永久荷载效应对结构构件的承载力有利时取 1.0，验算结构倾覆、滑移或漂浮时取 0.9。当可变荷载效应对结构构件的承载力不利时 γ_Q 取 1.4，有利时取 1.0；

　　　　　ψ_{c_i}——可变荷载组合系数，其值不大于 1；

　　　　　f——强度设计值，是钢材屈服点 f_y 除以抗力分项系数 γ_R 的商。对 Q235 钢取 $\gamma_R = 1.087$，对 Q345、Q390 和 Q420 钢取 $\gamma_R = 1.111$。

对于一般排架、框架结构可采用简化式计算：

$$\gamma_0 \left(\gamma_G \sigma_{G_k} + \psi \sum_{i=1}^{n} \gamma_{Q_i} \sigma_{Q_{ik}} \right) \leqslant f \tag{1-7}$$

式中　ψ——可变荷载组合系数，一般情况下取 0.9；当只有一个可变荷载时取 1.0。

对于正常使用极限状态，结构或构件应按荷载的标准组合，用下式进行计算：

$$v_{G_k} + v_{Q_{1k}} + \sum_{i=2}^{n} \psi_{c_i} v_{Q_{ik}} \leqslant [v] \tag{1-8}$$

式中　　　$[v]$——结构或构件的容许变形值；

v_{G_k}、$v_{Q_{1k}}$ 和 $v_{Q_{ik}}$——永久荷载、第 1 个可变荷载和其他第 i 个可变荷载的标准值在结构或构件中产生的变形值；

ψ_{c_i}——可变荷载组合系数。

在本教材中，为简化计算采用荷载设计值。荷载设计值等于荷载标准值乘以荷载分项系数。

思 考 题 与 习 题

1. 什么叫金属结构？
2. 金属结构有什么特点？
3. 钢结构主要应用在哪些方面？
4. 对钢结构有哪些基本要求？
5. 钢结构的发展方向是什么？
6. 结构应满足哪些功能要求？什么是结构可靠度？
7. 什么是承载能力极限状态？什么是正常使用极限状态？

第 2 单元 钢结构的材料

[**知识点**] 钢材在单轴应力作用下的性能；冲击韧性和冷弯性能；脆性破坏和塑性破坏；钢材的疲劳；化学成分对钢材性能的影响；其他因素对钢材性能的影响；钢材的种类与牌号；钢材的规格与表示方法；钢材的选择。

[**教学目标**] 了解钢材的破坏形式及其特征，熟悉钢材脆性破坏发生的原因及其防止措施；掌握钢材的主要性能指标，熟悉影响钢材性能的各种因素；了解钢材疲劳破坏的特征；熟悉钢材的种类，能正确合理地选择钢材；了解结构钢材的规格，掌握其表达方法。

项目 1 钢材的主要性能

1.1 钢材在单轴应力作用下的性能

钢材在单轴应力作用下的性能可由拉伸试验来确定。图 2-1 表示低碳钢和普通低合金钢的拉伸试验曲线。在图上可看出，从 0 到 f_p 为直线，应力与应变成正比，直线部分最大值 f_p 称为比例极限。在 f_p 之前，钢材的工作是弹性的，f_p 之后，出现少量的塑性变形，此时钢材的工作是弹塑性的。当应力达到 f_y 后，应力保持不变而应变仍持续发展，出现塑性变形，形成屈服平台，这是钢材的塑性工作阶段，应力 f_y 称屈服点。f_y 之后，钢材的强度又有些提高，出现强化阶段。当应力达到 f_u 时，试件出现局部"颈缩"，随后断裂，f_u 称为抗拉强度。

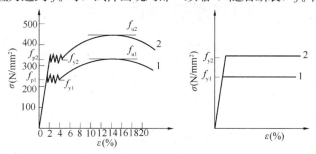

图 2-1 钢材一次拉伸的应力-应变曲线
1—低碳钢；2—普通低合金钢

从图 2-1 的应力应变曲线可以看出：

（1）应力达到 f_y 时钢材将产生很大的塑性变形，使结构失去使用能力，因此结构设计是以 f_y 作为静力强度的承载能力极限，并以此确定钢材的设计强度。

（2）f_y 以前钢材的应变很小（$\varepsilon = 0.15\%$），f_y 与 f_p 也较接近。f_y 之后的流幅范围相当长（$\varepsilon = 0.15\% \sim 2.5\%$）。因此，可以认为钢材是理想的弹塑性体，即 f_y 之前是弹性的，f_y 之后是塑性的。

（3）强化阶段在计算中是不利用的，这就增加了结构的强度储备，且钢材达到强度破坏时的塑性变形比弹性变形大得多（约200倍）。因此钢结构在发生塑性破坏前就会由于变形过大而失去使用要求，也就是说钢结构实际上不大可能发生强度破坏。

通过标准试件的拉伸试验，可以得到结构用钢的三个机械性能指标：抗拉强度 f_u、屈服点 f_y 及伸长率 δ。f_u 和 f_y 都表示钢材的强度，δ 则表示钢材在静荷载作用下的塑性变形能力。δ 值按下式计算：

$$\delta = \frac{l_1 - l_0}{l_0} \times 100\% \tag{2-1}$$

式中　l_0——试件原标距长度；

　　　l_1——拉断后原标距间的长度。

1.2　冷弯性能

对一些重要的构件和需要冷加工的构件，除要求伸长率符合要求外，还要求冷弯试验合格。180°冷弯试验是鉴定钢材塑性变形能力和冶金质量的一个综合指标，如图2-2所示。冷弯试验是用规定直径的弯心将试件弯曲180°，然后检验试件表面，若不出现裂纹和分层现象为合格。因此冷弯试验能暴露钢材内部的冶金和轧制缺陷，是鉴定钢材质量的一种好方法。冷弯性能是钢材机械性能之一。

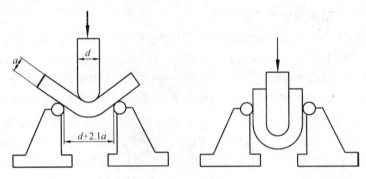

图2-2　冷弯实验

1.3　冲击韧性

对承受较大动力荷载的结构，还要求保证冲击韧性。冲击韧性是反映钢材塑性变形和断裂过程中吸收能量的能力，是强度和塑性的综合指标，也是钢材机械性能之一。

冲击韧性值通过冲击试验确定。试验时，将标准带槽试件放在摆式冲击试验机上（如图2-3所示），通过摆锤的冲击，使两端支在支座上的试件断裂，试件刻槽处单位面积所消耗的功，就是冲击韧性值 a_k（J/cm²）。冲击韧性是个比较严格的指标。只有经常承受较大动力荷载的结构，特别是焊接结构，才需要有冲击韧性的保证。低温对钢材的脆性破坏有显著的影响，在寒冷地区建造的结构，根据结构所处温度的不同，还要求具有常温（20℃）冲击韧性和负温（0℃、—20℃或—40℃）冲击韧性指标，以保证结构具有足够的抗脆性破坏能力。

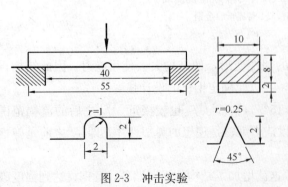

图2-3　冲击实验

1.4　钢材在复杂应力作用下的性能

钢结构中，只存在单轴应力的情况是微乎其微的，构件大都处在平面应力或立体应力状态下工作（如图 2-4 所示），通称复杂应力状态。在复杂应力状态下，钢材的强度和塑性会发生变化。此时钢材的屈服条件不能以某一轴向应力达到屈服点来判别，而应按能量强度理论计算折算应力与钢材在单轴应力下的屈服点比较来判别。

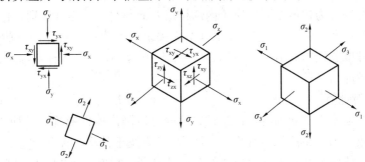

图 2-4　钢材的多轴应力状态

由材料力学知，折算应力表达式为：

$$\sigma_{zs} = \sqrt{\sigma_x^2 + \sigma_y^2 + \sigma_z^2 - (\sigma_x\sigma_y + \sigma_y\sigma_z + \sigma_z\sigma_x) + 3(\tau_{xy}^2 + \tau_{yz}^2 + \tau_{zx}^2)} \qquad (2\text{-}2)$$

当 $\sigma_{zs} \geq f_y$ 时，钢材处于塑性状态；

当 $\sigma_{zs} < f_y$ 时，钢材处于弹性状态。

由上式可以看出，当三向应力均为拉应力，且数值较接近时，钢材很难进入塑性状态，破坏不会产生明显的塑性变形，属于脆性破坏。破坏是突然发生的，事先不易发现，因而危险性很大。

但当有一向为异号应力，且同号应力相差又较大时，钢材却比较容易进入塑性状态，产生塑性破坏。破坏前有很大的塑性变形，能及时发现并采取补救措施，因此塑性破坏比脆性破坏危险性小得多。

平面应力状态时，折算应力表达式为：

$$\sigma_{zs} = \sqrt{\sigma_x^2 + \sigma_y^2 - \sigma_x\sigma_y + 3\tau_{xy}^2} \qquad (2\text{-}3)$$

只有正应力 σ 和剪应力 τ 时：　　$\sigma_{zs} = \sqrt{\sigma^2 + 3\tau^2} \qquad (2\text{-}4)$

纯剪时，屈服条件为：　　$\sigma_{zs} = \sqrt{3\tau^2} = \sqrt{3}\tau = f_y \qquad (2\text{-}5)$

$$\tau_y = f_y / \sqrt{3} = 0.58 f_y \qquad (2\text{-}6)$$

由此得到钢材的抗剪设计强度，即钢材的剪切屈服点是拉伸屈服点的 0.58 倍。

1.5　钢材的疲劳

1. 钢材疲劳破坏的特征

钢材在连续重复荷载作用下，应力低于抗拉强度，甚至还低于屈服点时就发生破坏的现象，称钢材的疲劳。疲劳破坏往往发生得很突然，事前没有明显的征兆，属于脆性破坏，危险性较大，应给予足够的重视。

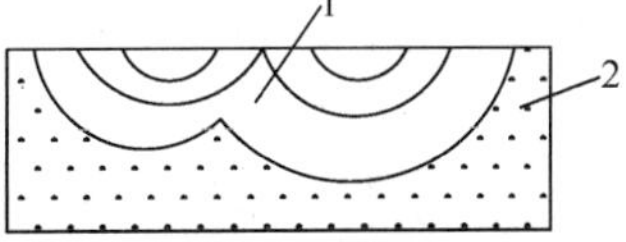

疲劳破坏的过程大致分为三个阶段，即裂纹的形成、裂纹的扩展和构件的断裂。断口由裂纹扩展形成的光滑表

图 2-5　断口示意
1—光滑区；2—粗糙区

面和突然断裂时的粗糙区两部分组成（如图 2-5 所示），钢结构因焊接、冲孔、剪边、气割等加工处都存在有微观裂纹，因此钢结构只存在后两个阶段。

规范规定，当应力循环次数 $n \geqslant 5 \times 10^4$ 时，应进行疲劳计算。但由于钢材疲劳破坏的机理到目前为止尚未弄清，因此对疲劳计算采用容许应力幅法。荷载采用标准值，不考虑荷载分项系数和动力系数，应力按弹性状态计算。由大量实验证明，当疲劳寿命一定时，构件或联接破坏的应力幅值主要取决于内部构造，而与材料的强度级别、作用应力的循环特性（如图 2-6 所示）、平均应力的大小基本无关。因此应按荷载作用下所产生应力幅的大小来验算构件或连接的疲劳。应力幅 $\Delta\sigma = \sigma_{max} - \sigma_{min}$，$\Delta\sigma$ 为常数称常幅应力循环，$\Delta\sigma$ 为有机变量称变幅应力循环。

2. 常幅疲劳计算

钢材的疲劳强度由试验确定，根据试验数据可以画出构件或连接的应力幅 $\Delta\sigma$ 与相应的致损循环次数 n 的关系曲线（如图 2-7 所示）。为便于计算，在实际应用中采用双对数坐标轴的方法，使应力幅和循环次数间的关系为直线。对常幅（所有应力循环内的应力幅保持常量）疲劳，应按下式进行计算：

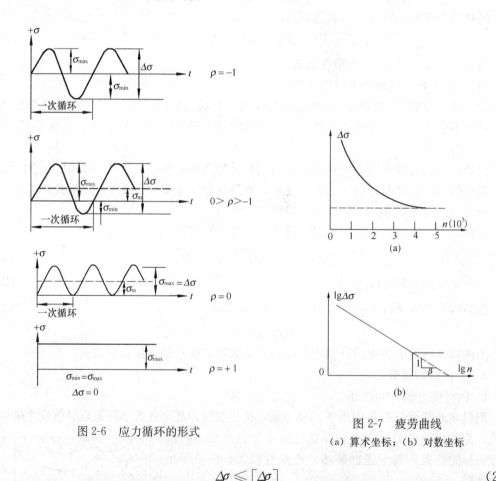

图 2-6　应力循环的形式

图 2-7　疲劳曲线
（a）算术坐标；（b）对数坐标

$$\Delta\sigma \leqslant [\Delta\sigma] \tag{2-7}$$

式中　$\Delta\sigma$——对焊接部位为应力幅，$\Delta\sigma = \sigma_{max} - \sigma_{min}$；对非焊接部位为折算应力幅，$\Delta\sigma = \sigma_{max} - 0.7\sigma_{min}$。其中 σ_{max}——计算部位每次应力循环中的最大拉应力（取正

值）；$\sigma_{\min}$——计算部位每次应力循环中的最小拉应力或压应力（拉应力取正值，压应力取负值）；

$[\Delta\sigma]$——常幅疲劳的容许应力幅（N/mm^2），$[\Delta\sigma]=\left(\dfrac{C}{n}\right)^{1/\beta}$。其中，$n$——应力循环次数；$C$、$\beta$——参数，根据附录 1 中的构件和连接类别按表 2-1 采用。

非焊接部位主要指用高强度螺栓连接和铆钉连接的地方，这些地方中也存在有缺陷，但不像焊缝有很高的残余应力。高强度螺栓连接中，栓孔附近形成的表面预压力能显著提高疲劳强度。因此对非焊接部位采用折算应力幅进行疲劳验算。计算 $\sigma_{\max}$ 和 $\sigma_{\min}$ 时，按标准荷载计算，且不考虑荷载的动力系数。

参 数 C、β   表 2-1

构件和连接类别	1	2	3	4	5	6	7	8
C	1940×10^{12}	861×10^{12}	3.26×10^{12}	2.18×10^{12}	1.47×10^{12}	0.96×10^{12}	0.65×10^{12}	0.41×10^{12}
β	4	4	3	3	3	3	3	3

注：公式（2-7）也适用于剪应力情况。

在应力循环中如全是压应力循环，此时即使有裂纹也不易扩展，此部位不进行疲劳验算。

上述计算是在非高温且无强烈腐蚀作用情况下的计算公式。如果处于特殊工作条件下，其疲劳计算可参照有关规定进行。

3. 变幅疲劳计算

对变幅（应力循环内的应力幅随机变化）疲劳，若能预测结构在使用寿命期间各种载荷的频率分布、应力幅水平以及频次分布总和所构成的设计应力谱，则可将其折算为等效常幅疲劳，按下式进行计算：

$$\Delta\sigma_e \leqslant [\Delta\sigma]$$

式中 $\Delta\sigma_e$——变幅疲劳的等效应力幅，$\Delta\sigma_e=\left[\dfrac{\sum n_i\,(\Delta\sigma_i)^{\beta}}{\sum n_i}\right]^{1/\beta}$。其中，$\sum n_i$——以应力循环次数表示的结构预期使用寿命；$n_i$——预期寿命内应力幅水平达到 $\Delta\sigma_i$ 的应力循环次数。

重级工作制吊车梁和重级、中级工作制吊车桁架的疲劳可作为常幅疲劳，按下式计算：

$$\alpha_f\Delta\sigma \leqslant [\Delta\sigma]_{2\times10^6}$$

式中 α_f——欠载效应的等效系数，按表 2-2 采用；

$[\Delta\sigma]_{2\times10^6}$——循环次数 n 为 2×10^6 的容许应力幅，按表 2-3 采用。

吊车梁与吊车桁架欠载效应的等效系数 α_f 表 2-2

吊 车 类 别	α_f
重级工作制硬钩吊车（如均热炉车间夹钳吊车）	1.0
重级工作制软钩吊车	0.8
中级工作制吊车	0.5

循环次数 n 为 2×10^6 次的容许应力幅（N/mm^2） 表 2-3

构件和连接类别	1	2	3	4	5	6	7	8
$[\Delta\sigma]_{2\times10^6}$	176	144	118	103	90	78	69	59

注：表中容许应力幅是按式（2-8）计算的。

项目 2　影响钢材性能的主要因素

2.1　化学成分

钢是由铁、碳及杂质元素组成。其中铁约占 99%，碳及杂质元素约占 1%。低合金钢中，除上述元素外还有合金元素，合金元素总量不超过 5%。碳及其他元素所占比重虽然不大，但对钢的机械性能却有重要影响。

碳是形成钢材强度的主要成分。含碳量增加，可提高钢材的强度，但塑性、韧性、疲劳强度、可焊性及抗锈蚀性能等都明显下降。因此，规范规定了各种钢材含碳量的范围。一般不应超过 0.22%，在焊接结构中不超过 0.20%。

锰和硅是钢中的有益元素，它们都是炼钢的脱氧剂。含锰量适当时，能显著提高钢材的强度，并保持一定的塑性和冲击韧性。还能消除硫对钢的热脆影响，改善钢的冷脆倾向。含硅量适当时，可提高钢的强度，而对塑性、冲击韧性、冷弯性能及可焊性影响较小。在碳素结构钢中，硅的含量不大于 0.3%，锰的含量为 0.3%~0.8%。对于低合金结构钢，锰的含量可达 1.0%~1.6%，硅的含量可达 0.55%。

硫和磷是钢材中的有害元素，它们降低钢材的塑性、韧性、可焊性和疲劳强度。在高温时，硫会降低钢材的塑性、冲击韧性、疲劳强度和抗腐蚀能力。硫化铁在高温时熔化，可能会产生裂纹，称为"热脆"。磷会降低钢材的塑性和冲击韧性，特别是在低温下使钢材变脆，称"冷脆"。故对硫、磷含量应严格控制。一般硫、磷含量应不超过 0.045%。磷的有益作用是能够提高钢的强度和抗锈蚀能力。可使用高磷钢，其含量可达 0.12%，这时应减少钢材中的碳含量，以保持一定的塑性和韧性。

氧和氮都是钢中的有害杂质。氧的作用和硫类似，使钢热脆；氮的作用和磷类似，使钢冷脆。

钒和钛是钢中的合金元素，能提高钢的强度和抗腐蚀性能，又不显著降低钢的塑性。

2.2　冶金缺陷

常见的冶金缺陷有偏析、非金属夹杂、气孔、裂纹和分层。

钢中化学成分不均匀称为偏析。主要的偏析是硫和磷。偏析将使偏析区钢材的塑性、韧性及可焊性变坏。沸腾钢因杂质元素含量较多，所以偏析现象比镇静钢严重。存在于钢中的非金属化合物，如硫化物和氧化物，都会使钢材性能变脆。气孔是浇注钢锭时，由氧化铁和碳作用生成的一氧化碳气体不能充分逸出而形成的。气孔、裂纹和分层使钢材的冷弯性能、冲击韧性、疲劳强度及抗脆断能力大大降低。

钢材的轧制过程可以使金属的晶粒变细，使气孔、裂纹等焊合，从而改善了钢材的力学性能。轧制次数越多，晶粒越细，强度就越高。因此，规范按厚度把钢材分为四组，并

规定了不同的强度设计值（见表 2-4）。由沸腾钢轧制的钢板和型钢易形成夹层现象，因此重要结构不易采用沸腾钢。

2.3 热处理

钢材经过适当的热处理后，可显著提高其强度，同时又具有良好的塑性与韧性。高强度螺栓中应用的有调质碳素钢，如调质 45 号钢；调质合金钢，如 40B、20MnTiB 钢。热处理钢材是以热处理后的性能指标出厂。

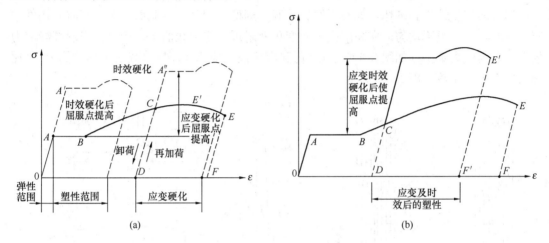

图 2-8 钢材的硬化
（a）时效硬化及应变硬化示意图；（b）应变时效硬化示意图

2.4 钢材的硬化

1. 时效硬化

钢材随时间的增长，其强度提高、塑性和韧性下降的现象称为时效硬化（如图 2-8 所示）。

2. 应变硬化

常温下进行加工叫冷加工。金属结构在制造时一般需要经历冷弯、冲孔、剪切、刨边、辊压等冷加工过程。这些加工过程使钢材产生很大塑性变形。产生过塑性变形的钢材，在重新加荷时将提高屈服点，同时降低塑性和韧性，使钢材的脆性增加。在普通金属结构中不利用硬化现象来提高强度。

3. 应变时效硬化

对钢材进行冷加工时，常伴有时效硬化，此现象称为应变时效硬化。用人工方法加速硬化过程称为人工时效。

2.5 温度的影响

钢材对温度很敏感，温度升高，钢材的抗拉强度、屈服点及弹性模量均有变化，总趋势是强度降低、塑性增大。但在 250℃左右，钢材的抗拉强度却略有提高，而塑性和冲击韧性则下降，此现象称为"兰脆"现象。在此区域对钢材进行热加工时，钢材可能产生裂纹。当温度超过 250～350℃时，在荷载作用下，变形随时间增长速度加快，产生徐变现象，降低了钢材的抗拉强度，因此，当结构经常在 150℃以上的热环境下工作时，应采用隔热措施加以防护。

当温度下降时，钢材的强度有所提高，而塑性和韧性降低，脆性倾向增加。当温度下降到某一温度区时，钢材的冲击韧性值将急剧降低，材料的破坏特征明显地由塑性破坏转变为脆性破坏，这就是通常所说的低温脆断。在低温下工作的结构，特别是受动力荷载作用的结构，要求钢材具有负温冲击韧性的合格保证，以提高抗低温脆断的能力。

2.6 应力集中的影响

当截面完整性遭到破坏，如有裂纹、孔洞、刻槽、凹角以及截面突然改变时，构件中应力分布将变得很不均匀。在缺陷或截面变化处附近，应力线曲折、密集、出现高峰应力的现象称为应力集中（如图 2-9 所示）。孔洞边缘最大应力 σ_{max} 与净截面平均应力 σ_0 之比称为应力集中系数，即 $K = \sigma_{max} / \sigma_0$。

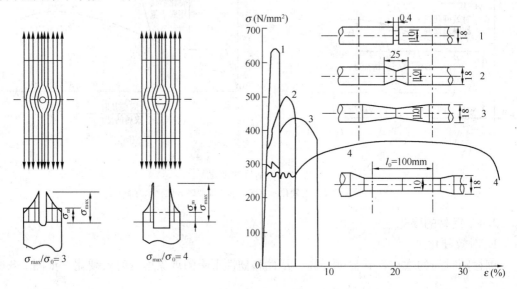

图 2-9 应力集中对钢材性能的影响

应力集中现象的出现，将使应力高峰处产生三向或双向应力状态。当材料处于三向拉应力且各应力数值接近时，材料将发生脆性破坏。应力集中是造成构件脆性破坏的主要原因之一。

应力集中的程度主要取决于构件形状的变化，如果变化急剧，则高峰应力愈大，钢材塑性的降低就愈多，同时引起脆性破坏的危险性也愈大。

综上所述，应力集中现象主要取决于构造情况，因此设计时应采用合理的构件形状，变截面处应平缓过渡，必要时对构件表面要进行加工。在制造和施工时，要尽可能防止造成刻槽等缺陷。

项目 3 钢材的种类、规格及选择

3.1 钢材的种类与牌号

1. 碳素结构钢

碳素结构钢牌号表示方法，根据《碳素结构钢》GB/T 700—2006 标准规定，由表示屈服点的字母，屈服点值，质量等级符号及脱氧方法符号四部分依次排列组成。表示屈服点的字母用 Q 表示；质量等级分别用 A、B、C、D 表示；脱氧方法分别用 F、Z、TZ 表示沸腾钢、镇静钢、特殊镇静钢，在牌号中 Z、TZ 符号可以省略。

例如：Q235A 表示普通碳素钢屈服点值不小于 235MPa 的 A 级镇静钢。

A 级钢只保证抗拉强度、屈服点、伸长率，B、C、D 级均保证抗拉强度、屈服点、伸长率、冷弯和冲击韧性（分别为＋20℃、0℃、－20℃）等机械性能。

钢材的强度设计值（N/mm²）

表 2-4

钢 材		抗拉、抗压和抗弯 f	抗 剪 f_v	端面承压（刨平顶紧）f_{ce}
牌 号	厚度或直径（mm）			
Q235 钢	≤16	215	125	325
	>16~40	205	120	
	>40~60	200	115	
	>60~100	190	110	
Q345 钢	≤16	310	180	400
	>16~35	295	170	
	>35~50	265	155	
	>50~100	250	145	
Q390 钢	≤16	350	205	415
	>16~35	335	190	
	>35~50	315	180	
	>50~100	295	170	
Q420 钢	≤16	380	220	440
	>16~35	360	210	
	>35~50	340	195	
	>50~100	325	185	

2. 低合金高强度结构钢

《低合金高强度结构钢》GB/T 1591—2008 规定，用与碳素结构钢相同的牌号表示方法，仍然根据钢材厚度（直径）≤16mm 时的屈服点大小，分为 Q345（16Mn）、Q390（15MnV）、Q420（15MnVN）等。钢的牌号中所有质量等级符号，除与碳素结构钢 A、B、C、D 四个等级相同外，增加一个等级 E，主要是要求－40℃的冲击韧性。低合金结构钢一般为镇静钢，因此钢的牌号中不标注。A 级钢应进行冷弯试验。

《钢结构设计规范》GB 50017—2003 规定，钢结构宜采用 Q235、Q345、Q390 和 Q420 钢。

钢材的强度设计值，应根据钢材厚度或直径按表 2-4 采用。

3. 耐大气腐蚀用钢

在钢中加入少量的合金元素，如 Cu、Cr、Ni、Nb 等，使其在金属基体表面上形成保护层，以提高钢材耐大气腐蚀性能，这类钢称为耐大气腐蚀用钢或耐候钢。

我国现行生产的这类钢又分为焊接结构用耐候钢和高耐候结构钢两类。

焊接结构用耐候钢能保持钢材具有良好的焊接性能，适用于桥梁、建筑和其他结构用具有耐候性能的钢材，适用厚度可达100mm。

按国家标准《焊接结构用耐候钢》GB/T 4172—2000 的规定，焊接结构用耐候钢分 4 个牌号，其表示方法为：屈服点的字母 Q、屈服点的数值、耐候的字母 NH 以及钢材质量等级。牌号分 Q235NH、Q295NH、Q355NH、Q460NH。质量等级分为 C、D、E。

焊接结构用耐候钢的力学性能应符合表2-5的规定。

焊接结构用耐候钢的力学性能   表 2-5

牌号	钢材厚度	屈服点 f_y (N/mm²) 不小于	抗拉强度 f_u (N/mm²)	δ_5 断后伸长率不小于 (%)	180° 弯曲实验	V 形冲击实验			
						试样方向	质量等级	温度 (℃)	冲击功 (J) 不小于
Q235NH	≤16	235	360~490	25	$d=a$	纵 向	C	0	34
	>16~40	225		25			D	−20	
	>40~60	215		24	$d=2a$		E	−40	27
	>60	215		23					
Q295NH	≤16	295	420~560	24	$d=2a$		C	0	34
	>16~40	285		24			D	−20	
	>40~60	275		23	$d=3a$		E	−40	27
	>60~100	255		22					
Q355NH	≤16	355	490~630	22	$d=2a$		C	0	34
	>16~40	345		22			D	−20	
	>40~60	335		21	$d=3a$		E	−40	27
	>60~100	325		20					
Q460NH	≤16	460	550~710	22	$d=2a$		C	0	34
	>16~40	450		22			D	−20	
	>40~60	440		21	$d=3a$		E	−40	31
	>60~100	430		20					

注：d—弯心直径；a—钢材厚度。

高耐候结构钢的耐候性能比焊接结构用耐候钢好，所以称为高耐候性结构钢，适用于建筑、塔架等高耐候性结构，但作为焊接结构用钢，厚度应不大于16mm。按国家标准《高耐候性结构钢》GB/T 4171—2000 的规定，高耐候性结构用钢分 5 个牌号，其表示方法为：屈服点的字母 Q、屈服点的数值、高耐候的字母 GNH（含 Gr、Ni 的加代号 L）。牌号分 Q295GNH、Q295GNHL、Q345GNH、Q345GNHL、Q390GNH。高耐候结构钢的力学性能应符合表 2-6 的规定。

高耐候结构钢的力学性能 表 2-6

牌号	交货状态	厚度(mm)	屈服点 f_y (N/mm²) 不小于	抗拉强度 f_u (N/mm²) 不小于	伸长率 δ_5（%）不小于	180°弯曲试验	V 型冲击试验（0~20℃）平均冲击功
Q295GNH	热轧	≤6	295	390	24	$d=a$	≥27
		>6				$d=2a$	
Q295GNHL		≤6	295	430	24	$d=a$	
		>6				$d=2a$	
Q345GNH		≤6	345	440	22	$d=a$	
		>6				$d=2a$	
Q345GNHL		≤6	345	480	22	$d=a$	
		>6				$d=2a$	
Q390GNH		≤6	390	490	22	$d=a$	
		>6				$d=2a$	
Q295GNH	冷轧	≤2.5	260	390	27	$d=a$	
Q295GNHL							
Q345GNHL			320	450	26		

3.2 钢材的规格
1. 热轧钢板

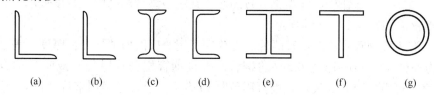

(a)　(b)　(c)　(d)　(e)　(f)　(g)

图 2-10 热轧型钢截面

（a）等边角钢；（b）不等边角钢；（c）工字钢；
（d）槽钢；（e）H 型钢；（f）T 型钢；（g）钢管

钢板：当厚度为 4~6mm 时，间隔为 0.5mm；厚度为 6~30mm 时，间隔为 1mm；厚度为 30~60mm，间隔为 2mm；宽度为 600~3000mm，宽度间隔为 50mm；长度为 100mm 的倍数，其范围为 4000~12000mm。

薄钢板：厚度为 0.35~4mm，宽度 500~1500mm，长度为 0.5~4m，是制造冷弯薄壁型钢的原料。

扁钢：厚度为 4~60mm，宽度 12~200mm，长度 3~9m。

花纹钢板：厚度为 2.5~8mm，宽度 600~1800mm，长度 0.6~12m，主要用做走道板和梯子踏板。

实际工作中常将厚度为 4~20mm 的钢板称为中板，厚度为 20~60mm 的钢板称为厚板，厚度大于 60mm 的钢板称为特厚板。成张的钢板的规格以厚度×宽度×长度的毫米数表示。长度很长，成卷供应的钢板称为钢带。钢带的规格以厚度×宽度的毫米数表示。

2. 热轧型钢

角钢：有等边角钢和不等边角钢两种。等边角钢以边宽和厚度表示，如∟100×10 为边宽 100mm，厚 10mm 的角钢。不等边角钢以两边宽度和厚度表示，如∟125×80×8 为长边宽 125mm，短边宽 80mm 和厚度 8mm 的不等边角钢。

工字钢：有普通工字钢、轻型工字钢和宽翼缘工字钢三种。用符号"I"后加号数表示，号数代表截面高度的厘米数。按腹板厚度不同又可分为 a、b、c 三类。如 I36a 表示高度为 360mm 的工字钢，腹板厚度为 a 类。优先选用 a 类（a 类最薄），这样可减轻自重，同时截面惯性矩也较大。宽翼缘工字钢的翼缘比普通工字钢宽而薄，故回转半径相对也较大，可节省钢材。轻型工字钢因壁很薄而不再按厚度划分等级。

槽钢：有普通槽钢和轻型槽钢两种，在符号[后用其截面高度的厘米数为号数表示，如[36a 表示高度为 360mm，而腹板厚度属 a 类的槽钢。

H 型钢：有热轧 H 型钢和焊接 H 型钢。与工字钢相比，H 型钢具有翼缘宽、翼缘相互平行、内侧没有斜度、自重轻、节约钢材等特点。

热轧 H 型钢分四类：①宽翼缘 H 型钢，代号 HW，翼缘宽度 B 与截面高度 H 相等；②中翼缘 H 型钢，代号 HM，$B=(1/2～2/3)H$；③窄翼缘 H 型钢，代号 HN，$B=(1/3～1/2)H$；④薄壁 H 型钢，代号 HT。前三种 H 型钢都可以剖分为 T 型钢供应，代号分别为 TW、TM 和 TN。H 型钢和剖分 T 型钢的规格型号用高度 H×宽度 B×腹板厚度 t_1×翼缘厚度 t_2 表示。例如，H340×250×9×14，其剖分 T 型钢为 T170×250×9×14，单位均为 mm。规格应符合《热轧 H 型钢和剖分 T 型钢》GB/T 11263—2005 的规定。

焊接 H 型钢是将钢板剪截、组合并焊接而成型的型钢，分焊接 H 型钢（HA）、焊接 H 型钢桩（HGZ）、轻型焊接 H 型钢（HAQ）。其规格型号用高度×宽度表示，规格符合《焊接 H 型钢》YB 3301—92 的规定。

钢管：有无缝钢管及焊接钢管两种。无缝钢管用 ϕ 后面加"外径×厚度"表示，例如 ϕ426×6 为外径 426mm，厚度 6mm 的钢管。焊接钢管用公称通径（或叫公称直径）表示，公称直径可用公制 mm 表示，也可用英制 in 表示。公称通径用字母"DN"后面紧跟一个数字标志。例如 DN50，即公称通径为 50mm 的管子。公称通径是供参考用的一个方便的圆整数，它不是实际意义上的管道外径或内径，其数值跟管道内径较为接近或相等。热轧型钢的长度一般为 5～19m。

3. 薄壁型钢

用薄钢板（一般采用 Q235 或 Q345）或其他轻金属（如铝合金）模压或弯曲而制成，其厚度一般为 1.5～5mm。由于壁薄截面较开展，因此能充分利用钢材的强度，节约钢材，在我国已得到广泛应用。常用薄壁型钢的截面型式如图 2-11 所示。有防锈涂层的彩色压型钢板，所用钢板厚度为 0.4～1.6mm，用作轻型屋面及墙面等构件。

3.3 钢材的选择

为保证承重结构的承载能力和防止在一定条件下出现脆性破坏，应根据结构的重要性、荷载特征、结构形式、应力状态、连接方法、钢材厚度和工作环境等因素综合考虑，选用合适的钢材牌号。保证安全可靠，做到经济合理。

1. 结构的重要性

对重型工业建筑结构、大跨度结构、高层或超高层的民用建筑或构筑物结构等重要结

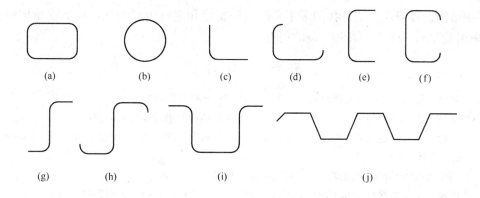

图 2-11 薄壁型钢截面

构，应考虑选用质量好的钢材，对一般工业与民用建筑结构，可按工作性质分别选用普通质量的钢材。另外，按《建筑结构可靠度设计统一标准》规定的安全等级，把建筑物分为一级（重要的）、二级（一般的）、三级（次要的）。安全等级不同，要求的钢材质量也不同。

2. 荷载特征

荷载可分为静态荷载和动态荷载两种。直接承受动态荷载的结构和强烈地震区的结构，应选用综合性能好的钢材；一般承受静态荷载的结构可选用价格较低的 Q235 钢。

3. 连接方法

钢结构的连接方法有焊接和非焊接两种。由于在焊接过程中，会产生焊接变形、焊接应力以及其他焊接缺陷，如咬肉、气孔、裂纹、夹渣等，有导致结构产生裂缝或脆性断裂的危险。因此，焊接结构对材质的要求应严格一些。例如，在化学成分方面，焊接结构必须严格控制碳、硫、磷的极限含量；而非焊接结构钢对含碳量可降低要求。

4. 结构所处的环境和温度

钢材处于低温时容易冷脆，因此在低温条件下工作的结构，尤其是焊接结构，应选用具有良好抗低温冷脆性能的镇静钢。此外，露天结构的钢材容易产生时效，有害介质作用的钢材容易腐蚀、疲劳和断裂，也应加以区别地选择不同材质。

5. 钢材厚度

厚度大的钢材不但强度较小，而且塑性、冲击韧性和焊接性能也较差。因此厚度大的焊接结构应采用材质较好的钢材。

对钢材质量的要求，一般地说，承重结构的钢材应保证抗拉强度、屈服点、伸长率和硫、磷的极限含量，对焊接结构应保证碳的极限含量（由于 Q235A 钢的碳含量不作为交货条件，故不允许用于焊接结构）。

焊接承重结构以及焊接重要的非承重结构的钢材应具有冷弯实验的合格保证。

对于需要验算疲劳的以及主要受拉或受弯的焊接结构的钢材，应具有常温冲击韧性的合格保证。当结构工作温度等于或低于 0℃但高于 −20℃时，Q235 钢和 Q345 钢应具有 0℃冲击韧性的合格保证；对 Q390 钢和 Q420 钢应具有 −20℃冲击韧性的合格保证。当结构工作温度等于或低于 −20℃时，Q235 钢和 Q345 钢应具有 −20℃冲击韧性的合格保证；对 Q390 钢和 Q420 钢应具有 −40℃冲击韧性的合格保证。

《钢结构设计规范》结合我国多年来的工程实践和钢材生产情况，对承重结构的钢材推荐采用 Q235、Q345、Q390、Q420 钢。

思 考 题 与 习 题

1. 钢材中常见的冶金缺陷有哪几种？各种缺陷对钢材有哪些影响？

2. 影响钢材力学性能的因素有哪些？为何低温下的钢结构要求质量较高的钢材？

3. 钢结构对钢材性能有哪些要求？这些要求用哪些指标来衡量？结构用钢是否要保证全部的机械性能指标合格？为什么？

4. 钢材受力有哪两种破坏形式？它们对结构安全有何影响？

5. 钢结构中常用的钢材有哪几种？Q235A、Q345B 各代表何种钢材？说明各符号的意义。

6. 什么是应力集中现象？结构中存在应力集中现象会造成什么后果？如何防止应力集中现象的产生？

7. 复杂应力作用下钢材的强度与单向应力作用下钢材的强度有何不同？

8. 结构设计时为何要了解钢材的规格、品种？

第3单元 钢结构的连接

[知识点] 钢结构的连接方法和特点；焊接连接的方法、接头形式、焊缝符号；焊接缺陷和质量检验方法；对接焊缝的构造要求与计算；角焊缝的构造要求与计算；焊接残余应力和焊接变形；螺栓的排列和构造要求；普通螺栓连接的受力性能和计算；高强度螺栓连接的受力性能和计算。

[教学目标] 了解钢结构常用的连接方法及其特点；了解对接焊缝及角焊缝的构造和工作性能，熟悉其传力过程、掌握其计算方法，了解焊缝缺陷对承载能力的影响及质量检验方法；了解焊接应力和焊接变形的种类、产生原因及其对构件工作性能的不利影响，熟悉减小和消除应力的方法；了解螺栓连接排列方式和构造要求，熟悉普通螺栓和高强度螺栓连接的性能，熟练掌握普通螺栓连接和高强度螺栓连接的计算方法。

项目1 连接的种类和特点

钢结构是由基本构件连接而成，基本构件又是由钢板或型钢连接而成的。因此，连接方式及其质量优劣直接影响钢结构的工作性能。钢结构的连接必须符合安全可靠、传力明确、构造简单、制造方便和节约钢材的原则。连接接头应有足够的强度，应有适宜于施行连接手段的足够空间。

钢结构的连接方法有焊接、铆接、螺栓连接三种（如图3-1所示）。

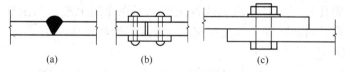

图 3-1 钢结构的连接方法
（a）焊接；（b）铆接；（c）螺栓连接

1.1 焊接

焊接是通过电弧产生的热量使焊条和焊件局部熔化，经冷却凝结成焊缝，从而将焊件连接成一体。焊接是钢结构所采用的最主要的连接方式。与螺栓连接、铆接相比具有如下优点：

（1）钢材上不需要打孔钻眼，节省工时，又不削弱截面，使材料得到充分利用；

（2）各种形状的构件可以直接相连，一般不需辅助零件，连接构造简单，传力路线短，适应面广；

（3）焊缝连接的密封性好，结构刚度大，整体性好；

（4）易采用自动化作业，结构质量好，生产率高。

焊接还存在下列缺点：

（1）由于焊接时的高温作用，焊缝附近形成热影响区，在热影响区内的材质易变脆；

（2）焊接后会产生残余应力和残余变形，对结构有不良影响；

（3）焊接结构刚度较大，对裂纹很敏感，一旦产生局部裂纹就很容易扩展，尤其在低温下更容易发生脆断；

（4）焊接连接的塑性和韧性较差，施焊时可能产生缺陷，使疲劳强度降低。

1.2 铆接

铆接是用一端带有半圆形预制钉头的铆钉，经加热后插入被连接件的钉孔中，然后用铆钉枪连续锤击或用压铆机挤压铆成另一端的钉头，从而使连接件被铆钉夹紧形成牢固的连接。铆钉连接在受力和计算上与普通螺栓连接相仿。铆接连接传力均匀可靠，塑性和韧性比焊接好，质量检查也很方便，但构造复杂，施工麻烦，费料又费工，目前在钢结构中已很少采用。

1.3 螺栓连接

螺栓连接有普通螺栓连接和高强度螺栓连接两类。

1. 普通螺栓连接

普通螺栓通常采用 Q235 钢材制成，安装时用普通扳手拧紧。螺栓连接是通过螺栓这种紧固件把被连接件连接成为一体。螺栓连接施工工艺简单，安装方便，特别适用于工地安装连接。普通螺栓分 A、B、C 三级。A 级与 B 级为精制螺栓，C 级为粗制螺栓。粗制螺栓制作精度较差，栓径与孔径之差为 1.5～3mm，便于制作与安装；精制螺栓其栓径与孔径之差只有 0.3～0.5mm，受力性能比粗制螺栓好，但制作与安装费工。

C 级螺栓材料性能等级为 4.6 级或 4.8 级。小数点前的数字表示螺栓成品的抗拉强度不小于 $400N/mm^2$，小数点及小数点后的数字表示其屈强比（屈服点与抗拉强度之比）为 0.6 或 0.8。A 级与 B 级螺栓材料性能等级为 5.6 级或 8.8 级。

C 级螺栓由未经加工的圆钢压制而成。一般采用在零件上一次冲成或不用钻模钻成设计孔径的孔（Ⅱ类孔）。A、B 级精制螺栓是由毛坯在车床上经过切削加工精制而成。表面光滑，尺寸准确，对成孔（Ⅰ类孔）质量要求高，价格较高。

2. 高强度螺栓连接

高强度螺栓采用强度较高的钢材经热处理制成，用能控制螺栓杆扭矩或拉力的特制扳手，拧紧到规定的预拉力值，把被连接件高度夹紧。依靠接触面间的摩擦力来阻止其相互滑移，以达到传递外力的目的。高强度螺栓具有连接紧密、受力良好、耐疲劳、可拆换、安装简单、便于养护、在动态荷载作用下不易松动等优点。目前我国在桥梁、大跨度房屋及工业厂房钢结构中，已广泛采用高强度螺栓。

项目 2 焊 接 连 接

2.1 焊接方法

钢结构常用的焊接方法有手工电弧焊、自动或半自动埋弧焊及气体保护焊等。

1. 手工电弧焊

手工电弧焊是钢结构中最常用的焊接方法，其设备简单，操作方便灵活，实用性强，应用广泛。但生产率比自动或半自动焊低，劳动条件差，焊缝质量在一定程度上取决于焊工的技术水平。

图 3-2 是手工电弧焊的原理示意图。它是由焊条、焊钳、焊件、电焊机和导线等组成电路。通电后，在涂有焊药的焊条端和焊件间的间隙中产生电弧，使焊条熔化，滴入被电弧吹成的焊件熔池中。同时焊药燃烧，在熔池周围形成保护气体，稍冷后在熔化金属的表面上形成熔渣，隔绝熔池中的液体金属和空气中的氧、氮等气体的接触，避免形成脆性易裂的化合物。冷却后与焊件熔成一体形成焊缝。

手工电弧焊常用的焊条有碳钢焊条和低合金钢焊条，其牌号有 E43 型（E4300～E4328）、E50 型（E5000～E5048）和 E55 型（E5500～E5518）等。其中 E 表示焊条，前两位数字表示焊条熔敷金属抗拉强度的最小值（单位为 kgf/mm²），第三、四位数字表示适用焊接位置、电流以及药皮类型等。手工焊采用的焊条应符合国家标准的规定。

在选用焊条时，应与主体金属相匹配。通常对 Q235 钢采用 E43 型焊条，对 Q345 钢采用 E50 型焊条，对 Q390 和 Q420 钢采用 E55 型焊条。当不同强度的两种钢材进行连接时，宜采用与低强度钢材相适应的焊条。

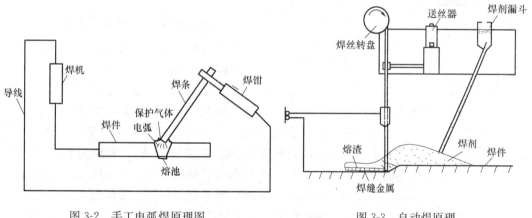

图 3-2　手工电弧焊原理图　　　　图 3-3　自动焊原理

2. 自动或半自动埋弧焊

自动或半自动埋弧焊的原理如图 3-3 所示。其特点是焊丝成卷装置在焊丝转盘上，焊丝外表裸露不涂焊剂（焊药）。焊剂成散状颗粒装置在焊剂漏斗中。通电引弧后，当电弧下的焊丝和附近焊件金属熔化时，焊剂也不断从漏斗流下，将熔融的焊缝金属覆盖，其中部分焊剂将熔成焊渣浮在熔融的焊缝金属表面。由于有焊剂覆盖层，焊接时看不见强烈的电弧光，故称为埋弧焊。当埋弧焊的全部装备固定在小车上，小车按规定速度沿轨道前进焊接时，称为自动埋弧焊。如果焊机的移动是由人工操作，则称为半自动埋弧焊。

由于自动埋弧焊有焊剂和熔渣覆盖保护，电弧热量集中，熔深大，可以焊接较厚的钢板，同时由于采用了自动化操作，焊接工艺条件好，焊缝质量稳定，焊缝内部缺陷少，塑性和韧性好，因此其质量比手工电弧焊好（焊丝连续，不需要更换焊条）。但它只适合于焊接较长的直线焊缝。半自动埋弧焊质量介于二者之间，因由人工操作，故适合于焊接曲线或任意形状的焊缝。自动或半自动埋弧焊的焊接速度快，生产效率高，成本低，劳动条件好。

自动或半自动焊埋弧焊所采用的焊丝是与焊件金属强度相匹配的。焊丝和焊剂均应符合国家标准的规定，焊剂种类根据焊接工艺要求确定。

3. 气体保护焊

气体保护焊的原理是在焊接时用喷枪喷出 CO_2 气体或其他惰性气体，作为电弧焊的保护介质，把电弧、熔池与大气隔离，保证焊接过程的稳定。操作时可用自动或半自动焊方式。由于焊接时没有熔渣，故便于观察焊缝的成型过程，但操作时须在室内避风处，若在工地施焊则须搭设防风棚。

气体保护焊电弧加热集中，焊接速度较快，焊件熔深大，热影响区较窄，焊接变形较小，焊缝强度比手工焊高，且具有较高的抗锈能力。适用于全位置的焊接。但设备较复杂，电弧光较强，金属飞溅多，焊缝表面成型不如埋弧焊平滑。

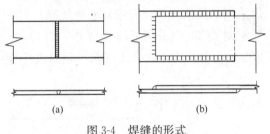

图 3-4 焊缝的形式
(a) 对接焊缝；(b) 角焊缝

2.2 焊缝及其连接形式

1. 焊缝的形式

焊缝按截面型式不同可分为两种类型，即对接焊缝和角焊缝（如图 3-4 所示）。

对接焊缝：其特点是焊缝本身也是被连接板件截面的组成部分，焊缝截面与构件截面相同。因此，对接焊缝具有传力平缓均匀，没有明显的应力集中现象，疲劳强度高，承受动载性能好等优点。但为保证焊接质量，板边常需开坡口，而且要求板边下料和装配的尺寸准确，因而制造费工。

角焊缝：其特点是在被连接件的板件边缘施焊。对板边尺寸要求较低，制造比较容易。角焊缝传力时，力线要发生转折，因此应力集中现象比较明显，疲劳强度低。

焊缝按施焊方位不同分为平焊、立焊、横焊和仰焊四种（如图 3-5 所示）。平焊又称俯焊，焊接方便，质量容易保证，焊接时应尽量采用平焊。立焊、横焊施工就比较困难，因此焊接质量和效率均比平焊低。仰焊的施焊条件最差，焊缝质量不容易保证，设计时尽量避免。

2. 焊接接头的形式

按被连接构件间的相互位置，常见的焊接接头有对接接头、搭接接头、T 形接头和角接接头四种（如图 3-6 所示）。

对接接头又分两种，一种是采用对接焊缝的对接接头；另一种是采用角焊缝加盖板的对接接

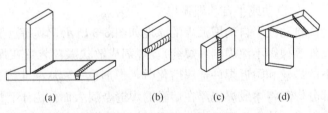

图 3-5 焊缝的施焊位置
(a) 平焊；(b) 横焊；(c) 立焊；(d) 仰焊

头，特点是允许下料尺寸有偏差，因此加工制造起来比较省工。但由于加了盖板，既费钢材，也费焊条，传力经过盖板，应力集中现象严重，静力和疲劳强度都较低。搭接接头采用角焊缝连接，其特点与加盖板的对接接头相同。由于施工简单方便，因此应用很广。T 形接头也分两种，一种是采用角焊缝的 T 形接头，其优点是省工又省料；缺点是焊件截面有突变，应力集中严重，疲劳强度低。在不直接承受动力荷载的结构中应用广泛。另一种是采用 K 型坡口对接焊缝的 T 形接头。特点是改善了接头的疲劳强度，若把焊缝表面

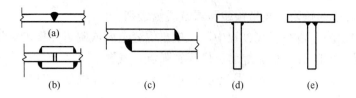

图 3-6　焊接接头的形式

（a）采用对接焊缝的对接接头；（b）角焊缝加盖板的对接接头；（c）搭接接头；

（d）采用角焊缝的 T 形接头；（e）采用 K 形坡口的 T 形接头

加工成圆滑的平缓过渡，可更好地提高疲劳强度。故在重级和特重级工作制吊车梁的上翼缘和腹板的连接中，应采用这种 T 形接头。角接接头主要用于制作箱形截面。

2.3　焊缝符号

焊缝的形式、尺寸和一些辅助要求，应采用焊缝符号在钢结构施工图中标明，以便于施工。表 3-1 列出部分常用焊缝符号，它主要由引出线和基本符号组成。必要时还可以加上辅助符号、补充符号和焊缝尺寸符号。基本符号表示焊缝的基本形式，如 ◹ 表示角焊缝，V 表示 V 形坡口的对接焊缝等。引出线由带箭头的指引线（简称箭头线）和两条基准线（一条为实线，另一条为虚线）两部分组成。当箭头指在焊缝所在的一面时，将图形符号和尺寸标注在基准线的实线侧；当箭头指在焊缝所在的另一面时，则将图形符号和尺寸标注在基准线的虚线侧。这与符号标注的上下位置无关。如果为双面对称焊缝，基准线可以不加虚线。对有坡口的焊缝，箭头线应指向带有坡口的一侧。标注必要时可在横线的末端加一尾部，作其他说明用。辅助符号表示焊缝的辅助要求，如相同焊缝及现场安装焊缝。补充符号是补充说明焊缝的某些特征的符号。

焊　缝　符　号　　　　　　　　　　　　　表 3-1

	角焊缝				对接焊缝	塞焊缝	三面围焊
	单面焊缝	双面焊缝	安装焊缝	相同焊缝			
形式							
标注方法							

当焊缝分布不规则时，在标注焊缝符号的同时，还可在焊缝位置处加栅线表示。有关焊缝符号详细内容，参见《焊缝符号表示法》GB/T 324—2008 和《建筑结构制图标准》GB/T 50105—2001 的规定。

2.4　焊缝连接的缺陷、质量检验和焊缝质量级别

焊缝连接的缺陷是指在焊接过程中，产生于焊缝金属或附近热影响区钢材表面或内部的缺陷。最常见的缺陷有裂纹、焊瘤、烧穿、弧坑、气孔、夹渣、咬边、未熔合、未焊透（规定部分焊透者除外）及焊缝外形尺寸不符合要求、焊缝成型不良等（如图 3-7 所示），它们将直接影响焊缝质量和连接强度，使焊缝受力面积削弱，且在缺陷处引起应力集中，导致产生裂纹，并使裂纹扩展引起断裂。

焊缝的质量检验，按《钢结构工程质量验收规范》GB 50205—2001 规定分为三级，其中三级焊缝只要求对全部焊缝作外观检查；二级焊缝除要对全部焊缝作外观检查外，还须对部分焊缝作超声波等无损探伤检查；一级焊缝要求对全部焊缝作外观检查及无损探伤检查，这些检查都应符合各自的检验质量标准。

《钢结构设计规范》GB 50017—2003 根据结构的重要性、荷载特性、焊缝形式、工作环境以及应力状态等情况，对焊缝质量等级有具体规定。一般情况允许采用三级焊缝，但是，对于需要进行疲劳计算的对接焊缝和要求与母材等强的对接焊缝，除要求焊透之外，对焊缝质量等级有较高要求。作用力垂直于焊缝长度方向的横向对接焊缝，受拉时应为一级，受压时应为二级；作用力平行于焊缝长度方向的纵向对接焊缝应为二级。对承受动力荷载的吊车梁也有较高的要求。

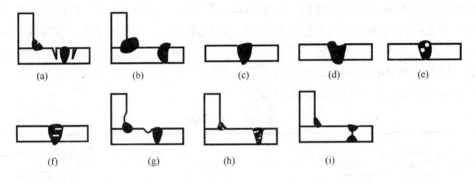

图 3-7　焊缝的缺陷

（a）裂纹；（b）焊瘤；（c）烧穿；（d）弧坑；

（e）气孔；（f）夹渣；（g）咬边；（h）未熔合；（i）未焊透

项目 3　对接焊缝的构造和计算

3.1　对接焊缝的构造

对接焊缝根据施焊的需要将焊件边缘做成坡口。其坡口形式有：I 形、单边 V 形、V 形、U 形、K 形和 X 形等（如图 3-8 所示）。对于单面手工焊，当焊件厚度 $t \leqslant 6\mathrm{mm}$ 时，采用 I 形坡口（不开坡口）；当焊件厚度 $t=6\sim20\mathrm{mm}$ 时，可采用单边 V 形或 V 形坡口，正面焊好后在背面清底补焊；当焊件厚度 $t>20\mathrm{mm}$ 时，宜采用 X 形、K 形和 U 形坡口，坡口形式和尺寸应根据焊件厚度和施工条件按现行标准《手工电弧焊焊接接头的基本形式与尺寸》和《埋弧焊焊接接头的基本形式与尺寸》的要求选用。没有条件清根和补焊者要事先加垫板。当采用自动焊时，所用的电流强熔深大，只有当 $t \geqslant 16\mathrm{mm}$ 采用 V 形坡口。

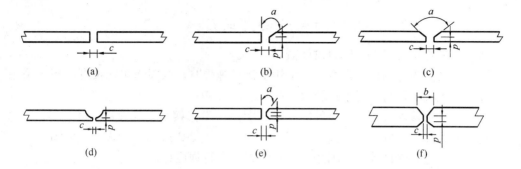

图 3-8 对接焊缝的开口形式

(a) I 形坡口；(b) 单边 V 形坡口；(c) V 形坡口；

(d) U 形坡口；(e) K 形坡口；(f) X 形坡口

对接焊缝在起点和终点处，常因不能熔透而出现焊口，该处常产生裂纹和应力集中，使结构的动力性能变差。为消除焊口影响，可在焊缝两端设引弧板（如图 3-9 所示）。其材质和坡口形式与焊件相同，起弧灭弧在引弧板上进行，焊后将引弧板切除。对承受静力荷载的结构设置引弧板有困难时，允许不设置引弧板。此时可令焊缝计算长度等于实际长度减去 $2t$（t 为较薄焊件厚度）。

对接焊缝连接中，钢板宽度或厚度不等时，应使连接有一个缓和的过渡区，减少应力集中现象。其过渡区应从板的一侧或两侧作成坡度不大于 1：4 的斜度（如图 3-10 所示），如果板厚相差不大于 4mm 时，可不做斜坡。焊缝的计算厚度等于较薄板的厚度。

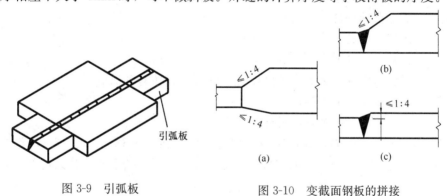

图 3-9　引弧板

图 3-10　变截面钢板的拼接

(a) 改变宽度；(b)、(c) 改变厚度

3.2　对接焊缝的计算

对接焊缝的应力分布情况，基本上与焊件原来的情况相同，计算方法如下：

1. 轴心力作用时对接焊缝的计算

图 3-11 为对接焊缝受轴心力作用时的情况，其强度计算按下式进行。

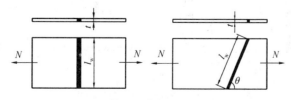

图 3-11　轴心力作用时的对接焊缝

$$\sigma = \frac{N}{l_w t} \leqslant f_t^w \text{ 或 } f_c^w \tag{3-1}$$

式中　N——轴心拉力或轴心压力设计值；

　　　l_w——对接焊缝的计算长度。当采用引弧板施焊时，取焊缝实际长度；当未采用引弧板施焊时，每条焊缝取实际长度减去 $2t$；

　　　t——在对接接头中为连接件的较小厚度，在 T 形接头中为腹板厚度；

f_t^w 或 f_c^w——对接焊缝的抗拉、抗压强度设计值。按表 3-2 选用。由表 3-2 可知一、二级焊缝与焊件等强，因此只对三级焊缝进行强度计算。

　　当焊缝连接的强度低于焊件的强度时，为了提高连接的承载能力，可改用斜焊缝。但用斜焊缝时焊件较费材料。规范规定当斜焊缝和作用力间夹角 θ 符合 $\tan\theta \leqslant 1.5$ 时，其强度已超过母材，可不再验算焊缝强度。

　　2. 弯矩、剪力共同作用时对接焊缝计算

　　矩形截面的对接焊缝（如图 3-12 所示），截面上的正应力与剪应力分布为三角形与抛物线形，最大正应力和最大剪应力不在同一部位，因此，对正应力和剪应力分别计算。

$$\sigma_{max} = \frac{M}{W_w} = \frac{6M}{l_w^2 t} \leqslant f_t^w \text{ 或 } f_c^w \tag{3-2}$$

$$\tau_{max} = \frac{VS_w}{I_w t} = 1.5\frac{V}{l_w t} \leqslant f_v^w \tag{3-3}$$

式中　M——计算截面的弯矩设计值；

　　　W_w——焊缝截面的抵抗矩；

　　　l_w——焊缝截面的计算长度；

　　　t——焊缝截面的厚度；

　　　V——计算截面的剪力设计值；

　　　S_w——焊缝截面在计算剪应力处以上部分对中和轴的面积矩；

　　　I_w——焊缝截面的惯性矩；

　　　f_v^w——对接焊缝的抗剪强度设计值。

　　工字形截面的对接焊缝，其正应力和剪应力分别按式（3-2）、式（3-3）验算，另外在同时受有较大正应力和剪应力的腹板与翼缘交接处，还应按下式验算其折算应力。

$$\sqrt{\sigma_1^2 + 3\tau_1^2} \leqslant 1.1 f_t^w \tag{3-4}$$

公式中 1.1 是考虑到最大折算应力只在局部出现而将设计强度适当提高的系数。

　　【例 3-1】　有一工字形截面组合梁采用对接焊缝连接，其截面尺寸如图 3-13 所示。

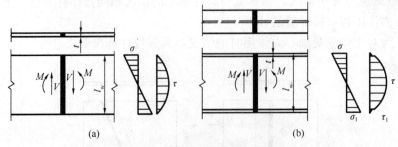

图 3-12　受剪受弯的对接焊缝

（a）矩形截面；（b）工字型截面

焊缝截面的设计内力有弯矩 $M=175\text{kN}\cdot\text{m}$，剪力 $V=350\text{kN}$，钢材为 Q235A，E43 型焊条手工焊，焊接时未采用引弧板，焊缝质量为Ⅲ级，试验算此焊缝。

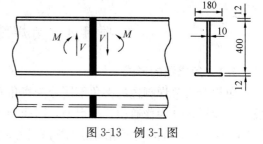

【解】　因焊缝质量为Ⅲ级，查表 3-2 得：$f_t^w=185\text{MPa}$，$f_v^w=125\text{MPa}$。该截面为工字形截面组合截面，须验算最大正应力和

图 3-13　例 3-1 图

最大剪应力。同时还须验算腹板与翼缘交接处的折算应力。

焊缝截面的几何特性：

$$I_w=\frac{1}{12}\times1\times40^3+2\times1.2\times(18-2\times1.2)\times20.6^2=21221\text{cm}^4$$

$$W_w=\frac{21221}{21.2}=1001\text{cm}^3$$

$$S_w=1\times20\times10+(18-2\times1.2)\times1.2\times20.6=586\text{cm}^3$$

$$S_{w1}=(18-2\times1.2)\times1.2\times20.6=386\text{cm}^3$$

验算焊缝强度：

$$\sigma_{max}=\frac{M}{W_w}=\frac{175\times10^6}{1001\times10^3}=175\text{MPa}<f_t^w=185\text{MPa}$$

$$\tau_{max}=\frac{VS_w}{It}=\frac{350\times10^3\times586\times10^3}{21221\times10^4\times10}=97\text{MPa}<f_v^w=125\text{MPa}$$

$$\sigma_1=175\times\frac{200}{212}=165\text{MPa}$$

$$\tau_1=\frac{350\times10^3\times386\times10^3}{21221\times10^4\times10}=64\text{MPa}$$

$$\sqrt{\sigma_1^2+3\tau_1^2}=\sqrt{165^2+3\times64^2}=199\text{MPa}<1.1f_t^w=204\text{MPa}$$

经验算焊缝满足强度要求。

3. 弯矩、剪力及轴心力共同作用时对接焊缝的计算

图 3-14 焊缝截面的剪应力按式（3-3）计算，正应力是弯矩和轴心力引起的应力之和。如果截面上存在有正应力和剪应力都比较大的点，应按式（3-4）验算折算应力。

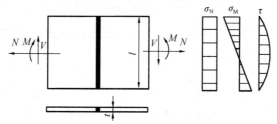

图 3-14　弯矩、剪力及轴心力共同作用下的对接焊缝

项目 4 角焊缝的构造和计算

4.1 角焊缝的形式

角焊缝按两焊脚边的夹角不同分为直角角焊缝和斜角角焊缝。常见的是直角角焊缝，按其截面形式分为普通型，平坦型，凹面型（如图 3-15 所示）。直角角焊缝的有效厚度 h_e $=h_f\cos45°=0.7h_f$，h_f 称角焊缝的焊脚尺寸。有效厚度所在的截面称有效截面。常认为角焊缝的破坏都发生在有效截面。在结构中常用普通型焊缝，只有直接承受动力荷载的结构中才采用平坦型或凹面型焊缝。正面角焊缝的截面采用平坦型，侧面角焊缝的截面采用凹面型。

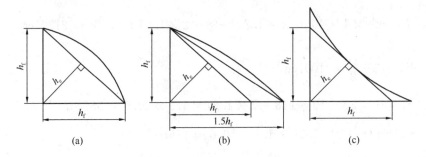

图 3-15 直角角焊缝截面

（a）普通型；（b）平坦型；（c）凹面型

角焊缝按焊缝长度与外力作用方向的不同，分为平行于力作用方向的侧面角焊缝、垂直于力作用方向的正面角焊缝（也可称为端焊缝）和与力作用方向斜交的斜向角焊缝三种。

侧面角焊缝主要承受剪力作用。在弹性阶段，应力沿焊缝长度方向分布不均匀，两端大，中间小（如图 3-16 所示）。根据焊缝长度的不同，其应力分布的不均匀程度也不同。侧面角焊缝塑性较好，当焊缝两端达到屈服点时会产生塑性变形，使应力重分布，因此在一定长度范围内，应力分布可趋于均匀。

正面角焊缝的应力状态比侧焊缝复杂。截面中的各面均存在正应力和剪应力，焊根处

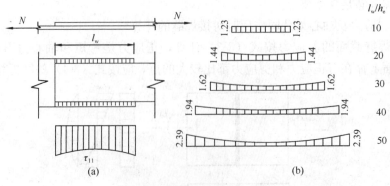

图 3-16 侧面角焊缝应力分布

（a）应力分布状态；（b）应力沿长度分布的不均匀程度

存在着很严重的应力集中。图 3-17 中焊缝 AB 面和 BC 面的受力如图 3-17（c）所示，应力分布不均匀。在焊缝的有效截面 BD 上也有正应力和剪应力。正面角焊缝沿焊缝长度方向的应力分布比较均匀，两端应力比中间应力略低。在计算中，假定端焊缝沿焊缝长度方向的应力均匀分布，并且不分抗拉、抗压或剪切都采用强度设计值 f_f^w 见表 3-2。

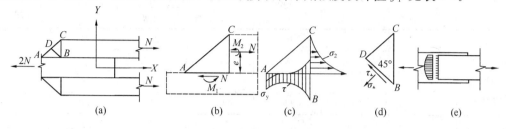

图 3-17 正面角焊缝的应力状态

（a）正面角焊缝；（b）受力图；（c）应力分布；（d）有效截面应力分布；（e）应力沿长度分布均匀

4.2 角焊缝的构造要求

角焊缝连接在构造上处理不当，将降低焊缝强度和连接的极限承载能力，设计时应注意下列构造方面的问题：

1. 最大焊脚尺寸

焊脚尺寸过大，连接中较薄的焊件容易烧伤和穿透。因此角焊缝的焊缝尺寸 $h_{fmax} \leqslant 1.2t_1$（$t_1$ 为较薄焊件厚度）（如图 3-18 所示）。当角焊缝贴着板边施焊时，如焊脚尺寸过大，有可能烧伤板边，产生咬边现象。为此贴板边施焊的角焊缝还应符合下列要求（如图 3-18 所示）：

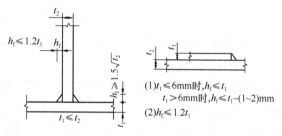

图 3-18 角焊缝的最大、最小焊脚尺寸

（1）当 $t > 6$mm 时，$h_{fmax} \leqslant t - (1 \sim 2)$mm；

（2）当 $t \leqslant 6$mm 时，$h_{fmax} \leqslant t$。

焊缝的强度设计值   表 3-2

焊接方法和焊条型号	构件钢材			对接焊缝			角焊缝
	钢号	厚度或直径（mm）	抗压 f_c^w	焊缝质量为下列等级时，抗拉 f_t^w		抗剪 f_v^w	抗拉、抗压和抗剪 f_f^w
				Ⅰ级、Ⅱ级	Ⅲ级		
自动焊、半自动焊和 E43 型焊条的手工焊	Q235 钢	≤16	215	215	185	125	160
		>16～40	205	205	175	120	
		>40～60	200	200	170	115	
		>60～100	190	190	160	110	
自动焊、半自动焊和 E50 型焊条的手工焊	Q345 钢	≤16	310	310	265	180	200
		>16～35	295	295	250	170	
		>35～50	265	265	225	155	
		>50～100	250	250	210	145	

焊接方法和焊条型号	构件钢材			对接焊缝				角焊缝
	钢号	厚度或直径 (mm)	抗压 f_c^w	焊缝质量为下列等级时，抗拉 f_t^w		抗剪 f_v^w		抗拉、抗压和抗剪 f_f^w
				Ⅰ级、Ⅱ级	Ⅲ级			
自动焊、半自动焊和E55型焊条的手工焊	Q390 钢	≤16	350	350	300	205		220
		>16～35	335	335	285	190		
		>35～50	315	315	270	180		
		>50～100	295	295	250	170		
自动焊、半自动焊和E55型焊条的手工焊	Q420 钢	≤16	380	380	320	220		220
		>16～35	360	360	305	210		
		>35～50	340	340	290	195		
		>50～100	325	325	275	185		

注：1. 自动焊和半自动焊所采用的焊丝和焊剂，应保证其熔敷金属抗拉强度不低于相应手工焊条的数值。

2. 焊缝质量等级应符合现行国家标准《钢结构工程施工质量验收规范》的规定。

3. 对接焊缝抗弯受压区强度设计值取 f_c^w；抗弯受拉区强度设计值取 f_t^w。

圆孔或槽孔内的角焊缝焊脚尺寸尚不宜大于圆孔直径或槽孔短径的1/3。

2. 最小焊脚尺寸

焊缝的冷却速度和焊件的厚度有关，焊件越厚则焊缝冷却越快，很容易产生裂纹。因此，角焊缝的最小焊脚尺寸 $h_{fmin} \geqslant 1.5\sqrt{t_2}$，$t_2$ 为较厚焊件厚度（mm），如图 3-18 所示。对自动焊、最小焊脚尺寸可减小 1mm；对 T 形接头的单面角焊缝，应增加 1mm；当焊件厚度等于或小于 4mm 时，则最小焊脚尺寸与焊件厚度相同。

3. 角焊缝的最小计算长度

焊缝的厚度大而长度过小时，会使焊件局部加热严重，且起落弧的弧坑相距太近，使焊缝不够可靠。因此，侧面角焊缝或正面角焊缝的计算长度不得小于 $8h_f$ 和 40mm。

4. 角焊缝的最大计算长度

由图 3-16 得知，侧面角焊缝的应力沿其长度分布并不均匀，且随着焊缝的长度与厚度之比不同，其差别也各不相同。当长厚比过大时，侧面焊缝的端部应力就会达到极值而破坏，而中部焊缝的承载能力还得不到充分发挥。这对承受动态荷载的构件尤其不利。因此，侧面角焊缝在动态荷载作用下，其计算长度不宜大于 $40h_f$；在静态荷载作用下，不宜大于 $60h_f$。若大于此数值，其超过部分在计算时不予考虑。若内力沿侧面角焊缝全长分布，其计算长度不受此限，如梁及柱的翼缘与腹板的连接焊缝等。

5. 不等焊脚尺寸

当两焊件厚度相差悬殊，用等焊脚边无法满足最大、最小焊缝厚度要求时，可采用不等焊脚尺寸（如图 3-19 所示）。

6. 侧面角焊缝长度与搭接板宽度的要求

当钢板构件的端部仅有两侧面角焊缝连接时，为了避免应力传递的过分弯折而使构件应力过分不均，应使 $L \geqslant b$（见图 3-20）。同时为了避免因焊缝横向收缩时，引起板件拱曲太大，应使 $b \leqslant 16t$（$t > 12$mm 时）或 190mm（$t \leqslant 12$mm 时），t 为较薄焊件厚度。当 b 不满足此规定时，应加正面角焊缝。

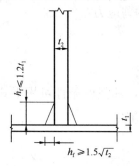

图 3-19　不等焊脚尺寸

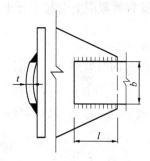

图 3-20　侧面角焊缝引起的拱曲

7. 搭接长度的要求

搭接接头中，搭接长度不得小于焊件较小厚度的 5 倍，并不得小于 25mm。

8. 绕角焊要求

当角焊缝的端部在构件转角处作长度为 $2h_f$ 的绕角焊时（如图 3-21 所示），转角处必须连续施焊。

9. 断续角焊缝的要求

在次要构件或次要焊缝连接中，可采用断续角焊缝。断续角焊缝焊段长度不得小于 $10h_f$ 或 50mm，断续角焊缝之间的净距，不应大于 $15t$（对受压构件）或 $30t$（对受拉构件），t 为较薄焊件的厚度。

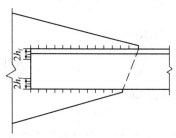

图 3-21　焊缝的绕角焊

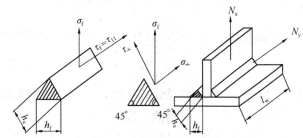

图 3-22　角焊缝的应力

10. 直接承受动力荷载结构要求

在直接承受动力荷载的结构中，角焊缝表面应做成直线性或凹性。焊脚尺寸的比例：对正面角焊缝宜为 1∶1.5（长边顺内力方向）；对侧面角焊缝可为 1∶1。

4.3　角焊缝的计算

角焊缝的连接及受力如图 3-22 所示。由 N_x 在焊缝有效截面上引起垂直于焊缝长度方向的计算应力：

$$\sigma_f = \frac{N_x}{h_e \Sigma l_w} \tag{3-5}$$

σ_f 既不是正应力，也不是剪应力，将它分解为：

$$\sigma_\perp = \frac{\sigma_f}{\sqrt{2}} \tag{3-6}$$

$$\tau_\perp = \frac{\sigma_f}{\sqrt{2}} \tag{3-7}$$

由 N_y 在焊缝有效截面上引起平行于焊缝长度方向的剪应力：

$$\tau_{/\!/} = \tau_f = \frac{N_y}{h_e \sum l_w} \tag{3-8}$$

式中　h_e——角焊缝的有效厚度（如图 3-22 所示）。

在上述三种应力作用下，角焊缝处于复杂应力状态，其强度条件可用下式表达（f_f^w 是按角焊缝受剪确定的，故需乘以 $\sqrt{3}$ 换成抗拉强度设计值）：

$$\sqrt{\sigma_\perp^2 + 3(\tau_\perp^2 + \tau_{/\!/}^2)} \leqslant \sqrt{3} f_f^w \tag{3-9}$$

将 $\sigma_\perp$、$\tau_\perp$、$\tau_{/\!/}$ 代入上式得

$$\sqrt{4\left(\frac{\sigma_f}{\sqrt{2}}\right)^2 + 3\tau_f^2} \leqslant \sqrt{3} f_f^w$$

$$\sqrt{\left(\frac{\sigma_f}{\beta_f}\right)^2 + \tau_f^2} \leqslant f_f^w \tag{3-10}$$

式中　$\beta_f = \sqrt{\dfrac{3}{2}} = 1.22$——正面角焊缝的强度设计值增大系数。

对正面角焊缝 $N_y = 0$，只有垂直于焊缝长度方向的轴心力 N_x 作用

$$\sigma_f = \frac{N_x}{h_e \sum l_w} \leqslant \beta_f f_f^w \tag{3-11}$$

对侧面角焊缝 $N_x = 0$，只有平行于焊缝长度方向的轴心力 N_y 作用

$$\tau_f = \frac{N_y}{h_e \sum l_w} \leqslant f_f^w \tag{3-12}$$

式中　$\sum l_w$——角焊缝的总计算长度，每条焊缝取实际长度减去 $2h_f$；

　　　f_f^w——直角角焊缝的强度设计值。

对承受静力荷载和间接承受动力荷载的结构，采用上述公式计算，令 $\beta_f = 1.22$，可以保证安全。但对直接承受动力荷载的结构，正面角焊缝虽强度高，但刚度较大，应力集中现象比较严重，故规范规定，直接承受动力荷载的结构取 $\beta_f = 1.0$。

4.4　轴心力、弯矩、扭矩单独作用时的角焊缝计算

1. 轴心力作用时的角焊缝计算

当焊件受轴心力（拉力、压力、剪力）作用，且轴心力通过连接焊缝中心时，可认为角焊缝有效截面上的应力是均匀分布的。在图 3-23（a）的连接中，当只有侧面角焊缝连接时，按式（3-12）计算；当只有正面角焊缝连接时，按式（3-11）或式（3-12）计算；采用三面围焊时，对矩形拼接板，可按式（3-11）计算

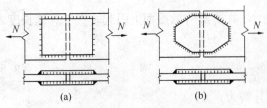

图 3-23　轴心力 N 作用下焊缝连接

(a) 矩形拼接板；(b) 菱形拼接板

正面角焊缝所承担的内力 N_3，再由 $N—N_3$ 按式（3-12）计算侧面角焊缝。对菱形拼接板（图 3-23b）及承受动态荷载的矩形拼接板，按内力由焊缝有效截面面积平均承担。

$$\frac{N}{h_e \Sigma l_w} \leqslant f_f^w \tag{3-13}$$

式中　Σl_w——拼接焊缝一侧的焊缝总计算长度。

当角钢与连接板连接时（图 3-24），虽然轴心力通过角钢截面形心，但由于角钢截面不对称，其截面形心到肢背和肢尖的距离不等，肢背焊缝和肢尖焊缝受力也不相等。

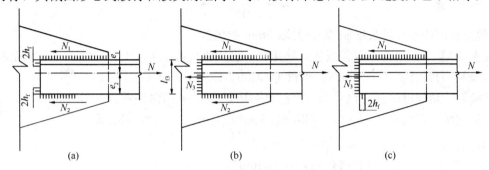

图 3-24　角焊缝 N_1、N_2、N_3 的分配

(a) 两面侧焊；(b) 三面围焊；(c) L 形围焊

当采用两面侧焊时，N_1、N_2 分别为肢背和肢尖焊缝承担的内力，由力平衡条件得：

$$N_1 = \frac{e_2}{e_1 + e_2} N = K_1 N \tag{3-14}$$

$$N_2 = \frac{e_1}{e_1 + e_2} N = K_2 N \tag{3-15}$$

式中　K_1、K_2——焊缝内力分配系数，查表 3-3。

角钢角焊缝内力分配系数　　　　　　　　　　　表 3-3

角钢种类	连接情况	角钢肢背 K_1	角钢肢尖 K_2
等　　肢		0.7	0.3
不等肢		0.75	0.25
不等肢		0.65	0.35

当采用三面围焊时，可先选定正面角焊缝的厚度 h_f，并算出它所能承受的内力。

$$N_3 = 1.22 \times 0.7 h_f l_{f3} f_f^w \tag{3-16}$$

再通过平衡条件，可以解得：

$$N_1 = \frac{e_2}{e_1 + e_2} N - \frac{N_3}{2} = K_1 N - \frac{N_3}{2} \tag{3-17}$$

$$N_2 = \frac{e_1}{e_1 + e_2} N - \frac{N_3}{2} = K_2 N - \frac{N_3}{2} \tag{3-18}$$

对于 L 形的角焊缝，令式（3-18）的 $N_2=0$，可得：$N_3=2K_2N$ $\qquad$ (3-19)

$$N_1=N-N_3=(1-2K_2)N \qquad (3-20)$$

求出每条焊缝承受的内力后，根据假定焊缝的焊脚尺寸 h_{f1}、h_{f2}，求得所需焊缝的计算长度。

角钢肢背焊缝 $\qquad L_{\mathrm{W1}}=\dfrac{N_1}{2\times0.7h_{\mathrm{f1}}\cdot f_{\mathrm{f}}^{\mathrm{w}}} \qquad (3-21)$

角钢肢尖焊缝 $\qquad L_{\mathrm{W2}}=\dfrac{N_2}{2\times0.7h_{\mathrm{f2}}\cdot f_{\mathrm{f}}^{\mathrm{w}}} \qquad (3-22)$

设计焊缝长度应取计算长度加 $2h_{\mathrm{f}}$，并取 5mm 的倍数。

【例 3-2】 试设计一双盖板的对接接头。已知钢板截面为 400mm×12mm，承受静力荷载，轴心力设计值 $N=980\mathrm{kN}$。钢材为 Q235，E43 型焊条手工焊。

【解】 角焊缝的强度设计值 $f_{\mathrm{f}}^{\mathrm{w}}=160\mathrm{MPa}$。盖板采用两块截面为 360mm×8mm 的 Q235 钢钢板，其面积为 $36\times0.8\times2=57.6\mathrm{cm}^2$，大于 $40\times1.2=48\mathrm{cm}^2$。

取 $h_{\mathrm{f}}=6\mathrm{mm}>h_{\mathrm{fmin}}=1.5\sqrt{12}=5.2\mathrm{mm}$

$\qquad\qquad \leqslant h_{\mathrm{fmax}}=8-(1\sim2)=6\sim7\mathrm{mm}$

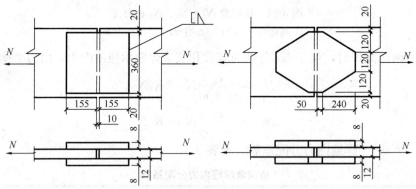

图 3-25 例 3-2 图

因 $b>190\mathrm{mm}$，需采用三面围焊。正面角焊缝能承担的内力为：

$N'=2\times0.7h_{\mathrm{f}}l_{\mathrm{w}}'\cdot\beta_{\mathrm{f}}\cdot f_{\mathrm{f}}^{\mathrm{w}}=2\times0.7\times6\times360\times1.22\times160=590285\mathrm{N}=590\mathrm{kN}$

需要侧面角焊缝长为：

$$l_{\mathrm{w}}=\frac{N-N'}{4\times0.7h_{\mathrm{f}}f_{\mathrm{f}}^{\mathrm{w}}}=\frac{(980-590)\times10^3}{4\times0.7\times6\times160}=145\mathrm{mm}$$

盖板总长度 $L=(145+6)\times2+10=312\mathrm{mm}$，取盖板长度 320mm。

有时为了减少盖板四角处焊缝的应力集中，改用图示菱形盖板。需要焊缝的总计算长度为：

$$\sum l_{\mathrm{w}}=\frac{N}{h_{\mathrm{e}}f_{\mathrm{f}}^{\mathrm{w}}}=\frac{980\times10^3}{2\times0.7\times6\times160}=729\mathrm{mm}$$

实际焊缝的总计算长度为：

$L_{\text{总}}=2\times(50+\sqrt{240^2+120^2})+120-12=745\mathrm{mm}>729\mathrm{mm}$，菱形盖板满足要求

【例 3-3】 图示角钢和节点板用角焊缝连接，$N=650\mathrm{kN}$（静荷载设计值），角钢为 2∟110×10，节点板厚度 $t=10\mathrm{mm}$，钢材为 Q235，E43 型焊条手工焊。试设计所需角焊

缝的厚度和长度。

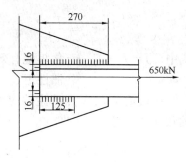

图 3-26　例 3-3 图

【解】 角焊缝的强度设计值 $f_\text{f}^\text{w}=160\text{MPa}$

$$h_\text{fmin} \geq 1.5\sqrt{t}=1.5\sqrt{10}=5\text{mm}$$

$$h_\text{fmax} \leq t-(1\sim2)\text{mm}=10-(1\sim2)$$

$$=9\sim8\text{mm},取\ h_\text{f}=8\text{mm}$$

采用两面侧焊每根角钢侧焊缝的内力为：$N_1=\dfrac{N}{2}K_1$

$$=\frac{650}{2}\times0.7=228\text{kN}$$

$$N_2=\frac{N}{2}K_2=\frac{650}{2}\times0.3=98\text{kN}$$

所需焊缝长度：$l_\text{w1}=\dfrac{N_1}{h_\text{e}f_\text{f}^\text{w}}+2h_\text{f}=\dfrac{228\times10^3}{0.7\times8\times160}+16=270\text{mm}$

$$l_\text{w2}=\frac{N^2}{h_\text{e}f_\text{f}^\text{w}}+2h_\text{f}=\frac{98\times10^3}{0.7\times8\times160}+16=125\text{mm}$$

取　$l_\text{w1}=270\text{mm}$，$l_\text{w2}=125\text{mm}$

采用三面围焊，正面角焊缝承受的内力为：

$$N_3=2\times0.7h_\text{f}\cdot b\cdot\beta_\text{f}\cdot f_\text{f}^\text{w}=1.4\times8\times110\times1.22\times160=240486\text{N}=240\text{kN}$$

肢背和肢尖焊缝分担的内力为：$N_1=0.7N-\dfrac{N_3}{2}=0.7\times650-\dfrac{240}{2}=335\text{kN}$

$$N_2=0.3N-\frac{N_3}{2}=0.3\times650-\frac{240}{2}=75\text{kN}$$

肢背和肢尖需要的焊缝长度为：$l_\text{w1}=\dfrac{335\times10^3}{2\times0.7\times8\times160}+8=195\text{mm}$

$$l_\text{w2}=\frac{75\times10^3}{2\times0.7\times8\times160}+8=50\text{mm}$$

取 $l_\text{w1}=200\text{mm}$，$l_\text{w2}=50\text{mm}$

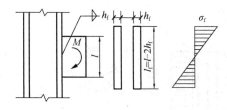

图 3-27　弯矩作用时角焊缝应力

2. 弯矩作用时角焊缝计算

为角焊缝连接受弯矩单独作用及角焊缝有效截面面积见图 3-27。有效截面上的应力属正面角焊缝的受力性质，其计算公式为：

$$\sigma_\text{f}=\frac{M}{W_\text{w}}=\frac{6M}{\Sigma h_\text{e}\cdot l_\text{w}^2}\leq1.22f_\text{f}^\text{w} \qquad (3-23)$$

式中　W_w——角焊缝有效截面的抵抗矩。

3. 扭矩作用时角焊缝计算

图 3-28 为角焊缝连接受扭矩作用。计算时假定，①被连接构件是绝对刚性的，而角焊缝则是弹性的；②被连接构件绕角焊缝形心 O 旋转，角焊缝上任意一点的应力方向垂直该点与形心的连线，且应力的大小与其距离 r 的大小成正比。角焊缝有效截面上 A 点的应力按下式计算：

$$\tau_A = \frac{T \cdot r}{J} \qquad (3\text{-}24)$$

式中 $J = I_x + I_y$——角焊缝有效截面的极惯性矩。

将扭矩 T 在 A 点产生的应力分解到 x 轴和 y 轴上得：

$$\tau_{Ax} = \frac{T \cdot r_y}{J}（侧面角焊缝受力性质）$$
$$(3\text{-}25)$$

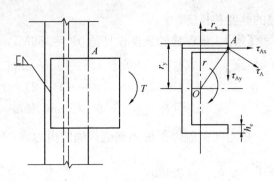

图 3-28 扭矩作用时角焊缝应力

$$\sigma_{Ay} = \frac{T \cdot r_x}{J}（正面角焊缝受力性质）$$
$$(3\text{-}26)$$

A 点焊缝的应力应满足：

$$\sqrt{\left(\frac{\sigma_{Ay}}{\beta_f}\right)^2 + \tau_{Ax}^2} \leqslant f_f^w \qquad (3\text{-}27)$$

如果焊缝连接直接承受动力荷载作用，用下式计算 A 点的应力：

$$\sqrt{\sigma_{Ay}^2 + \tau_{Ax}^2} = \tau_A = \frac{T \cdot r}{J} \leqslant f_f^w \qquad (3\text{-}28)$$

4. 在弯矩、剪力、轴心力共同作用下的角焊缝计算

图 3-29 为角焊缝连接受 V 和 N 力的作用，将 V 和 N 力向焊缝形心简化，角焊缝所受内力有轴心力 N、剪力 V 和弯矩 $M = V \cdot e$，在焊缝计算截面上的应力分布如图 3-29 所示。在角焊缝上端点"A"处最危险。各应力计算如下：

$$\sigma_{fN} = \frac{N}{A_e} = \frac{N}{2h_e l_w} \qquad (3\text{-}29)$$

$$\sigma_{fM} = \frac{M}{W_e} = \frac{6 \cdot V \cdot e}{2h_e \cdot l_w^2} \qquad (3\text{-}30)$$

$$\tau_{fV} = \frac{V}{A_e} = \frac{V}{2h_e \cdot l_w} \qquad (3\text{-}31)$$

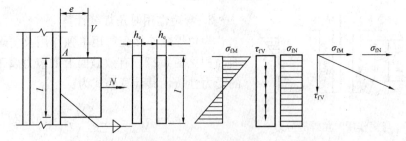

图 3-29 受弯、受剪、受轴心力的角焊缝应力

σ_{fN} 和 σ_{fM} 皆垂直于焊缝轴线，属端焊缝受力状态；τ_{fV} 沿焊缝轴线方向，属于侧焊缝受力状态，将 σ_{fN}、σ_{fM}、τ_{fV} 代入式（3-10）得：

$$\sqrt{\left(\frac{\sigma_{fN} + \sigma_{fM}}{1.22}\right)^2 + \tau_{fV}^2} \leqslant f_f^w \qquad (3\text{-}32)$$

当连接直接承受动态荷载时：

$$\sqrt{(\sigma_{fN} + \sigma_{fM})^2 + \tau_{fV}^2} \leqslant f_f^w \tag{3-33}$$

工字梁（或牛腿）与钢柱翼缘的角焊缝连接（见图3-30），焊缝承受弯矩 M 和剪力 V 的联合作用。由于翼缘的竖向刚度较差，在剪力作用下，如果没有腹板焊缝存在，翼缘将发生明显的挠曲，因翼缘板的抗剪能力极差。因此，计算时通常假设剪力由腹板焊缝承受，且剪应力沿腹板焊缝均匀分布，而弯矩由全部焊缝承受。

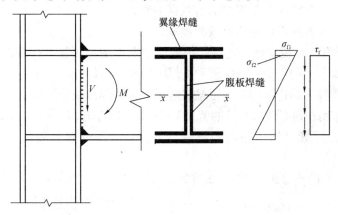

图 3-30　工字梁（或牛腿）与钢柱翼缘的角焊缝

通常角焊缝均匀分布在翼缘的上下两侧，由于翼缘只承受弯曲应力，此弯曲应力沿梁高度呈三角形分布，最大应力发生在翼缘焊缝的最外纤维处，最大应力需满足角焊缝的强度条件，即：

$$\sigma_{f1} = \frac{M}{I_w} \cdot \frac{h}{2} \leqslant \beta_f f_f^w \tag{3-34}$$

式中　M——全部焊缝所承受的弯矩；

　　　I_w——全部焊缝有效截面对中和轴的惯性矩；

　　　h——上下翼缘焊缝有效截面最外纤维之间的距离。

腹板焊缝承受两种应力的共同作用，即垂直于焊缝长度方向，且沿梁高度呈三角形分布的弯曲正应力和平行于焊缝长度方向，且沿焊缝截面均匀分布的剪应力的作用，设计控制点为翼缘焊缝与腹板焊缝的交点处，此处的弯曲正应力和剪应力分别按下式计算：

$$\sigma_{f2} = \frac{M}{I_w} \cdot \frac{h_2}{2} \tag{3-35}$$

$$\tau_f = \frac{V}{\sum(h_{e2} l_{e2})} \tag{3-36}$$

式中　$\sum(h_{e2} l_{e2})$——腹板焊缝有效截面积之和；

　　　h_2——腹板焊缝的实际长度。

则腹板焊缝在交点处的强度验算式为：

$$\sqrt{\left(\frac{\sigma_{f2}}{\beta_f}\right)^2 + \tau_f^2} \leqslant f_f^w \tag{3-37}$$

工字梁（或牛腿）与钢柱翼缘角焊缝连接的另一种计算方法是，使焊缝传递应力与母材所承受应力相协调。即假设腹板焊缝只承受剪力 V，翼缘焊缝只承担弯矩 M，并将弯矩

M 化为一对水平力 $H = M/h$，则翼缘焊缝的强度计算式为：

$$\sigma_{\mathrm{f}} = \frac{H}{h_{\mathrm{e1}} l_{\mathrm{w1}}} \leqslant \beta_{\mathrm{f}} f_{\mathrm{f}}^{\mathrm{w}} \tag{3-38}$$

腹板焊缝的强度计算式为：

$$\tau_{\mathrm{f}} = \frac{V}{2h_{\mathrm{e2}} l_{\mathrm{w2}}} \leqslant f_{\mathrm{f}}^{\mathrm{w}} \tag{3-39}$$

式中　$h_{\mathrm{e1}} l_{\mathrm{w1}}$ ——一个翼缘上角焊缝的有效截面积；

$2h_{\mathrm{e2}} l_{\mathrm{w2}}$ ——两条腹板焊缝的有效截面积。

【例 3-4】　设有一牛腿与钢柱连接，牛腿尺寸及作用力（静态荷载设计值）如图 3-31 所示。钢材为 Q235，采用 E43 型焊条手工焊，试计算角焊缝。

【解】　假设焊缝为周边围焊，不考虑起落弧引起的焊口缺陷，取 $h_{\mathrm{f}} = 8\mathrm{mm}$，翼缘端部焊缝忽略不计。作用在角焊缝形心处的剪力 $V = 450\mathrm{kN}$，弯矩 $M = 450 \times 0.2 = 90\mathrm{kN \cdot m}$。

（1）考虑腹板焊缝参加传递弯矩的计算方法，全部焊缝有效截面对中和轴的惯性矩为：

$$I_{\mathrm{w}} = 2 \times 0.7 \times 0.8 \times 20 \times 17.78^2 + 4 \times 0.7 \times 0.8$$

$$\times (9.5 - 0.56) \times 15.22^2 + 2 \times \frac{0.7 \times 0.8 \times 31^3}{12}$$

$$= 14500\mathrm{cm}^4$$

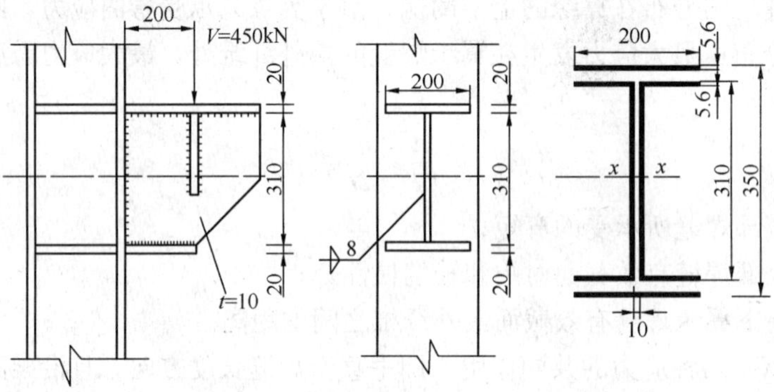

图 3-31　例 3-4 图：牛腿与钢柱连接

翼缘焊缝的最大应力为：

$$\sigma_{\mathrm{f1}} = \frac{M}{I_{\mathrm{w}}} \cdot \frac{h}{2} = \frac{90 \times 10^6}{14500 \times 10^4} \times 180.6 = 112.1\mathrm{MPa} < 1.22 f_{\mathrm{f}}^{\mathrm{w}} = 1.22 \times 160 = 195.2\mathrm{MPa}$$

腹板焊缝中由于弯矩 M 引起的最大应力为：$\sigma_{\mathrm{f2}} = 112.1 \times \dfrac{155}{180.6} = 96.2\mathrm{MPa}$

由剪力 V 在腹板焊缝中产生的平均剪应力为：$\tau_{\mathrm{f}} = \dfrac{V}{A_{\mathrm{f}}} = \dfrac{450 \times 10^3}{2 \times 0.7 \times 8 \times 310} = 129.4\mathrm{MPa}$

则腹板焊缝的强度（腹板与翼缘连接处）为：

$$\sqrt{\left(\frac{\sigma_{\mathrm{f2}}}{\beta_{\mathrm{f}}}\right)^2 + \tau_{\mathrm{f}}^2} = \sqrt{\left(\frac{96.2}{1.22}\right)^2 + 129.4^2} = 151.5\mathrm{MPa} < f_{\mathrm{f}}^{\mathrm{w}} = 160\mathrm{MPa}$$

（2）按不考虑腹板焊缝传递弯矩的计算方法。（翼缘焊缝承担全部弯矩，腹板焊缝承担全部剪力）

翼缘焊缝所承受的水平力为：

$$H = \frac{M}{h} = \frac{90 \times 10^3}{330} = 273 \text{kN}（h \text{ 值近似取为翼缘中线间距离}）$$

计算翼缘焊缝的强度：

$$\sigma_f = \frac{H}{A_e} = \frac{273 \times 10^3}{0.7 \times 8 \times (200 + 2 \times 89.4)} = 129 \text{MPa} < 1.22 f_f^w = 195 \text{MPa}$$

计算腹板焊缝的强度：

$$\tau_f = \frac{V}{A_f} = \frac{450 \times 10^3}{2 \times 0.7 \times 8 \times 310} = 129 \text{MPa} < f_f^w = 160 \text{MPa}$$

经计算翼缘、腹板角焊缝强度足够。

5. 在扭矩、剪力、轴心力共同作用下角焊缝的计算

图 3-32 为搭接接头受剪力 V 和轴力 N 作用的情况，因焊缝截面不对称，计算时，先求角焊缝有效截面的形心 O，然后将各力向焊缝形心简化，因此作用在焊缝形心上的力有：竖向剪力 V，扭矩 $T = V(e + x)$、水平轴心力 N。在 V、T、N 单独作用下焊缝截面的应力计算如下：

由剪应力 $\tau = \frac{T \cdot r}{J}$ 可得：

$$\tau_{Tx} = \frac{T \cdot r_y}{J} \qquad \sigma_{Ty} = \frac{T \cdot r_x}{J}$$

$$\sigma_{vy} = \frac{V}{h_e \cdot \Sigma l_w} \qquad \tau_{Nx} = \frac{N}{h_e \cdot \Sigma l_w}$$

分析焊缝有效截面上的应力组合情况，找出受力最大点，按下式验算：

$$\sqrt{\left(\frac{\sigma_{Ty} + \sigma_{Vy}}{1.22}\right)^2 + (\tau_{Tx} + \tau_{Nx})^2} \leqslant f_f^w \qquad (3\text{-}40)$$

直接承受动力荷载的结构，按下式验算：

$$\sqrt{(\sigma_{Ty} + \sigma_{Vy})^2 + (\tau_{Tx} + \tau_{Nx})^2} \leqslant f_f^w \qquad (3\text{-}41)$$

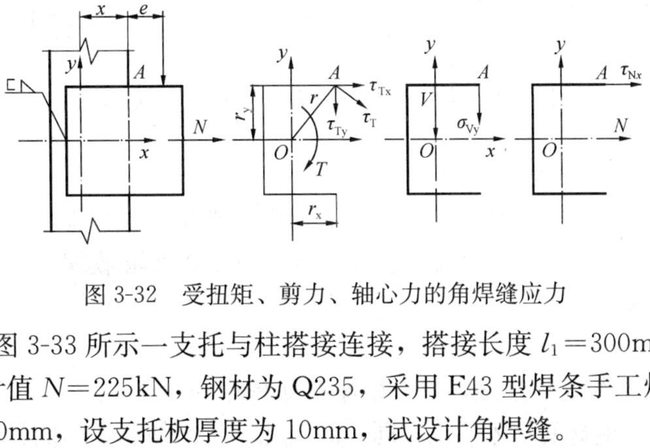

图 3-32 受扭矩、剪力、轴心力的角焊缝应力

【例 3-5】 如图 3-33 所示一支托与柱搭接连接，搭接长度 $l_1 = 300$mm，钢板宽度 $l_2 = 400$mm，荷载设计值 $N = 225$kN，钢材为 Q235，采用 E43 型焊条手工焊，作用力距柱边缘的距离为 $e = 300$mm，设支托板厚度为 10mm，试设计角焊缝。

【解】 设 $h_f = 8$mm。水平焊缝和竖向焊缝为连续焊缝，因此仅在水平焊缝端部有焊

口（减 h_f），角焊缝有效截面的形心位置 $(0.7\times8+400+0.7\times8=411.2)$：

$$x_0 = \frac{2\times0.7\times8\times292\times(292\div2+2.8)}{0.7\times8\times(2\times292+411.2)}$$

$$= 87.3\text{mm}$$

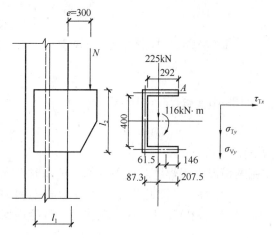

图 3-33　例 3-5 图：支托与柱搭接连接

角焊缝有效截面的惯性矩：

$$I_x = 0.7\times0.8$$
$$\times\left(\frac{41.12^3}{12}+2\times29.2\times20.28^2\right)$$
$$= 16695\text{cm}^4$$

$$I_y = 0.7\times0.8$$
$$\times\left[41.12\times8.73^2+\frac{29.2^3}{12}\right.$$
$$\times2+2\times29.2$$
$$\left.\times\left(\frac{29.2}{2}+0.28-8.73\right)^2\right]$$
$$= 5316\text{cm}^4$$

$$J = I_x + I_y = 16695 + 5316 = 22011\text{cm}^4$$

故扭矩 $T = N\cdot(e+h_f+x_c) = 225\times(30+0.8+20.75) = 11598.75\text{kN}\cdot\text{cm} = 116\text{kN}\cdot\text{m}$

角焊缝有效截面上 A 点应力为：

$$\tau_{Tx} = \frac{T\cdot r_y}{J} = \frac{116\times10^6\times205.6}{22011\times10^4} = 108\text{MPa}$$

$$\sigma_{Ty} = \frac{T\cdot r_x}{J} = \frac{116\times10^6\times207.5}{22011\times10^4} = 109\text{MPa}$$

$$\sigma_{Vy} = \frac{V}{h_e\cdot\Sigma l_w} = \frac{225\times10^3}{0.7\times8\times(411.2+2\times292)} = 40\text{MPa}$$

$$\sqrt{\left(\frac{\sigma_{Ty}+\sigma_{Vy}}{1.22}\right)^2+\tau_{Tx}^2} = \sqrt{\left(\frac{109+40}{1.22}\right)^2+108^2} = 163\text{MPa} \approx f_f^w = 160\text{MPa}$$

经计算取 $h_f = 8\text{mm}$，满足强度要求。

项目 5　焊接残余应力和焊接变形

5.1　焊接残余应力产生的原因

焊接过程是焊件局部范围加热至熔化，而后再冷却凝固的过程，是一个不均匀加热和冷却的过程。由于不均匀的加热和冷却作用，使焊件的膨胀和收缩极不均匀，焊后在焊件中会产生焊接残余应力。

1. 纵向残余应力

图 3-34 为两块钢板对接连接，焊点熔池温度高达 1600℃以上，离开焊点越远，温度越低。因温度不同，钢材的膨胀量也不同。高温处钢材的伸长受到低温处钢材的限制，使高温处产生热状态塑性压缩。低温处产生弹性拉伸（如图 3-34c 所示）。焊缝冷却时，经

过塑性压缩的焊缝区收缩得比原始长度还短。这种收缩变形受到两侧钢材的限制，使焊缝区产生纵向拉应力（如图3-34d所示）。在低碳钢和低合金钢中，这种拉应力经常会达到钢材的屈服强度。焊接残余应力是一种内应力，在焊件内自相平衡，在距焊缝稍远处区段内会同时产生压应力。

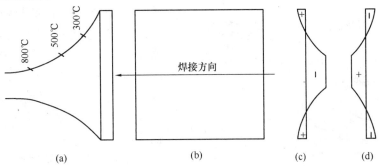

图 3-34　纵向残余应力产生的原因

2. 横向残余应力

产生横向残余应力的原因有两个：一是由于焊缝纵向收缩，两块钢板趋向于形成反方向的弯曲变形（如图3-35a所示）。因此在焊缝中部产生横向拉应力，而两端产生压应力（如图3-35b所示）；二是施焊过程中焊缝的冷却时间不同。先焊的焊缝冷却后已有一定的强度，当后焊的焊缝引起膨胀时必将受到先焊的焊缝阻碍而产生横向热塑性压缩。当焊缝冷却时，后焊焊缝收缩又受到限制，从而产生横向拉应力，同时在先焊的焊缝内产生横向压应力（如图3-35c所示）。横向收缩引起的横向应力与施焊方向和先后次序有关。图3-35（d）为两种原因叠加后得到的最终横向残余应力。

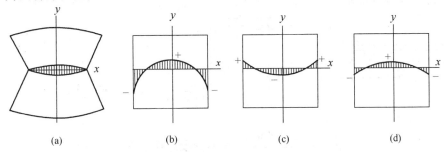

图 3-35　横向残余应力产生的原因

3. 厚度方向的残余应力

厚钢板焊接时，焊缝需要分层施焊，冷却时，外围焊缝因散热快而先冷却，并有一定强度，使内层焊缝的收缩受到限制，因此焊缝中除有横向和纵向残余应力外，还存在有沿焊缝厚度方向的残余应力（图3-36）。这三种应力形成比较严重的同号三轴应力，大大降低了结构连接的塑性，使钢材变脆。若在低温下工作，脆性趋向更大。

5.2　焊接变形

焊接过程中不均匀的温度场使焊件产生

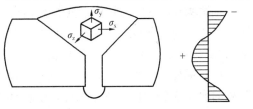

图 3-36　焊缝厚度方向的残余应力

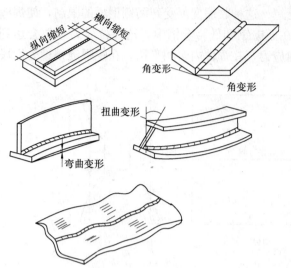

残余应力的同时伴生有残余变形。由于焊缝的不均匀收缩，构件总要产生一些局部的鼓起、歪曲或扭曲等。焊接残余变形有：纵向缩短、横向缩短、弯曲变形、角变形、波浪变形和扭曲变形等（如图3-37所示）。若残余变形过大，会影响构件的使用。《钢结构工程施工质量验收规范》GB 50205—2001 对残余变形作出规定，如果残余变形超出规范的规定时，必须加以校正，以保证构件的承载和正常使用。

图 3-37　焊接变形的基本形式

5.3　减少焊接残余应力和变形的方法

（1）焊接前把焊件预热，使焊件在施焊时的温度分布均匀些。这样可以减少焊缝不均匀收缩的速度，减少焊接应力和变形。

（2）采用合理的施焊顺序可减小焊接残余应力和焊接变形，如图3-38所示，钢板对接时采用分段退焊、厚度方向分层焊、工字形截面采用对角跳焊等。

（3）反变形法。焊前给焊件一个和焊接变形相反的预变形，使焊件焊接后产生的变形正好与之抵消（如图3-39所示）。这种方法可以减少焊后变形量，但不会根除焊接应力。

（4）对焊缝进行锤击，可减小焊接应力。

（5）焊后退火处理，这是消除焊接残余应力最有效的方法。

（6）对焊件进行机械矫正或局部加热矫正，以消除焊接变形。

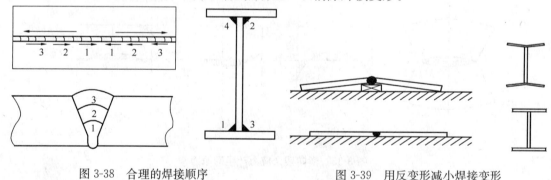

图 3-38　合理的焊接顺序　　　　　　图 3-39　用反变形减小焊接变形

项目 6　普通螺栓连接

钢结构采用的普通螺栓形式为六角头型，其代号用字母 M 和公称直径的毫米数表示。螺栓直径 d 应根据整个结构及其主要连接的尺寸和受力情况选定，受力螺栓一般用≥M16，常用 M16、M20、M24 等。普通螺栓分粗制螺栓（C级）和精制螺栓（A、B级）两种。

粗制螺栓，受剪性能差，只宜用于螺栓受拉且承受静力荷载的连接，或间接承受动力荷载的次要受剪连接。精制螺栓，受剪性能好，制造安装费工，采用较少。

螺栓的最大连接长度随螺栓直径而异，选用时不超过螺栓标准中规定的夹紧长度。一般为 4～6 倍螺栓直径（直径大时取大值）。螺栓拧紧后外露丝扣不少于 2～3 扣。

6.1 螺栓的排列和构造要求

螺栓在构件上的排列应简单、统一、整齐和紧凑。螺栓的排列有并列和错列两种（如图 3-40 所示）。并列比较简单整齐，所用连接板尺寸小，但螺栓孔对构件截面削弱较大。错列可以减小螺栓孔对截面的削弱,但排列不紧凑,连接板尺寸较大。螺栓排列应满足下列要求：

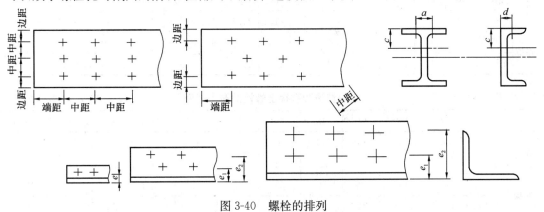

图 3-40　螺栓的排列

1. 受力要求

螺栓中距过小，会使钢板截面削弱过多，从而降低其承载能力。对受压构件，沿作用力方向的栓距不宜过大，否则在被连接的板件间容易发生鼓曲现象。在顺内力方向应有足够的端距，否则，钢板端部有被剪断的可能。规范规定端距不应小于 $2d_0$。

2. 构造要求

外排螺栓间距不宜过大，以保证钢板间接触面连接紧密，防止潮气侵入缝隙使钢材发生锈蚀。

3. 施工要求

螺栓间应保持足够距离，以便于转动搬手，拧紧螺帽。根据扳手尺寸和工人的施工经验，规定最小中距为 $3d_0$。

根据上述要求，规范规定了螺栓的最大和最小间距（见表 3-4），一般取 5mm 的倍数。

螺栓的最大、最小容许距离　　表 3-4

名　　称		位　置　和　方　向			最大容许距离 （取两者的较小值）	最小容许距离
中心距离		外排（垂直内力方向或顺内力方向）			$8d_0$ 或 $12t$	$3d_0$
	中间排	垂直内力方向			$16d_0$ 或 $24t$	
		顺内力方向		构件受压力	$12d_0$ 或 $18t$	
				构件受拉力	$16d_0$ 或 $24t$	
中心至构件边缘距离	垂直内力方向	顺　内　力　方　向			$4d_0$ 或 $8t$	$2d_0$
		剪切边或手工气割边				$1.5d_0$
		轧制边、自动气割或锯割边	高强度螺栓			$1.5d_0$
			其他螺栓或铆钉			$1.2d_0$

注：1. d_0 为螺栓的孔径，t 为外层较薄板件的厚度；
　　2. 钢板边缘与刚性构件（角钢，槽钢）相连的螺栓最大间距，可按中间排的数值采用。

型钢上螺栓的排列（图 3-40）要满足表 3-4 的要求，同时还应符合各自的线距要求（见表 3-5、表 3-6、表 3-7）。

工字钢翼缘和腹板上螺栓的最小线距　　　　　　表 3-5

型号		12	14	16	18	20	22	25	28	32	36	40	45	50	56	63
翼缘	线距 a	40	40	50	55	60	65	65	70	75	80	80	85	90	95	95
	孔径 d_0	11	13	15	15	17	19.5	21.5	21.5	21.5	23.5	23.5	25.5	25.5	25.5	28.5
腹板	线距 c	40	45	45	45	50	50	55	60	60	65	70	75	75	75	75
	孔径 d_0	13	17	19.5	21.5	25.5	25.5	25.5	25.5	25.5	25.5	25.5	25.5	25.5	25.5	25.5

槽钢翼缘和腹板上螺栓的最小线距　　　　　　表 3-6

型号		12	14	16	18	20	22	25	28	32	36	40
翼缘	线距 d	30	35	35	40	40	45	45	45	50	56	60
	孔径 d_0	17.5	17.5	20	22	22	24	24	26	26	26	26
腹板	线距 c	40	45	50	50	55	55	55	60	65	70	75
	孔径 d_0	17.5	17.5	20	22	24	26	26	26	26	26	26

角钢上螺栓的最小线距　　　　　　表 3-7

肢宽		40	45	50	56	63	70	75	80	90	100	110	125	140	160	180	200
单行	e	25	25	30	30	35	40	40	45	50	55	60	70				
	d_0	11.5	13.5	13.5	15.5	17.5	20	22	22	24	24	26	26				
双行错列	e_1												55	60	70	70	80
	e_2												90	100	120	140	160
	d_0												24	24	26	26	26
双行并列	e_1														60	70	80
	e_2														130	140	160
	d_0														24	24	26

注：d_0 为螺栓孔最大直径。

6.2　普通螺栓连接的受力性能和计算

普通螺栓连接按其受力方式可分为：作用力与栓杆垂直的受剪螺栓连接，作用力与栓杆平行的受拉螺栓连接，以及同时受剪和受拉的螺栓连接。

1. 受剪螺栓连接

受剪螺栓连接受力后，先由构件间的摩擦力抵抗外力。当外力超过摩擦力后，构件间即出现相对滑动，螺栓杆和螺栓孔接触，使螺栓杆受剪，同时螺栓杆和孔壁间相互挤压。当荷载增加到一定数值时，螺栓连接被破坏。破坏形式可能有 5 种（如图 3-41 所示）：螺栓杆剪断、孔壁挤压破坏、板被拉断、端部钢板被剪开、螺栓杆受弯破坏。后两种形式可采取构造措施来预防，如端距大于 $2d_0$，螺栓杆长 $l < (4 \sim 6) d$（d 是螺栓直径）。前三种破坏形式需按规定进行计算，以保证连接可靠。

（1）一个受剪螺栓承载力设计值的计算

抗剪承载力设计值

$$N_v^b = n_v \cdot \frac{\pi d^2}{4} \cdot f_v^b \tag{3-42}$$

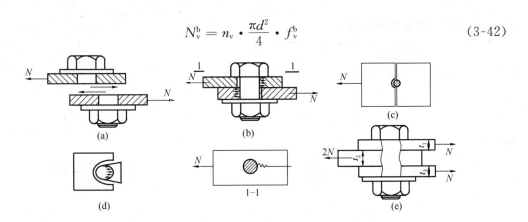

图 3-41 受剪螺栓连接的破坏形式

(a) 螺栓杆剪坏；(b) 孔壁挤压破坏；(c) 钢板被拉断；(d) 钢板被剪坏；(e) 螺栓弯曲

承压承载力设计值

$$N_c^b = d \cdot \Sigma t \cdot f_c^b \tag{3-43}$$

式中　n_v——一个螺栓的受剪面数，单剪（图 3-41a），$n_v = 1$，双剪（图 3-41e），$n_v = 2$；

d——螺栓杆直径；

Σt——在同一受力方向承压构件总厚度的较小值，图 3-41（e）中，取 t_2 或 $t_1 + t_3$ 的较小值；

f_v^b、f_c^b——螺栓抗剪和承压强度设计值。按表 3-8 选用。

单个受剪螺栓的承载力设计值应取 N_v^b 和 N_c^b 中的较小者。即：

$$[N]^b = \min\{N_v^b、N_c^b\} \tag{3-44}$$

螺栓连接的强度设计值（N/mm²）　　　　　　　表 3-8

螺栓的性能等级，锚栓和构件的钢材牌号		普通螺栓					锚栓	高强度螺栓承压型连接		
		C 级螺栓			A 级、B 级螺栓					
		抗拉 f_t^b	抗剪 f_v^b	承压 f_c^b	抗拉 f_t^b	抗剪 f_v^b	承压 f_c^b	抗拉 f_t^a	抗拉 f_t^b	抗剪 f_v^b	承压 f_c^b
普通螺栓	4.6 级、4.8 级	170	140	—	—	—	—	—	—	—	—
	5.6 级	—	—	—	210	190	—	—	—	—	—
	8.8 级	—	—	—	400	320	—	—	—	—	—
锚栓	Q235 钢	—	—	—	—	—	—	140	—	—	—
	Q345 钢	—	—	—	—	—	—	180	—	—	—
高强度螺栓承压型连接	8.8 级	—	—	—	—	—	—	—	400	250	—
	10.9 级	—	—	—	—	—	—	—	500	310	—
构件	Q235 钢	—	—	305	—	—	405	—	—	—	470
	Q345 钢	—	—	385	—	—	510	—	—	—	590
	Q390 钢	—	—	400	—	—	530	—	—	—	615
	Q420 钢	—	—	425	—	—	560	—	—	—	655

注：1. A 级螺栓用于 $d \leqslant 24$mm 和 $l \leqslant 10d$ 或 $l \leqslant 150$mm（按较小值）的螺栓；B 级螺栓用于 $d > 24$mm 或 $l > 10d$ 或 $l > 150$mm（按较小值）的螺栓。d 为公称直径，l 为螺杆公称长度。

2. A、B 级螺栓孔的精度和孔壁表面粗糙度，C 级螺栓孔的允许偏差和孔壁表面粗糙度，均应符合现行国家标准《钢结构工程施工质量验收规范》GB 50250 的要求。

（2）螺栓群抗剪的计算

1）螺栓群在轴心力作用下的计算

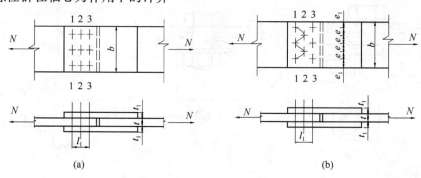

图 3-42　螺栓群传递轴心力

(a) 螺栓并列；(b) 螺栓错列

当外力作用在螺栓群中心时，在弹性工作阶段，顺力方向各螺栓受力不均匀，两端大，中间小，且螺栓群越长，受力就越不均匀。而当连接进入弹塑性工作阶段后，由于内力重分布，各螺栓受力逐渐趋于相等。因此，当 $l_1 \leqslant 15d_0$ 时（如图 3-42 所示），按各螺栓平均受力计算，连接所需螺栓数目为（取整数）：

$$n = \frac{N}{[N]^b} \tag{3-45}$$

式中　N——作用于连接的轴心力；

　　$[N]^b$——单个受剪螺栓的设计承载力。

当 L_1 较大时，即使连接进入弹塑性阶段后，各螺栓受力也不容易均匀。为防止端部螺栓破坏而导致连接破坏的可能性，当 $l_1 > 15d_0$（d_0 为孔径）时，应将 $[N]^b$ 乘以折减系数 β。

$$\beta = 1.1 - \frac{l_1}{150d_0} \tag{3-46}$$

为防止构件在净截面上被拉断，需要验算净截面的强度。

$$\sigma = \frac{N}{A_n} \leqslant f \tag{3-47}$$

式中　f——钢材的抗拉强度设计值；

　　A_n——构件净截面面积。计算方法如下：

螺栓并列（图 3-42a），板件左部 1-1、2-2、3-3 的净截面面积均相等。从板件的传力情况来看，1-1 截面受力为 N，2-2 截面受力为 $N - \frac{n_1}{n}N$，3-3 截面受力为 $N - \frac{n_1 + n_2}{n}N$，因此板件 1-1 截面受力最大，其净截面面积为：

$$A_n = t(b - n_1 \cdot d_0) \tag{3-48}$$

盖板在 3-3 截面受力最大，净截面面积为：

$$A_n = 2t_1(b - n_3 \cdot d_0) \tag{3-49}$$

式中　n——左半部分螺栓总数；

n_1、n_2、n_3——分别为 1-1、2-2、3-3 截面上的螺栓数；

　　d_0——孔径。

螺栓错列（图 3-42b），对板件除考虑沿 1-1 截面破坏的可能，还需要考虑沿 2-2 截面（折线截面）破坏的可能。折线截面按下式计算。

$$A_n = t\left[2e_1 + (n_2 - 1)\sqrt{a^2 + b^2} - n_2 d_0\right] \tag{3-50}$$

式中　n_2——2-2 折线截面中的螺栓数目。

【例 3-6】　试设计如图 3-43 所示两角钢拼接的普通 C 级螺栓连接，角钢型号为L 90×6，承受轴心拉力设计值 $N = 160\text{kN}$，拼接角钢采用与构件角钢相同型号。钢材为 Q235，螺栓 M20。

【解】　（1）确定所需螺栓数目和螺栓布置

由表 3-8 查得 $f_v^b = 140\text{N/mm}^2$，$f_c^b = 305\text{N/mm}^2$

单个螺栓受剪承载力设计值：

$$N_v^b = n_v \frac{\pi \cdot d^2}{4} f_v^b = 1 \times \frac{\pi \times 20^2}{4} \times 140 = 43982\text{N}$$

单个螺栓承压承载力设计值

$$N_c^b = d \cdot \Sigma t f_c^b = 20 \times 6 \times 305 = 36600\text{N}$$

取 $[N]^b = N_c^b = 36600\text{N} = 36.6\text{kN}$

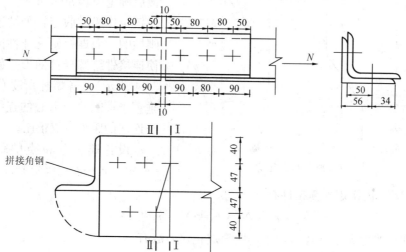

图 3-43　例 3-6 图：两角钢拼接的普通螺栓连接

则构件连接一侧所需螺栓数目为：

$$n = \frac{N}{[N]^b} = \frac{160}{36.6} = 4.4 \text{ 个} \qquad 取 5 \text{ 个}$$

为结构紧凑，螺栓在角钢两肢上交错排列，如图 3-43 所示，螺栓排列的中距、边距和线距均符合要求。

（2）为使拼接角钢与构件角钢紧密贴合，拼接角钢直角处应削圆或倒角 10mm（见附表 4.4）。因此验算拼接角钢净截面强度时，应减去倒角三角形面积。

（3）构件净截面强度验算

由表 2-4 查得 $f = 215\text{N/mm}^2$

将角钢沿板厚中线展开，由型钢表查得角钢的毛截面面积 $A = 10.64\text{cm}^2$，取螺栓孔

径 $d_0 = 22\text{mm}$

直线截面 I-I 净截面面积：

$$A_{n1} = A - n_1 d_0 t - \frac{1}{2} \times 1 \times 1 = 10.64 - 1 \times 2.2 \times 0.6 - 0.5 = 8.82\text{cm}^2$$

齿状截面 II-II 净截面面积：

$$A_{nII} = \left[2e_1 + (n_2 - 1)\sqrt{a^2 + e^2} - n_2 d_0 \right] \cdot t - \frac{1}{2} \times 1 \times 1$$

$$= \left[2 \times 3.4 + (2-1)\sqrt{4^2 + 10.6^2} - 2 \times 2.2 \right] \times 0.6 - 0.5 = 7.7\text{cm}^2$$

$$\sigma = \frac{N}{A_{n\min}} = \frac{160 \times 10^3}{7.7 \times 10^2} = 208\text{N/mm}^2 < f = 215\text{N/mm}^2 \quad （满足）$$

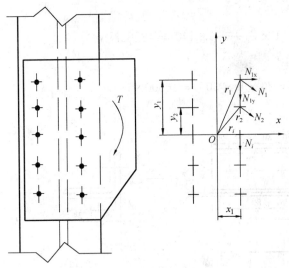

图 3-44　螺栓群受扭矩

2）螺栓群在扭矩作用下的计算

螺栓群连接承受扭矩时，可先按构造要求布置螺栓群，然后计算受力最大的螺栓所承受的剪力，并与一个螺栓的抗剪承载力设计值进行比较，最后确定连接是否可靠。分析螺栓群受扭矩作用时假定：①被连接构件是刚性的，而螺栓则是弹性的；②扭矩使连接件绕螺栓群的形心旋转（如图 3-44 所示），各螺栓所受剪力的方向垂直于该螺栓与形心的连线，其大小与连线的距离 r 成正比。

设各螺栓至 O 点的距离分别为 r_1、r_2、$r_3 \cdots r_n$，所受剪力分别为 N_1、N_2、$N_3 \cdots N_n$。由扭矩平衡条件有：

$$T = N_1 \cdot r_1 + N_2 \cdot r_2 + N_3 \cdot r_3 + \cdots + N_n \cdot r_n \tag{a}$$

根据螺栓受力大小与其到 O 点的距离成正比，故有：

$$\frac{N_1}{r_1} = \frac{N_2}{r_2} = \frac{N_3}{r_3} = \cdots = \frac{N_n}{r_n}$$

因此　　　　　$$N_2 = \frac{r_2}{r_1}N_1 ; N_3 = \frac{r_3}{r_1}N_1 ; \cdots ; N_n = \frac{r_n}{r_1}N_1 \tag{b}$$

将式（b）代入式（a）得

$$T = \frac{N_1}{r_1}(r_1^2 + r_2^2 + \cdots + r_n^2) = \frac{N_1}{r_1}\Sigma r_i^2 \tag{3-51}$$

$$N_1 = \frac{T \cdot r_1}{\Sigma r_i^2} = \frac{T \cdot r_1}{\Sigma x_i^2 + \Sigma y_i^2} \tag{3-52}$$

$$N_1 \leqslant [N]^b \tag{3-53}$$

N_1 在 x、y 方向的分力为

$$N_{1x} = \frac{T \cdot y_1}{\Sigma x_i^2 + \Sigma y_i^2} \tag{3-54}$$

$$N_{1y} = \frac{T \cdot x_1}{\sum x_i^2 + \sum y_i^2} \tag{3-55}$$

螺栓布置狭长时，分解在某个方向上的分力会很小，可忽略，其计算可简化为：当 y_1 大于 $3x_1$ 时 y 方向力忽略不计

$$N_1 = \frac{T \cdot y_1}{\sum y_i^2} \leqslant [N]^b \tag{3-56}$$

当 x_1 大于 $3y_1$ 时，x 方向分力忽略不计

$$N_1 = \frac{T \cdot x_1}{\sum x_i^2} \leqslant [N]^b \tag{3-57}$$

3）螺栓群在扭矩、剪力和轴力共同作用下的计算

当螺栓群同时受到轴心力 N、剪力 V、扭矩 T 共同作用时，先求出各力单独作用下各螺栓所受的剪力，然后分析找出受剪力最大的螺栓的合成剪力，此剪力不应超过一个螺栓的承载力设计值。即：

$$N_1 = \sqrt{(N_{1x}^N + N_{1x}^T)^2 + (N_{1y}^V + N_{1y}^T)^2} \leqslant [N]^b \tag{3-58}$$

【例 3-7】 试设计 C 级普通螺栓连接的双盖板式拼接，钢材为 Q235，尺寸为 370×16，承受扭矩 $T = 30\text{kN} \cdot \text{m}$，剪力 $V = 340\text{kN}$，轴力 $N = 310\text{kN}$，螺栓为 M20，孔径 $d_0 = 22\text{mm}$。

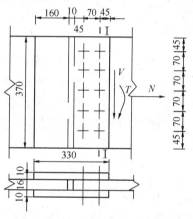

【解】 设盖板为 370×10 上下两块，螺栓布置如图 3-45 所示，一个螺栓的承载力设计值为：

$$N_v^b = n_v \frac{\pi \cdot d^2}{4} f_v^b = 2 \times \frac{\pi \times 20^2}{4} \times 140 = 87965\text{N}$$

$$N_c^b = d\sum t f_c^b = 20 \times 16 \times 305 = 97600\text{N}$$

$$[N]^b = N_v^b = 88\text{kN}$$

螺栓受力计算（右上角的受力最大）

图 3-45 例 3-7 图

$$\sum x_i^2 + \sum y_i^2 = 10 \times 3.5^2 + 4 \times (7^2 + 14^2) = 1102.5\text{cm}^2$$

$$N_{1x}^T = \frac{T \cdot y_1}{\sum x_i^2 + \sum y_i^2} = \frac{30 \times 10^2 \times 14}{1102.5} = 38.1\text{kN}$$

$$N_{1y}^T = \frac{T \cdot x_1}{\sum x_i^2 + \sum y_i^2} = \frac{30 \times 10^2 \times 3.5}{1102.5} = 9.5\text{kN}$$

$$N_{1x}^N = \frac{N}{n} = \frac{310}{10} = 31\text{kN}$$

$$N_{1y}^V = \frac{V}{n} = \frac{340}{10} = 34\text{kN}$$

$$N_1 = \sqrt{(N_{1x}^T + N_{1x}^N)^2 + (N_{1y}^T + N_{1y}^V)^2} = \sqrt{(38.1 + 31)^2 + (9.5 + 34)^2}$$
$$= 81.7\text{kN} < [N]^b = 88\text{kN}$$

钢板净截面验算，Ⅰ-Ⅰ截面面积最小

$$A_n = t(b - n_1 d_0) = 1.6 \times (37 - 5 \times 2.2) = 41.6\text{cm}^2$$

$$I = \frac{bh^3}{12} = \frac{1.6 \times 37^3}{12} = 6753.7\text{cm}^4$$

$$I_n = 6753.7 - 2.2 \times 1.6 \times (7^2 + 14^2) \times 2 = 5028.9 \text{cm}^4$$

$$W_n = \frac{5028.9}{18.5} = 271.8 \text{cm}^3$$

$$S = \frac{37}{2} \times 1.6 \times \frac{37}{4} = 273.8 \text{cm}^3$$

$$\sigma = \frac{M}{W_n} + \frac{N}{A_n} = \frac{30 \times 10^6}{271.8 \times 10^3} + \frac{310 \times 10^3}{41.6 \times 10^2} = 185 \text{N/mm}^2 < f = 215 \text{N/mm}^2$$

$$\tau = \frac{V \cdot S}{I \cdot t} = \frac{340 \times 10^3 \times 273.8 \times 10^3}{6735.7 \times 10^4 \times 16} = 86 \text{N/mm}^2 < f_v = 125 \text{N/mm}^2$$

可见，由一边 10 个 M20 螺栓组成的螺栓群连接满足使用要求。

2. 受拉螺栓连接

当外力作用在抗拉螺栓连接中（如图 3-46 所示），构件间有相互分离的趋势，使螺栓受拉。受拉螺栓的破坏形式是栓杆被拉断，拉断的部位通常在螺纹削弱的截面处。计算时应根据螺纹削弱处的有效直径 d_e 或有效截面 A_e 来确定其承载能力。故一个受拉螺栓的承载力设计值按下式计算：

$$N_t^b = \frac{\pi d_e^2}{4} \cdot f_t^b = A_e f_t^b \tag{3-59}$$

式中　d_e、A_e——分别为螺栓螺纹处的有效直径和有效面积（见附表 5-1）；

　　　　f_t^b——螺栓的抗拉强度设计值，按表 3-8 选用。规范规定普通螺栓抗拉强度设计值取螺栓钢材抗拉强度设计值的 0.8 倍，以考虑撬力的影响。

当螺栓群承受轴心拉力时，连接所需螺栓数目为：

$$n = \frac{N}{N_t^b} \tag{3-60}$$

当螺栓群承受弯矩时（如图 3-46 所示），上部螺栓受拉，容易脱开，使螺栓群的旋转中心下移，通常假定螺栓群绕最下边一排螺栓旋转。螺栓拉力与到最下边一排螺栓的距离成正比。

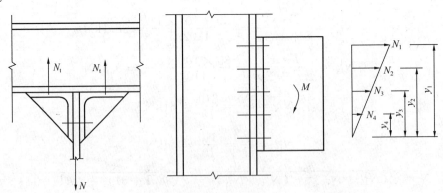

图 3-46　抗拉螺栓连接

由力矩平衡条件有：$M = N_1 \cdot y_1 + N_2 \cdot y_2 + \cdots + N_n \cdot y_n$　　　　(a)

又　　　　　　　　　　$\dfrac{N_1}{y_1} = \dfrac{N_2}{y_2} = \cdots = \dfrac{N_n}{y_n}$　　　　　　　　　　(b)

或
$$N_2 = \frac{y_2}{y_1} \cdot N_1 \,; \; N_3 = \frac{y_3}{y_1} \cdot N_1 \,; \cdots ; N_i = \frac{y_i}{y_1} \cdot N_1 \,;$$

$$N_1 = \frac{My_1}{\sum y_i^2} \leqslant N_t^b \qquad\qquad (3\text{-}61)$$

【例 3-8】 梁柱螺栓群连接如图 3-47 所示，承受弯矩和剪力的设计值为：$M = 72\text{kN} \cdot \text{m}$，$V = 350\text{kN}$，剪力由支托承受。试设计梁柱间的连接螺栓。钢材为 Q235。

【解】 采用 12 个螺栓分两列均匀分布。尺寸排列如图 3-47 所示，选用 M20 的 C 级螺栓。由附表 5-1 可得 $A_e = 2.45\text{cm}^2$

单个螺栓的抗拉承载力设计值为：

$$N_t^b = A_e \cdot f_t^b = 2.45 \times 10^2 \times 170 = 41650\text{N} = 41.65\text{kN}$$

$$N_1 = \frac{M \cdot y_1}{\sum y_i^2} = \frac{72 \times 10^6 \times 400}{2 \times (80^2 + 160^2 + 240^2 + 320^2 + 400^2)} = 40906\text{N} = 40.91\text{kN} < N_t^b$$

该螺栓群连接可靠。

3. 拉剪螺栓连接

如图 3-47 所示，假设支托仅在安装横梁时使用，不承受剪力，则连接螺栓将承受剪力和拉力的联合作用。螺栓群应考虑两种可能的破坏形式：一是螺杆受剪兼受拉的破坏；二是孔壁承压的破坏。由试验得出，拉力和剪力共同作用下螺栓的强度条件应满足下列二式：

$$\sqrt{\left(\frac{N_v}{N_v^b}\right)^2 + \left(\frac{N_t}{N_t^b}\right)^2} \leqslant 1 \qquad (3\text{-}62)$$

$$N_v \leqslant N_c^b \qquad (3\text{-}63)$$

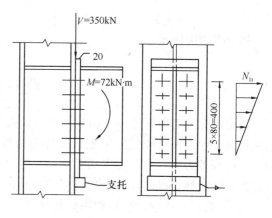

图 3-47 例 3-8 图

式中　　N_v、N_t ——单个螺栓所承受的剪力和拉力；

N_v^b、N_t^b、N_c^b ——单个普通螺栓的受剪、受拉和承压承载力设计值。

【例 3-9】 如图 3-48 所示为梁与柱的螺栓群连接，承受剪力 $V = 400\text{kN}$，弯矩 $M = 50\text{kN} \cdot \text{m}$。支托只作安装用。钢材为 Q235，螺栓 M24，试设计此连接。

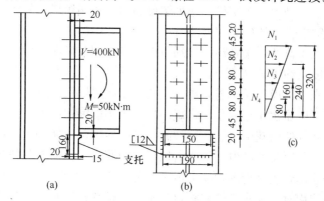

图 3-48 例 3-9 图

【解】 设螺栓群绕最下一排螺栓旋转，由附表 5-1 可得螺栓的有效面积 $A_e=$ 3.53cm²。查表 3-8 得：$f_v^b=140N/mm^2$，$f_c^b=305N/mm^2$，$f_t^b=170N/mm^2$。

一个螺栓的承载力设计值：

$$N_v^b = n_v \frac{\pi \cdot d^2}{4} f_v^b = 1 \times \frac{3.14 \times 24^2}{4} \times 140 = 63302N = 63.3kN$$

$$N_c^b = d\Sigma t \cdot f_c^b = 24 \times 20 \times 305 = 146400N = 146.4kN$$

$$N_t^b = A_e \cdot f_t^b = 3.53 \times 10^2 \times 170 = 60010N = 60.01kN$$

一个螺栓的最大拉力和剪力：

$$N_t = \frac{M \cdot y_1}{\Sigma y_i^2} = \frac{50 \times 10^6 \times 320}{2 \times (80^2 + 160^2 + 240^2 + 320^2)} = 41667N = 41.67kN$$

$$N_v = \frac{V}{n} = \frac{400}{10} = 40kN < N_c^b = 146.4kN$$

剪力和拉力联合作用下：

$$\sqrt{\left(\frac{N_v}{N_v^b}\right)^2 + \left(\frac{N_t}{N_t^b}\right)^2} = \sqrt{\left(\frac{40}{63.3}\right)^2 + \left(\frac{41.67}{60.01}\right)^2} = 0.88 < 1$$

螺栓群强度满足。

项目 7   高强度螺栓连接

高强度螺栓有摩擦型和承压型两种。摩擦型高强度螺栓在抗剪连接中，设计时以剪力达到板件接触面间可能发生的最大摩擦力为极限状态。而承压型高强度螺栓在抗剪连接中，允许摩擦力被克服并发生相对滑移，之后外力还可继续增加，并以螺栓杆抗剪或孔壁承压的最终破坏为极限状态。受拉时两者没有区别。

7.1 高强度螺栓的材料和性能等级

高强度螺栓所用材料的强度大约为普通螺栓的 4～5 倍。常用材料为热处理优质碳素钢，有 35 号钢和 45 号钢，性能等级为 8.8 级；热处理合金结构钢，有 20MnTiB 钢、40B 钢和 35VB 钢，性能等级为 10.9 级。高强度螺栓采用钻成孔。高强度螺栓摩擦型连接孔径与杆径之差为 1.5～2.0mm，承压型高强度螺栓孔径与杆径之差为 1～1.5mm。

7.2 高强度螺栓的紧固方法和预拉力计算

高强度螺栓的连接副由一个螺栓、一个螺母和两个垫圈组成。我国目前有大六角型和扭剪型两种高强度螺栓。常用的紧固方法有：

（1）转角法：先用普通扳手将螺栓拧到与被连接件相互紧贴，然后再用加长扳手将螺帽转动一个适当角度（约 1/3～1/2 圈）以达到规定的预拉力值。

（2）扭矩法：先用普通扳手初拧，要求扭矩达到终扭矩的 50%，使连接件紧贴。然后再用特制扳手（可以显示扭矩大小）将螺帽拧至规定的终扭矩值。

（3）扭掉螺栓尾部的梅花卡头法：这种高强度螺栓尾部连接一个截面较小的带槽沟的梅花卡头。施拧时，采用特制的电动扳手对螺母和梅花卡头同时施加扭矩，最后梅花卡头被拧断时，认为螺栓达到了规定的预拉力值。

高强度螺栓在使用时，要求把螺栓拧得很紧，使螺栓产生很大预拉力，以提高被连接件接触面间的摩擦阻力。《钢结构设计规范》规定预拉力值 P 按下式确定：

$$P = 0.9 \times 0.9 \times 0.9 f_u \cdot A_e / 1.2 = 0.6075 f_u \cdot A_e \tag{3-64}$$

式中　f_u——高强度螺栓材料经热处理后的抗拉强度；

　　　　A_e——高强度螺栓的有效截面面积；

0.6075——考虑一些不利因素影响的系数。1.2 是考虑拧紧时螺栓杆内将产生扭转剪应力，3 个 0.9 则分别考虑：①螺栓材质的不定性，②补偿螺栓紧固后有一定松弛引起预拉力损失，③式中未按 f_y 计算预拉力。

各种规格高强度螺栓预拉力的取值见表 3-9。

高强度螺栓连接中，摩擦力的大小除与螺栓预拉力有关外，还与被连接构件的材料及其接触面的表面处理有关。用摩擦面抗滑移系数 μ 值表示（见表 3-10）。

钢材表面经喷砂除锈后，表面看起来光滑平整，实际上金属表面尚存在着微观的凹凸不平，高强度螺栓连接在很高的压紧力作用下，被连接构件表面相互啮合。钢材强度和硬度愈高，要使这种啮合的面产生作用力就愈大。因此 μ 值与钢种有关。

高强度螺栓的设计预拉力 P 值（kN）　　　　表 3-9

螺栓的强度等级	螺栓公称直径（mm）					
	M16	M20	M22	M24	M27	M30
8.8 级	80	125	150	175	230	280
10.9 级	100	155	190	225	290	355

试验证明，摩擦面涂红丹后 $\mu < 0.15$，即使经处理后仍然很低，故严禁在摩擦面上涂刷红丹。另外，连接在潮湿或淋雨条件下拼装，也会降低 μ 值。故应采用有效措施保证连接表面的干燥。

按受力性能的不同，高强度螺栓连接可分为摩擦型和承压型两种。摩擦型以被连接件之间的摩擦阻力刚被克服作为连接承载能力的极限状态。承压型则是以栓杆被剪断或孔壁被挤压破坏作为极限状态。

摩擦面的抗滑移系数 μ 值　　　　表 3-10

在连接处构件接触面的处理方法	构 件 钢 号		
	Q235 钢	Q345 钢或 Q390 钢	Q420 钢
喷砂（丸）	0.45	0.50	0.50
喷砂（丸）后涂无机富锌漆	0.35	0.40	0.40
钢丝刷清除浮绣或未经处理的干净轧制表面	0.30	0.35	0.40
喷砂（丸）后生赤铁	0.45	0.50	0.50

7.3　摩擦型连接高强度螺栓承受剪力的计算

摩擦型连接高强度螺栓承受剪力时的设计准则为：外力不得超过构件接触面的摩擦力。考虑到连接中各螺栓受力不均匀，因此一个摩擦型高强度螺栓的抗剪承载力设计值由下式计算：

$$N_v^b = 0.9 n_f \cdot \mu \cdot P \tag{3-65}$$

式中　n_f——一个螺栓的传力摩擦面数目；

0.9——抗力分项系数 γ_r 的倒数，即取 $\gamma_r=1/0.9=1.111$；

μ——摩擦面的抗滑移系数（见表3-10）；

P——高强度螺栓预拉力（见表3-9）。

当螺栓群传递轴心力时，可认为各螺栓平均受力，所需螺栓数为：

$$n = \frac{N}{N_v^b} \tag{3-66}$$

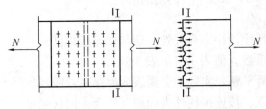

图 3-49 摩擦型高强度螺栓净截面孔前传力

构件净截面验算与普通螺栓相比稍有不同，由于摩擦型高强度螺栓连接中摩擦阻力作用，一部分剪力由孔前接触面传递（如图3-49所示）。规范规定：孔前传力占每个螺栓所传内力的一半。

截面Ⅰ-Ⅰ处净截面强度按下式计算：

$$\sigma = \left(1 - 0.5\,\frac{n_1}{n}\right)\frac{N}{A_n} \leqslant f \tag{3-67}$$

式中　n_1——计算截面上的螺栓数；

　　　n——连接一边的螺栓总数；

　　　A_n——构件净截面面积；

　　　0.5——孔前传力系数。

7.4　摩擦型连接的高强度螺栓受拉力计算

当高强度螺栓传递拉力时，为了不使螺栓松弛，规定拉力不能超过预拉力的80%。因此一个螺栓杆轴方向的受拉承载力设计值为：

$$N_t^b = 0.8P \tag{3-68}$$

当高强度螺栓群轴心受拉时，和普通螺栓计算方法相同，只是 N_t^b 取用式（3-68）的数值。

当高强度螺栓受弯矩作用时，由于高强度螺栓预拉力较大，被连接构件的接触面一直保持紧密贴合，中性轴保持在螺栓群重心轴线上；最上端螺栓受力最大，其计算式为：

$$N_{t1} = \frac{My_1}{\sum y_i^2} \leqslant N_t^b = 0.8P \tag{3-69}$$

式中　y_i 的取值如图3-50所示。

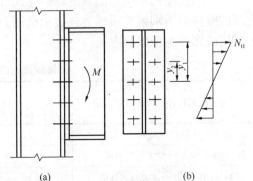

图 3-50　高强度螺栓受弯连接

当高强度螺栓同时承受摩擦面间的剪力和螺栓轴线方向的拉力时，按下式计算其承载力。

$$\frac{N_v}{N_v^b} + \frac{N_t}{N_t^b} \leqslant 1 \tag{3-70}$$

式中　N_v、N_t——单个螺栓承受的剪力和拉力；

　　　N_v^b、N_t^b——单个螺栓抗剪和抗拉承载力设计值。

当螺栓群受剪力和拉力共同作用时，只要判断出受力最不好的单个螺栓，求出其所受的剪力 N_{v1} 和拉力 N_{t1} 代入式（3-70）验算即可。

【例 3-10】 设计牛腿与柱的连接，采用 10.9 级高强度螺栓，螺栓采用 M22，构件接触面喷砂处理，钢材用 Q345 钢，作用力如图 3-51 所示。$V = 320kN$，偏心距 $e = 200mm$。

【解】 选 10 个螺栓排列如图3-51所示，最上排螺栓所受拉力最大，验算其抗拉强度。

查表得 $P = 190kN$ $\mu = 0.50$

$$N_t^M = \frac{M \cdot y_1}{\Sigma y_i^2} = \frac{320 \times 200 \times 160}{2 \times (80^2 + 160^2) \times 2}$$

$$= 80kN < N_t^b = 0.8P = 152kN$$

一个螺栓的抗剪承载力设计值：

$$N_v^b = 0.9n_f\mu \cdot p = 0.9 \times 1 \times 0.50 \times 190$$

$$= 85.5kN$$

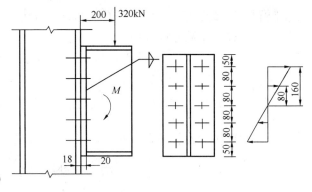

图 3-51　例 3-10 图

一个螺栓实际承受的剪力为：

$$N_v = \frac{V}{n} = \frac{320}{10} = 32kN < N_v^b = 85.5kN$$

$$\frac{N_v}{N_v^b} + \frac{N_t}{N_t^b} = \frac{32}{85.5} + \frac{80}{152} = 0.9 < 1$$

经验算螺栓群强度满足要求。

7.5　承压型高强度螺栓

承压型连接高强度螺栓的预拉力 P 应与摩擦型连接高强度螺栓相同，连接处构件接触面应清除油污及浮锈。

承压型高强度螺栓受剪时，其受力特点和计算方法与普通螺栓相同，只是设计强度比普通螺栓高。为保证连接在荷载标准值情况下不产生滑移，其受剪承载力设计值不得大于摩擦型连接计算中的 1.2 倍。承压型高强度螺栓连接不应用于直接承受动力荷载的结构。

承压型高强度螺栓受拉时，单个承压型高强度螺栓的承载力设计值按式（3-68）计算。承压型高强度螺栓同时承受剪力和拉力共同作用时，其设计承载力按下式计算：

$$\sqrt{\left(\frac{N_v}{N_v^b}\right)^2 + \left(\frac{N_t}{N_t^b}\right)^2} \leqslant 1 \tag{3-71}$$

$$N_v \leqslant \frac{N_c^b}{1.2} = \frac{1}{1.2}d \cdot \Sigma t \cdot f_c^b \tag{3-72}$$

式中　　N_v、N_t——一个高强度螺栓所承受的最大剪力和拉力；

N_v^b、N_t^b、N_c^b——一个高强度螺栓的受剪、受拉和承压承载力设计值，计算方法与普通螺栓相同；

1.2——降低系数，规范规定只要有外力存在，就要降低承压强度。

【例 3-11】 如图 3-52 所示梁与柱采用 10 个 10.9 级承压型高强度螺栓连接，承受荷载

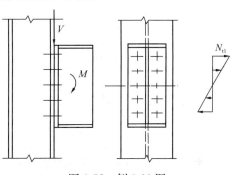

图 3-52　例 3-11 图

$M=80\text{kN}\cdot\text{m}$，$V=750\text{kN}$，螺栓为 M24，排距为 80mm，构件接触面喷砂后生赤锈，钢材采用 Q235，钢板厚 20mm，试验算其强度。

【解】 查表得 $P=225\text{kN}$　$f_c^b=470\text{N/mm}^2$　$f_v^b=310\text{N/mm}^2$

一个螺栓的承载力设计值：

$$N_t^b=0.8P=0.8\times225=180\text{kN}$$

$$N_c^b=d\cdot\Sigma t\cdot f_c^b=24\times20\times470=225600\text{N}=225.6\text{kN}$$

$$N_v^b=n_v\frac{\pi\cdot d^2}{4}f_v^b=1\times\frac{3.14\times24^2}{4}\times310=140170\text{N}=140\text{kN}$$

一个螺栓所承受的最大力：

$$N_v=\frac{V}{n}=\frac{750}{10}=75\text{kN}<\frac{N_c^b}{1.2}=\frac{225.6}{1.2}=188\text{kN}$$

$$N_t=\frac{M\cdot y_1}{\Sigma y_i^2}=\frac{80\times10^3\times160}{4\times(80^2+160^2)}=100\text{kN}$$

$$\sqrt{\left(\frac{N_v}{N_v^b}\right)^2+\left(\frac{N_t}{N_t^b}\right)^2}=\sqrt{\left(\frac{75}{140}\right)^2+\left(\frac{100}{180}\right)^2}=0.77<1$$

经验算高强度螺栓群连接满足强度要求。

思 考 题 与 习 题

1. 钢结构的连接方法有哪几种？试述各自的特点？

2. 焊接质量分几级？如何进行焊接质量检验？

3. 钢结构施工图中焊缝如何表示？

4. Q235、Q345 和 Q390 钢焊接时，分别采用哪种类型的焊条？

5. 角焊缝有哪些构造要求？

6. 如何减小焊接残余应力和残余变形？

7. 抗剪螺栓连接有几种破坏形式？如何预防？

8. 螺栓排列有哪些要求？

9. 在受剪连接中，使用普通螺栓或高强度螺栓，其净截面强度验算方法有何不同？

10. 试计算如图 3-53 所示的对接接头。轴心拉力设计值 $N=900\text{kN}$，钢材采用 Q235，焊条采用 E43型，手工焊，焊缝质量为Ⅲ级。

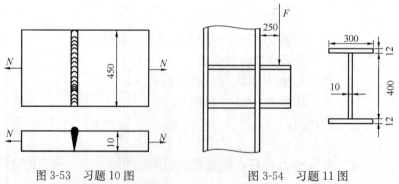

图 3-53　习题 10 图　　　　图 3-54　习题 11 图

11. 有一牛腿与柱采用对接焊缝连接如图 3-54 所示。所承受的静荷载设计值 $F=210\text{kN}$，已知钢材为 Q235，焊条为 E43 型，手工焊，焊缝质量为Ⅲ级。试设计此对接焊缝。

12. 如图 3-55 所示支托板与柱采用三面围焊的角焊缝。已知 $F=200$kN。钢材为 Q235，E43 型焊条手工焊，柱翼缘厚度为 16mm，支托板厚度 12mm，试计算此焊缝连接。

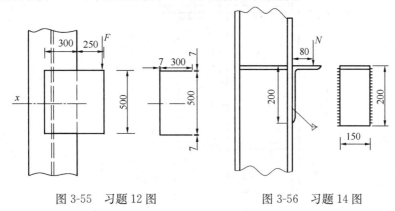

图 3-55　习题 12 图　　　　　　　　图 3-56　习题 14 图

13. 将习题 11 中牛腿与钢柱的焊缝改为周围角焊缝连接，柱翼缘厚度为 16mm，试计算该焊缝连接。

14. 如图 3-56 所示为角钢两边用焊缝和柱相连，钢材为 Q345，焊条为 E50 型手工焊。承受静荷载设计值 $N=185$kN。角钢型号为∟ $200\times125\times12$。试确定焊缝尺寸。

15. 两钢板截面为 350mm×18mm，钢材为 Q235，承受轴力设计值 $N=1000$kN。采用 M20 的 C 级螺栓搭接板连接。试设计螺栓群连接。

16. 如图 3-57 所示为梁与柱用普通螺栓连接。钢材为 Q345。连接板厚度为 20mm，采用 M20 螺栓连接，连接受力为 $V=250$kN，弯矩 $M=55$kN·m，试验算此连接。

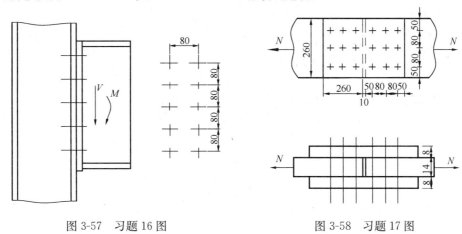

图 3-57　习题 16 图　　　　　　　　图 3-58　习题 17 图

17. 如图 3-58 所示为加盖板的拼接接头，采用 10.9 级 M20 摩擦型高强度螺栓，钢材为 Q235，接触面采用喷砂处理。试计算该接头所能承受的最大轴心力。

18. 如图 3-59 所示牛腿用连接角钢 2∟ 100×16 及 M20 高强度螺栓（10.9 级）和柱相连，钢材为Q345，接触面喷砂处理，试确定连接角钢两个肢上的螺栓数目。

19. 习题 16 改为 10.9 级承压型高强度螺栓连接，试验算该连接。

20. 分别对图 3-11、图 3-22、图 3-42、图 3-49 所示钢板拼接构造图进行比较，说明在这种连接中，对焊缝、角焊缝、普通螺栓、摩擦型高强度螺栓的受力特点，以及如何根据这些特点来确定其计算方法。

21. 对图 3-12、图 3-27、图 3-44、图 3-46、图 3-50 进行分析比较，说明同是柱与牛腿（或梁）的连

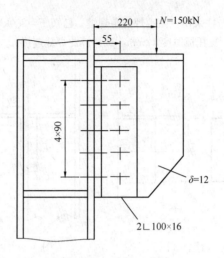

图 3-59 习题 18 图

接，但各自连接件（对接焊缝、角焊缝、普通螺栓、高强度螺栓）受力有哪些不同，计算方法有哪些不同。

第 4 单元　梁

[知识点]　梁的强度计算；梁的刚度计算；梁的整体稳定性验算；梁的局部稳定；型钢梁的截面设计；组合梁的截面设计；组合梁沿长度的改变；型刚梁的拼接；组合梁的拼接；梁的支座；次梁与主梁的连接。

[教学目标]　了解梁的类型和应用；掌握梁的强度、刚度、整体稳定、局部稳定和加劲肋的计算方法；熟悉现行《钢结构设计规范》对梁的设计和构造的有关规定；熟悉型钢梁的设计步骤；熟悉组合梁的设计内容和构造；掌握钢梁的拼接和连接构造。

项目 1　梁的类型和应用

主要用来承受横向荷载的受弯实腹式构件叫做梁。钢梁按截面形式可分为型钢梁和组合梁两类（如图 4-1 所示）。型钢梁构造简单、制造省工、成本较低，应优先采用。但在荷载较大或跨度较大时，由于轧制条件的限制，型钢的尺寸、规格不能满足梁承载力和刚度要求时，必须采用组合梁。

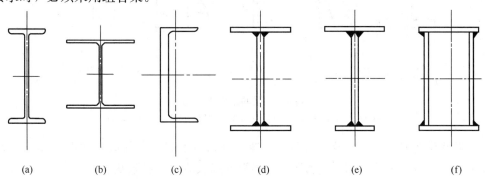

图 4-1　梁的截面形式

(a) 工字钢；(b) H 型钢；(c) 槽钢；(d)、(e) 组合梁；(f) 箱形截面

当跨度和荷载较小时，可直接选用型钢梁。常用的型钢梁有热轧工字钢、热轧 H 型钢和槽钢（如图 4-1 所示），其中以 H 型钢的截面分布最合理，翼缘的外边缘平行，与其他构件连接方便，应优先采用。用于梁的 H 型钢宜为窄翼缘型（HN 型）。槽钢的剪力轴不在腹板平面内，弯曲时将同时伴随有扭转，如果能在结构上保证截面不发生扭转，或扭矩很小的情况下，才可采用单槽钢。

当跨度和荷载较大时，可采用组合梁。组合梁的截面组成见图 4-1，常用的截面是图 4-1 (d)、(e)。当荷载很大，梁高受到限制或抗扭要求较高时，可采用箱形截面见图 4-1 (f)。组合梁的截面组成比较灵活，可使材料在截面上的分布更为合理，节省钢材。

钢梁可做成简支的静定梁或超静定梁等。简支梁用钢量较多，但制造和安装简单，修理方便，而且不受温度变化和支座沉陷的影响，应用较多。

项目2 梁的强度、刚度和稳定性

2.1 梁的强度

梁的强度分抗弯强度、抗剪强度、局部承压强度、在复杂应力作用下的强度。

1. 梁的抗弯强度

梁在弯矩作用下，其截面上的正应力分布如图 4-2 所示。当荷载较小时，截面上的正应力均小于屈服点（如图 4-2a 所示）。给梁不断增加荷载，直到边缘纤维屈服（如图 4-2b 所示），在这之前梁属于弹性工作阶段，其最大弯矩为：

$$M = M_y = f_y \cdot W_{nx} \tag{4-1}$$

式中 W_{nx}——梁对 x 轴的净截面抵抗矩。

如果继续增加荷载，截面边缘纤维的塑性变形就会向内部扩展，使梁的一部分截面处于弹性，一部分进入塑性（如图 4-2c 所示），这时梁处于弹塑性工作阶段。

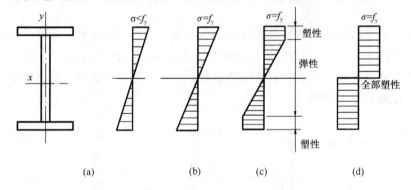

图 4-2 梁的正应力分布

(a) $M < M_y$；(b) $M = M_y$；(c) $M_y < M < M_p$；(d) $M = M_p$

荷载继续增加，塑性区域不断向内扩展，直到整个截面全部进入塑性（如图 4-2d 所示），形成了"塑性铰"，此时，达到了抗弯强度承载能力的极限状态。其最大弯矩为：

$$M_p = f_y(S_{1n} + S_{2n}) = f_y \cdot W_{pn} \tag{4-2}$$

式中 S_{1n}、S_{2n}——中和轴以上和中和轴以下净截面对中和轴的面积矩；

$\quad\quad\quad W_{pn}$——梁的净截面塑性抵抗矩。

设计中，以截面边缘纤维达到屈服作为极限状态时，称为弹性设计（如图 4-2b 所示）。设计公式为：

$$\sigma = \frac{M_x}{W_{nx}} \leqslant f \tag{4-3}$$

当以截面形成塑性铰为承载力极限时，称为塑性设计。在计算梁的抗弯强度时，考虑截面塑性发展比不考虑截面塑性发展要节省钢材。考虑到塑性铰的形成将导致梁的挠度过大，影响梁的正常使用，因此设计时只考虑部分截面发展塑性。设计公式为：

$$\sigma = \frac{M_x}{W_{pnx}} = \frac{M_x}{\gamma_x \cdot W_{nx}} \leqslant f \tag{4-4}$$

在弯矩 M_x 和 M_y 共同作用下：

$$\sigma = \frac{M_x}{\gamma_x W_{nx}} + \frac{M_y}{\gamma_y W_{ny}} \leqslant f \tag{4-5}$$

式中　M_x、M_y——绕 x 轴和 y 轴的弯矩；

　　　W_{nx}、W_{ny}——截面对 x 轴和 y 轴的净截面抵抗矩；

　　　γ_x、γ_y——截面塑性发展系数。见表 4-1。对工字型截面 $\gamma_x = 1.05$，$\gamma_y = 1.2$；对箱型截面 $\gamma_x = \gamma_y = 1.05$。

在计算梁的抗弯强度时，按塑性设计比按弹性设计经济效益要好。规范规定对承受静荷载的梁，可按塑性设计。而直接承受动力荷载的梁，不考虑截面发展塑性，按弹性设计。

2. 梁的抗剪强度

梁满足正应力强度要求时，还应验算剪应力，其计算公式为：

$$\tau = \frac{V \cdot S}{I \cdot t_w} \leqslant f_v \tag{4-6}$$

式中　V——计算截面上沿腹板平面作用的剪力；

　　　I——毛截面惯性矩；

　　　S——计算剪应力处以上截面对中和轴的面积矩；

　　　t_w——腹板厚度；

　　　f_v——钢材的抗剪强度设计值，见表 2-4。

当梁的抗剪强度不足时，最有效的办法是增大腹板的厚度。轧制工字钢和槽钢腹板厚度 t_w 相对较大，当无较大截面削弱（切割或开孔）时，一般不计算剪应力。

3. 梁的局部承压强度

当梁在固定集中荷载处无支承加劲肋时（如图 4-3a 所示），或当上翼缘有移动的集中荷载作用时（如图 4-3b 所示），应计算腹板计算高度边缘处的局部压应力。计算式如下：

截面塑性发展系数 γ_x、γ_y　　　　　　　　　　表 4-1

项次	截 面 形 式	γ_x	γ_y
1			1.2
		1.05	
2	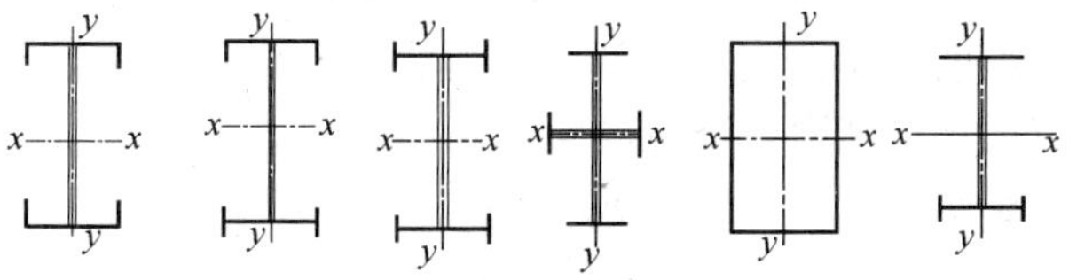		1.05

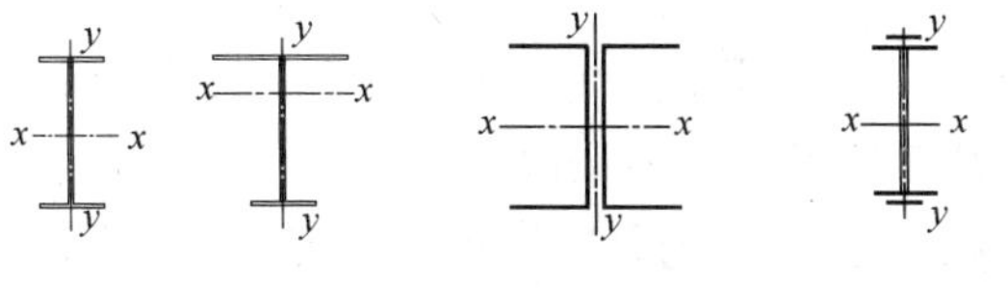

65

项次	截 面 形 式	γ_x	γ_y
3	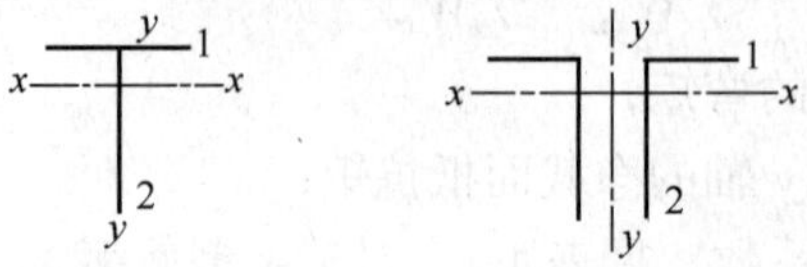	$\gamma_{x1}=1.05$ $\gamma_{x2}=1.2$	1.2
4	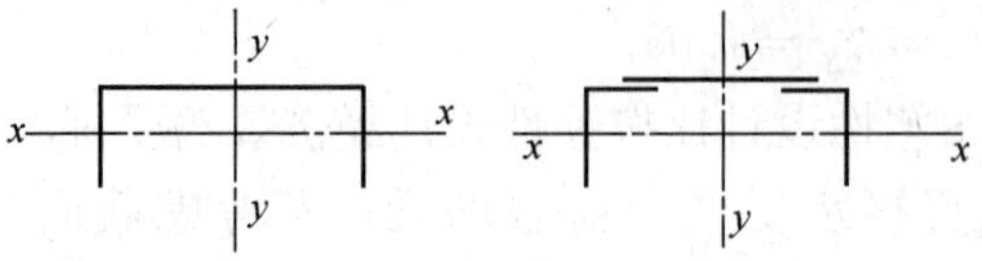		1.05
5	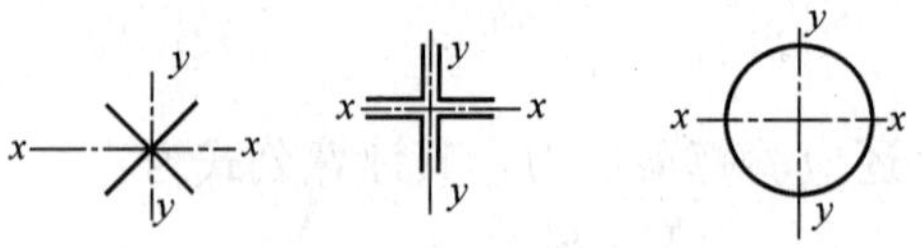	1.2	1.2
6	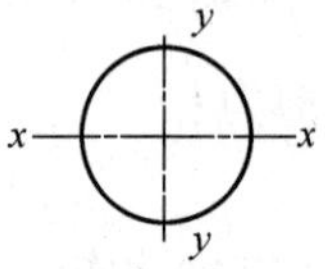	1.15	1.15
7	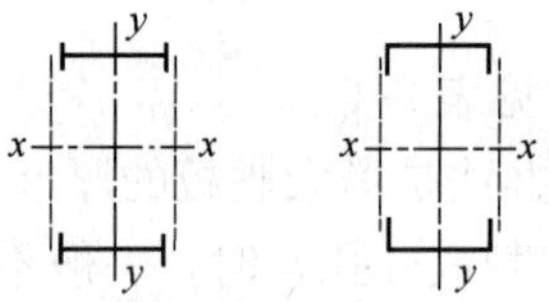	1.0	1.05
8	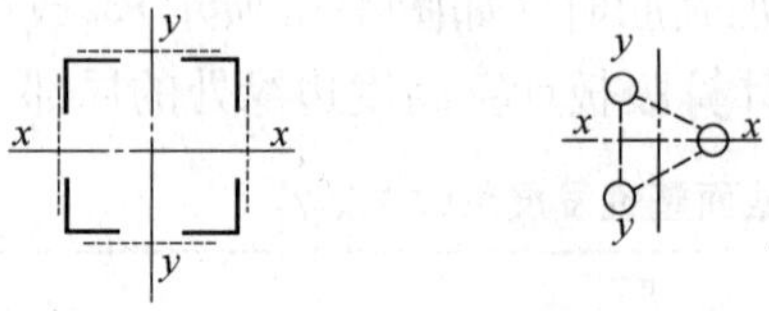		1.0

$$\sigma_c = \frac{\psi \cdot F}{t_w \cdot l_z} \leqslant f \tag{4-7}$$

式中 F——集中荷载，对动荷载应考虑动力系数；

ψ——集中荷载增大系数（考虑吊车轮压分配不均匀），重级工作制吊车轨压 $\psi=$ 1.35；其他荷载 $\psi=1.0$；

l_z——集中荷载在腹板计算高度上边缘的假定分布长度，按下式计算：

$$l_z = a + 5h_y + 2h_R \tag{4-8}$$

式中 a——集中荷载沿梁跨度方向的支承长度，对钢轨上的轮压可取 $a=50mm$；

h_y——自梁顶面至腹板计算高度上边缘的距离；

h_R——轨道的高度，对梁顶无轨道的梁 $h_R=0$；

t_w——腹板的厚度；

f——钢材的抗压强度设计值。

66

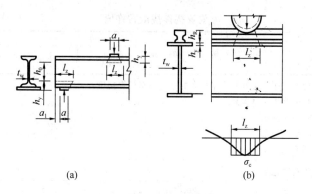

图 4-3 局部承压应力
(a) 集中荷载处无支撑加劲肋；(b) 上翼缘有移动的集中荷载作用

梁端支承计算长度为：$l_z = a + 2.5h_y + a_1$。a_1 为梁端到支座板外边缘的距离，按实取，但不得大于 $2.5h_y$。

腹板的计算高度规定如下：

① 对于型钢梁为腹板与翼缘相接处两内弧起点间的距离。

② 对于焊接组合梁则为腹板高度。

在梁的支座处，当不设支承加劲肋时，也应按式（4-7）计算腹板计算高度下边缘的局部压应力，但 ψ 取 1.0。当局部承压验算不满足要求时，对于固定集中荷载作用处可设置支承加劲肋；对移动集中荷载，则应增加腹板厚度。或采取各种措施使 l_z 增加，加大荷载扩散长度。

4. 梁在复杂应力作用下的强度计算

在组合梁腹板计算高度边缘处，如果同时有较大的正应力 σ、剪应力 τ 和局部压应力 σ_c 作用，或同时有较大的正应力 σ 和剪应力 τ 时，应按下式验算折算应力：

$$\sqrt{\sigma^2 + \sigma_c^2 - \sigma\sigma_c + 3\tau^2} \leqslant \beta_1 \cdot f \tag{4-9}$$

式中 σ、σ_c、τ——腹板计算高度边缘同一点上同时产生的正应力，局部压应力和剪应力；

β_1——系数，当 σ 和 σ_c 异号时，取 $\beta_1 = 1.2$；当 σ_c 和 σ 同号或 $\sigma_c = 0$ 时，取 $\beta_1 = 1.1$，这是考虑到折算应力达承载力极限只是在局部区域发生，因此可适当提高钢材的设计强度。

2.2 梁的刚度

梁的刚度按正常使用状态下，荷载标准值作用下引起的挠度来度量。在荷载作用下，梁出现过大变形时，会影响到梁的正常使用。如楼盖梁的挠度太大，给人一种不舒服和不安全的感觉，可使其上部的楼面及下部的抹灰开裂影响结构的功能。因此梁必须具有足够的刚度，以保证其变形不超过正常使用的极限状态。梁的刚度要求，就是限制使用时梁的最大变形，即挠度应符合下式要求：

$$v = [v_T] \text{ 或} [v_Q] \tag{4-10}$$

式中 v——根据表 4-2 中所对应的荷载（全部荷载或可变荷载）的标准值产生的梁的最大挠度；

$[v_T]$——永久和可变荷载标准值产生的挠度容许值，按表 4-2 采用；

$[v_Q]$——可变荷载标准值产生的挠度容许值，按表 4-2 采用。

项次	构 件 类 别	挠度容许值	
		$[v_T]$	$[v_Q]$
1	吊车梁和吊车桁架（按自重和起重量最大的一台吊车计算挠度） （1）手动吊车和单梁吊车（含悬挂吊车） （2）轻级工作制桥式吊车 （3）中级工作制桥式吊车 （4）重级工作制桥式吊车	 $l/500$ $l/800$ $l/1000$ $l/1200$	
2	手动或电动葫芦的轨道梁	$l/400$	
3	有重轨（重量等于或大于 38kg/m）轨道的工作平台梁 有轻轨（重量等于或大于 24kg/m）轨道的工作平台梁	$l/600$ $l/400$	
4	楼（屋）盖梁或桁架、工作平台梁（第 3 项除外）和平板 （1）主梁和桁架（包括设有悬挂起重设备的梁和桁架） （2）抹灰顶棚的次梁 （3）除（1）、（2）款外的其他梁（包括楼梯梁） （4）屋盖檩条 支承无积灰的瓦楞铁和石棉瓦屋面者 支承压型金属板、有积灰的瓦楞铁和石棉瓦等屋面者 支承其他屋面材料者 （5）平台板	 $l/400$ $l/250$ $l/250$ $l/150$ $l/200$ $l/200$ $l/150$	 $l/500$ $l/350$ $l/300$
5	墙架构件（风荷载不考虑阵风系数） （1）支柱 （2）抗风桁架（作为连续支柱的支承时） （3）砌体墙横梁（水平方向） （4）支承压型金属板、瓦楞铁和石棉瓦墙面的横梁（水平方向） （5）带有玻璃窗的横梁（竖直和水平方向）	 $l/200$	 $l/400$ $l/1000$ $l/300$ $l/200$ $l/200$

注：1. l 为受弯构件的跨度（对悬臂梁和伸臂梁为悬臂长度的 2 倍）。

2. $[v_T]$ 为永久和可变荷载标准值产生的挠度（如有起拱应减去拱度）的容许值；$[v_Q]$ 为可变荷载标准值产生的挠度的容许值。

2.3 梁的整体稳定性

在梁的强度设计时，为了有效地发挥材料的作用，梁的截面常设计成窄而高（如图 4-4 所示）。当梁上有荷载作用在最大刚度平面内，而荷载较小时，梁只在弯矩作用平面内弯曲。虽然外界各种因素会使梁产生微小的侧向弯曲和扭转变形，但外界的影响消失后，梁便能恢复到原来的稳定平衡状态。当荷载逐渐增加到某一数值时，梁突然发生侧向弯曲和扭转，失去继续承受荷载的能力，这种现象称为梁丧失了整体稳定。使梁丧失整体稳定的弯矩或弯曲正应力称为临界弯矩或临界应力。如果临界应力低于钢材屈服点，梁将在强度破坏之前发生整体失稳。梁的整体失稳是突然发生的，事先并无明显征兆，因此必须特别注意。设计梁时必须验算整体稳定性。

临界弯矩或临界应力与荷载在截面上的作用位置有关。当荷载作用在上翼缘时（如图 4-4a 所示），在梁产生微小侧向位移和扭转时，荷载 P 产生的附加扭矩 $P \cdot e$ 促进了梁的扭转。当荷载 P 作用在梁的下翼缘时（如图 4-4b 所示），它将产生一个与截面扭转方向相反的扭矩，对截面的继续扭转能起到阻碍作用。显然，荷载作用于上翼缘时的临界应力较低，作用于下翼缘时临界应力则较高。

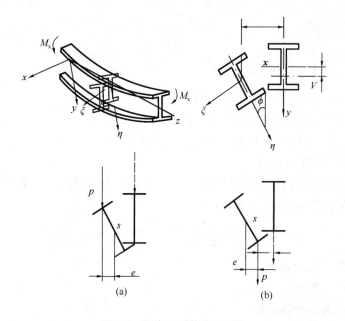

图 4-4　梁丧失整体稳定现象

（a）荷载作用在上翼缘时；（b）荷载作用在下翼缘时

根据弹性稳定理论分析，梁的临界弯矩 M_{cr} 和相应的临界应力 σ_{cr} 可分别用下面公式计算：

$$M_{cr} = K \cdot \frac{\sqrt{EI_yGI_t}}{l} \tag{4-11}$$

$$\sigma_{cr} = \frac{M_{cr}}{W_x} = K \frac{\sqrt{EI_yGI_t}}{W_x l} \tag{4-12}$$

式中　K——梁整体稳定的屈曲系数，见表 4-3；

　E、G——钢材的弹性模量和剪切模量；

　　l——梁侧向弯曲扭转时的侧向计算长度；

　　I_y——梁对 y 轴的毛截面惯性矩；

　　I_t——梁毛截面抗扭惯性矩；

　W_x——梁按受压纤维确定的毛截面抵抗矩。

梁整体稳定的屈曲系数 K 值　　　　　　　　　　　表 4-3

荷载种类	纯　弯　曲	均　布　荷　载	跨中央一个集中荷载
K	$\pi\sqrt{1+\pi^2\psi}$	$3.54\sqrt{1+11.9\psi}$	$4.23\sqrt{1+12.9\psi}$

注：1. $\psi = \left(\frac{h}{2l_1}\right)^2 \frac{EI_y}{GI_t}$（$h$ 为梁截面高度）。

由表可知纯弯曲时的 K 值最小，跨中有一个集中荷载时的 K 值最大。梁的稳定承载力与梁的截面形状、荷载种类、截面刚度、弯矩分布和荷载作用位置等因素有关。

为保证梁不丧失整体稳定，应使最大弯矩截面上的实际应力不超过临界应力。验算梁整体稳定性的公式为：

$$\sigma = \frac{M_{max}}{W_x} \leqslant \frac{\sigma_{cr}}{\gamma_R} = \frac{\sigma_{cr}}{f_y} \cdot \frac{f_y}{\gamma_R} = \varphi_b \cdot f$$

或写成

$$\frac{M_{max}}{\varphi_b \cdot W_x} \leq f \qquad (4\text{-}13)$$

式中　$\varphi_b = \dfrac{\sigma_{cr}}{f_y}$ ——梁的整体稳定系数;

M_{max} ——最大刚度主平面内的最大弯矩;

γ_R ——钢材的抗力分项系数;

W_x ——梁按受压翼缘确定的毛截面抵抗矩。

1. 整体稳定性系数的确定

(1) 焊接工字形和轧制 H 型钢等截面简支梁(如图 4-5 所示)。根据理论推导,其整体稳定系数 φ_b 应按式 (4-14) 计算:

$$\varphi_b = \beta_b \frac{4320}{\lambda_y^2} \frac{Ah}{W_x} \left[\sqrt{1 + \left(\frac{\lambda_y t_1}{4.4h}\right)^2} + \eta_b \right] \frac{235}{f_y} \qquad (4\text{-}14)$$

式中　A——梁的毛截面面积;

t_1 ——梁受压翼缘板的厚度;

h ——梁截面的全部高度;

f_y ——钢材的屈服点,Q235 钢,$f_y = 235\text{MPa}$;

λ_y ——梁在侧向支承点间对截面弱轴 y-y 的长细比,$\lambda_y = \dfrac{l_1}{i_y}$;$i_y$ 为梁的毛截面对 y 轴的回转半径,l_1 为梁受压翼缘的侧向自由长度;

W_x ——梁按受压纤维确定的毛截面抵抗矩;

β_b ——梁整体稳定的等效临界弯矩系数,按表 4-4 采用;

焊接工字形和 H 型钢等截面简支梁的受弯系数 β_b　　　　　　表 4-4

项次	侧向支撑	荷 载		$\xi = l_1 t_1 / b_1 h$		
				$\xi \leq 2.0$	$\xi > 2.0$	适用范围
1	跨中无 侧向支撑	均布荷载作用在	上翼缘	$0.69 + 0.13\xi$	0.95	对称截面 及上翼缘 加强的截面
2			下翼缘	$1.73 - 0.20\xi$	1.33	
3		集中荷载作用在	上翼缘	$0.73 + 0.18\xi$	1.09	
4			下翼缘	$2.23 - 0.28\xi$	1.67	
5	跨度中点有一个侧向支撑	均布荷载作用在	上翼缘	1.15		对称截面,上翼缘 加强及下翼缘 加强的截面
6			下翼缘	1.40		
7		集中荷载作用在截面任意处		1.75		
8	跨中有不少于两个 等距离侧向支点	任意荷载作用在	上翼缘	1.20		
9			下翼缘	1.40		
10	梁端有弯矩,跨中无荷载作用			$1.75 - 1.05(M_2/M_1) + 0.3(M_2/M_1)^2$,但 ≤ 2.3		

注:1. ξ 为参数,l_1、t_1 和 b_1 分别是受压翼缘的自由长度、厚度和宽度。
　　2. M_1 和 M_2 为梁的端弯矩,使梁产生同向曲率时二者取同号,产生反向曲率时取异号,$|M_1| \geq |M_2|$。
　　3. 项次 3、4、7 指一个或少数几个集中荷载位于跨中附近,梁的弯矩图接近等腰三角形的情况;对其他情况的集中荷载应按项次 1、2、5、6 的数值采用。
　　4. 当 $\alpha_b > 0.8$ 时,下列情况的 β_b 值应乘以下系数:(1) 项次 1,当 $\xi \leq 1.0$ 时,0.95;(2) 项次 3,当 $\xi \leq 0.5$ 时,0.90;当 $0.5 < \xi \leq 1.0$ 时,0.95。
　　5. 表中项次 8、9,当集中荷载作用在侧向支承点处时,取 $\beta_b = 1.2$。
　　6. 荷载作用在上翼缘系荷载作用点在翼缘表面,方向指向截面形心;
　　　荷载作用在下翼缘系荷载作用点在翼缘表面,方向背向截面形心。

η_b——截面不对称影响系数。对双轴对称工字形截面（如图 4-5a 所示），$\eta_b = 0$；对单轴对称工字形截面，加强受压翼缘时（如图 4-5b 所示），$\eta_b = 0.8$ $(2\alpha_b - 1)$；加强受拉翼缘时（如图 4-5c 所示），$\eta_b = (2\alpha_b - 1)$；$\alpha_b = \dfrac{I_1}{I_1 + I_2}$；

I_1 和 I_2 分别为受压翼缘和受拉翼缘对 y 轴的惯性矩。

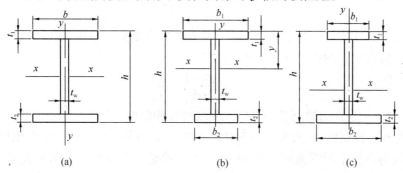

图 4-5 工字形截面

(a) 双轴对称截面；(b) 单轴对称加强受压翼缘；(c) 单轴对称加强受拉翼缘

上述梁整体稳定的临界应力是按弹性稳定理论确定的，因此，整体稳定系数 φ_b 只适用于梁的弹性工作阶段。而在实际工程结构中，有些梁在失稳时常处于弹塑性工作阶段，因此应对 φ_b 值加以修正。梁的弹性工作与弹塑性工作的分界点是 $\varphi_b = 0.6$，当 $\varphi_b > 0.6$ 时，梁进入弹塑性阶段工作，整体稳定临界应力有明显的降低，必须对 φ_b 进行修正。

轧制普通工字钢简支梁的 φ_b 值　　　　表 4-5

项次	荷载情况			工字钢型号	自 由 长 度 l_1（m）								
					2	3	4	5	6	7	8	9	10
1	跨中无侧向支承点的梁	集中荷载作用于	上翼缘	10～20	2.0	1.3	0.99	0.80	0.68	0.58	0.53	0.48	0.43
				22～32	2.4	1.48	1.09	0.86	0.72	0.62	0.54	0.49	0.45
				36～63	2.8	1.60	1.07	0.83	0.68	0.56	0.50	0.45	0.40
2			下翼缘	10～20	3.1	1.95	1.34	1.01	0.82	0.69	0.63	0.57	0.52
				22～40	5.5	2.80	1.84	1.37	1.07	0.86	0.73	0.64	0.56
				45～63	7.3	3.6	2.30	1.62	1.20	0.96	0.80	0.69	0.60
3		均布荷载作用于	上翼缘	10～20	1.7	1.12	0.84	0.68	0.57	0.50	0.45	0.41	0.37
				22～40	2.1	1.3	0.93	0.73	0.60	0.51	0.45	0.40	0.36
				45～63	2.6	1.45	0.97	0.73	0.59	0.50	0.44	0.38	0.35
4			下翼缘	10～20	2.5	1.55	1.08	0.83	0.68	0.56	0.52	0.47	0.42
				22～40	4.0	2.20	1.45	1.10	0.85	0.70	0.60	0.52	0.46
				45～63	5.6	2.80	1.80	1.25	0.95	0.78	0.65	0.55	0.49
5	跨中有侧向支承点的梁			10～20	2.2	1.39	1.01	0.79	0.66	0.57	0.52	0.47	0.42
				22～40	3.0	1.80	1.24	0.96	0.76	0.65	0.56	0.49	0.43
				45～63	4.0	2.20	1.38	1.01	0.80	0.66	0.56	0.49	0.43

注：1. 项次 1、2 两栏的数值，主要用于少数几个集中荷载位于跨度中间 1/3 范围内的情况，其他情况的集中荷载，应按项次 3、4 栏内的数值采用。

2. 表中的 φ_b 适用于 Q235 钢，对其他钢号，表中数值应乘以 $235/f_y$。

规范规定应用下式计算的 φ_b' 代替 φ_b 值：

$$\varphi'_b = 1.07 - \frac{0.282}{\varphi_b} \leqslant 1.0 \tag{4-15}$$

（2）轧制普通工字钢简支梁。由于轧制普通工字钢截面几何尺寸有一定的比例关系，可将 φ_b 值按工字钢型号和受压翼缘的自由长度 l_1，从表 4-5 中查得。

由表 4-5 查得的整体稳定系数 $\varphi_b > 0.6$ 时，也应按式（4-15）算得相应的 φ'_b 来代替 φ_b。

（3）轧制槽钢简支梁。轧制槽钢简支梁的整体稳定系数，不论荷载形式以及荷载在截面上的作用位置如何，均应按式（4-16）计算。

$$\varphi_b = \frac{570b \cdot t}{l_1 \cdot h} \cdot \frac{235}{f_y} \tag{4-16}$$

式中　h、b、t——分别为槽钢截面高度、翼缘宽度和厚度。

按式（4-16）算得的 φ_b 值大于 0.6 时，应按式（4-15）算得相应的 φ'_b 值代替 φ_b 值。

（4）双轴对称工字形等截面（含 H 型钢）悬臂梁。整体稳定系数可按式（4-14）计算，但式中的 β_b 应按表 4-6 查得，$\lambda_y = l_1/i_y$ 中的 l_1 为悬臂梁的长度。当求得的 φ_b 值大于 0.6 时，应按式（4-15）算得相应的 φ'_b 代替 φ_b 值。

双轴对称工字形等截面（含 H 型钢）悬臂梁的系数 β_b 表 4-6

项次	荷载形式		$\xi = l_1 t/b_1 h$		
			$0.6 \leqslant \xi \leqslant 1.24$	$1.24 < \xi \leqslant 1.96$	$1.96 < \xi \leqslant 3.10$
1	自由端一个集中荷载作用在	上翼缘	$0.21 + 0.67\xi$	$0.72 + 0.26\xi$	$1.17 + 0.03\xi$
2		下翼缘	$2.94 - 0.65\xi$	$2.64 - 0.40\xi$	$2.15 - 0.15\xi$
3	均布荷载作用在上翼缘		$0.62 + 0.82\xi$	$1.25 + 0.31\xi$	$1.66 + 0.10\xi$

注：本表是按支撑端为固定的情况确定的，当用于由邻跨延伸出来的伸臂梁时，应在构造上采取措施加强支撑处的抗扭能力。

（5）受弯构件稳定系数的近似计算。均匀弯曲的受弯构件，当 $\lambda_y \leqslant 120\sqrt{f_y/235}$ 时，其整体稳定系数可按下列近似公式计算：

① 工字形截面（含 H 型钢）

双轴对称时：$\varphi_b = 1.07 - \dfrac{\lambda_y^2}{4400} \cdot \dfrac{f_y}{235}$ （4-17）

单轴对称时：$\varphi_b = 1.07 - \dfrac{W_x}{(2\alpha_b + 0.1)Ah} \cdot \dfrac{\lambda_y^2}{14000} \cdot \dfrac{f_y}{235}$ （4-18）

② T 形截面（弯矩作用在对称轴平面，绕轴）

A. 弯矩使翼缘受压时：

双角钢 T 形截面：$\varphi_b = 1 - 0.0017\lambda_y\sqrt{f_y/235}$ （4-19）

剖分 T 型钢和两板组合 T 形截面：$\varphi_b = 1 - 0.0022\lambda_y\sqrt{f_y/235}$ （4-20）

B. 弯矩使翼缘受拉且腹板宽厚比不大于 $18\sqrt{f_y/235}$ 时：

$$\varphi_b = 1 - 0.0005\lambda_y\sqrt{f_y/235} \tag{4-21}$$

按式（4-17）～式（4-21）算得的 φ_b 值大于 0.6 时，不需按式（4-15）换算成 φ'_b 值；当按式（4-17）和式（4-18）算的 φ_b 值大于 1.0 时，取 $\varphi_b = 1.0$。

2. 不需计算梁整体稳定的情况

在实际工程中，梁常与其他构件相互连接，对梁丧失整体稳定性有阻碍作用，使梁的整体稳定性有可靠的保证。因此，符合下列情况之一时，可不计算梁的整体稳定：

（1）有铺板（各种钢筋混凝土板和钢板）密铺在梁的受压翼缘上并与其牢固相连，能阻止梁受压翼缘的侧向位移时。

（2）H 型钢或等截面工字形简支梁受压翼缘的自由长度 l_1（梁侧向支承点间的距离）与其宽 b_1 之比不超过表 4-7 所规定的数值时。

H 型钢或等截面工字形简支梁不需计算整体稳定性的最大 l_1/b_1 值　　表 4-7

钢　号	跨中无侧向支承点的梁		跨中受压翼缘有侧向支撑点的梁，不论荷载作用于何处
	荷载作用在上翼缘	荷载作用在下翼缘	
Q235	13.0	20.0	16.0
Q345	10.5	16.5	13.0
Q390	10.0	15.5	12.5
Q420	9.5	15.0	12.0

注：1. 其他钢号的梁不需计算整体稳定性的最大 l_1/b_1 值，应取 Q235 钢的数值乘以 $\sqrt{235/f_y}$。

2. 梁的支座处，应采取构造措施以防止梁端截面的扭转。

（3）箱形截面简支梁（如图 4-7b 所示），其截面尺寸满足 $h/b_0 \leqslant 6$，且 l_1/b_0 不超过 95 $(235/f_y)$ 时。

对于不符合上述任一条件的梁，则应进行整体稳定性的计算。

在最大刚度主平面内弯曲的构件，按式（4-13）验算整体稳定性，即：

$$\frac{M_x}{\varphi_b \cdot W_x} \leqslant f$$

在两个主平面受弯的工字形截面构件，应按下式验算整体稳定性：

$$\frac{M_x}{\varphi_b \cdot W_x} + \frac{M_y}{\gamma_y \cdot W_y} \leqslant f \qquad (4-22)$$

式中　W_x、W_y——按受压纤维确定的对 x 轴和 y 轴的毛截面抵抗矩；

　　　　φ_b——绕强轴弯曲所确定的整体稳定系数；

　　　　γ_y——截面塑性发展系数。

2.4　梁的局部稳定

设计梁的截面时，为了提高梁的强度和刚度，并从经济效果出发，总希望采用宽而薄的翼缘板和高而薄的腹板。但是当钢板过薄时，腹板和受压翼缘在尚未达到强度和整体稳定性限值之前，就可能发生波浪变形的屈曲（如图 4-6 所示）。这种现象称为梁失去局部稳定。梁的翼缘或腹板出现了局部失稳，说明已有局部截面退出工作，这样就可能导致整个梁的提前破坏，设计时必须注意。

为了避免出现局部失稳，可以采用以下措施：

① 限制板件的宽厚比或高厚比；

② 在垂直于钢板平面的方向，设置具有一定刚度的加劲肋，以防止局部失稳。

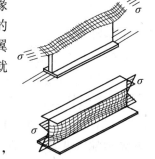

图 4-6　梁丧失局部稳定现象

轧制型钢梁，其翼缘和腹板相对较厚。不必计算局部失稳，也不必采取措施。

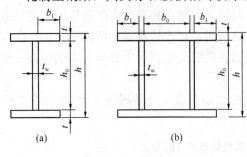

图 4-7　梁的截面

（a）工字形截面；（b）箱形截面

1. 翼缘板的局部稳定

翼缘板远离截面的形心，强度一般能够得到比较充分的利用，因此规范采用限制宽厚比的办法，来防止翼缘板发生局部屈曲，保证其局部稳定。

工字形和箱形截面翼缘的自由外伸宽度 b_1（对焊接构件，取腹板边至翼缘板边缘的距离；对轧制构件，取内圆弧起点至翼缘板边缘的距离）与其厚度 t 之比如图 4-7 所示，应满足：

$$\frac{b_1}{t} \leqslant 13\sqrt{\frac{235}{f_y}} \qquad (4\text{-}23)$$

当计算梁抗弯强度取 $\gamma_x = 1$ 时（不考虑截面发展部分塑性），即直接承受动荷载按弹性设计时，宽厚比可以放宽为：

$$\frac{b_1}{t} \leqslant 15\sqrt{\frac{235}{f_y}} \qquad (4\text{-}24)$$

箱形截面梁两腹板中间受压翼缘板保证局部稳定的条件是：

$$\frac{b_0}{t} \leqslant 40\sqrt{\frac{235}{f_y}} \qquad (4\text{-}25)$$

2. 腹板的局部稳定

承受静力荷载和间接承受动力荷载的组合梁宜考虑腹板屈曲后的强度（组合梁腹板考虑屈曲后强度的计算见钢结构设计规范）。

直接承受动力荷载的组合梁不考虑腹板屈曲后的强度。组合梁的腹板主要通过配置加劲肋的办法来防止局部失稳（详见钢结构设计规范）。

加劲肋有横向、纵向、短加劲肋和支承加劲肋几种，如图 4-8 所示，与梁跨度方向垂直的叫横向加劲肋，主要作用是用来防止因剪切使腹板产生的屈曲；在梁的受压区，顺梁跨度方向设置的，叫纵向加劲肋，主要作用是用来防止因弯曲而使腹板产生的屈曲。

组合梁腹板配置加劲肋应符合下列规定：

（1）当 $h_0/t_w \leqslant 80\sqrt{235/f_y}$ 时，对无局部压应力（$\sigma_c = 0$）的梁，可不配置加劲肋；但对有局部压应力（$\sigma_c \neq 0$）的梁，应按构造配置横向加劲肋，其间距不大于 $2h_0$（如图 4-8 所示）。

（2）当 $h_0/t_w \geqslant 80\sqrt{235/f_y}$ 时，应配置横向加劲肋。其中，当 $h_0/t_w > 170\sqrt{235/f_y}$ （受压翼缘扭转受到约束，如连有刚性铺板、制动板或焊有钢轨时）或 $h_0/t_w > 150$ $\sqrt{235/f_y}$（受压翼缘扭转未受到约束时），或按计算需要时，应在弯曲应力较大区格的受压区增加配置纵向加劲肋。局部压应力很大的梁，必要时尚应在受压区配置短加劲肋。

（3）梁的支座处和上翼缘受有较大固定集中荷载处，宜设置支承加劲肋。

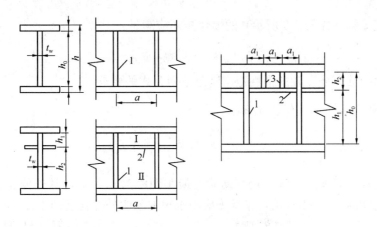

图 4-8 加劲肋的布置
1—横向加劲肋；2—纵向加劲肋；3—短加劲肋

（4）在任何情况下，腹板的高厚比值均不宜超过 $250\sqrt{235/f_y}$。

对加劲肋的计算和配置加劲肋的腹板稳定性计算按《钢结构设计规范》GB 50017—2003 中的有关公式计算。首先，应根据上述梁腹板加劲肋的配置规定，预先将加劲肋按适当间距布置好。然后按要求验算各区格腹板的稳定性。当不满足要求或富余过多时，则须调整间距重新计算。

3. 加劲肋的截面选择和构造要求

（1）加劲肋常在腹板两侧成对配置。对仅承受静荷载作用或受动荷载作用较小的梁腹板，为了节省钢材、减轻质量和减轻制造工作量，其横向和纵向加劲肋也可考虑单侧配置。

（2）加劲肋可以用钢板或型钢做成（如图 4-9 所示），焊接梁常用钢板。

（3）横向加劲肋的最小间距为 $0.5h_0$，最大间距为 $2h_0$（对无局部压应力的梁，当 $h_0/t_w \leqslant 100$ 时，可采用 $2.5h_0$）。纵向加劲肋至腹板计算高度受压边缘的距离应在 $h_c/2.5 \sim h_c/2$ 范围内，h_c 为腹板受压区高度。

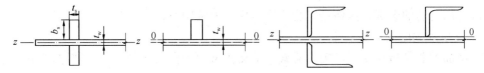

图 4-9 加劲肋形式

（4）在腹板两侧成对配置的钢板横向加劲肋，其截面尺寸应符合下述要求：

外伸宽度：
$$b_s \geqslant \frac{h_0}{30} + 40 \text{mm} \tag{4-26}$$

厚　　度：
$$t_s \geqslant \frac{b_s}{15} \tag{4-27}$$

（5）仅在腹板一侧配置的钢板横向加劲肋，其外伸宽度应大于按式（4-26）算得的 1.2 倍，厚度应不小于其外伸宽度的 1/15。

（6）在同时用横向和纵向加劲肋加强的腹板中，应在其相交处将纵向加劲肋断开，横向加劲肋保持连续（如图 4-10 所示）。其横向加劲肋的截面尺寸除应满足上述要求外，其

加劲肋截面绕 z 轴（如图 4-9 所示）的惯性矩还应满足：

$$I_z \geqslant 3h_0 t_w^3 \tag{4-28}$$

纵向加劲肋截面绕 y 轴的惯性矩应满足下列公式的要求：

当 $\dfrac{a}{h_0} \leqslant 0.85$ 时 $\qquad I_y \geqslant 1.5 h_0 t_w^3$ $\tag{4-29}$

当 $\dfrac{a}{h_0} > 0.85$ 时 $\qquad I_y \geqslant \left(2.5 - 0.45 \dfrac{a}{h_0}\right)\left(\dfrac{a}{h_0}\right)^2 h_0 t_w^3$ $\tag{4-30}$

（7）当配置有短加劲肋时，短加劲肋的最小间距为 $0.75h_1$，其外伸宽度应取为横向加劲肋外伸宽度的 $0.7 \sim 1.0$ 倍，厚度不应小于短加劲肋外伸宽度的 $1/15$。

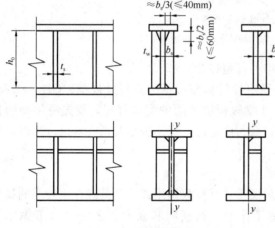

图 4-10　加劲肋构造

（8）用型钢（H 型钢、工字钢、槽钢、肢尖焊于腹板的角钢）做成的加劲肋，其截面的相应惯性矩不得小于上述对于钢板加劲肋的惯性矩。

（9）为了减小焊接应力，避免焊缝的过分集中，横向加劲肋的端部应切去宽约 $b_s/3$（但不大于 40mm）、高约 $b_s/2$（但不大于 60mm）的斜角（如图 4-10 所示），以使梁的翼缘焊缝连续通过。在纵向和横向加劲肋相交处，应将纵向加劲肋两端切去相应的斜角，从而使横向加劲肋与腹板连接的焊缝连续通过。

（10）在腹板两侧成对配置的加劲肋，其截面惯性矩应按梁腹板中心线为轴线进行计算。在腹板一侧配置的加劲肋，其截面惯性矩应按与加劲肋相连的腹板边缘为轴线进行计算。

配置加劲肋的腹板各区格稳定性验算，见《钢结构设计规范》。

4. 支承加劲肋的计算

支承加劲肋是指承受固定集中荷载或梁支座反力的横向加劲肋，这种加劲肋应在腹板两侧成对配置（如图 4-11 所示），其截面常比中间横向加劲肋的截面大，并需要计算。

（1）支承加劲肋的稳定性计算

按承受集中荷载的轴心受压构件，计算支承加劲肋在腹板平面外的稳定性。验算截面包括加劲肋和加劲肋每侧 $15t_w \sqrt{235/f_y}$ 范围内的腹板面积（如图 4-11 所

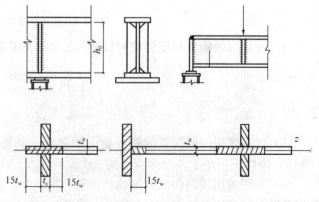

图 4-11　支承加劲肋

示），计算长度取 h_0，用下式验算腹板平面外的稳定性：

$$\frac{N}{\varphi A} \leqslant f \tag{4-31}$$

式中　N——集中荷载或支座反力；

　　　φ——轴心压杆稳定系数。

（2）端面承压强度计算

支承加劲肋的端面应按所承受的固定集中荷载或支座反力进行计算，当加劲肋的端面刨平顶紧时，应用下式计算其端面承压应力：

$$\sigma_{ce} = \frac{N}{A_{ce}} \leqslant f_{ce} \tag{4-32}$$

式中　A_{ce}——端面承压面积，即支承加劲肋与翼缘或柱顶相接触处的净面积；

　　　f_{ce}——钢材端面承压强度设计值。

对突缘支座，还必须保证支承加劲肋向下的伸出长度不大于厚度的2倍。

（3）连接焊缝计算

支承加劲肋与腹板间的连接焊缝应按承受全部集中力或支反力进行计算，并假定应力沿焊缝全长均匀分布。

轻、中级工作制吊车梁计算腹板的稳定性时，吊车轮压设计值可乘以折减系数0.9。

项目 3　梁 的 截 面 设 计

3.1　型钢梁的截面设计

型钢梁设计应满足强度、刚度及整体稳定性要求。

1. 截面选择

根据梁的荷载、跨度及支承条件，计算梁的最大弯矩设计值。再根据最大弯矩设计值求出需要的净截面抵抗矩：

$$W_{nx} = \frac{M_{max}}{\gamma_x f}$$

按 W_{nx} 查型钢表，选择截面抵抗矩相近的型钢（一般为 H 型钢或普通工字钢）。

2. 截面验算

初定截面之后，计算钢梁的自重荷载及其弯矩，然后按计入自重的总荷载和弯矩，分别验算截面的强度、刚度、整体稳定性，如果验算结果不满足要求，应重选截面，再验算，直到所选截面满足要求为止。

【例 4-1】　有一平台简支梁，承受均布静荷载作用。其中均布永久荷载 $q_y = 12 kN/m$，均布可变荷载 $q_k = 12 kN/m$，梁的跨度 $l = 7m$，钢材采用 Q235A，梁的容许挠度 $[v_T] = l/250$，$[v_Q] = l/350$。梁的上翼缘有可靠的支撑件连接。试选择型钢梁的截面。

【解】　标准荷载 $q_0 = q_y + q_k = 12 + 12 = 24 kN/m$；

设计荷载　$q = \gamma_G \cdot q_y + \gamma_Q q_k = 1.2 \times 12 + 1.4 \times 12 = 31.2 kN/m$

（1）截面选择

梁截面的最大弯矩值：

$$M_{max} = \frac{ql^2}{8} = \frac{31.2 \times 7^2}{8} = 191.1kN \cdot m$$

需要的截面抵抗矩：

$$W_{nx} = \frac{M_{max}}{\gamma_x \cdot f} = \frac{191.1 \times 10^6}{1.05 \times 215 \times 10^3} = 847cm^3$$

查附表 4-1，选用 I36a 工字钢

自重：$q_1 = 0.60kN/m$，$W_x = 878cm^3$，$I_x = 15796cm^4$，$I_x/S_x = 31.0cm$，$t_w = 10.0mm$。

（2）截面验算

① 弯曲强度验算

考虑梁自重的设计荷载：

$$q = 1.2 \times (12 + 0.6) + 1.4 \times 12 = 31.92kN/m$$

$$M_{max} = \frac{ql^2}{8} = \frac{31.92 \times 7^2}{8} = 195.51kN \cdot m$$

$$\sigma = \frac{M_{max}}{\gamma_x \cdot W_x} = \frac{195.51 \times 10^6}{1.05 \times 878 \times 10^3} = 212N/mm^2 < f = 215N/mm^2$$

② 剪应力验算

支座处的最大剪力为：$V = \frac{ql}{2} = \frac{31.92 \times 7}{2} = 112kN$

$$\tau = \frac{V \cdot S_x}{I_x \cdot t_w} = \frac{112 \times 10^3}{31.0 \times 10 \times 10.0} = 36.1N/mm^2 < f_v = 125N/mm^2$$

③ 刚度验算

全部荷载作用下

$$v_T = \frac{5q_0 l^4}{384E \cdot I_x} = \frac{5 \times (24 + 0.6) \times 7000^4}{384 \times 2.06 \times 10^5 \times 15796 \times 10^4} = 23.6mm < [v_T] = \frac{l}{250} = 28mm$$

可变荷载作用下

$$v_Q = \frac{5q_k l^4}{384E \cdot I_x} = \frac{5 \times 12 \times 7000^4}{384 \times 2.06 \times 10^5 \times 15796 \times 10^4} = 11.5mm < [v_Q] = \frac{l}{350} = 20mm$$

④ 支座处局部压应力验算

支座反力：$R = \frac{ql}{2} = \frac{1}{2} \times 31.92 \times 7 = 112kN$

设支撑长度为 120mm。由型钢表查得：$h_y = R + t = 15.8 + 12.0 = 27.8mm$

腹板厚 $t_w = 10.0mm$，$l_2 = a + 2.5h_y = 120 + 2.5 \times 27.8 = 189.5mm$

$$\sigma_c = \frac{\psi F}{t_w l_2} = \frac{1.0 \times 112 \times 10^3}{10.0 \times 189.5} = 60N/mm^2 < f = 215N/mm^2$$

⑤ 整体稳定验算

由于梁的上翼缘有可靠的支撑件连接，可以阻止梁产生扭转，整体稳定性可以保证，不必验算。

热轧型钢截面的局部稳定无须验算，因此选用 I36a 工字钢梁满足要求。

若选窄翼缘 H 型钢，查附表 4-2 选 HN400×150×8×13。$W_x=895cm^3$（大于 I36a），$I_x=17906cm^4$（大于 I36a），自重 $q=55kg/m$（小于 I36a）。可节省钢材 8%。

3.2　组合梁的截面设计

1. 截面选择

组合梁的截面选择包括：估算梁的截面高度、腹板厚度、翼缘宽度和厚度。

（1）梁的截面高度 h

确定截面高度时，通常应根据建筑设计允许的最大高度、刚度要求的最小高度和用钢经济的经济高度三方面要求来确定。

建筑设计允许的最大高度是指自梁底面到楼、地面的净空尺寸，它是由使用要求决定的梁的最大可能高度 h_{max}。例如当建筑楼层层高确定以后，为保证室内净高不低于规定值，就要求楼层梁高不得超过某一数值。又如当桥梁桥面标高确定以后，为保证桥下有一定的通航净空，也要限制梁的高度不得过大。设计梁截面时要求 $h \leqslant h_{max}$。

刚度要求决定了梁的最小高度 h_{min}。刚度要求正常使用时梁的挠度不得超过规定的容许值。

对受均布荷载简支梁，按下式计算挠度：

$$v = \frac{5ql^4}{384EI_x} = \frac{5l^2}{48EI_x} \cdot \frac{ql^2}{8} = \frac{5Ml^2}{48EI_x} = \frac{5}{48} \cdot \frac{ML^2}{EW_x(h/2)} = \frac{5\sigma \cdot l^2}{24Eh} \leqslant [v_T]$$

即：

$$\frac{h_{min}}{l} \approx \frac{\sigma_k l}{5E[v_T]} \tag{4-33}$$

式中　σ_k——全部荷载标准值产生的最大弯曲应力；

　　　$[v_T]$——全部荷载标准值产生的挠度的容许值。

由上式可以看出，刚度和梁高有直接关系。为保证梁的刚度，同时又使梁能充分发挥强度作用，将钢材的设计强度 $f/1.3$ 代替上式中的 σ，1.3 是荷载分项系数的平均值，得到最小高度和容许挠度间的关系式：

$$h_{min}/l = \frac{f}{1.34 \times 10^6}\left[\frac{l}{v_T}\right] \tag{4-34}$$

从经济要求，即用钢材最省出发，可以得出经济高度 h_e。组成梁截面时，在满足截面抵抗矩情况下，应使翼缘和腹板的总用钢量最少。从经济要求确定梁高时可按经验公式计算如下：

$$h_e = 7\sqrt[3]{W_x} - 300mm \tag{4-35}$$

在选择梁的高度时，应同时满足上述三方面的要求，即 $h_{max} \geqslant h \geqslant h_{min}$，且尽可能等于或略小于经济高度，使 $h \approx h_e$。腹板高度 h_0 与梁高接近，可按 h 取稍小数值，同时还应考虑到钢材的规格。一般取腹板高度 h_0 为 50mm 的倍数。

（2）腹板厚度

腹板主要承受剪力作用，应按梁端的最大剪力来确定腹板需要的厚度，并且认为剪力只由腹板承受，可近似地假定最大剪应力为腹板平均剪应力的 1.2 倍。按矩形腹板计算剪应力：

$$t_{w1} = 1.2V_{max}/(h_0 f_v) \qquad (4-36)$$

从经济观点出发，腹板应尽可能采用薄板，但采用过薄的板对局部稳定不利，因此常用下面的经验公式确定腹板的厚度：

$$t_{w2} = \sqrt{h_0}/3.5 \qquad (4-37)$$

最后选择的腹板厚度 t_w，应满足 $t_w \geqslant t_{w1}$ 及 $t_w \approx t_{w2}$，并应符合钢板的规格尺寸。一般为 2mm 的倍数，并不宜小于 8mm。跨度较小时，不得小于 6mm。

（3）翼缘尺寸

腹板截面尺寸确定以后，根据最大计算弯矩求出需要的净截面抵抗距：

$$W_{nx} = \frac{M_x}{\gamma_x f}$$

整个截面需要的惯性矩为：

$$I_x = W_{nx} \frac{h}{2}$$

因为腹板尺寸已定，其惯性矩为：

$$I_w = t_w \frac{h_0^3}{12}$$

则翼缘需要的惯性矩为：

$$I_i = I_x - I_w \qquad (4-38)$$

近似地取：

$$I_i \approx 2bt \left(\frac{h_0}{2}\right)^2 \qquad (4-39)$$

由此可决定翼缘尺寸：

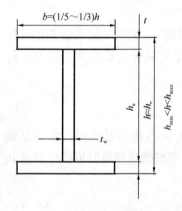

图 4-12 工字形梁截面

$$bt = 2(I_x - I_w)/h_0^2 \qquad (4-40)$$

翼缘宽度 b 和厚度 t 只要定出一个，就能确定另一个。一般可取 $b = (1/3 \sim 1/5)h$，且不小于 200mm。翼缘宽度太小，不利于梁的整体稳定，太大则翼缘中应力分布不均匀的程度增大。厚度应符合 $t \geqslant \frac{b}{30}\sqrt{f_y/235}$ 的条件，太薄的翼缘板会发生局部翘曲失稳。在确定 b 和 t 时，要符合钢板的规格尺寸。截面尺寸如图 4-12 所示。翼缘宽度取 10mm 的倍数，厚度取 2mm 的倍数。一般不应小于 8mm。

2. 截面验算

截面尺寸确定后，计算截面的几何特性，然后进行强度、刚度、整体稳定性、局部稳定性的验算。

【例 4-2】 试设计一跨度为 9m 的工作平台简支梁，受均布永久荷载 $q_1 = 35$kN/m，各可变荷载 $q_2 = 52$kN/m（直接承受动荷载作用）。钢材为 Q235 钢，焊条 E43 型。梁的高度不受限制。

【解】 标准荷载 $q_0 = 35 + 52 = 87$kN/m；

设计荷载 $\qquad q = 1.2 \times 35 + 1.4 \times 52 = 115$kN/m

(1) 确定梁高

跨中截面最大弯矩：$M_x = \dfrac{ql^2}{8} = \dfrac{115 \times 9^2}{8} = 1164 \text{kN} \cdot \text{m}$

需要的净截面抵抗矩：$W_{nx} = \dfrac{M_x}{f} = \dfrac{1164 \times 10^6}{215} = 5414 \text{cm}^3$

梁的经济高度：$h_e = 7 \cdot \sqrt[3]{W_x} - 300 \text{mm} = 7 \times \sqrt[3]{5414 \times 10^3} - 300 = 929 \text{mm}$

由表 4-2 查得平台梁允许挠度值为 $\dfrac{l}{400}$，梁的最小高度为：

$$h_{min} = \frac{f}{1.34 \times 10^6} \times 400l = \frac{215 \times 400 \times 900}{1.34 \times 10^6} = 578 \text{mm}$$

因梁高不受限制，取梁高 $h = 1028 \text{mm}$，腹板 $h_0 = 1000 \text{mm}$，符合钢材规格。

(2) 确定腹板厚度

支座处的最大剪力：$V_{max} = \dfrac{ql}{2} = \dfrac{115 \times 9}{2} = 517.5 \text{kN}$

$$t_{w1} = 1.2 V_{max} / (h_0 \cdot f_v) = 1.2 \times 517.5 \times 10^3 / (1000 \times 125) = 5 \text{mm}$$

$$t_{w2} = \sqrt{h_w}/3.5 = \sqrt{1000}/3.5 = 9 \text{mm}$$

取 $t_w = 8 \text{mm}$，满足以上要求。故腹板采用—8×1000 的钢板。

(3) 确定翼缘尺寸

$$I_{nx} = W_{nx} \cdot h/2 = 5228 \times 102.8/2 = 268719 \text{cm}^4$$
$$I_w = t_w \cdot h_0^3/12 = 0.8 \times 100^3/12 = 66667 \text{cm}^4$$

一块翼缘板的截面积为：

$$bt = 2(I_{nx} - I_w)/h_0^2 = 2 \times (268719 - 66667)/100^2 = 40.4 \text{cm}^2$$

取 $b = 320 \text{mm} \approx \dfrac{h}{3}$，$t = \dfrac{40.4 \times 10^2}{320} = 12.6 \text{mm}$

取 $t = 14 \text{mm} > \dfrac{b}{30} = \dfrac{320}{30} = 11 \text{mm}$

所选截面如图 4-13 所示。

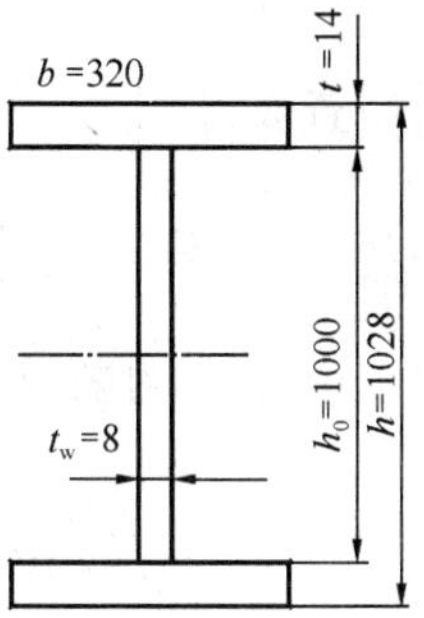

(4) 强度验算

截面几何特性

$$I_x = \frac{1}{12} t_w h_0^3 + 2bt \left[\frac{1}{2} (h_0 + t) \right]^2$$

$$= \frac{1}{12} \times 0.8 \times 100^3 + 2 \times 32 \times 1.4 \times 50.7^2$$

$$= 296983 \text{cm}^4$$

图 4-13　例 4-2 图

$$W_x = \frac{2I_x}{h} = \frac{2 \times 296983}{102.8} = 5778 \text{cm}^3$$

$$A = 2bt + t_w h_0 = 2 \times 32 \times 1.4 + 0.8 \times 100 = 169.6 \text{cm}^2$$

钢材的密度 $\gamma = 7.85 \text{t/m}^3 = 77 \text{kN/m}^3$

梁自重：$g = A \cdot \gamma = 0.01696 \times 77 = 1.31 \text{kN/m}$

考虑自重后的荷载设计值：

$$q = 1.2 \times (35 + 1.31) + 1.4 \times 52 = 116 \text{kN/m}$$

$$M_{max} = ql^2/8 = 116 \times 9^2/8 = 1175 \text{kN} \cdot \text{m}$$

抗弯强度：

$$\sigma = \frac{M_{max}}{W_{nx}} = \frac{1175 \times 10^6}{5778 \times 10^3} = 203\text{N/mm}^2 < f = 215\text{N/mm}^2$$

强度满足要求，剪应力和刚度不需验算，因在选择腹板时已满足受剪要求，在选择梁高时已满足刚度要求。

（5）整体验定性验算

$$I_y = \frac{2 \times 1.4 \times 32^3}{12} = 7646 \text{ cm}^4$$

$$i_y = \sqrt{\frac{I_y}{A}} = \sqrt{\frac{7646}{169.6}} = 6.71 \text{ cm}$$

$$\lambda_y = \frac{l_1}{i_y} = \frac{900}{6.71} = 134$$

$$\xi = \frac{l_1 \cdot t_1}{b_1 \cdot h} = \frac{900 \times 1.4}{32 \times 102.8} = 0.38 < 2.0$$

$$\beta_b = 0.69 + 0.13\xi = 0.69 + 0.13 \times 0.38 = 0.739$$

$$\varphi_b = \beta_b \cdot \frac{4320}{\lambda_y^2} \cdot \frac{Ah}{W_x}\sqrt{1 + \left(\frac{\lambda_y t_1}{4.4h}\right)^2}$$

$$= 0.739 \times \frac{4320}{134^2} \times \frac{16960 \times 1028}{5778 \times 10^3} \times \sqrt{1 + \left(\frac{134 \times 14}{4.4 \times 1028}\right)^2} = 0.518$$

$$\frac{M_{max}}{\varphi_b W_x} = \frac{1175 \times 10^6}{0.518 \times 5778 \times 10^3} = 393\text{N/mm}^2 > f = 215\text{N/mm}^2$$

梁的整体稳定性不够。如果在跨中设置一个可靠的侧向支撑点，则 l_1 减小到 450cm。

$$\lambda_y = \frac{450}{6.71} = 67$$

查表得

$$\beta_b = 1.15$$

$$\varphi_b = 1.15 \times \frac{4320}{67^2} \times \frac{16960 \times 1028}{5778 \times 10^3} \times \sqrt{1 + \left(\frac{67 \times 14}{4.4 \times 1028}\right)^2} = 3.41$$

由式（4-15）得：$\varphi_b' = 1.07 - \frac{0.282}{3.41} = 0.987$

$$\frac{M_{max}}{\varphi_b' \cdot W_x} = \frac{1175 \times 10^6}{0.987 \times 5778 \times 10^3} = 206\text{N/mm}^2 < f = 215\text{N/mm}^2$$

整体验定性满足要求。

（6）局部稳定性计算

$\frac{h_0}{t_w} = \frac{100}{0.8} = 125 > 80\sqrt{\frac{235}{f_y}}$，小于 $150\sqrt{\frac{235}{f_y}}$，应配置横向加劲肋。横向加劲肋按构造要求布置，取 $a = 1800\text{mm} < 2h_0$。如图 4-14 所示。

（7）加劲肋计算

横向加劲肋的截面尺寸：

宽度 $\quad b_s \geqslant \frac{h_0}{30} + 40 = \frac{1000}{30} + 40 = 73\text{mm} \quad$ 取 $b_s = 120\text{mm}$

厚度 $\quad\quad\quad\quad t_s = \frac{b_s}{15} = \frac{120}{15} = 8\text{mm}$

配置加劲肋的腹板各区格稳定性验算（略）。

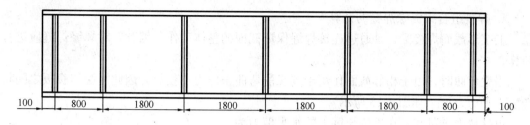

图 4-14　横向加劲肋布置图

3. 组合梁截面沿长度的改变

对于均布荷载作用下的简支梁，弯矩值沿梁的长度分布通常是变化的（如图 4-15 所示）。而梁截面是按最大弯矩来选择的，因此，梁其他部位的强度就有富裕。为节省钢材减轻自重，可将梁截面随弯矩而变化。

常用的改变截面的方法有两种：一种是改变梁的高度，另一种是改变翼缘的宽度。

改变梁的高度，将梁的下翼缘做成折线外形，翼缘的截面保持不变，仅在靠近梁端处变化腹板的高度（如图 4-16 所示）。这样可使梁的支座处高度显著减少，同时可以降低机械设备的重心高度，使连接构造简化。梁端部的高度应根据抗剪强度要求确定，且不宜小于跨中高度的 $1/2$。下翼缘板的转折点一般取在距梁端 $(1/6 \sim 1/5) l$ 处。

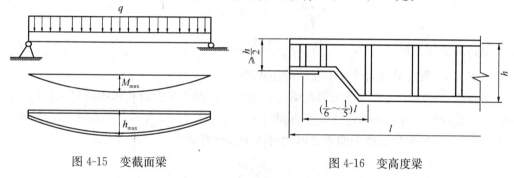

图 4-15　变截面梁　　　　　　　　图 4-16　变高度梁

焊接工字型梁的截面改变一般是改变翼缘宽度。为了便于制造，通常梁只改变一次截面，这样大约节约钢材 $10\% \sim 12\%$，如再多改变一次，约再多节约 $3\% \sim 4\%$，改变次数增多，其经济效益并不显著，反而增加了制造工作量。

截面改变设在离两端支座约 $1/6$ 处较为经济（如图 4-17 所示）。初步确定了改变截面的位置后，可以根据该处梁的弯矩反算出需要的翼缘板宽度 b_1。为了减小应力集中，应将宽板从截面改变位置以 $\leqslant 1:2.5$ 的斜角向弯矩较小侧延长，与宽度为 b_1 的窄板相对接。当正焊缝对接强度不满足要求时，可以改用斜焊缝对接。

对于跨度较小的梁，改变截面的经济效果不大，且在构造上给制造工作量增加较大。通常不改变截面。

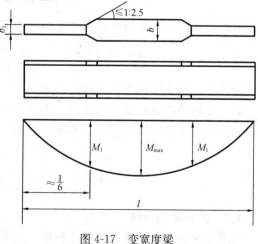

图 4-17　变宽度梁

4. 焊接组合梁翼缘焊缝的计算

工字形截面焊接梁，是通过连接焊缝保证截面的整体工作。因此，对翼缘焊缝应进行验算。

当梁弯曲时，由于相邻截面作用于翼缘的弯曲正应力不相等，因此翼缘与腹板之间将产生水平剪力 V_h（如图 4-18 所示）。

由材料力学可知，在单位长度上的水平剪力为：

$$V_h = \tau \cdot t_w = \frac{V \cdot S_1}{I_x \cdot t_w} \cdot t_w = \frac{V \cdot S_1}{I_x} \tag{4-41}$$

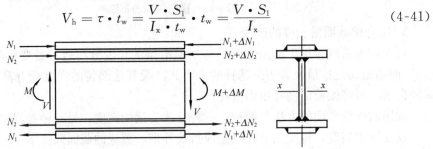

图 4-18 翼缘与腹板间的剪力

为了保证翼缘板和腹板的整体工作，翼缘连接焊缝应满足下式即

$$\frac{V \cdot S_1}{I_x} \leqslant 2 \times 0.7 h_f \cdot f_f^w$$

得到需要的焊脚尺寸为：

$$h_f \geqslant \frac{V \cdot S_1}{1.4 f_f^w \cdot I_x} \tag{4-42}$$

式中　S_1——翼缘毛截面对梁中和轴的面积矩。

当有移动或固定集中荷载作用在梁的上翼缘时，而在集中荷载作用处又未设置支撑加劲肋，上翼缘和腹板之间的连接焊缝将同时承受水平剪力 V_h 和局部压应力引起的垂直剪力 V_v 的作用。梁单位长度上的垂直剪力可按下式计算：

$$V_v = \sigma_c \cdot t_w = \frac{\psi F}{t_w \cdot l_z} \cdot t_w = \frac{\psi F}{l_z} \tag{4-43}$$

式中有关符号参照式（4-6）取用。

在 V_h 和 V_v 的共同作用下，翼缘焊缝强度应满足下式要求：

$$\sqrt{V_h^2 + V_v^2} \leqslant 2 \times 0.7 h_f \cdot f_f^w$$

因此在集中荷载作用下梁上翼缘与腹板之间连接焊缝的焊脚尺寸为：

$$h_f \geqslant \frac{\sqrt{V_h^2 + V_v^2}}{1.4 f_f^w} = \frac{1}{1.4 f_f^w} \cdot \sqrt{\left(\frac{VS_1}{I_x}\right)^2 + \left(\frac{\psi F}{\beta_f l_z}\right)^2} \tag{4-44}$$

设计时一般先按构造要求假定 h_f 值，然后验算。同时沿全跨 h_f 取为一致。

对承受动力荷载的梁（如重级工作制吊车梁和大吨位中级工作制吊车梁），腹板与上翼缘的连接焊缝常采用焊透的 T 型对接焊缝。此种焊缝与基本金属等强，不必计算。

项目 4　梁的拼接、支座和连接

4.1　型钢梁的拼接

当型钢梁的跨度超过型材供应长度，或者为了利用短材时，可以进行拼接。接头不应设在最大弯矩截面处，通常设在离支座（1/4～1/3）l 的位置，同时按该截面所在位置的弯矩和剪力来计算。

型钢梁的拼接常采用对接直焊缝相连。当直焊缝不能满足抗拉设计强度时，受拉翼缘的拼接采用斜焊缝，其他采用直焊缝。如果安装时有可能把上、下翼缘弄颠倒时，则上下翼缘都宜采用斜焊缝（如图 4-19 所示）。

当施焊条件差，不易保证质量或型钢截面较大时，可采用加盖板的方法进行拼接（如图 4-20 所示）。

设计这种接头时，假设全部弯矩由翼缘承受，而腹板承受全部剪力。而且这些内力分别通过各自的连接盖板传递。

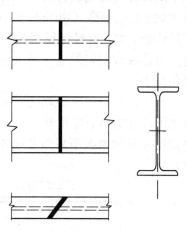

图 4-19　型钢梁用对接焊缝拼接

4.2　组合梁的拼接

如果梁的长度、高度大于钢材的尺寸，翼缘和腹板不能用整块钢板做成时，可在工厂用几段钢板拼接起来。若梁的跨度较大，不便于运输时，梁需要分段制造，运至工地后再进行拼接。

梁在工厂拼接时，翼缘和腹板的拼接位置常由钢材的尺寸并考虑梁的受力来确定。翼缘与腹板的拼接位置最好错开。同时，腹板的拼接焊缝与横向加劲肋和次梁连接位置之间的距离不得小于 $10t_w$（如图 4-21 所示）。

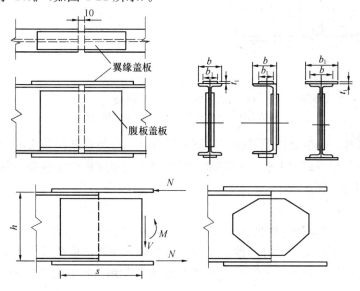

图 4-20　型钢梁用盖板拼接

腹板及翼缘一般采用对接直焊缝。对接焊缝施焊时应加引弧板，并采用一级或二级焊缝。采用一、二级焊缝时，拼接处与钢材截面等强，拼接可设在梁的任何位置。但采用三级焊缝时，焊缝强度低于钢材抗拉强度，拼接应布置在弯矩较小的位置，或采用斜焊缝。

梁在工地拼接时，拼接位置可由安装及运输条件确定。翼缘和腹板常在同一截面处断开（如图 4-22 所示），以便于分段运输。接头应布置在弯矩较小的位置。采用工地对接焊缝时，上、下翼缘坡口形式宜采用开口向上的 V 形，以便俯焊。在工厂焊接时，可将腹板和翼缘的连接焊缝在端部预留出 500mm 左右不焊，使工地焊缝收缩比较自由。同时，在工地焊接时，还应考虑施焊的顺序（如图 4-22a 所示），这样可以减少焊接残余应力。有时将翼缘和腹板略为错开一些，这样受力情况较好，但这个单元突出部分应特别保护，以免碰损。

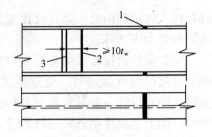

图 4-21　焊接梁的工厂拼接
1—翼缘对接焊缝；2—腹板对接焊缝；3—加劲肋

对于较重要或承受动力荷载作用的大型组合梁，考虑到现场施焊条件较差，焊缝质量不宜保证，其工地拼接宜采用摩擦型高强度螺栓连接（如图 4-22c 所示）。

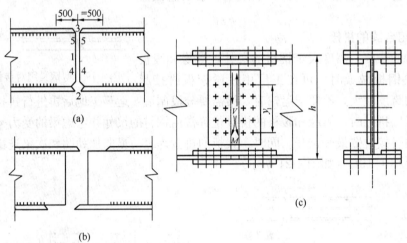

图 4-22　焊接梁的工厂拼接
（a）施焊顺序；（b）端部预留；（c）高强螺栓连接

翼缘板的拼接，一般是按照等强度原则进行设计，也就是使拼接板的净截面面积与翼缘板的净截面面积相等或稍大些。而翼缘上的摩擦型高强度螺栓还应能承受翼缘板净截面所能承受的轴向力。即：

$$N = A_n \cdot f \tag{4-45}$$

式中　A_n ——翼缘板的净截面面积。

腹板的拼接通常是先布置好螺栓，然后进行验算。腹板拼接板及每侧的摩擦型高强度螺栓，主要承受梁拼接截面的全部剪力 V 及按刚度分配到腹板上的弯矩 M_w。

$$M_w = \frac{I_w}{I} \cdot M \tag{4-46}$$

式中　I_w ——腹板的惯性矩；

　　I ——整个截面的惯性矩；

　　M ——拼接截面的弯矩。

腹板上受力最大的高强度螺栓所受的合力应满足：

$$N_1 = \sqrt{(N_{1x}^M)^2 + (N_{1y}^V)^2} = \sqrt{\left(\frac{M_w \cdot y_1}{\sum y_i^2}\right)^2 + \left(\frac{V}{n}\right)^2} \leqslant N_V^b \tag{4-47}$$

式中 N_V^b ——一个摩擦型高强度螺栓的抗剪承载力。

4.3 梁的支座

梁通过钢筋混凝土柱或钢柱上的支座，将荷载传给柱，再传给基础。常用的支座形式有三种。即平板式支座、弧形支座和铰轴式支座（如图4-23所示）。

平板式支座（图4-23a）是在梁端下面垫上一块钢板，加工制作简单，但使梁的端部自由转动不灵活，常用在跨度小于20m的梁中。弧形支座是在平板支座的基础上，将厚度约40～50mm的支撑板上表面作成圆弧曲面。使梁端可以自由转动，并可产生适量的移动，其计算简图接近于可动铰接支座（有时做成滚轴支座）。一般用于跨度为20～40m的梁中。铰轴支座使梁端能自由的转动。其计算简图接近于固定铰支座。常用于跨度大于40m的梁中。

平板式支座为防止支承材料被压坏，支座板与支承结构顶面的接触面积按下式确定：

$$A = a \times b \geqslant \frac{R}{f_c} \tag{4-48}$$

式中 R ——支座反力；

f_c ——支承材料的承压强度设计值；

a、b ——支座垫板的长和宽；

A ——支座垫板的平面面积。

支座板的厚度，按均布支反力产生的最大弯矩进行计算。

弧形支座（图4-23b）和辊轴支座（图4-23c）中圆柱形弧面与平板为线接触，其支座反力 R 应满足下式要求：

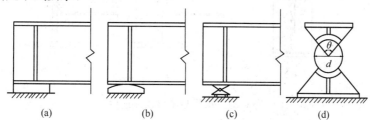

图 4-23 梁的支座形式

$$R \leqslant 40ndlf^2/E \tag{4-49}$$

式中 d ——对辊轴支座为辊轴直径。对弧形支座为弧形表面接触点曲率半径 r 的2倍；

l ——弧形表面或滚轴与平板的接触长度；

n ——滚轴个数，对于弧形支座 $n=1$。

铰轴式支座（图4-23d）的圆柱形枢轴，当两相同半径的圆柱形弧面自由接触的中心角 $\theta \geqslant 90°$ 时，其承压应力应按下式计算：

$$\sigma = \frac{2R}{dl} \leqslant f \tag{4-50}$$

式中 d ——枢轴直径；

l ——枢轴纵向接触面长度。

对受力复杂或大跨度结构，为适应支座处不同转角和位移的需要，宜采用球形支座或双曲形支座。

为满足支座位移的要求采用橡胶支座时，应根据工程的具体情况和橡胶支座系列产品酌情选用。设计时还应考虑橡胶老化后能更换的可能性。

设计梁支座时，除保证梁端可靠传递支反力并符合梁的力学计算模型外，还应与整个梁格的设计一道，采取构造措施使支座有足够的水平抗震能力和防止梁端的截面侧移和扭转。

4.4 次梁与主梁的连接

铰接和刚接是次梁与主梁连接的两种方式。一般情况下，次梁与主梁连接常用铰接。但对于连续梁或多层框架，则要用刚接。

铰接按其构造情况可分为叠接和侧面连接（平接）两种（如图 4-24 所示）。叠接就是把次梁直接放在主梁上面（如图 4-24a 所示）。用焊缝或螺栓使之固定。这种连接方法，优点是构造简单，缺点是占用建筑高度大，连接刚性差一些。侧面连接就是次梁与主梁的顶面基本平齐，将次梁端部上翼缘切去，下翼缘切去一边，然后将次梁端部与主梁加劲肋直接用螺栓和安装焊缝连接。因此结构高度较小。当次梁受力较小时，也可借助于短角钢进行连接。每一种连接构造都要将次梁支座的压力传给主梁，实质上这些支座压力就是梁的剪力。而腹板的主要作用是抗剪，所以应将次梁的腹板连于主梁的腹板上。考虑到这种连接并不是真正的铰接。连接处会有一定的偏心。因此，在计算螺栓数量及焊缝时应将次梁的支座反力加大 20%～30%。

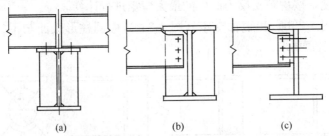

图 4-24 次梁与主梁铰接连接

连续次梁与主梁连接，称为次梁与主梁的刚接。连续次梁分别连于主梁两侧。除支座反力传给主梁外，连续次梁在主梁支座处的左右弯矩也要通过主梁传递。因此构造复杂。常用连接形式是在次梁上翼缘设置连接盖板，盖板宽度应比上翼缘稍窄；下翼缘下部设有承托板和肋板，承托板的宽度应比下翼缘稍宽，以便于俯焊（如图 4-25 所示）。在计算时，盖板截面以及盖板与次梁的连接焊缝，承托板与主梁腹板之间的连接焊缝均按承受水

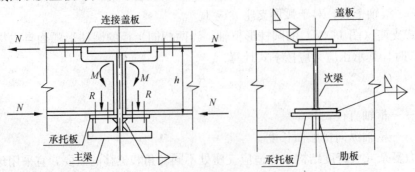

图 4-25 次梁与主梁刚接连接

平力偶 $N=M/h$ 计算。因为盖板与主梁上翼缘之间的连接焊缝不受力，所以此焊缝按构造要求设置。次梁支座反力 R 直接传递给承托板，通过承托竖板再传至主梁。

思 考 题 与 习 题

1. 钢梁的强度计算包括哪些内容？什么情况下需计算梁的局部压应力和折算应力？如何计算？

2. 型钢梁和组合梁在截面选择上有什么不同？

3. 梁的整体稳定性与哪些因素有关？如何提高梁的整体稳定性？

4. 何谓梁的局部稳定性？组合梁翼缘不满足局部稳定性要求时应如何处理？

5. 梁的整体稳定系数值与哪些因素有关？为什么当 $\varphi_b > 0.6$ 时，要进行修正？

6. 组合梁翼缘与腹板之间的角焊缝如何计算？计算长度是否受 $60h_f$ 的限制？为什么？

7. 一简支梁跨度为 10m，承受均布荷载作用，标准恒载为 10kN/m，各标准活载为 12kN/m，梁的受压翼缘有侧向支撑，可以保证梁的整体稳定，试应用不同强度钢材（Q235，Q345，Q390）选择其最轻型钢截面，容许挠度为 $[v_T]=l/250$，$[v_Q]=l/350$。

8. 与习题 7 的条件相同，但梁的受压翼缘无可靠的侧向支撑，试按整体稳定条件重新选择上述梁的截面。

9. 有一工作平台简支梁，跨度为 10m，承受均布永久荷载 $q_1=20kN/m$，只有一种可变荷载为 $q_2=30kN/m$。钢材采用 Q235B，梁高不受限制，试设计此焊接组合梁的截面。

10. 如图 4-26 所示简支梁，跨度为 18m，均布标准恒载 $q=15kN/m$（包括自重），集中可变标准荷载为 $p=25kN$，材料为 Q345，容许挠度为 $l/400$，采用焊接梁，试设计此梁截面。

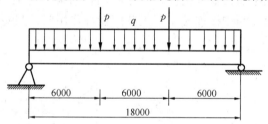

图 4-26 习题 10 图

第5单元 轴心受力构件

[知识点] 轴心受力构件的截面形式；轴心受力构件的强度和刚度计算；实腹式轴心受压构件的整体稳定；实腹式轴心受压构件的局部稳定；实腹式轴心受压构件的截面设计；格构式轴心受压构件的设计；变截面轴心受压构件；柱头的构造；柱脚的构造和设计。

[教学目标] 掌握轴心受力构件的特点；掌握轴心受力构件正常工作的条件；掌握实腹式轴心受力构件的构造；掌握格构式轴心受力构件的构造；熟悉轴心受力构件的设计计算；了解变截面轴心受压构件；熟悉柱头和柱脚的构造和设计。

轴心受力构件是指只受通过构件截面形心的轴向力作用的构件。当这种轴向力为拉力时，称为轴心受拉构件，或简称轴心拉杆；当轴心力为压力时，称为轴心受压构件或简称轴心压杆。

轴心受力构件是钢结构的基本构件，广泛应用在桁架、塔架、网架和支承等结构中。这类结构的节点通常假设为铰接连接，当无节间荷载作用时，只受轴心力作用。如图 5-1 所示。

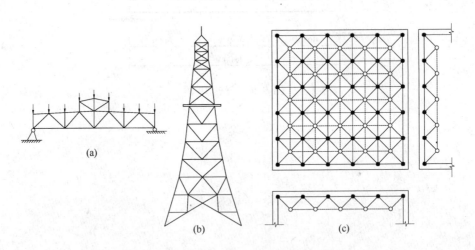

图 5-1 轴心受力构件在工程中的应用
(a) 桁架；(b) 塔架；(c) 网架

轴心压杆常用作建筑物的支柱，柱由柱头、柱身和柱脚三部分组成（如图 5-2 所示）。柱头用来支承梁或桁架，柱脚是将压力传至基础。

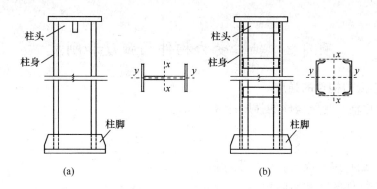

图 5-2 柱的组成

项目 1 轴心受力构件的截面形式

轴心受力构件截面形式很多，一般可分为型钢截面和组合截面两类。型钢截面如图 5-3（a）所示，有圆钢、钢管、角钢、槽钢、工字钢、H 型钢、T 型钢等。它们只需经过少量加工就可用作构件。由于制造工作量少，省工省时，故使用型钢截面构件成本较低。一般只用于受力较小的构件。组合截面是由型钢和钢板连接而成，其构造形式可分为实腹式截面（见图 5-3b）和格构式截面（见图 5-3c）两种。由于组合截面的形状和尺寸几乎不受限制，由此可根据轴心受力性质和力的大小选用合适的截面。如轴心受拉杆一般由强度条件决定，故只需选用满足强度要求的截面面积并使截面较开展以满足必要的刚度要求即可。但对轴心压杆除强度和刚度条件外，往往取决于整体稳定条件，故应使截面尽可能开展以提高其稳定承载能力。格构式截面由于材料集中于分肢，它与实腹式截面构件相比，在用材料相等的条件下可增大截面惯性矩，实现两主轴方向等稳定性，刚度大，抗扭性能好。当使用受力不大的较长构件时，为提高刚度可采用三肢或四肢组成较宽大的格构式截面。可以节约用钢，但制造比较费工。

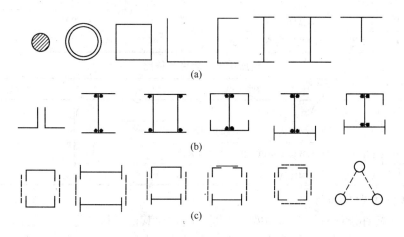

图 5-3 轴心受力构件的截面形式

（a）型钢截面；（b）实腹式截面；（c）格构式截面

项目 2   轴心受力构件的强度和刚度

2.1   轴心受力构件的强度

轴心受拉和轴心受压构件的强度计算公式是：

$$\sigma = \frac{N}{A_n} \leqslant f \tag{5-1}$$

式中 N ——轴心拉力或轴心压力设计值；

A_n ——构件的净截面面积；

f ——钢材的抗拉强度或抗压强度设计值，按表 2-4 采用。

2.2   轴心受力构件的刚度

按正常使用极限状态的要求，轴心受力构件应具有必要的刚度，以避免产生过大的变形和振动。当构件刚度不足时，在本身重力作用下，会产生过大的挠度；且在运输安装过程中容易造成弯曲，在承受动力荷载的结构中，还会引起较大的振动。轴心受力构件的刚度是以它的长细比来衡量。《钢结构设计规范》对长细比的要求是：

$$\lambda = \frac{l_0}{i} \leqslant [\lambda] \tag{5-2}$$

式中 λ ——构件最不利方向的长细比，一般为两主轴方向长细比的较大值；

l_0 ——相应方向的构件计算长度，按各类构件的规定取值；

i ——相应方向的截面回转半径；

$[\lambda]$ ——受拉构件或受压构件的容许长细比，按表 5-1 或表 5-2 采用。

受拉构件的容许长细比   表 5-1

项次	构件名称	承受静力荷载或间接承受动力荷载的结构		直接承受动力荷载的结构
		一般建筑结构	有重级工作制吊车的厂房	
1	桁架的杆件	350	250	250
2	吊车梁或吊车桁架以下的柱间支撑	300	200	—
3	其他拉杆、支撑（张紧的圆钢除外）	400	350	—

受压构件的容许长细比   表 5-2

项次	构件名称	长细比限度
1	柱、桁架和天窗架构件	150
	柱的缀条、吊车梁和吊车桁架以下的柱间支撑	
2	其他支撑（吊车梁和吊车桁架以下的柱间支撑除外）	200
	用以减少受压构件长细比的杆件	

2.3   轴心拉杆的设计

轴心受拉构件设计时只考虑强度和刚度。钢材比其他材料更适合于受拉，所以钢拉杆不但用于钢结构，还用于钢与钢筋混凝土或木材的组合结构中。此种组合结构的受压构件用钢筋混凝土或木材制作，而拉杆用钢材做成。

【例 5-1】   如图 5-4 所示一有中级工作制吊车的厂房屋架的双角钢拉杆、截面为 2∟

100×10，角钢上有交错排列的普通螺栓孔，孔径 $d=22$mm。试计算此拉杆所能承受的最大拉力及容许达到的最大计算长度。钢材为 Q235 钢。

【解】　在确定危险截面之前先把它按中面展开如图 5-4（b）所示。

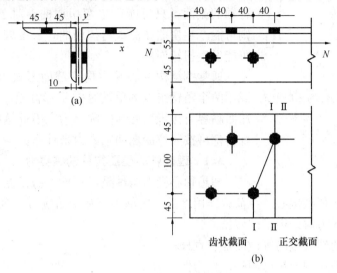

（a）

（b）

齿状截面　　正交截面

图 5-4　例 5-1 图

正交净截面的面积为：
$$A_n = 2 \times (4.5 + 10 + 4.5 - 2.2) \times 1.0 = 33.6 \text{cm}^2$$

齿状净截面的面积为：
$$A_n = 2 \times (4.5 + \sqrt{10^2 + 4^2} + 4.5 - 2.2 \times 2) \times 1.0 = 30.7 \text{cm}^2$$

危险截面是齿状截面，此拉杆所能承受的最大拉力为：
$$N = A_n f = 30.7 \times 10^2 \times 215 = 660050 \text{N} = 660 \text{kN}$$

查附录表 4-4 可得：双等肢角钢 2L100×10 组合截面对 x 轴的回转半径 $i_x = 3.05$cm，对 y 轴的回转半径 $i_y = 4.52$cm。

容许的最大计算长度为：

对 x 轴，$l_{0x} = [\lambda] \cdot i_x = 350 \times 30.5 = 10675$mm

对 y 轴，$l_{0y} = [\lambda] \cdot i_y = 350 \times 45.2 = 15820$mm，取 $l_0 = 10675$mm

项目 3　实腹式轴心受压构件的整体稳定

设计轴心受压构件时，除应满足式（5-1）和式（5-2）的强度和刚度条件外，还必须满足整体稳定条件。轴心受压构件的稳定和强度是承载力完全不同的两个方面。强度承载力取决于所用钢材的屈服强度 f_y 而稳定承载力则取决于构件的临界应力。后者和截面形状、尺寸、构件长度及构件两端的支承状况有关。

当构件轴心受压时，可能以三种不同的丧失稳定形式而破坏：第一种是弯曲屈曲，只发生弯曲变形，杆件的截面只绕一个主轴旋转，杆的纵轴线由直线变为曲线；第二种是扭转屈曲，杆件除支承端外的各截面均绕纵轴扭转；第三种是弯扭屈曲，杆件在发生弯曲变

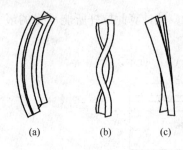

图 5-5 轴心受压构件的屈曲形式
(a) 弯曲屈曲；(b) 扭转
屈曲；(c) 弯扭屈曲

形的同时伴随着扭转，如图 5-5 所示，其中纯扭转屈曲很少单独发生。

对于双轴对称截面，只可能产生弯曲屈曲，对于无对称轴的截面，只可能产生弯扭屈曲；对于单轴对称截面，则可能产生弯曲屈曲或弯扭屈曲；长度较小的十字形截面可能发生扭转屈曲。

通常钢结构轴心受力构件截面形式为双轴对称截面，或用两个角钢组成的单轴对称 T 形截面。T 形截面的弯扭屈曲临界力接近弯曲屈曲临界力。因此这些截面的轴心压杆，都可按照弯曲屈曲临界力来计算。

3.1 理想轴心受压构件的临界力

理想轴心受力构件是指杆件本身是绝对直杆，材料匀质、各向同性，无荷载偏心，在荷载作用之前，内部不存在初始应力。确定理想轴心受压构件弯曲屈曲临界力时采用下列假设：

（1）杆件为两端铰接的等截面理想直杆；

（2）轴心压力作用于杆件两端，且为保向力；

（3）屈曲时变形很小，忽略杆长的变化；

（4）屈曲时轴线挠曲成正弦半波曲线，截面保持平面。

理想轴心压杆在压力小于临界力时保持压而不弯的直线平衡状态，当压力达到临界力 N_E 时，压杆就不能维持直线平衡。压杆发生弯曲并处于曲线平衡状态，也就是出现了平衡分支现象，通常称为屈曲或失稳。这时如有偶然干扰力或荷载稍微超出极限值时，杆轴不断挠曲直至形成塑性铰而破坏，如图 5-6（a）所示。

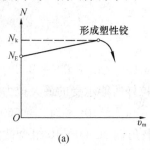

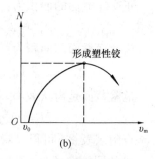

图 5-6 轴心压杆的 $N-v_m$ 关系曲线
(a) 理想轴心压杆；(b) 实际轴心压杆

欧拉早在 18 世纪就对轴心压杆的整体稳定问题进行了研究，并得出著名的欧拉公式，即：

$$N_E = \frac{\pi^2 EI}{l_0^2} = \frac{\pi^2 EI}{(\mu l)^2} \tag{5-3}$$

相应的临界应力为：

$$\sigma_E = \frac{N_E}{A} = \frac{\pi^2 E}{\lambda^2} \tag{5-4}$$

式中　E——材料的弹性模量；

　　　I——截面绕主轴的惯性矩；

l、l_0——构件的几何长度和计算长度；

　　　μ——计算长度系数，根据构件的支撑条件确定。对常见的支撑条件，按表 5-3
　　　　　采用；

　　　A——压杆的毛截面面积；

λ ——压杆的最大长细比。

上式仅适用于 $\sigma_E \leqslant f_p$（比例极限）的情况下。

对于带中间支撑的等截面受压构件，其计算长度系数 μ 列于表 5-4 中；

轴心受压构件的计算长度系数　　　　　　　　　　表 5-3

图中虚线表示构件的屈曲形式	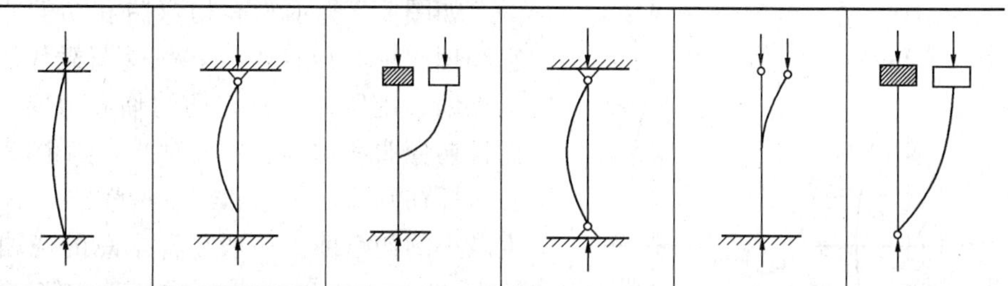					
理论 μ 值	0.5	0.7	1.0	1.0	2.0	2.0
建议 μ 值	0.65	0.8	1.2	1.0	2.1	2.0
端部条件示意	⊤ 无转动、无侧移　　⊺ 无转动、自由侧移　　⊥ 自由转动、无侧移　　⌀ 自由转动、自由侧移					

带中间支撑的长度系数 μ　　　　　　　　　　表 5-4

a/l	构件支撑方式					
0	2.00	0.70	0.50	2.00	0.70	0.50
0.1	1.87	0.65	0.47	1.85	0.65	0.46
0.2	1.73	0.60	0.44	1.70	0.59	0.43
0.3	1.60	0.56	0.41	1.55	0.54	0.39
0.4	1.47	0.52	0.41	1.40	0.49	0.36
0.5	1.35	0.50	0.44	1.26	0.44	0.35
0.6	1.23	0.52	0.49	1.11	0.41	0.36
0.7	1.13	0.56	0.54	0.98	0.41	0.39
0.8	1.06	0.60	0.59	0.85	0.44	0.43
0.9	1.01	0.65	0.65	0.76	0.47	0.46
1.0	1.00	0.70	0.70	0.70	0.50	0.50

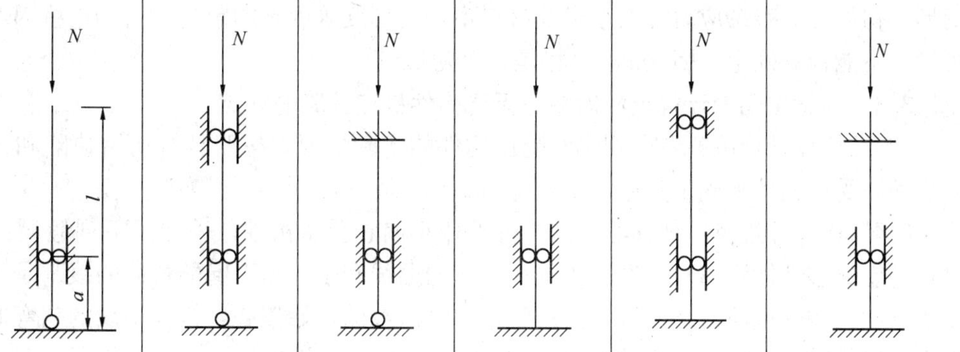

3.2　缺陷对理想轴心压杆临界力的影响

理想轴心压杆在实际工程中是不存在的。实际杆件中常有各种影响稳定承载能力的初始缺陷，如杆轴的初弯曲、荷载作用点的初偏心和截面中的残余应力以及杆端的约束条件等。

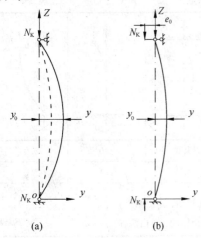

图 5-7　有初弯曲和初偏心的轴心压杆

如图 5-7 所示为有初弯曲和初偏心的轴心压杆。它和理想轴心压杆不同，一受荷载作用就发生弯曲，属于偏心受压，因此它们的临界力要比理想压杆低，而且初弯曲和初偏心越大时此影响也就越大。实际轴心压杆在制造，运输和安装过程中，不可避免地会产生微小的初弯曲。一般在杆中总的挠曲量约为杆长 l 的 $1/2000 \sim 1/500$。再由于构造和施工等方面的原因，还可能产生一定程度的偶然偏心。有初弯曲和初偏心的杆件，在压力作用下，其侧向挠度从加载开始就会不断增加，因此沿杆件全长除轴心力作用外，还存在因杆件挠曲而产生的弯矩，而且弯矩比轴心力增加的快，从而降低了杆件的稳定承载能力。初偏心和初弯曲的影响在本质上很类似，故一般可采用加大初弯曲的数值以考虑两者的综合影响。如图 5-6（b）所示为有初弯曲受压构件（实际轴心压杆）$N—v_m$ 关系曲线。曲线的最高点就是压杆的稳定极限承载力 N_k。N_k 的数值受到压杆的初变形、初偏心、残余应力的大小以及材料不均匀程度等因素的影响。由于这些因素都是随机量，不能预先确定，因此 N_k 也将是一个随机量。

3.3　《钢结构设计规范》对轴心受压构件稳定计算的规定

《钢结构设计规范》考虑到轴心受压构件的实际情况，按照具有初始缺陷和残余应力的小偏心受压构件来确定其稳定承载力。

《钢结构设计规范》把轴心受压构件看作小偏心受压构件，采用了下列假设：（1）钢材是理想弹塑性体；（2）构件轴线的初始弯曲曲线和临界力引起的弯曲曲线都是正弦半波曲线；（3）构件截面始终保持平面；（4）忽略荷载的初始偏心，构件轴线的初弯曲的挠度取为杆件长的 $1/1000$；（5）考虑残余应力的影响。

根据轴心受压构件的稳定极限承载力 N_k 考虑抗力分项系数 γ_R 后，可得规范计算稳定性的公式：

$$\sigma = \frac{N}{A} \leqslant \varphi \cdot f$$

$$\frac{N}{\varphi \cdot A} \leqslant f \tag{5-5}$$

式中　N——构件承受的轴心压力；

　　　A——构件毛截面面积；

　　　f——钢材的抗压强度设计值；

　　　φ——轴心受压构件稳定系数。

由于轴心受压构件稳定极限承载力受多种因素影响，因此它的柱子曲线（即 $\varphi—\lambda$ 曲线）分布很离散。为制定规范，根据我国较常见截面的不同形式和尺寸，不同加工条件及相应的残余应力图式，得出了 96 条柱子曲线，图 5-8 中的两条虚线表示这些曲线的变动范围。显然将如此多的柱子曲线用于设计虽很准确，但很繁琐。然而用一条柱子曲线作代表亦明显不合理，因此，规范按照合理经济便于设计应用的原则，根据数理统计原理和可靠度分析，把承载能力相近的截面归纳为 a、b、c、d 四条柱子曲线。这四条曲线各代表一组截面。a 类有两种截面，它们的残余应力影响最小，故 φ 值最高；b 类截面最多，残余应力影响比 a 类大的多，其 φ 值低于 a 类；c 类截面残余应力影响较大，或者因板件厚度相对较大，残余应力在厚度方向变化影响不可忽视，致使 φ 值更低；d 类为厚板工字形截面绕弱轴（y 轴）屈曲的情况，其残余应力在厚度方向变化影响更加显著，故 φ 值最低。组成板件厚度 $t<40\text{mm}$ 的轴心受压构件的截面分类见附表 2-1，而 $t\geqslant40\text{mm}$ 的截面分类见附表 2-2。

轴心受压构件整体稳定系数 φ 主要与 3 个因素有关：构件截面种类、钢材品种和构件长细比 λ。为便于设计应用，《钢结构设计规范》将不同钢材的 a、b、c、d 四条曲线分别规定并编成 4 个表格，见附表 3-1～附表 3-4。φ 值可按截面种类及 $\lambda\sqrt{\dfrac{f_y}{235}}$ 查表求得。

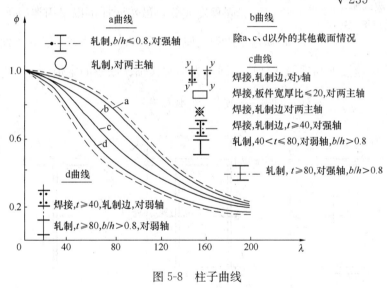

图 5-8 柱子曲线

项目 4 实腹式轴心受压构件的局部稳定

实腹式轴心受压构件都是由一些板件组成的，一般板件的厚度与板的宽度相比都较小，因主要受轴心压力作用，故应按均匀受压板计算其板件的局部稳定。我国钢结构设计规范采用以板件屈曲作为失稳准则。如图 5-9 所示为工字形截面轴心压杆，其翼缘板和腹板与工字形截面梁受压翼缘板受力屈曲情况相似，但在确定板件宽厚比限值时所采用的准则却不同。对梁受压翼缘板是按弹性阶段的屈曲应力略低于可能达到的最高应力即屈服点 f_y（计算时按 $0.95\,f_y$），从而得到自由外伸宽厚比限值 $b_1/t\leqslant15\sqrt{235/f_y}$；对轴心压杆则是结合杆件的整体稳定考虑，即按板的局部失稳不先于杆件的整体失稳的原则和稳定准则

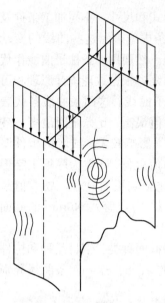

图 5-9 实腹式轴心受压
构件的局部稳定

决定板件宽厚比限值。

对如图 5-10 所示的截面尺寸，规范规定：

工字型翼缘板自由外伸宽厚比的限值为：

$$\frac{b_1}{t} \leqslant (10 + 0.1\lambda)\sqrt{\frac{235}{f_y}} \qquad (5\text{-}6)$$

工字型截面腹板的高厚比限值为：

$$\frac{h_0}{t_w} \leqslant (25 + 0.5\lambda)\sqrt{\frac{235}{f_y}} \qquad (5\text{-}7)$$

式中　λ——构件两方向长细比的较大值，当 $\lambda < 30$ 时，取 $\lambda = 30$；当 $\lambda > 100$ 时，取 $\lambda = 100$。

式（5-7）同样适用于计算 T 形截面腹板的高厚比 $\left(\dfrac{h_0}{t_w}\right)$ 限值，如图 5-10 所示。

箱形截面轴心压杆的翼缘和腹板，如图 5-10（b）所示，都是均匀受压的四边支撑板。由于板件之间一般用单侧焊缝连接，嵌固程度较低，虽然同样可以采用类似于式（5-7）计算其宽厚比和高厚比 $\left(\dfrac{b_0}{t}\right.$ 和 $\left.\dfrac{h_0}{t_w}\right)$ 限值，但为了便于计算，规范规定偏于安全地按下列近似式计算，即取为不和长细比联系的定值：

$$\frac{h_0}{t_w} \text{ 或 } \frac{b_0}{t} \leqslant 40\sqrt{\frac{235}{f_y}} \qquad (5\text{-}8)$$

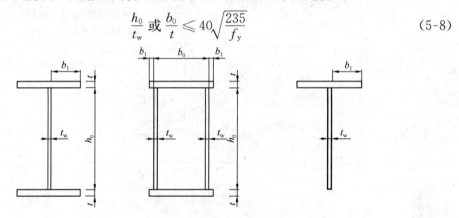

图 5-10　工字形、箱形和 T 形截面板件尺寸
(a) 工字形；(b) 箱形；(c) T 形

T 形截面腹板宽（厚）比的限值为：热轧剖分 T 型钢 $\dfrac{h_0}{t_w} \leqslant (15 + 0.2\lambda)\sqrt{\dfrac{235}{f_y}}$，焊接 T 型钢 $\dfrac{h_0}{t_w} \leqslant (13 + 0.17\lambda)\sqrt{\dfrac{235}{f_y}}$。

在承受较大荷载的实腹柱中，如不能满足上述局部稳定的要求时，要设置纵向加劲肋，如图 5-11 所示。这时腹板的计算高度就减小一半。纵向加劲肋的厚度不宜小于 $0.75\, t_w$，伸出宽度亦不小于 $10\, t_w$。

当实腹柱的腹板高厚比 $h_0/t_w > 80$ 时，为防止腹板在施工和运输过程中发生变形、提高柱的抗扭刚度，应设置横向加劲肋。横向加劲肋的间距通常取为（2.5～3.0）h_0，其截面尺寸要求，双侧加劲肋的外伸宽度 b_s 应不小于（$h_0/30+40$），厚度 t_s 应大于外伸宽度的 1/15，并至少设置两道。对大型实腹式柱在受有较大水平力处和运输单元的端部应设置横隔（加宽的横向加劲肋），横隔的间距不得大于柱截面较大宽度的 9 倍或 8m。

当工字形截面的腹板高厚比 h_0/t_w 不满足式（5-7）时，除了加厚腹板（此法不一定经济）外，还可以采用有效截面的概念进行计算。有效截面考虑腹板中间部分退出工作。计算强度和稳定性时，腹板的面积仅考虑两侧宽度各为 $20t_w\sqrt{235/f_y}$ 的部分（如图 5-12 所示），但计算构件的稳定系数 φ 时仍可用全截面。

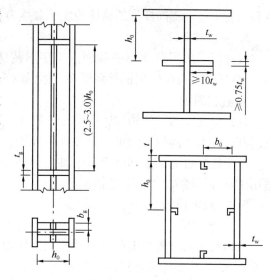

图 5-11　加劲肋的设置

实腹式轴心受压柱板件间的纵向连接焊缝，只承受柱受弯曲失稳或因偶然作用所产生的很小剪力，因此不必计算焊脚尺寸，可按构造要求采用，$h_f=4～8mm$。

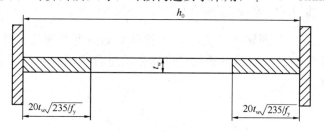

图 5-12　腹板屈曲后的有效截面

项目5　实腹式轴心受压构件的截面设计

5.1　设计原则

实腹式轴心受压构件的截面形式一般可按图 5-3 选用其中双轴对称的型钢截面或组合截面。在选择截面形式时主要考虑下面一些原则：

1. 等稳定性

使杆件在两个主轴方向的稳定系数接近，稳定承载力基本相同，以充分发挥其承载能力。一般情况下，取两个主轴方向的稳定系数或长细比相等，即 $\varphi_x \approx \varphi_y$ 或 $\lambda_x \approx \lambda_y$。对于两方向不在同一类的截面，稳定系数在长细比相同时也不同，但一般相差不大，仍可采用 $\lambda_x \approx \lambda_y$ 方法或作适当调整。

2. 宽肢薄壁

在满足板件宽厚比限制的条件下使截面面积分布尽量远离形心轴，以增大截面的惯性矩和回转半径，提高杆件的整体稳定承载能力和刚度，达到用料合理。

3. 制造省工

设计便于采用自动焊的截面（工字形截面等）和尽量使用 H 型钢（HW 型或 HM型），这样做虽有时候用钢量会增多，但因制造省工省时，故相对而言可能仍比较经济。

4. 连接简便

杆件应便于与其他构件连接。在一般情况下，截面以开敞式为宜。对封闭式的箱形和管形截面，由于连接较困难，只在特殊情况下采用。

单根轧制普通工字钢由于对 y 轴的回转半径比对 x 轴的回转半径小得很多，因此只适用于计算长度 $l_{0x} \geqslant 3l_{0y}$ 的情况。

5.2 截面设计

1. 试选截面

截面设计时首先根据截面设计原则、使用要求和轴心压力 N 的大小，两方向的计算长度 l_{0x} 和 l_{0y} 等条件确定截面形式和钢材标号，然后按下述步骤试选择截面尺寸：

（1）假定长细比 λ 确定截面需要的面积 A_T。一般假定 $\lambda = 60 \sim 100$，当轴力大而计算长度小时取较小值（$N \geqslant 3000$kN，$l_0 \leqslant 4 \sim 5$m），反之（$N = 1500$kN，$l_0 \geqslant 5 \sim 6$m）取较大值。

根据 λ、截面分类和钢材种类，可查得稳定系数 φ_x、φ_y 选其中 φ_{min}。求 $A_T = \dfrac{N}{\varphi_{min} \cdot f}$。

（2）求两个主轴的回转半径 $i_{xT} = \dfrac{l_{0x}}{\lambda}$，$i_{yT} = \dfrac{l_{0y}}{\lambda}$。

（3）由所需截面 A_T 和回转半径 i_{xT}、i_{yT} 选择截面的高度和宽度。优先选用轧制型钢，如普通工字钢、H 型钢等，型钢不满足时可以采用组合截面，一般根据回转半径确定所需截面高度和宽度。

$$h_T \approx \frac{i_{xT}}{a_1} \qquad b_T \approx \frac{i_{yT}}{a_2}$$

式中 a_1 和 a_2 分别表示截面高度 h、宽度 b 和回转半径 i_x、i_y 的近似数值关系的系数，由表 5-5 可查得。焊接工字型截面 $a_1 = 0.43$，$a_2 = 0.24$。

（4）确定截面各板件尺寸

以 A_T、h_T、b_T 为条件，考虑到制造工艺（如采用自动焊时工字形截面必须满足 $h \approx b$），以及宽肢薄壁，连接构造简便等原则，结合钢材规格调配各板件尺寸。对工字形截面 h_0 和 b_0 宜取 10mm 的倍数，t 和 t_w 宜取 2mm 的倍数，腹板厚度 $t_w = （0.4 \sim 0.7）t$，但不小于 6mm，同时尽量不大于 20mm。

2. 验算截面

对试选的截面需做如下几方面验算：

（1）强度——按式（5-1）计算。

（2）刚度——按式（5-2）计算。

（3）整体稳定——按式（5-5）计算。一般需对两主轴方向分别计算。

（4）局部稳定——工字形和 T 形截面按式（5-6）、式（5-7）计算，箱形截面按式（5-8）计算。

以上几方面验算若不满足要求，须调整截面重新计算。

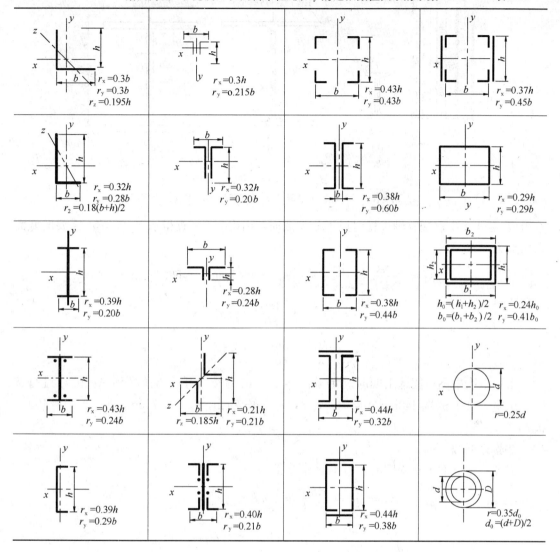

r_x=0.3b r_y=0.3b r_z=0.195h	r_x=0.3h r_y=0.215b	r_x=0.43h r_y=0.43b	r_x=0.37h r_y=0.45b
r_x=0.32h r_y=0.28b r_2=0.18(b+h)/2	r_x=0.32h r_y=0.20b	r_x=0.38h r_y=0.60b	r_x=0.29h r_y=0.29b
r_x=0.39h r_y=0.20b	r_x=0.28h r_y=0.24b	r_x=0.38h r_y=0.44b	h_0=(h_1+h_2)/2 r_x=0.24h_0 b_0=(b_1+b_2)/2 r_y=0.41b_0
r_x=0.43h r_y=0.24b	r_x=0.21h r_z=0.185h r_y=0.21b	r_x=0.44h r_y=0.32b	r=0.25d
r_x=0.39h r_y=0.29b	r_x=0.40h r_y=0.21b	r_x=0.44h r_y=0.38b	r=0.35d_0 d_0=(d+D)/2

【例 5-2】 试设计如图 5-13 所示轴心受压柱，承受轴心压力设计值 N＝1060kN，柱下端固定，上端铰接。选择该柱截面：1. 用轧制工字钢；2. 用热扎 H 型钢；3. 用焊接工字形截面，翼缘为剪切边，材料为 Q345 钢，截面无削弱；4. 若材料改为 Q235，选择出的截面是否可以安全承载？

【解】 由于柱两方向的几何长度不等，取强轴为 x 轴。

柱在 yz 平面下端固定，上端铰接，查表 5-3 取 μ＝0.8，故计算长度 l_0＝0.8×600＝480cm。在 xz 平面，柱子上下端铰接，取 μ＝1.0，中间有一侧向支撑点，计算长度取支承点之间的距离，即 l_{0y}＝1.0×300＝300cm。

（1）轧制工字钢

①试选截面

假定 λ＝80，$\lambda\sqrt{\dfrac{f_y}{235}}$＝97，对于轧制工字钢，当绕 x 轴失稳时属于 a 类，由附表 3-1

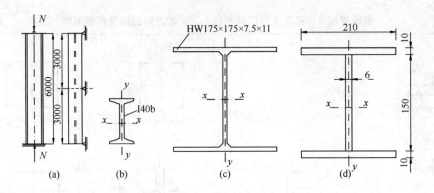

图 5-13 例 5-2 图

(a) 某支柱；(b) 轧制工字钢；(c) H 型钢；(d) 焊接工字钢

查得 $\varphi_x = 0.661$；绕 y 轴失稳时属于 b 类截面，由附表 3-2 查得 $\varphi_y = 0.575$。需要的截面几何量为：

$$A_T = \frac{N}{\varphi_{\min} f} = \frac{1060 \times 10^3}{0.575 \times 310} = 5947 \text{mm}^2 = 59.47 \text{cm}^2$$

$$i_x = \frac{l_{0x}}{\lambda} = \frac{480}{80} = 6 \text{cm}$$

$$i_y = \frac{l_{0y}}{\lambda} = \frac{300}{80} = 3.75 \text{cm}$$

由型钢表中不可能选出同时满足 A_T、i_x、i_y 的型号，可适当照顾到 A_T 和 i_y 进行选择。由附表 4-1 试选 I40b，$A = 94.1 \text{cm}^2$，$i_x = 15.6 \text{cm}$，$i_y = 2.71 \text{cm}$，$b/h = 144/400 = 0.36 < 0.8$。

②验算截面

强度：因截面无孔眼削弱，可不验算强度。

刚度：
$$\lambda_x = \frac{l_{0x}}{i_x} = \frac{480}{15.6} = 30.8 < [\lambda] = 150$$

$$\lambda_y = \frac{l_{0y}}{i_y} = \frac{300}{2.71} = 110.7 < [\lambda] = 150$$

整体稳定：由 $\lambda_x \sqrt{\dfrac{f_y}{235}} = 37.3$，$\lambda_y \sqrt{\dfrac{f_y}{235}} = 134$。查附表 3-1 得 $\varphi_x = 0.947$，查附表 3-2 得 $\varphi_y = 0.370$，取 $\varphi_{\min} = 0.370$ 计算：

$$\frac{N}{\varphi A} = \frac{1060 \times 10^3}{0.37 \times 94.1 \times 10^2} = 304 \text{N/mm}^2 < f = 310 \text{N/mm}^2$$

局部稳定：因轧制工字钢的翼缘和腹板均较厚可不验算。

(2) 热轧 H 型钢

①试选截面

由于热轧 H 型钢可以选用宽翼缘的形式，截面宽度较大，因此长细比的假定值可以适当减小，假设 $\lambda = 70$。对宽翼缘 H 型钢，因 $b/h > 0.8$，所以不论对 x 轴或 y 轴都属于 b 类截面。由附表 3-2 查得 $\varphi = 0.655$（$\lambda \cdot \sqrt{\dfrac{f_y}{235}} = 85$）

$$A_T = \frac{N}{\varphi \cdot f} = \frac{1060 \times 10^3}{0.655 \times 310 \times 10^2} = 52.2 \text{cm}^2$$

$$i_x = \frac{l_{0x}}{\lambda} = \frac{480}{70} = 6.86 \text{cm}$$

$$i_y = \frac{l_{0y}}{\lambda} = \frac{300}{70} = 4.29 \text{cm}$$

由附表 4-2 试选 HW175×175×7.5×11，$A=51.43\text{cm}^2$，$i_x=7.5\text{cm}$，$i_y=4.37\text{cm}$

② 截面验算

$$\lambda_x = \frac{l_{0x}}{i_x} = \frac{480}{7.5} = 64 < [\lambda] = 150$$

$$\lambda_y = \frac{l_{0y}}{i_y} = \frac{300}{4.37} = 68.6 < [\lambda] = 150$$

因对 x 轴和 y 轴均属 b 类，取 $\lambda = \lambda_y = 68.6$，$\lambda\sqrt{f_y/235} = 83.1$
由附表 3-2 查得 $\varphi = 0.667$

$$\frac{N}{\varphi A} = \frac{1060 \times 10^3}{0.667 \times 51.43 \times 10^2} = 309 \text{N/mm}^2 < f = 310 \text{N/mm}^2$$

（3）焊接工字型截面

参照 H 型截面，选取 $\lambda = 60$，$\lambda\sqrt{f_y/235} = 72.7$

查附表 3-2 得：$\varphi_x = 0.734$（b 类），查附表 3-3 得：$\varphi_y = 0.625$（c 类）则：

$$A_T = \frac{N}{\varphi_{min} \cdot f} = \frac{1060 \times 10^3}{0.625 \times 310 \times 10^2} = 54.7 \text{cm}^2$$

$$i_{xT} = \frac{l_{0x}}{\lambda} = \frac{480}{60} = 8 \text{cm}$$

$$h_T = \frac{i_{xT}}{a_1} = \frac{8}{0.43} = 18.6 \text{cm}$$

$$i_{yT} = \frac{l_{0y}}{\lambda} = \frac{300}{60} = 5 \text{cm} \quad b_T = \frac{i_{yT}}{a_2} = \frac{5}{0.24} = 20.8 \text{cm}$$

① 试选截面

如图 5-13 所示，翼缘 2—210×10，腹板 1—150×6，其截面几何量为：

$$A = 2 \times 21 \times 1 + 15 \times 0.6 = 51 \text{cm}^2$$

$$I_x = \frac{1}{12}(21 \times 17^3 - 20.4 \times 15^3) = 2860 \text{cm}^4$$

$$I_y = 2 \times \frac{1}{12} \times 1 \times 21^3 = 1543.5 \text{cm}^4$$

$$i_x = \sqrt{\frac{2860}{51}} = 7.5 \text{cm}$$

$$i_y = \sqrt{\frac{1543.5}{51}} = 5.5 \text{cm}$$

② 截面验算

$$\lambda_x = \frac{l_{0x}}{i_x} = \frac{480}{7.5} = 64 < [\lambda] = 150$$

$$\lambda_y = \frac{l_{0y}}{i_y} = \frac{300}{5.5} = 54.5 < [\lambda] = 150$$

$$\lambda_x \sqrt{f_y / 235} = 77.5$$

$$\lambda_y \sqrt{f_y / 235} = 66$$

查附表得：$\varphi_x = 0.704$（b 类），$\varphi_y = 0.669$（c 类）

$$\frac{N}{\varphi A} = \frac{1060 \times 10^3}{0.669 \times 51 \times 10^2} = 310 \text{ N/mm}^2 = f = 310 \text{ N/mm}^2$$

所选截面满足要求。

（4）将原截面改为 Q235 钢

① 轧制工字钢

由 $\lambda_y = 110.7$ 查附表 3-2 得 $\varphi_y = 0.489$，则：

$$\frac{N}{\varphi A} = \frac{1060 \times 10^3}{0.489 \times 94.1 \times 10^2} = 230.4 \text{ N/mm}^2 > f = 215 \text{ N/mm}^2$$

原截面改为 Q235 钢不能安全承载。

② 热轧 H 型钢

由 $\lambda_y = 68.6$ 查附表 3-2 得 $\varphi_y = 0.759$

$$\frac{N}{\varphi A} = \frac{1060 \times 10^3}{0.759 \times 51.43 \times 10^2} = 272 \text{ N/mm}^2 > f = 215 \text{ N/mm}^2$$

原截面改为 Q235 钢不能安全承载。

③ 焊接工字钢

由 $\lambda_x = 64$，查附表 3-2 得 $\varphi_x = 0.786$

由 $\lambda_y = 54.5$，查附表 3-3 得 $\varphi_y = 0.745$

$$\frac{N}{\varphi A} = \frac{1060 \times 10^3}{0.745 \times 51 \times 10^2} = 279 \text{ N/mm}^2 > f = 215 \text{ N/mm}^2$$

原截面改为 Q235 钢不能安全承载。

（5）比较：$\dfrac{94.1 - 51.43}{51.43} \times 100\% = 83\%$

通过上例计算可见：① 轧制工字型钢截面比轧制 H 型钢截面或者焊接工字形钢截面大 83%，尽量选用轧制 H 型钢截面或者焊接工字形钢截面；② 强轴方向的计算长度虽较长，但支柱的承载能力都是由弱轴方向所决定；③ 钢材的强度对稳定承载能力有影响；④HW 型钢可增强弱轴方向的承载力，不但经济合理，制造省工，且截面选择方便。轴心受压柱优先选择 HW 型钢。

项目 6　格构式轴心受压构件的设计

6.1　格构式轴心受压构件的组成形式

格构式轴心受压构件的截面形式一般可按图 5-3（c）选用。常用截面形式如图 5-14 所示，通常以双肢组合的较多。其中截面的轴线与各肢的轴线相重合时称之为实轴，否则就叫做虚轴，图 5-14 中除图（a）的 $x-x$ 轴为实轴外，其他所有 $x-x$ 轴、$y-y$ 轴线均为虚轴。

格构式构件是将肢件用缀材连成一体的一种构件。缀材分缀条和缀板两种，故格构式构件又分缀条式和缀板式两种。如图 5-15 所示。

6.2 格构式轴心受压构件的整体稳定

格构式轴心受压构件较实腹式的容易做到等稳定设计，例如图 5-14（a），只要调整两根槽钢间的距离，就能使回转半径 $i_x = i_y$；对于图 5-14（b），当四根等肢角钢的规格相同时，只要做成正方形就能满足等稳定的要求。此外，当两个方向的计算长度 l_{0x} 与 l_{0y} 不相等时，调整各肢的距离，也可做到等稳定。

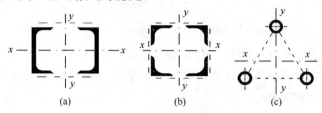

图 5-14　格构式构件常用截面形式

（a）双肢组合；（b）四肢组合；（c）三肢组合

格构式轴心受压构件的强度仍按公式（5-1）计算。刚度要求应当满足：

$$\lambda_0 \leqslant [\lambda] \tag{5-9}$$

式中　λ_0——换算长细比。

格构式轴心受压构件需要分别考虑对实轴和虚轴的整体稳定性。对实轴而言，和实腹式轴心受压构件整体稳定性计算是完全相同的。稳定性计算仍按式（5-5）进行，即 $\dfrac{N}{\varphi A} \leqslant f$。

但对虚轴而言，情况则不同。因为连接两肢的不是整块钢板，而是缀条或相隔一定距离的缀板，受力后因缀材体系的变形，剪力造成的附加挠曲影响不能忽略。使得绕虚轴的稳定性较差。对虚轴的失稳计算，常以加大长细比的办法来考虑剪切变形的影响，加大后的长细比称为换算长细比。因此计算时使用换算长细比 λ_0，并根据 λ_0 去查稳定系数 φ 值。

不同的缀材体系，受力后的变形大小不同，换算长细比也不一样，现分别介绍如下：

1. 双肢格构式构件

（1）双肢缀条式

如图 5-15（a）所示，一般斜缀条与柱轴线的夹角在 $40° \sim 70°$ 范围内。y 轴是虚轴，对 y 轴的换算长细比为：

$$\lambda_{0y} = \sqrt{\lambda_y^2 + 27\frac{A}{A_{1y}}} \tag{5-10}$$

式中　λ_y——整个构件对虚轴的长细比；

　　A——整个截面（双肢）的毛截面面积；

　　A_1——一个节间内两侧斜缀条的毛截面面积之和。

（2）双肢缀板式

如图 5-15（b）所示，y 轴是虚轴，对 y 轴的换算长细比为：

$$\lambda_{0y} = \sqrt{\lambda_y^2 + \lambda_1^2} \tag{5-11}$$

其中，λ_1 为单肢对自身最小刚度轴 1-1 的长细比，$\lambda_1 = l_{01}/i_1$，l_{01} 是缀板间的净距离，i_1 是单肢对 1-1 轴的回转半径。

2. 四肢格构构件

(1) 四肢缀条式

如图 5-15（c）所示，x 轴和 y 轴都是虚轴，其换算长细比分别为：

$$\lambda_{0x} = \sqrt{\lambda_x^2 + 40\frac{A}{A_{1x}}} \tag{5-12}$$

$$\lambda_{0y} = \sqrt{\lambda_y^2 + 40\frac{A}{A_{1y}}} \tag{5-13}$$

式中　λ_x、λ_y——整个截面对 x 轴和 y 轴的长细比；

　　　A——整个截面（四肢）的毛截面面积；

　A_{1x}、A_{1y}——构件截面所截到的，垂直于 x 轴或 y 轴的缀条平面内的斜缀条毛截面面积之和。

(2) 四肢缀板式

如图 5-15（d）所示，x 轴和 y 轴都是虚轴，换算长细比分别为：

$$\lambda_{0x} = \sqrt{\lambda_x^2 + \lambda_1^2} \tag{5-14}$$

$$\lambda_{0y} = \sqrt{\lambda_y^2 + \lambda_1^2} \tag{5-15}$$

式中符号的意义同前。

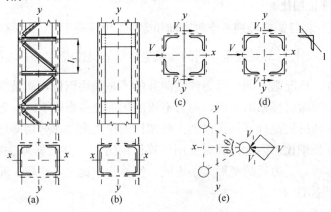

图 5-15　缀条柱与缀板柱

(a) 双肢缀条式；(b) 双肢缀板式；(c) 四肢缀条式；

(d) 四肢缀板式；(e) 三肢缀条式

3. 三肢格构构件

三肢缀条式受压构件的 x 轴与 y 轴都是虚轴，如图 5-15（e），换算长细比分别为：

$$\lambda_{0x} = \sqrt{\lambda_x^2 + \frac{42A}{A_1(1.5 - \cos^2\theta)}} \tag{5-16}$$

$$\lambda_{0y} = \sqrt{\lambda_y^2 + \frac{42A}{A_1\cos^2\theta}} \tag{5-17}$$

式中　A_1——构件横截面所截到的斜缀条毛截面面积之和；

　　　θ——缀条所在平面与 x 轴的夹角。

6.3　分肢的稳定性

格构式受压构件的分肢可看作单独的实腹式轴心受压杆件，因此应保证它不先于构件整体失去承载能力。

由于初弯曲等缺陷的影响，使构件受力时呈弯曲变形，故两分肢内力不一定平分。因此规范规定分肢的长细比 λ_1 在满足下列要求时可不计算分肢稳定性。

缀条构件：$\quad\quad\quad\quad\quad\quad\quad\quad\quad\quad \lambda_1 < 0.7\lambda$ （5-18）

缀板构件：$\quad\quad\quad\quad\quad\quad\quad \lambda_1 < 0.5\lambda$，但不大于 40 （5-19）

式中　λ——构件两方向长细比（对虚轴取换算长细比）的较大值，当 $\lambda < 50$ 时，取 $\lambda = 50$。

$\quad\quad\lambda_1$——同式（5-11）规定，但对缀条构件，l_1 取缀条节点间距离。

若不满足上式，则应按单肢承受 $N/2$ 验算单肢的稳定：

$$\sigma = \frac{N/2}{A/2} = \frac{N}{A} \leqslant \varphi \cdot f \quad\quad (5\text{-}20)$$

式中　φ 是按 λ_1 查得的轴压构件稳定系数。

6.4 缀件（缀条、缀板）的计算

缀条和缀板是格构式构件各肢间的连接件，其作用在于使各肢杆能够共同工作，减小单肢的计算长度，增加构件的刚度和稳定性。

轴心受力构件受力弯曲时将产生如图 5-16（b）所示的剪力。为便于应用，规范采用下面的实用公式，并认为 V 值沿构件全长不变如图 5-16（c）所示。

$$V = \frac{Af}{85}\sqrt{\frac{f_y}{235}} \quad\quad (5\text{-}21)$$

式中　A——肢杆毛截面面积。

对实腹式受压构件来讲，剪力对变形的影响很小，一般忽略不计。而对格构式受压构件则应考虑剪力的影响，并认为剪力由缀件来承担。

1. 缀条

缀条构件如同一竖向的平行弦桁架，缀条可看作桁架的腹杆（如图 5-17 所示），因此斜缀条的内力为：

$$N_1 = \frac{V_1}{n \cdot \sin\alpha} \quad\quad (5\text{-}22)$$

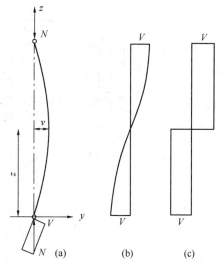

图 5-16　轴心压杆的剪力

（a）轴心压杆受力分析；（b）弯曲时剪力分布；（c）规范应用中的剪力分布

式中　$V_1 = V/2$——分配到一个缀条面上的剪力；

$\quad\quad n$——承受剪力 V_1 的斜缀条数。单系缀条时 $n = 1$；交叉缀条时 $n = 2$；

$\quad\quad \alpha$——斜缀条与构件轴线的夹角。

由于构件变形方向可能向左或者向右，因此剪力方向也将有所改变，故斜缀条可能受拉或者受压。但应按不利情况作为压杆设计。斜缀条按轴心压杆设计，一般采用单角钢单面连接在分肢上，在受力时实际上存在偏心。为简化计算，规范规定将钢材和连接的强度设计值乘以下面的折减系数 η 以考虑偏心受力的不利影响。

（1）在计算稳定性时

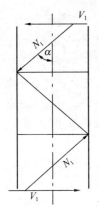

图 5-17 缀条
的内力

等边角钢：$\eta = 0.6 + 0.0015\lambda$，但不大于 1.0 　　　　　　(5-23)

短边连接的不等边角钢：$\eta = 0.5 + 0.0025\lambda$，但不大于 1.0 (5-24)

长边连接的不等边角钢：$\eta = 0.70$ 　　　　　　　　　　　(5-25)

式中　$\lambda = l_{01}/i_{y_0}$——斜缀条对最小刚度轴 y_0-y_0 的长细比，计算长度
　　　　　　　　　　 l_{01} 取节点中心距，当 $\lambda < 20$ 时，取 $\lambda = 20$。

（2）在计算强度和（与分肢的）连接时

$$\eta = 0.85 \qquad\qquad (5-26)$$

横缀条主要用于减小分肢的计算长度，一般取和斜缀条相同截面而
不作计算。

2. 缀板

缀板构件可视为多层刚架（肢杆视为刚架立柱，缀板视为横梁）
（如图 5-18）。假定其在受力弯曲时，反弯点分布在各缀板间分肢的中点
和缀板中点，该处弯矩为零，只承受剪力（见图 5-18）。三肢格构构件，
考虑到构件弯曲时截面的中性轴在 1/3 处，故缀板的反弯点亦应在此处，如图 5-18（d）
所示，简化计算时，把反弯点当作铰点看待，可按静定结构进行计算。

取隔离体见图 5-18（c），并对 O 点取矩，可决定双肢或四肢格构构件中一块缀板所
受的剪力

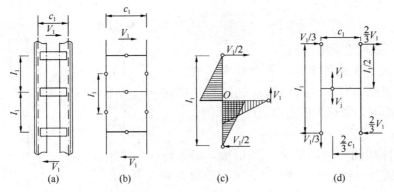

图 5-18　缀板的内力
（a）缀板；（b）假定为多层刚架；（c）取隔离体分析；（d）弯矩与剪力分布

$$V_j = \frac{V_1 l_1}{c_1} \qquad\qquad (5-27)$$

一块缀板所受的最大弯矩（和肢杆连接处）则为：

$$M_1 = \frac{V_1 l_1}{2} \qquad\qquad (5-28)$$

同理可以得到三肢格构构件一块缀板所受的剪力与弯矩，如图 5-18（d）所示。

$$V_j = \frac{V_1 l_1}{c_1} \qquad\qquad (5-29)$$

$$M_j = \frac{2 V_1 l_1}{3} \qquad\qquad (5-30)$$

式中　l_1——相邻两缀板轴线的距离；

c_1——分肢轴线间的距离；

V_1——分配到一个缀板面的剪力。

根据上述内力即可计算缀板强度（和肢件连接处）和与分肢连接的板端角焊缝。由于角焊缝强度设计值低于钢板，故一般只需计算角焊缝强度，角焊缝承受剪力和弯矩的共同作用。而缀板尺寸应由刚度条件决定。规范规定在同一截面处缀板的线刚度（缀板截面惯性矩和 c_1 之比值）之和不得小于柱较大分肢线刚度（分肢截面惯性矩和 l_1 之比值）的 6 倍。通常若取缀板宽度$\geqslant 2c_1/3$，厚度$\geqslant c_1/40$ 及$\geqslant 6mm$，一般均可满足上述要求。端缀板应适当加宽，取端缀板宽度等于分肢轴线间的距离。

6.5 连接节点和构造规定

缀板与肢件的搭接长度一般为 20～40mm。缀条的轴线与分肢的轴线应尽可能交于一点。为了缩短斜缀条两端受力角焊缝的搭接长度，可以采用三面围焊。在有横缀条时，为了增加缀条可能搭接的长度，也允许把轴线汇交在肢杆槽钢或角钢的边缘处（见图 5-19a），还可加设节点板（见图 5-19b、c）。

缀条不宜采用截面小于∟ 45×4 或∟ 56×36×4 的角钢。

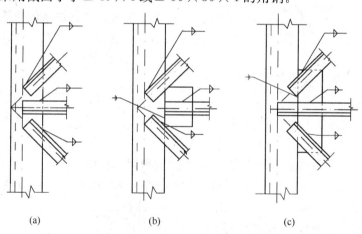

(a)   (b)   (c)

图 5-19　缀条与肢杆的连接

（a）轴线汇交在肢杆边缘处；（b）、（c）加设节点板

格构柱的横截面为中部空心的矩形，抗扭刚度较差。为了增加杆件的整体刚度，保证杆件的截面形状不变。格构式构件在受有较大水平力处和运输单元的端部，设置用钢板（厚度不小于 8mm）或角钢做的横隔（见图 5-20）。横隔的间距不得大于柱截面长边尺寸的 9 倍或 8m。常取 4～6m。横隔可用钢板或交叉角钢做成。

6.6 格构式轴心受压构件的设计（双肢格构柱）

首先根据使用要求，材料供应，轴心压力 N 的大小和计算长度 l_{0x}、l_{0y} 等条件确定构件形式（中小型构件常用缀板式，大型构件宜用缀条式）和钢材标号，然后可按下述步骤进行设计：

1. 试选分肢截面（对实轴 x—x 轴计算）

用实腹式轴心受压构件的方法，即假定长细比 λ，查 φ，求 A_T 和 i_{xT}。由 A_T 和 i_{xT} 查型钢表试选分肢槽钢、H 型钢或工字钢截面。

2. 确定两肢间距（对虚轴 y—y 轴计算）

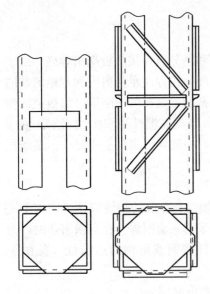

图 5-20　格构式构件的横隔

按试选的分肢截面计算 λ_x，由等稳定性条件 $\lambda_{0y} = \lambda_x$ 代入式（5-10）或式（5-11），可得虚轴需要的长细比 λ_{yT} 为：

缀条柱　$\lambda_{yT} = \sqrt{\lambda_{0y}^2 - 27\dfrac{A}{A_{1Y}}} = \sqrt{\lambda_x^2 - 27\dfrac{A}{A_{1Y}}}$

$$（5\text{-}31）$$

缀板柱　$\lambda_{yT} = \sqrt{\lambda_{0y}^2 - \lambda_1^2} = \sqrt{\lambda_x^2 - \lambda_1^2} \qquad （5\text{-}32）$

再按下述步骤，即

由 λ_{yT} 求 $i_{yT} = \dfrac{l_{0y}}{\lambda_{yT}}$，由 i_{yT} 求 $b_T \approx \dfrac{i_{yT}}{a_2}$

根据 b_T 即可确定两肢间距，一般取 b 为 10mm 的倍数。

在用式（5-31）计算 λ_{yT} 时，需预先确定出 A_{1y}（垂直于 y 轴的缀条平面内的斜缀条毛截面面积之和），可大约按 $A_{1y} \approx 0.05A$ 预选斜缀条的角钢型号，并以其面积代入公式计算，以后再按其所受的内力进行验算。在用式（5-32）计算时，需先假定分肢长细比 λ_1，可先按 $\lambda_1 < 0.5\lambda_x$ 且不大于 40 代入公式计算，然后按 $l_{01} \leqslant \lambda_1 i_1$ 的缀板净距布置缀板，或者先布置缀板再计算 λ_1 亦可。

3. 验算截面

对试选截面须作如下几方面验算：

① 强度——按式（5-1）计算。

② 刚度——对实轴按式（5-2）计算，对虚轴须用换算长细比。

③ 整体稳定性——按式（5-5）计算，式中 φ 值由 λ_{0y} 和 λ_x 中的较大值查表得知。

④ 分肢稳定性——按式（5-18）或式（5-19）计算。

4. 缀件（缀条、缀板）连接节点设计

按 6.4 节和 6.5 节所述进行。

【例 5-3】　将例 5-2 的柱设计成 1. 缀条柱；2. 缀板柱。材料为 Q345 钢，焊条 E50 型，$N = 1060$kN。

【解】　柱的计算长度 $l_{0x} = 480$cm，$l_{0y} = 300$cm，$f = 310$N/mm²

（1）缀条柱

① 按实轴的整体稳定选择主肢截面

假设 $\lambda_y = 60$ 查附表 3-2（b 类截面）得 $\varphi_y = 0.734$（$\lambda\sqrt{\dfrac{f_y}{235}} = 72.7$），需要的面积为：

$$A_T = \frac{N}{\varphi_y f} = \frac{1060 \times 10^3}{0.734 \times 310 \times 10^2} = 46.6\text{cm}^2$$

$$i_{yT} = \frac{l_{0y}}{\lambda} = \frac{300}{60} = 5\text{cm}$$

查型钢表附表 4-3 选用 2 ⌐16a，截面形式如图 5-21（a）所示，$A = 2 \times 21.95 = 43.9\text{cm}^2$

$$i_y = 6.28\text{cm}, I_1 = 73.4\text{cm}^4, i_1 = 1.83\text{cm}, Z_0 = 1.79\text{cm}$$

验算整体稳定性：

$$\lambda_y = \frac{l_{0y}}{i_y} = \frac{300}{6.28} = 47.8 < [\lambda] = 150$$

查得 $\quad \varphi_y = 0.818$

$$\frac{N}{\varphi_y A} = \frac{1060 \times 10^3}{0.818 \times 43.9 \times 10^2}$$
$$= 295 \text{N/mm}^2 < f = 310 \text{N/mm}^2$$

② 确定柱宽 b（对虚轴 x 轴计算）

$$\lambda_{xT} = \sqrt{\lambda_y^2 - 27\frac{A}{A_{1x}}}$$
$$= \sqrt{47.8^2 - 27 \times \frac{43.9}{2 \times 3.486}}$$
$$= 46.0$$

式中斜缀条角钢，根据 $A_{1x} \approx 0.05A = 0.05 \times 43.9 = 2.2 \text{cm}^2$，按构造取最小角钢 L45×4，其截面积 3.486 cm²

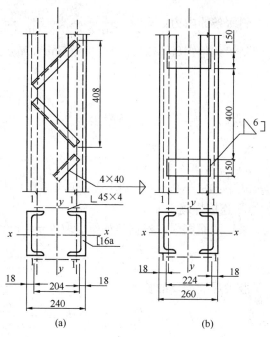

图 5-21　例 5-3 图
(a) 缀条柱；(b) 缀板柱

$$i_{xT} = \frac{l_{0x}}{\lambda_{xT}} = \frac{480}{46} = 10.43 \text{cm}$$

$$b_T = \frac{i_{xT}}{a_2} = \frac{10.43}{0.44} = 23.7 \text{cm}，取 b = 240 \text{mm}$$

③ 验算截面

$$I_x = 2 \times (73.4 + 21.95 \times 10.2^2) = 4714 \text{cm}^4$$

$$i_x = \sqrt{\frac{I_x}{A}} = \sqrt{\frac{4714}{43.9}} = 10.36 \text{cm}$$

$$\lambda_x = \frac{l_{0x}}{i_x} = \frac{480}{10.36} = 46.3$$

$$\lambda_{0x} = \sqrt{\lambda_x^2 + 27\frac{A}{A_{1x}}} = \sqrt{46.3^2 + 27 \times \frac{43.9}{2 \times 3.486}} = 48.1 < [\lambda] = 150$$

由 $\lambda\sqrt{\frac{f_y}{235}} = 58.3$ 查附表 3-2 得 $\varphi_x = 0.816$

$$\frac{N}{\varphi_x A} = \frac{1060 \times 10^3}{0.816 \times 43.9 \times 10^2} = 296 \text{N/mm}^2 < f = 310 \text{N/mm}^2$$

所选 2 [16a 满足要求。

缀条按 45°布置

$$\lambda_1 = \frac{l_{01}}{i_1} = \frac{2 \times 20.4}{1.83} = 22.30 < 0.7\lambda_{max} = 0.7 \times 48.1 = 33.7$$

可不计算分肢稳定性。

④ 缀条设计

缀条面剪力：$V = \frac{Af}{85}\sqrt{\frac{f_y}{235}} = \frac{43.9 \times 10^2 \times 310}{85}\sqrt{\frac{345}{235}} = 19399 \text{N}$

斜缀条的内力：$N_1 = \dfrac{V}{2\sin\alpha} = \dfrac{19399}{2 \times \sin 45°} = 13717\text{N}$

斜缀条角钢∟45×4，$A = 3.486\text{cm}^2$，$i_{y0} = 0.89\text{cm}$

$$\lambda = \frac{l_{01}}{i_{y0}} = \frac{20.4}{\sin 45° \times 0.89} = 32.4 < [\lambda] = 150$$

根据 $\lambda\sqrt{\dfrac{f_y}{235}} = 39.3$ 查附表 3-2 得 $\varphi = 0.902$

$\dfrac{N_1}{\varphi A} = \dfrac{13717}{0.902 \times 3.486 \times 10^2} = 43.6\text{N/mm}^2 < \gamma_R f = 0.65 \times 310 = 201.5\text{N/mm}^2$

式中：$\gamma_R = 0.6 + 0.0015\lambda = 0.6 + 0.0015 \times 32.4 = 0.65$

⑤ 连接焊缝

采用两面侧焊，根据角钢厚度取 $h_f = 4\text{mm}$ 肢背焊缝需要长度：

$$l_{w1} = \frac{K_1 N_1}{0.7 h_f \gamma_R f_f^w} + 2h_f = \frac{0.7 \times 13717}{0.7 \times 4 \times 0.85 \times 200} + 8 = 28\text{mm}$$

肢尖焊缝需要的长度：

$$l_{w2} = \frac{K_2 N_1}{0.7 h_f \gamma_R f_f^w} + 2h_f = \frac{0.3 \times 13717}{0.7 \times 4 \times 0.85 \times 200} + 8 = 17\text{mm}$$

均取 40mm。

(2) 缀板柱

对实轴计算同样选用 2 [16a，截面形式如图 5-21（b）所示。

① 确定柱宽 b

假定 $\lambda_1 = 24$（约等于 $0.5\lambda_y$）

$$\lambda_x = \sqrt{\lambda_y^2 - \lambda_1^2} = \sqrt{47.8^2 - 24^2} = 41.3$$

$$i_{xT} = \frac{l_{0x}}{\lambda_x} = \frac{480}{41.3} = 11.6\text{cm}$$

$$b = \frac{i_{xT}}{a_2} = \frac{11.6}{0.44} = 26.4\text{cm}，\ 取 b = 260\text{mm}$$

② 验算截面

$$I_x = 2 \times (73.4 + 21.95 \times 11.2^2) = 5654\text{cm}^4$$

$$i_x = \sqrt{\frac{I_x}{A}} = \sqrt{\frac{5654}{43.9}} = 11.35\text{cm}$$

$$\lambda_x = \frac{l_{0x}}{i_x} = \frac{480}{11.35} = 42.3$$

$$\lambda_{0x} = \sqrt{\lambda_x^2 + \lambda_1^2} = \sqrt{42.3^2 + 24^2} = 48.6 < [\lambda] = 150$$

根据 $\lambda\sqrt{\dfrac{f_y}{235}} = 58.9$，查附表 3-2 得 $\varphi = 0.814$

$$\frac{N}{\varphi A} = \frac{1060 \times 10^3}{0.814 \times 43.9 \times 10^2} = 297\text{N/mm}^2 < f = 310\text{N/mm}^2$$

所选 2 [16a 满足要求。

③ 缀板和横隔

$$l_{01} = \lambda_1 \cdot i_1 = 24 \times 1.83 = 43.92\text{cm}，\ 取净距 l_{01} = 400\text{mm}$$

$$b_1 \geqslant 2c_1/3 = 2 \times 22.4 \div 3 = 14.9 \text{，取缀板宽 150mm}$$

$$t_1 \geqslant c_1/40 = 22.4/40 = 0.56\text{cm，取净厚 6mm}$$

缀板间轴线距离 $\quad\quad l_1 = 400 + 150 = 550\text{mm}$

分肢线刚度 $\quad\quad K_1 = \dfrac{I_1}{l_1} = \dfrac{73.4}{55} = 1.33\text{cm}^3$

两侧缀板线刚度之和：

$$K_b = \frac{I_b}{a} = \frac{1}{22.4} \times 2 \times \frac{1}{12} \times 0.6 \times 15^3 = 15.1\text{cm}^3 > 6K_1 = 7.98\text{cm}^3$$

④ 连接焊缝

缀板和分肢连接处的内力为：$V_j = \dfrac{V_1 l_1}{c_1} = \dfrac{19399 \times 55}{2 \times 22.4} = 23816\text{N}$

$$M_j = \frac{V_1 l_1}{2} = \frac{19399 \times 55}{2 \times 2} = 266736\text{N} \cdot \text{cm} = 2667\text{N} \cdot \text{m}$$

取角焊缝的焊脚尺寸 $h_f = 6\text{mm}$，三面围焊，计算时偏安全地仅考虑竖直焊缝，不考虑焊缝挠角部分长度。取 $l_w = 150\text{mm}$。

$$\tau_f^v = \frac{V_j}{A_f} = \frac{23816}{0.7 \times 6 \times 150} = 37.8\text{N/mm}^2$$

$$\sigma_f^M = \frac{M_j}{W_f} = \frac{6 \times 2667 \times 10^3}{0.7 \times 6 \times 150^2} = 169\text{N/mm}^2$$

$$\sqrt{\left(\frac{\sigma_f^M}{1.22}\right)^2 + \tau_f^{v2}} = \sqrt{\left(\frac{169}{1.22}\right)^2 + 37.8^2} = 144\text{N/mm}^2 < f_f^w = 200\text{N/mm}^2\text{（满足）}$$

项目 7　变截面轴心受压构件

轴心受压构件根据其受力特点常做成沿全长是变截面的。对于两端铰接的构件（见图 5-22a），当发生挠曲时，中部的弯矩最大，向两端逐渐减小，故可将中部截面做得大一些，向两端对称地缩小（见图 5-22b）。当构件一端固定，另一端自由时（见图 5-22c），固定端的弯矩最大，自由端的弯矩最小，故常把固定端的截面做得大一些，向自由端逐渐缩小（见图 5-22d）。

将轴心受压构件做成变截面，有助于合理使用材料，减轻自重。起重机械的臂架或桅

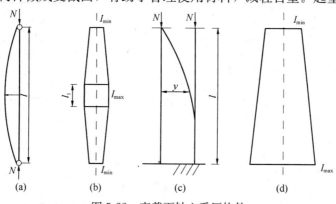

图 5-22　变截面轴心受压构件

杆大都做成变截面的。如图 5-23 所示的格构式臂架，在变幅（垂直）平面内，相当于两端铰接并主要承受轴心压力，故做成对称变化的变截面形式；在回转（水平）平面内，两端的约束情况则近似地认为顶端是自由的，末端是固定的，并主要承受横向弯曲，故做成非对称的变截面形式。

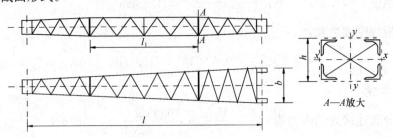

图 5-23　起重机臂架

以上只是从强度的观点来看待变截面的轴心受压构件。从稳定的观点来看，显然变截面受压构件要比全长保持等截面的构件差些。因为截面的惯性矩由 I_{max} 减小到 I_{min} 构件的承载能力亦随之降低，降低值随变截面部分的长短以及 I_{min}/I_{max} 的比值而不同。

计算变截面受压构件的稳定性时，只要在计算长度 l_0 内再考虑一个折算长度系数，用折算长度来计算。其余计算方法，和前面的实腹式或格构式轴心受压构件完全相同。变截面构件的折算长度为：

$$l_z = \mu_z l_0 = \mu_z \cdot \mu l \qquad (5-33)$$

式中　l_0——构件的计算长度；

　　　μ——计算长度系数，查表 5-3；

　　　l——构件的几何长度；

　　　μ_z——折算长度系数，决定于构件截面惯性矩的变化规律和 I_{min}/I_{max} 的比值。几种常见的变截面构件的 μ_z 值列于表 5-6 或表 5-7 中。

表 5-6 或表 5-7 中所列折算长度系数 μ_z 值恒大于 1。说明由于构件部分长度的截面变小，相当于计算长度增加，因而，稳定承载能力就降低。截面改变愈大以及变截面部分愈大，μ_z 值也愈大，承载能力也就下降愈多。

工字形截面构件的长度折算系数 μ_z 表 5-6

构 件 简 图	系 数 值
（六边形变截面图，h_{min}、h_{max}）	$\mu = 1.88 - 0.88\sqrt{\dfrac{h_{min}}{h_{max}}}$
（梯形变截面图，h_{min}、h_{max}）	$\mu = 3.20 - 2.20\sqrt{\dfrac{h_{min}}{h_{max}}}$

变截面构件的长度折算系数 μ_z 　　　　　表5-7

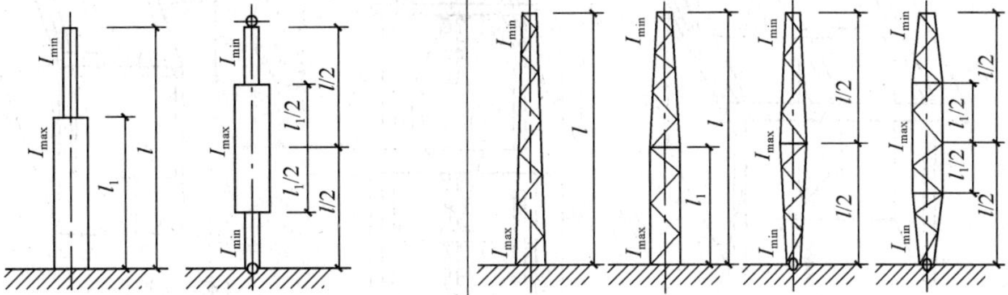

惯性矩比值 $\dfrac{I_{min}}{I_{max}}$	实腹式或格构式构件当 $\dfrac{l_1}{l}$ 为					格构式构件（各肢截面积沿全长相等）当 $\dfrac{l_1}{l}$ 为				
	0	0.2	0.4	0.6	0.8	0	0.2	0.4	0.6	0.8
0.0001	—	—	—	—	—	3.14	1.82	1.44	1.14	1.01
0.01	—	8.03	6.04	4.06	2.09	1.69	1.45	1.23	1.07	1.01
0.1	—	2.59	2.03	1.48	1.07	1.35	1.22	1.11	1.03	1.00
0.2	—	1.88	1.53	1.21	1.03	1.25	1.15	1.07	1.02	1.00
0.4	—	1.39	1.22	1.08	1.01	1.14	1.08	1.04	1.01	1.00
0.6	—	1.19	1.10	1.03	1.01	1.08	1.05	1.02	1.01	1.00
0.8	—	1.07	1.04	1.01	1.00	1.03	1.02	1.01	1.00	1.00

项目8　柱头和柱脚

受压构件都是由柱头、柱身（可能其上与梁有连接）和柱脚三部分组成。柱头的作用是将上部构件和梁传来的荷载（N、M）传给柱身。柱脚的作用是把柱身内力可靠地传给基础。它们的构造原则相同，要求做到：传力明确，构造简单，安全可靠，经济合理，施工方便，且具有足够的刚度。

8.1　柱头

1. 轴心受压柱头

轴心受压柱柱头承受由横梁传来的压力，如图5-24所示为实腹式和格构式柱头构造。图5-24（b）、（f）所示的工字形截面梁的端部设有突缘式支承加劲肋，将梁所承受的荷载传给垫板，垫板放在柱顶板上面的中间位置。垫板与顶板间以构造角焊缝相连，这样就提高了顶板的抗弯刚度，顶板厚度一般不小于14mm，取16～20mm。顶板的下面设两个加劲肋，加劲肋的上端与顶板以角焊缝①相连，两加劲肋用角焊缝②分别连接于柱腹板的两侧。为了固定顶板的位置，顶板与柱身采用构造焊缝进行围焊。为了固定梁在柱头上的位置，常采用C级普通螺栓将梁下翼缘板与柱顶相连。

每个加劲肋与顶板间的传力，可以按局部承压承受 $N/2$，也可以通过具有端缝性质的焊缝①传力。前者用于轴力 N 较大情况。加劲肋相当于用焊缝②固定于腹板两侧的悬臂梁。

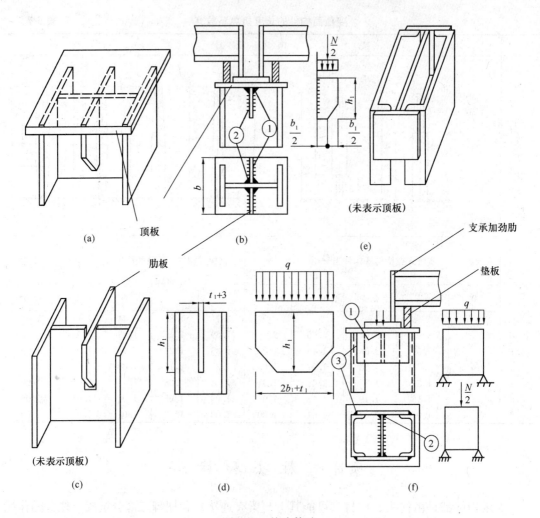

图 5-24 柱头构造

(a) 实腹式柱头；(b) 柱头与梁的连接；(c) 柱头部与整体肋板的构造；
(d) 柱腹板开槽与肋板示意；(e) 格构式柱头；(f) 格构式柱头与梁的连接
①—顶板与肋板的连接焊缝；②—肋板与柱腹板的连接焊缝；③—缀板与柱肢连接焊缝

通常先假定加劲肋的高度 h_1，加劲肋的宽度 b_1 可参照柱顶板的宽度确定，加劲肋的厚度 t_1 应符合局部稳定的要求，取 $t_1 \geqslant b_1/15$ 和 10mm，且不宜比柱腹板厚度超过太多。然后对焊缝②进行验算，两条焊缝②受有向下的剪力 $N/2$ 和偏心弯矩 $M = Nb_1/4$，这样焊缝②属于 σ_f、τ_f 共同作用的角焊缝。接着应对起悬臂梁作用的加劲肋进行抗弯强度和抗剪强度的验算。

当梁传给柱头的压力较大时，将使图 5-24（b）的焊缝②长度很大，构造不合理。为此，可将柱腹板开一个槽，把图 5-24（b）的两个加劲肋合并成一个双悬臂梁放入柱腹板的槽口，如图 5-24（c）、（d）所示。这种构造作法，悬臂梁本身的受力情况没有变化，但焊缝②却只承受向下剪力作用而没有偏心弯矩的影响，因而焊缝②的长度可大大缩短。

为了改善柱腹板的工作，有时可把柱子上端与加劲肋相连的一段腹板换成厚的钢板。

图 5-24（e）、（f）为格构式柱的柱头构造图。当格构式柱的柱身由两个分肢组成时，

柱头可由垫板、顶板、加劲肋和两块缀板组成。顶板把力 N 传给加劲肋的过程可有两种方式：一为顶板通过与加劲肋端面承压的作用传递 N 力，这用于 N 力较大的情况；另一为顶板与加劲肋间通过焊缝①传递 N 力，焊缝①属于端缝性质。加劲肋承受顶板传来的均布荷载，如同简支在两块缀板上的简支梁。加劲肋两端的支反力 $N/2$ 由角焊缝②传给缀板，焊缝②属于侧缝性质。缀板承受加劲肋传来的集中力 $N/2$，也可近似地视为简支在柱子两分肢上的简支梁，然后通过角焊缝③将力 $N/4$ 传给柱的分肢，焊缝③也属于侧缝性质。

加劲肋的高度 h_1 可按焊缝②的长度确定，厚度 $t_1 \geqslant a_1/40$ 和 10mm。截面尺寸确定后应按简支梁进行抗弯强度验算。格构式柱端部的缀板高度不小于柱子两分肢轴线间的距离，厚度 t 仍为 $t \geqslant a/40$ 和 10mm。

2. 偏心受压柱柱头

对于实腹式偏心受压柱，应使偏心力作用于弱轴平面内，柱头可由顶板和一块垂直肋板组成，如图 5-25（a）所示。偏心力 N 作用于顶板上，但却位于肋板平面内，因而顶板不需计算，按构造要求取 $t = 14$mm。N 力由顶板传给肋板，可设计成端面承压受力，也可设计成用角焊缝①传力，此焊缝属于端焊缝工作。N 力传入肋板后，肋板属悬臂梁工作，应验算固定端矩形截面的抗弯和抗剪承载力。焊缝②是把悬臂肋固定端的内力（N 和 Ne）传给柱身，设计时应尽可能使 N 力通过焊缝③长度的中心，同时要求肋板宽度与厚度之比不要超过 15 倍，以保证肋板的稳定。偏心力 $N/2$ 传给柱身。

格构式偏心受压柱柱头的构造如图 5-25（b）所示。由顶板、隔板和两块缀板组成。传力过程如下：N 力经顶板用端面承压或焊缝传给隔板，由隔板经焊缝②传给缀板，隔板按简支梁计算，焊缝属于侧缝。$N/2$ 力经焊缝②传给每块缀板后，缀板属悬伸梁工作，

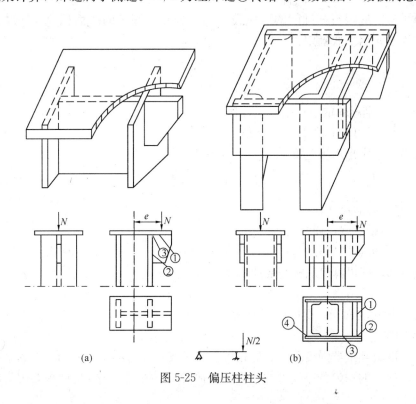

图 5-25　偏压柱柱头

117

焊缝③和④是悬伸梁的支座，焊缝③受的力大于焊缝④。通过焊缝③、④，偏心力 $N/2$ 传给柱身。

8.2 柱脚

轴心受压柱的柱脚常设计成平板式柱脚，它把上部结构传来的荷载通过底板传给混凝土基础。如图 5-26 所示为轴心受压柱常见的几种柱脚形式。它们一般均由底板、靴梁、隔板和肋板等组成，并用埋设于混凝土基础内的两个锚栓将底板固定。由于锚栓只沿柱轴线设置，柱脚所能承受的弯矩有限，因此可近似地视为铰接。

由于基础材料（混凝土）的抗压强度较低，因此必须在柱底加一块放大的底板以增加与基础的接触面积。图 5-26（a）是铰接柱脚的最简单形式，压力通过柱与底板的连接焊缝传递，它只适用于受力较小的小型柱。当压力较大时，焊缝厚度可能超过构造限值，同时底板也可能因抗弯刚度的需要而过厚，需采用其他形式。图 5-26（b）、（c）、（d）是几种常用的实腹式和格构式柱脚。由于增设了一些辅助传力的零件——靴梁、隔板、肋板，使柱端和底板的连接焊缝长度增加，同时也使底板分成几个较小区格，使底板内由基础反力作用产生的弯矩大为减小，故使其厚度减薄。

锚栓直径一般为 20～25mm，为便于柱的安装和调整，底板上锚栓孔径应比锚栓直径大 1～1.5 倍或做成图 5-26 中的 U 形缺口。固定时，用孔径较小（比锚栓直径大 1～2mm）的垫板套住锚栓并与底板焊固。

铰接柱脚一般只承受轴心压力，不承受弯矩和剪力。当需要承受剪力时，可由底板与基础表面的摩擦力传递。如不满足，可在底板下设置抗剪键，见图 5-26（c）。抗剪键可用方钢、短 T 型钢或 H 钢做成。

1. 底板面积

计算时可假定底板与基础间的压应力为均匀分布，底板的净面积 A_n（底板宽乘长，减去锚栓孔面积）由下式确定：

$$A_n \geqslant \frac{N}{f_{cc}} \tag{5-34}$$

式中　f_{cc}——基础材料的抗压强度设计值；

　　　N——作用于柱脚的压力设计值。

根据构造要求定出底板宽度：

$$B = a_1 + 2t + 2c \tag{5-35}$$

式中　a_1——柱截面尺寸；

　　　t——靴梁厚度，通常为 10～14mm；

　　　c——底板悬臂部分的宽度，常取锚栓直径的 3～4 倍，锚栓常用 $d = 20～24$mm。

定出宽度 B，即可算出底板需要的长度 l。

$$l = (A_n + A_0)/B \tag{5-36}$$

其中，A_n 为锚栓孔的面积。根据柱脚形式，B 与 l 可取大致相同，但应保证 $l \leqslant 2B$。

2. 底板的厚度

底板的厚度由其抗弯强度确定。底板可视为一支承在靴梁、隔板和柱端的平板，它承受混凝土基础向上的均匀分布反力的作用，可把柱端、靴梁、隔板的肋板等视为底板的支

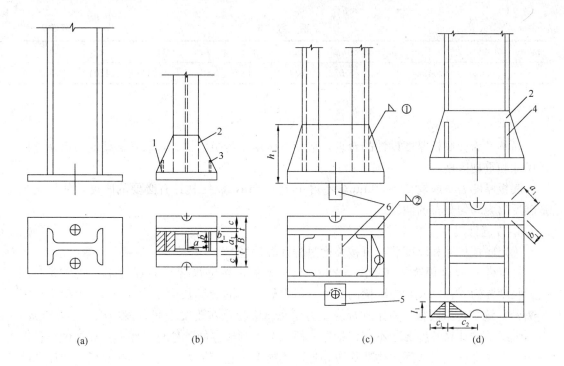

图 5-26　平板式铰接柱脚

(a) 平板式柱脚；(b)、(c)、(d) 常用的实腹式和格构式柱脚

1—底板；2—靴梁；3—隔板；4—肋板；5—垫板；6—抗剪键

承边，这就形成了四边支承板，三边支承板，两相邻边支承板和悬臂板等几种受力状态的区格，各区格板单位宽度上的最大弯矩为：

四边支承板
$$M_4 = \alpha q a^2 \tag{5-37}$$

三边支承板及两相邻边支承板
$$M_{3(2)} = \beta q a_1^2 \tag{5-38}$$

悬臂板
$$M_1 = \frac{1}{2} q C^2 \tag{5-39}$$

式中　q——作用于底板单位面积的均匀分布压应力，$q = \dfrac{N}{l \cdot B - A_0}$；

　　　a——四边支承板的短边长度；

　　a_1——三边支承板的自由边长度或两相邻边支承板的对角线长度；

　　　α——系数，由 b/a 查表 5-8，b 为四边支承板的长边长度；

　　　β——系数，由 b_1/a_1 查表 5-9，b_1 为三边支承板中垂直于自由边方向的长度或两相邻边支承板中内角顶点至对角线的垂直距离。

当三边支承板的 $b_1/a_1 < 0.3$ 时，可按悬臂长为 b_1 的悬臂板计算。求得各区格板块所受的弯矩值 M_1、M_3 和 M_4 后，按其中最大者确定底板厚度。

					系　数　α								表 5-8
b/a	1.0	1.1	1.2	1.3	1.4	1.5	1.6	1.7	1.8	1.9	2.0	3.0	≥4.0
α	0.048	0.055	0.063	0.069	0.075	0.081	0.086	0.091	0.095	0.099	0.101	0.119	0.125

									系 数 β 表 5-9

b_1/a_1	0.3	0.4	0.5	0.6	0.7	0.8	0.9	1.0	1.2	$\geqslant 1.4$
β	0.026	0.042	0.058	0.072	0.085	0.092	0.104	0.111	0.120	0.125

$$t_1 = \sqrt{\frac{6M_{max}}{f}} \qquad (5\text{-}40)$$

显然，为使底板厚度设计的合理，应使各区格中弯矩值接近，故在必要时，需调整底板尺寸和重划区格。

底板厚度 t_1 一般取 $20 \sim 40$mm，不得小于 14mm，以使其具有必要的刚度，从而满足基础反力为均匀分布的假设。

3. 焊缝计算

确定底板尺寸和厚度后，可按传力过程计算焊缝。

柱身内力 N 经焊缝①（见图 5-26c）传给靴梁，按侧焊缝计算焊缝①。此焊缝共四根，长度皆为 $h - 2h_f$，h 为靴梁的高度（每根焊缝①的计算长度不大于 $60h_f$）。靴梁再把 N 力经焊缝②传给底板，属于端焊缝受力状态。应注意在靴梁中间一段内侧，不好施焊，因而焊缝②的计算长度 Σl_{w2} 不应包括这一段。为了制造方便，柱身（槽钢）往往做得稍短一些，在柱身和底板之间用构造焊缝相连，不能考虑它们传力。同理，柱身槽钢内侧和靴梁间的焊缝也难保证质量，也属于构造焊缝。

4. 靴梁、隔板和肋板

靴梁可近似地作为支承在柱身的双悬臂梁计算，它承受由底板连接焊缝传来的均匀反力作用。靴梁的高度由与柱连接所需要的焊缝长度决定。靴梁的高度一般为靴梁长度的 $0.5 \sim 0.8$ 倍。靴梁的长度等于底板的长度，靴梁的厚度略小于或等于柱翼缘厚度。根据所承受的最大弯矩和最大剪力值，验算靴梁的抗弯和抗剪强度。

两块靴梁板承受的最大弯矩为

$$M = \frac{1}{2}qBb_1^2 \qquad (5\text{-}41)$$

$$\sigma = \frac{3M}{th^2} \leqslant f \qquad (5\text{-}42)$$

式中　q —— 作用于底板单位面积上的压应力，MPa；

　　　B —— 底板的宽度，mm；

　　　b_1 —— 从靴梁竖直焊缝到底边边缘的距离，mm；

　　　t —— 靴梁的厚度，mm；

　　　h —— 靴梁的高度，mm。

双块靴梁板承受的最大剪应力为

$$V = qBb_1 \qquad (5\text{-}43)$$

$$\tau = 1.5\frac{V}{2th} \leqslant f_v \qquad (5\text{-}44)$$

符号意义同式（5-41）、式（5-42）。

隔板作为底板的支撑边，亦应具有一定的刚度。其厚度不应小于长度的 1/50，但可比靴梁板略薄。高度一般取决于与靴梁连接焊缝的长度。隔板承受的底板反力可按图 5-26（b）中阴影面积计算。在大型柱脚中还需按支撑于靴梁的简支梁对其强度进行验算。

肋板可按悬臂梁计算其强度和与靴梁的连接焊缝，承受的底板反力可按图 5-26（d）中阴影面积计算。为了方便设计，可按下列公式验算悬臂肋。悬臂肋的固端弯矩为：

$$M_1 = \frac{1}{2}ql_1^2\left(\frac{c_1+c_2}{2}\right) \tag{5-45}$$

剪力为

$$V_1 = ql_1\left(\frac{c_1+c_2}{2}\right) \tag{5-46}$$

式中　　q ——基础实际应力，MPa；

$q\left(\dfrac{c_1+c_2}{2}\right)$ ——均布线荷载，N/mm；

l_1 ——肋板的长度，mm。

悬臂肋的高度为 h_1，厚度为 t，则

$$\sigma = \frac{6M_1}{th_1^2} \leqslant f \tag{5-47}$$

$$\tau = 1.5\frac{V}{th_1} \leqslant f_v \tag{5-48}$$

悬臂肋与靴梁的连接角焊缝应满足下列强度要求：

$$\sqrt{\left(\frac{M_1}{1.22W_f}\right)^2 + \left(\frac{V_1}{A_f}\right)^2} \leqslant f_f^w \tag{5-49}$$

其中，$W_f = \dfrac{1}{3}\times 0.7h_f(h_1-2h_f)^2$

$A_f = 2\times 0.7h_f(h_1-2h_f)$

【例 5-4】　试设计一轴心受压格构式柱，柱脚截面尺寸如图 5-27 所示。轴心压力设计值 $N=1550$kN（包括自重）。基础混凝土的抗压强度设计值 $f_{cc}=7.5$N/mm²，钢材 Q235F，E43 型焊条。

【解】　采用图 5-27 所示柱脚形式。

（1）底板尺寸

取锚栓孔 U 型缺口面积 $A_0=40$cm²，所需底板面积为：

$$A = l\cdot B = \frac{N}{f_{cc}}+A_0 = \frac{1550\times 10^3}{7.5\times 10^2}+40 = 2107\text{cm}^2$$

取底板宽度　　$B = 25+2\times 1+2\times 6.5 = 40$cm

底板长度　　$l = \dfrac{2107}{40} = 53$cm，取 $l = 55$cm

基础对底板单位面积上的压应力

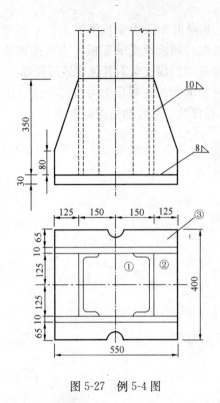

图 5-27　例 5-4 图

$$q = \frac{N}{l \cdot B - A_0} = \frac{1550 \times 10^3}{(55 \times 40 - 40) \times 10^2}$$

$$= 7.2\text{N/mm}^2 < f_{cc} = 7.5\text{N/mm}^2$$

底板按三种区格分别计算其单位宽度的最大弯矩。

区格①为四边支承板，$b/a = 30/25 = 1.2$ 查表 5-8 得 $\alpha = 0.063$

$$M_4 = \alpha q a^2 = 0.063 \times 7.2 \times 250^2 = 28350\text{N} \cdot \text{mm}$$

区格②为三边支承板，$b_1/a_1 = 12.5/25 = 0.5$ 查表 5-9 得 $\beta = 0.058$

$$M_3 = \beta q a_1^2 = 0.058 \times 7.2 \times 250^2 = 26100\text{N} \cdot \text{mm}$$

区格③为悬臂部分，

$$M_1 = \frac{1}{2}qc^2 = \frac{1}{2} \times 7.2 \times 65^2 = 15210\text{N} \cdot \text{mm}$$

按最大弯矩 $M_{max} = M_4 = 28350\text{N} \cdot \text{mm}$ 计算底板厚度，取第二组钢材的抗弯强度设计值 $f = 205\text{N/mm}^2$

$$t = \sqrt{\frac{6M_{max}}{f}} = \sqrt{\frac{6 \times 28350}{205}} = 28.8\text{mm}，取 t = 30\text{mm}$$

（2）靴梁计算

靴梁与柱身的连接（4 条角焊缝），按承受柱的压力 1550kN 计算，此焊缝为侧面角焊缝，设 $h_f = 10\text{mm}$，求其长度

$$l_w = \frac{N}{4 \times 0.7 h_f \cdot f_f^w} = \frac{1550 \times 10^3}{4 \times 0.7 \times 10 \times 160} = 346\text{mm} < 60 h_f = 600\text{mm}$$

取靴梁高度 350mm，厚度为 10mm。

靴梁作为支承于柱边的悬伸梁，验算其抗弯和抗剪强度。两块靴梁板的线荷载为：

$$qB = 7.2 \times 400 = 2880\text{N/mm}$$

$$M_{max} = \frac{1}{2}qBb_1^2 = \frac{1}{2} \times 2880 \times 125^2 = 2250 \times 10^4\text{N} \cdot \text{mm}$$

$$\sigma = \frac{3M_{max}}{th^2} = \frac{3 \times 2250 \times 10^4}{10 \times 350^2} = 55.1 < f = 215\text{N/mm}^2$$

$$V = qBb_1 = 2880 \times 125 = 360000\text{N}$$

$$\tau = 1.5 \times \frac{V}{2th} = 1.5 \times \frac{360000}{2 \times 10 \times 350} = 77.1\text{N/mm}^2 < f_v = 125\text{N/mm}^2$$

（3）靴梁与底板的连接焊缝计算

靴梁与底板的连接焊缝传递柱的全部压力，焊缝计算长度为：

$$\Sigma L_w = 2 \times (55 - 1) + 4 \times (12.5 - 1) = 154\text{cm}$$

$$h_f = \frac{N}{1.22 \times 0.7 \Sigma l_w \cdot f_t^w} = \frac{1550 \times 10^3}{1.22 \times 0.7 \times 154 \times 10 \times 160} = 7.4\text{mm}$$

取 $h_f = 8\text{mm}$。

（4）柱脚与基础的连接按构造采用两个 M20 的锚栓。

122

思 考 题 与 习 题

1. 理想轴心受压构件与实际轴心受压构件的稳定承载力有何区别?

2. 轴心受压构件稳定系数 φ 根据哪些因素确定?

3. 轴心受压构件的整体稳定不能满足要求时,若不增大截面面积,是否还可以采取其他措施提高其承载力?

4. 为保证轴心受压构件翼缘和腹板的局部稳定,规范规定的板件宽厚比限值是根据什么原则制定的?

5. 什么叫长细比? 格构式轴心受压构件绕虚轴失稳时为何要用换算长细比?

6. 有一轴心受压实腹柱,已知 $l_{0x}=8m$,$l_{0y}=4m$,各种荷载产生的轴心压力设计值 $N=1300kN$,采用 Q235 钢。试选:(1)轧制工字钢;(2)热轧 H 型钢;(3)用三块钢板焊成的工字形截面,翼缘为剪切边。并比较用钢量。

7. 试设计一双肢缀条柱,已知轴心压力设计值 $N=1600kN$,$l_{0x}=l_{0y}=6m$,采用 Q235 钢。

8. 同习题 7,试设计成一双肢缀板柱。

9. 已知桁架中有一轴心受压杆,轴心压力设计值 $N=1100kN$,两主轴方向的计算长度分别为 2m 和 4m。试分别选择两个不等肢角钢以短肢相连,以长肢相连和两个等肢角钢各组成 T 形截面。三种截面何者经济? 角钢的间距取 10mm,材料为 Q235 钢。

10. 已知一轴心受压杆材料用采 Q235 钢,用热轧 HW 型钢 300×300×10×15,$l_{0x}=l_{0y}=6m$,试计算最大允许轴心压力设计值。

11. 轴心受压格构柱的柱脚如图 5-28 所示,采用两个 M20 锚栓,轴心压力设计值 $N=1000kN$(包括自重)。基础混凝土强度等级 C15,钢材为 Q235,焊条 E43 型。试计算底板厚度以及靴梁与底板、靴梁与柱身的联接焊缝,验算靴梁的强度。

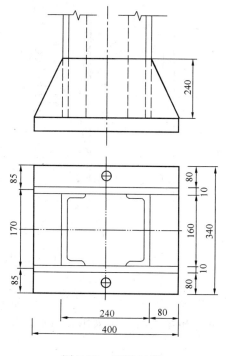

图 5-28 习题 11 图

第6单元 拉弯和压弯构件

[知识点]　拉弯和压弯构件的特点；拉弯和压弯构件的截面形式；拉弯和压弯构件的强度及刚度计算；实腹式压弯构件的整体稳定计算；实腹式压弯构件的局部稳定计算；实腹式压弯构件的截面设计；格构式压弯构件的稳定计算；格构式压弯构件的设计；压弯构件的柱头和柱脚的构造和设计。

[教学目标]　了解拉弯和压弯构件的特点；掌握拉弯和压弯构件的强度及刚度计算方法；掌握实腹式和格构式压弯构件的稳定计算；了解压弯构件的柱头和柱脚设计。

项目1　拉弯和压弯构件的特点

同时承受轴向力和弯矩的构件称为压弯（或拉弯）构件，如图6-1、图6-2所示。弯矩可能由轴向力的偏心作用、端弯矩作用或横向荷载作用等三种因素形成。当弯矩作用在截面的一个主轴平面时称为单向压弯（或拉弯）构件，弯矩作用在两主轴平面的称为双向压弯（或拉弯）构件。

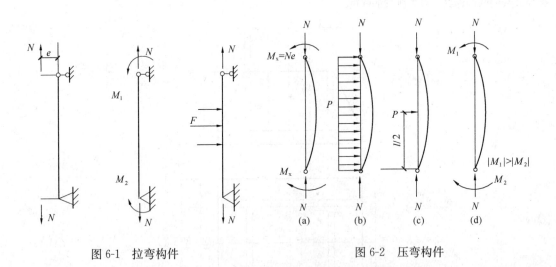

图 6-1　拉弯构件　　　　　　　图 6-2　压弯构件

1. 拉弯构件

如果拉弯构件所承受的弯矩较小而轴心拉力较大时，其截面形式和一般的轴心拉杆是一样的。但当拉弯构件承受的弯矩很大时，应采用在弯矩作用平面内有较大抗弯刚度的截面。

在拉力和弯矩共同作用下，截面出现塑性铰是拉弯构件承载能力的极限状态。但对于格构式拉弯构件或冷弯薄壁型钢拉弯构件，当截面边缘纤维开始屈服时，就基本上达到了承载力的极限。对于轴心力较小而弯矩很大的拉弯构件，也有可能和受弯构件一样会出现弯扭屈曲。拉弯构件受压部分的板件也存在局部屈曲的可能性，此时应按受弯构件要求核算其整体和局部稳定。

在钢结构中拉弯构件的应用较少，钢屋架中下弦杆一般属于轴心拉杆，但在下弦杆的节点间作用有横向荷载时就属于拉弯构件。

2. 压弯构件

对于压弯构件，如果承受的弯矩很小，而轴心压力却很大，其截面形式和一般轴心受压构件相同。但当构件承受的弯矩相对很大时，可采用截面高度较大的双轴对称截面。而当只有一个方向弯矩较大时，可采用如图 6-3（a）所示的单轴对称截面，使弯矩绕强轴（x 轴）作用，并使较大的翼缘位于受压一侧。此外，压弯构件也可以采用由型钢和缀材组成的格构柱，如图 6-3（b）所示。以便充分利用材料，获得较好的经济效果。

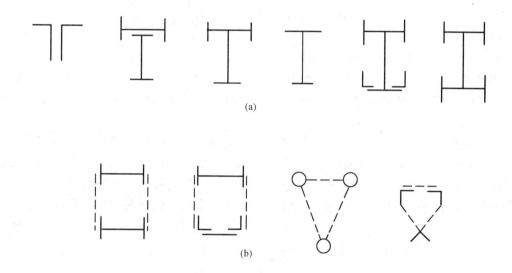

(a)

(b)

图 6-3　压弯杆件单轴对称截面

压弯构件的破坏形式有：①强度破坏。主要原因是因为杆端弯矩很大或杆件截面局部有严重的削弱；②在弯矩作用平面内发生弯曲失稳破坏。发生这种破坏的构件变形形式没有改变，仍为弯矩作用平面内的弯曲变形；③弯矩作用平面外失稳破坏。这种破坏除了在弯矩作用方向存在弯曲变形外，垂直于弯矩作用的方向也会突然产生弯曲变形，同时截面还会绕杆轴发生扭转；④局部失稳破坏。如果构件的局部出现失稳现象，也会导致压弯构件提前发生整体失稳破坏。

与轴心受力构件一样，拉弯构件和压弯构件除应满足承载力极限状态要求外，还应满足正常使用极限状态要求，即刚度要求。刚度要求是通过限制构件的长细比来实现的。

在钢结构中压弯构件的应用十分广泛，例如有节间荷载作用的屋架上弦杆（图 6-4）以及厂房的框架柱（图 6-5），高层建筑的框架柱和海洋平台上的立柱等。

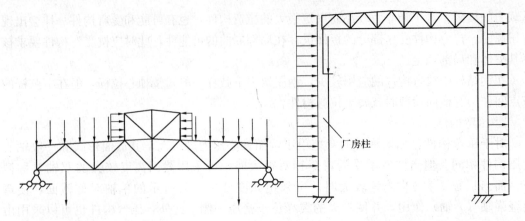

图 6-4 屋架中的压弯和拉弯构件　　　　图 6-5 单层厂房框架柱中的压弯构件

项目 2　拉弯和压弯构件的强度及刚度计算

2.1　拉弯、压弯构件的强度计算

实腹式拉弯或压弯构件承受静力荷载作用时，截面上的应力分布是不均匀的，其最不利截面，即最大弯矩截面或有严重削弱的截面最终以出现塑性铰时达到其强度极限状态而破坏。

如图 6-6 所示是一承受轴心压力 N 和弯矩 M 共同作用的矩形截面构件，当荷载较小，整个截面都处于弹性状态，如图 6-6（a）所示。荷载继续增加，截面边缘纤维的压应力达到屈服强度时，截面受压区进入塑性状态，如图 6-6（b）所示。如荷载再继续增加，使截面的另一边也显为塑性并也达到屈服强度时，部分受拉区的材料也进入塑性状态，如图 6-6（c）所示。图 6-6（b）、（c）中的截面处于弹塑性状态。当荷载再继续增加时，整个截面进入塑性状态形成塑性铰而破坏，如图 6-6（d）所示。

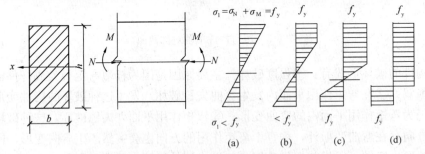

图 6-6　压弯杆件截面的受力状态

当构件截面形成塑性铰时，该截面就能自由转动，从而产生很大变形，导致结构不能正常使用。因此《钢结构设计规范》不以这种截面塑性得到完全发展的状态（形成塑性铰）作为设计极限，而是以限制塑性发展到一定程度来作为设计极限，制定设计公式如下：

$$\frac{N}{A_n} \pm \frac{M_x}{\gamma_x W_{nx}} \leqslant f \tag{6-1}$$

式（6-1）也适用于单轴对称截面，因此在弯曲正应力一项带正负号，W_{nx} 取值亦应与正负号相适应。

对于双向拉弯或压弯构件，可采用式（6-2）计算：

$$\frac{N}{A_n} \pm \frac{M_x}{\gamma_x W_{nx}} \pm \frac{M_y}{\gamma_y W_{ny}} \leqslant f \tag{6-2}$$

式中　　A_n——净截面积；

M_x、M_y——分别为对 x 轴和 y 轴的计算弯矩；

W_{nx}、W_{ny}——分别为对 x 轴 y 轴的净截面抵抗矩，取值应与正负弯曲应力相适应；

γ_x、γ_y——截面塑性发展系数，查表 4-1。

对于直接承受动力荷载作用且需计算疲劳的实腹式拉弯（或压弯）构件或格构式拉弯、压弯构件，当弯矩绕虚轴作用时，由于不宜考虑截面发展塑性，因此《设计规范》规定以截面边缘纤维屈服的弹性工作状态作为强度承载能力的极限状态。即式（6-1）和式（6-2）中截面塑性发展系数 $\gamma_x = \gamma_y = 1.0$。

在确定 γ 值时，为了保证压弯构件受压翼缘在截面发展塑性时不发生局部失稳，对压应力较大翼缘的自由外伸宽度 b_1 与其厚度 t 之比应偏严限制，即应使 $b_1/t \leqslant 13\sqrt{235/f_y}$。当 $15\sqrt{235/f_y} \geqslant b_1/t > 13\sqrt{235/f_y}$ 时，不应考虑塑性发展，取 $\gamma_x = 1.0$。

2.2　拉弯、压弯构件的刚度计算

拉弯、压弯构件的刚度也是以长细比 λ 来控制。《钢结构设计规范》要求：

$$\lambda_{max} \leqslant [\lambda] \tag{6-3}$$

式中　　$[\lambda]$——容许长细比，见表 5-1、表 5-2。

当弯矩很大，或有其他需要时，还应同受弯构件一样验算其挠度或变形，使其不超过容许值。

【例 6-1】　试计算如图 6-7 所示双角钢长肢相连拉弯构件的强度和刚度。两角钢间距 10mm，轴心拉力设计值 $N = 215$kN，杆中点横向集中荷载设计值 $F = 30$kN，均为静力荷载。杆中点螺栓的孔径 $d_0 = 21.5$mm。钢材 Q235，$[\lambda] = 350$。

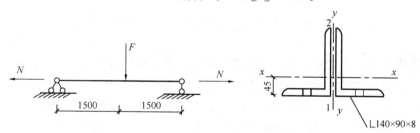

图 6-7　例 6-1 图

【解】　查型钢表得，一个角钢 L140×90×8 的截面特性和重量：$A = 18.0$cm²，$g = 14.2$kg/m，$I_x = 365.64$cm⁴，$i_x = 4.5$cm，$i_y = 3.62$cm，$z_y = 45$mm。

（1）强度计算

①内力计算（杆中点为最不利截面）

最大弯矩设计值（计入杆自重）

$$M_{\max} = \frac{Fl}{4} + \frac{gl^2}{8} = \frac{30 \times 3}{4} + \frac{1.2 \times 2 \times 14.2 \times 9.8 \times 3^2}{8 \times 10^3} = 22.88 \text{kN} \cdot \text{m}$$

②截面几何特性

$$A_n = 2(18.0 - 2.2 \times 0.8) = 32.48 \text{cm}^2$$

净截面模量（设中和轴位置不变，仍与毛截面的相同）

肢背处 $W_{n1} = \dfrac{2[365.64 - 2.2 \times 0.8 (4.5 - 0.4)^2]}{4.5} = 149.36 \text{cm}^3$

肢尖处 $W_{n2} = \dfrac{2[365.64 - 2.2 \times 0.8 (4.5 - 0.4)^2]}{9.5} = 70.75 \text{cm}^3$

③截面强度

承受静力荷载的实腹式截面，由式（6-1）计算。根据第 4 单元规定，$\gamma_{x1} = 1.05$，$\gamma_{x2} = 1.2$。

肢背处（点 1）：

$$\frac{N}{A_n} \pm \frac{M_{\max}}{\gamma_{x1} W_{n1}}$$

$$= \frac{215 \times 10^3}{32.48 \times 10^2} + \frac{22.88 \times 10^6}{1.05 \times 149.36 \times 10^3} = 66.19 + 145.89 = 212.08 \text{N/mm}^2 < f$$

$$= 215 \text{N/mm}^2 (\text{满足})$$

肢尖处（点 2）：

$$\frac{N}{A_n} \pm \frac{M_{\max}}{\gamma_{x2} W_{n2}} = \frac{215 \times 10^3}{32.48 \times 10^2} - \frac{22.88 \times 10^6}{1.2 \times 70.75 \times 10^3} = 66.19 - 269.49$$

$$= -203.3 \text{N/mm}^2 < f = 215 \text{N/mm}^2 (\text{满足})$$

（2）刚度计算

$$\lambda_x = \frac{l}{i_x} = \frac{3 \times 10^2}{4.5} = 66.7 < [\lambda] = 350 (\text{满足})$$

$$\lambda_y = \frac{l}{i_y} = \frac{3 \times 10^2}{3.62} = 82.9 < [\lambda] = 350 (\text{满足})$$

项目 3　实腹式压弯构件的稳定计算

压弯构件的截面尺寸通常由稳定承载力确定。对于双轴对称截面一般将弯矩绕强轴作用。而对于单轴对称截面则将弯矩作用在对称轴平面内，故构件可能在弯矩作用平面内弯曲屈曲。也可能因构件在垂直于弯矩作用平面的刚度较小，而侧向弯曲和扭转使构件产生弯扭屈曲，即弯矩作用平面外失稳。因此，对压弯构件须分别对其两方向的稳定进行计算。

3.1　实腹式压弯构件在弯矩作用平面内的稳定性

如图 6-8（a）所示是一承受等端弯矩 M 及轴心压力 N 作用的实腹式杆件。由于有 M 作用，加载开始构件就会（沿弯矩作用方向）产生挠度，与一般受弯构件不同的是，由于存在轴力，轴力与挠度相互作用，又产生附加弯矩 $N \cdot y$，这个附加弯矩又引起附加挠度。这样包括附加挠度在内的总挠度是由总弯矩 $M + N \cdot y$ 引起的，其值自然比荷载弯矩 M 引起得更大。这样当轴力增加时，挠度不是与轴力成正比地增长，而是增长得更快，即构件的荷载-位移（$N-v_\mathrm{m}$）曲线呈非线性关系，如图 6-8（b）所示。如果按材料为无限弹性体计算，则当挠度达到无穷大时，N 趋近欧拉临界力 N_cr，构件破坏。如考虑材料为弹塑性，则当 N 增大到使构件弯曲凹侧边缘应力达到屈服点（图 6-8b 曲线上的 a 点）时，构件开始进入弹塑性工作状态。随着 N 增大，构件内弹性区逐渐减小，塑性区逐渐增大，即构件刚度逐渐减小，使挠度增加比弹性分析结果更大（如图 6-8b 所示）。这样曲线上升逐渐平缓，直到 b 点达到极限值 N_u。随后变形如再增大，就必须减小 N 值，以减小附加弯矩，构件才能维持平衡，这样曲线进入下降段，直到变形增加太大使构件破坏。上述曲线在弹塑性阶段计算十分复杂，且只能用计算机进行数值分析才能求得。

图 6-8（b）的 $N-v_\mathrm{m}$ 曲线代表压弯构件受荷过程的平衡途径，在 b 点以前，曲线处于上升段，要增加荷载才能使变形增大，因此这一阶段构件的平衡状态是稳定的；在 b 点以后，必须降低荷载才能维持平衡，构件处于不稳定平衡状态；在极值点 b 构件从稳定平衡过渡到不稳定平衡，构件处于随遇平衡状态，相应的荷载 N_u 就是临界荷载，一般称为极限荷载。由于有弯矩作用，N_u 比 N_cr 小。

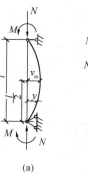 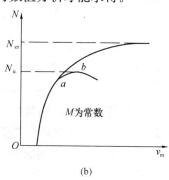

图 6-8　压弯构件 $N-v_\mathrm{m}$ 曲线

工程实践中，压弯构件在弯矩作用平面内的稳定性有三种设计方法：第一种是极限荷载法，它以上述曲线中的极值 N_u 作为设计极限荷载；第二种是边缘强度计算准则，它以截面边缘应力达到屈服（上述曲线中的 a 点）作为设计极限荷载，第三种是采用相关公式，这种方法将构件的轴力项和弯矩项组成一个相关公式，也称为二项式，式中许多参数根据上述 N_u 的计算结果进行验证后确定，是一种半经验半理论公式。我国《钢结构设计规范》就采用如下的相关公式作为实腹式压弯构件在弯矩平面内稳定性的计算公式。

$$\frac{N}{\varphi_\mathrm{x}A}+\frac{\beta_\mathrm{mx}M_\mathrm{x}}{\gamma_\mathrm{1x}W_\mathrm{1x}\left(1-0.8\dfrac{N}{N'_\mathrm{Ex}}\right)}\leqslant f \tag{6-4}$$

式中　N——压弯构件的轴心压力设计值；

　　φ_x——在弯矩作用平面内，不计弯矩作用时，轴心受压构件的稳定系数；

　　A——构件截面面积；

　　M_x——所计算构件段范围内的最大弯矩设计值；

　　N'_Ex——参数，$N'_\mathrm{Ex}=\dfrac{\pi^2EA}{1.1\lambda_\mathrm{x}^2}$；欧拉临界力除以抗力分项系数平均值；

W_1x——弯矩作用平面内较大受压纤维的毛截面模量；

　　γ_1x——与 W_1x 相应的截面塑性发展系数，查表 4-1；

　　β_mx——弯矩作用平面内等效弯矩系数，《钢结构设计规范》规定按下列情况取值。

（1）框架柱和两端有支承的构件

①无横向荷载作用时：$\beta_\mathrm{mx}=0.65+0.35M_2/M_1$，$M_1$ 和 M_2 为端弯矩，使构件产生同向曲率（无反弯点）时取同号，使构件产生反向曲率（有反弯点）时取异号，$|M_1|\geqslant|M_2|$；

②有端弯矩和横向荷载同时作用时：使构件产生同向曲率时，$\beta_\mathrm{mx}=1.0$；

使构件产生反向曲率时，$\beta_{mx} = 0.85$；

③无端弯矩但有横向荷载作用时：$\beta_{mx} = 1.0$。

（2）悬臂构件和分析内力未考虑二阶效应的无支撑纯框架和弱支撑框架柱，$\beta_{mx} = 1.0$。

对于单轴对称截面（如 T 形、槽形截面）的压弯构件，当弯矩绕非对称轴作用（即弯矩作用在对称轴平面内），并且使较大翼缘受压时，可能在较小翼缘一侧因受拉区塑性发展过大而导致构件破坏。对于这类构件，除应按式（6-4）计算弯矩平面内稳定性外，还应作下列补充计算

$$\left| \frac{N}{A} - \frac{\beta_{mx} M_x}{\gamma_{2x} W_{2x}(1 - 1.25 \frac{N}{N'_{Ex}})} \right| \leqslant f \tag{6-5}$$

式中　　W_{2x}——对较小翼缘的毛截面模量；

　　　　γ_{2x}——与 W_{2x} 相应的截面塑性发展系数，查表 4-1。

【例 6-2】　一工字钢制作的压弯构件，两端铰接，长度 4.5m，在构件的中点有一个侧向支承，钢材为 Q235，验算如图 6-9（a）、（b）所示两种受力情况的构件在弯矩作用平面内的整体稳定。构件除承受轴心压力 $N = 25\mathrm{kN}$ 外，作用的其他外力为：如图 6-9（a）所示在构件两端同时作用着大小相等、方向相反的弯矩 $M_x = 28\mathrm{kN \cdot m}$；图 6-9（b）所示在跨中作用一横向荷载 $F = 26\mathrm{kN}$。

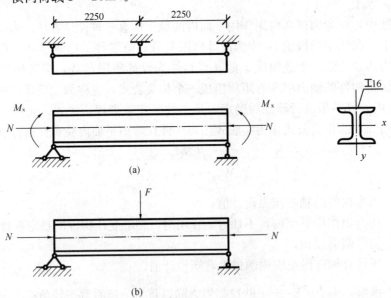

图 6-9　例 6-2 图

【解】　查型钢表得 I16 的截面特性

$A = 26.13\mathrm{cm}^2$，$b/h = 88/160 < 0.8$，$W_x = 141\mathrm{cm}^3$，$i_x = 6.58\mathrm{cm}$。

（1）图 6-9（a）的情况

$$M_1 = M_2 = 28\mathrm{kN \cdot m}$$
$$\beta_{mx} = 0.65 + 0.35 M_2/M_1 = 1.0$$
$$\lambda_x = l_{0x}/i_x = 450/6.58 = 68.39$$

查表 2-4，$f=215\text{N/mm}^2$，按 a 类截面由 λ_x 查附表 3-1 得：$\varphi_x = 0.847$

$$N'_{Ex} = \frac{\pi^2 EA}{1.1\lambda_x^2} = \frac{\pi^2 \times 206000 \times 26.13 \times 10^2}{1.1 \times 68.39^2} = 1032.59\text{kN}$$

$$\frac{N}{\varphi_x A} + \frac{\beta_{mx} M_x}{\gamma_{1x} W_{1x}\left(1 - 0.8\dfrac{N}{N'_{Ex}}\right)}$$

$$= \frac{25 \times 10^3}{0.847 \times 26.13 \times 10^2} + \frac{1.0 \times 28 \times 10^6}{1.05 \times 141 \times 10^3 \times \left(1 - 0.8 \times \dfrac{25}{1032.59}\right)}$$

$$= 11.3 + 193.0 = 204.3\ \text{N/mm}^2 < f = 215\text{N/mm}^2 \text{（满足）}$$

（2）图 6-9（b）的情况

$$M_x = \frac{1}{4} \times Fl = \frac{1}{4} \times 26 \times 4.5 = 29.25\text{kN} \cdot \text{m}$$

$$\beta_{mx} = 1.0$$

$$\frac{N}{\varphi_x A} + \frac{\beta_{mx} M_x}{\gamma_{1x} W_{1x}\left(1 - 0.8\dfrac{N}{N'_{Ex}}\right)}$$

$$= \frac{25 \times 10^3}{0.847 \times 26.13 \times 10^2} + \frac{1.0 \times 29.25 \times 10^6}{1.05 \times 141 \times 10^3 \times \left(1 - 0.8 \times \dfrac{25}{1032.59}\right)}$$

$$= 11.3 + 201.6 = 212.9\ \text{N/mm}^2 < f = 215\text{N/mm}^2 \text{（满足）}$$

经过以上两种受力情况计算可知，构件在弯矩作用平面内的整体稳定性均满足要求。

3.2　实腹式压弯构件在弯矩作用平面外的稳定性

当弯矩作用在压弯构件截面刚度较大的平面内（即绕强轴弯曲）时，由于弯矩作用平面外截面的刚度较小，构件就有可能向弯矩作用平面外发生侧向弯扭屈曲而破坏（如图 6-10 所示），其破坏形式及理论与梁的弯扭屈曲类似，并计入轴心压力的影响。为简化计算，并与轴心受压和梁的稳定计算公式协调，各国大多采用包括轴心力和弯矩项叠加的相关公式，我国《钢结构设计规范》采用的公式为

$$\frac{N}{\varphi_y A} + \eta\frac{\beta_{tx} M_x}{\varphi_b W_{1x}} \leqslant f \qquad (6\text{-}6)$$

式中　M_x——所计算构件段范围内（构件侧向支撑点之间）的最大弯矩设计值；

φ_y——弯矩作用平面外的轴心受压构件的稳定系数；

η——截面影响系数，闭口（箱形）截面 $\eta = 0.7$，其他截面 $\eta = 1.0$；

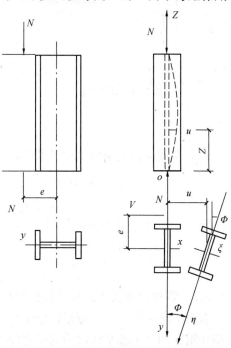

图 6-10　弯矩作用平面外的弯扭屈曲

φ_b——均匀弯曲的受弯构件整体稳定系数，可按表 4-2、表 4-3 选用或按式（4-14）计算；

β_{tx}——弯矩作用平面外等效弯矩系数，应根据下列规定采用：

（1）在弯矩作用平面外有支承的构件，应根据两相邻支承点间构件段内的荷载和内力情况确定：

①所考虑构件段无横向荷载作用时：$\beta_{tx} = 0.65 + 0.35 M_2/M_1$，$M_1$ 和 M_2 是在弯矩作用平面内的端弯矩，使构件产生同向曲率（无反弯点）时取同号，使构件产生反向曲率（有反弯点）时取异号，$|M_1| \geqslant |M_2|$；

②所考虑构件段内有端弯矩和横向荷载同时作用时：使构件产生同向曲率时，$\beta_{tx} = 1.0$；使构件产生反向曲率时，$\beta_{tx} = 0.85$；

③所考虑构件段内无端弯矩但有横向荷载作用时：$\beta_{tx} = 1.0$。

（2）弯矩作用平面外为悬臂的构件：$\beta_{tx} = 1.0$。

式（6-6）虽是根据弹性工作状态按双轴对称截面的理论公式导得，但对弹塑性工作状态以及单轴对称截面同样适用。

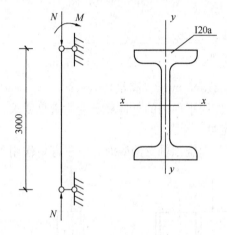

图 6-11　例 6-3 图

式（6-6）所示的计算实腹式压弯构件在弯矩作用平面外整体稳定的双项相关公式，从形式上将 N 和 M 表达出来，利于直观，而且较好地与轴心受压构件和受弯构件的稳定计算公式协调和衔接。

【例 6-3】　如图 6-11 所示的两端铰接的压弯构件，构件长为 3m，承受荷载设计值有：轴向压力 $N = 60$kN，弯矩 $M = 30$kN·m，构件截面为 I20a，钢材为 Q235，试验算该构件在弯矩作用平面外的整体稳定性。

【解】　查型钢表得 I20a 的截面特性

$A = 35.58$cm² 　$b/h = 100 / 200 < 0.8$

$W_x = 237$cm³ 　$i_x = 8.15$cm 　$i_y = 2.12$cm

$$\lambda_y = \frac{l_{0y}}{i_y} = \frac{300}{2.12} = 141.5$$

按 b 类截面由 λ_x 附表 3-2 查得：$\varphi_y = 0.339$

$$\varphi_b = 1.07 - \frac{\lambda_y^2}{44000} \times \frac{f_y}{235} = \frac{141.5^2}{44000} \times \frac{235}{235} = 0.615$$

$$\beta_{tx} = 0.65 + 0.35 M_2 / M_1 = 0.65$$

$\eta = 1.0$（工字形截面）

$$\frac{N}{\varphi_y A} + \eta \frac{\beta_{tx} M_x}{\varphi_b W_{1x}} = \frac{70 \times 10^3}{0.339 \times 35.58 \times 10^2} + 1.0 \times \frac{0.65 \times 35 \times 10^6}{0.615 \times 237 \times 10^3}$$

$$= 58.0 + 156.1 = 214.1 \text{ N/mm}^2 < f = 215 \text{N/mm}^2 \text{（满足）}$$

3.3　双向受弯实腹式压弯构件的整体稳定

前面所述压弯构件，弯矩仅作用在构件的一个对称轴平面内，为单向弯曲压弯构件。弯矩作用在两个主轴平面内为双向弯曲压弯构件，在实际工程中较为少见。规范仅规定了双轴对称截面柱的计算方法。

双轴对称的工字形截面（含 H 型钢）和箱形截面的压弯构件，当弯矩作用在两个主平面内时，可用下列与式（6-4）和式（6-6）相衔接的线性公式计算其稳定性：

$$当\ \varphi_x < \varphi_y\ 时，\frac{N}{\varphi_x A} + \frac{\beta_{mx} M_x}{\gamma_x W_{1x}\left(1 - 0.8\dfrac{N}{N'_{Ex}}\right)} + \eta\frac{\beta_{ty} M_y}{\varphi_{by} W_{1y}} \leqslant f \qquad (6\text{-}7)$$

$$当\ \varphi_x > \varphi_y\ 时，\quad \frac{N}{\varphi_y A} + \eta\frac{\beta_{tx} M_x}{\varphi_{bx} W_{1x}} + \frac{\beta_{my} M_y}{\gamma_y W_{1y}\left(1 - 0.8\dfrac{N}{N'_{Ey}}\right)} \leqslant f \qquad (6\text{-}8)$$

式中　M_x、M_y——对 x 轴（工字形截面和 H 型钢 x 轴为强轴）和 y 轴的弯矩；

　　　φ_x、φ_y——对 x 轴和 y 轴的轴心受压构件稳定系数；

　　　φ_{bx}、φ_{by}——梁的整体稳定系数，对双轴对称工字形截面和 H 型钢，φ_{bx} 按式（6-6）中有关弯矩作用平面外的规定计算；箱形截面，$\varphi_{bx} = \varphi_{by} = 1.0$。

等效弯矩系数 β_{mx} 和 β_{my} 应按式（6-4）中有关弯矩作用平面内的规定采用；β_{tx}、β_{ty} 和 η 应按式（6-6）中有关弯矩作用平面外的规定采用。

3.4　压弯构件的计算长度

计算长度的概念来自理想轴心受压构件的弹性屈曲，当任意支承情况的理想轴心压杆（长度 l）的临界力 N_{cr}，与另一两端铰接的理想轴心压杆（长度 l_0）的欧拉临界力 N_{cr} 相等时，则 l_0 定义为任意支承情况杆件的计算长度，比值 $\mu = l_0/l$ 为该杆的计算长度系数。实际上计算长度 $l_0 = \mu l$ 还有它自己的几何意义，它代表任意支承情况杆件弯曲屈曲后挠度曲线两反弯点间的长度。它的物理意义是：将不同支承情况的杆件按稳定承载力等效为长度等于 l_0 的两端铰接的理想轴心压杆。

l_0（或 μ）值的大小由杆件支承情况确定。对于端部为理想铰接或理想固接杆件，按弹性稳定理论推导求得的 μ 值见表 5-3。但对于框架柱，其支承情况与各柱两端相连的杆件（包括左右横梁和上下相连的柱）的刚度以及基础的情况有关，要精确计算比较复杂。一般采用的方法是对框架进行简化以后，按平面框架体系进行框架弹性整体稳定分析，以确定框架柱在框架平面内的计算长度 l_{0x}，框架柱在框架平面外的计算长度 l_{0y} 则按框架平面外的支承点的距离来确定。

下面分别讲述各类框架柱的计算长度（系数）计算方法。

1. 框架柱在框架平面内的计算长度

《钢结构设计规范》确定在框架平面内的框架柱的计算长度时，将框架分为无支撑的纯框架和有支撑框架，其中有支撑框架又分为强支撑框架和弱支撑框架。它们是按支撑结构（支撑桁架、剪力墙、电梯井等）的侧移刚度的大小来区分的。但实际工程中，有支撑框架大多为强支撑框架。

对于这些框架，《钢结构设计规范》具体规定如下。

（1）强支撑框架柱的计算长度系数 μ 按附表 6-2 无侧移框架柱的计算长度系数确定。无侧移框架柱是指框架中由于设置有支撑架、剪力墙、电梯井等横向支撑结构，且其抗侧移刚度足够大，致使失稳时柱顶无侧向位移者。如图 6-12（a）是单层单跨等截面柱对称框架，在框架顶部设有防止其侧移的支承，因此框架在失稳时无侧移，失稳变形呈对称形式。从图中可以看到，由于柱基和横梁的约束，屈曲时柱挠度曲线两反弯点距柱基和横梁均有一段距离，说明柱的计算长度小于柱长，即 $\mu \leqslant 1.0$。根据弹性稳定理论可计算出这种无侧移框架的计算长度 l_0 和计算长度系数 μ。μ 值取决于柱底支承情况以及梁对柱的约束程度。梁对柱的约束程度又取决于横梁的线刚度 I_0/l 与柱的线刚度 I/H 之比 K_1，称为相对线刚度。

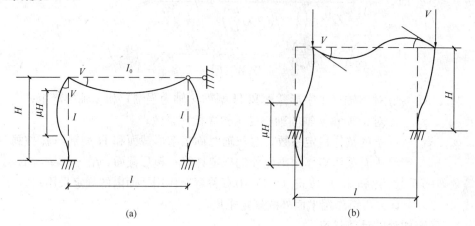

图 6-12　单层单跨框架的失稳形式

柱的计算长度 $H_0 = \mu H$。

当柱与基础为刚接时，如果横梁与柱铰接，可以认为梁柱相对线刚度比值 K_1 为 0，柱成为一端固定一端铰接的独立柱，其理论计算值为 $\mu = 0.7$；如果横梁的惯性矩为无限大，即 $K_1 = \infty$ 时，柱的计算长度与两端固定的独立柱相同，其理论计算值为 $\mu = 0.5$。当 K_1 在 $0 \sim \infty$ 之间变化时，μ 的理论值在 $0.7 \sim 0.5$ 之间变化。

当柱与基础为铰接时，如果横梁与柱也是铰接，即 K_1 为 0，则柱按两端铰接情况取 $\mu = 1.0$。如果横梁与柱是刚接，当横梁惯性矩很大，柱顶端可视为固定端即 $K_1 = \infty$ 时，$\mu = 0.7$。当 K_1 在 $0 \sim \infty$ 之间变化时，μ 的理论值在 $1.0 \sim 0.7$ 之间变化。

《钢结构设计规范》对 μ 的理论值进行了调整，制定出柱的计算长度系数表。各类柱的 μ 值可根据 K_1 及 K_2 值查表求得。对于单层无侧移框架柱的数值，可由附表 6-2 第 1 行（柱与基础铰接，$K_2 = 0$）或最末行（柱与基础刚接，$K_2 \geqslant 10$）查得。

《钢结构设计规范》的附表考虑到柱与基础不可能完全做到理想的刚性连接，即 K_2 不可能真正达到 ∞，因此对实际工程的刚性连接情况，或 $K_2 > 10$ 的情况，均按 $K_2 = 10$ 计算，对梁与柱的连接也同样规定当 $K_1 \geqslant 10$ 时，均按 $K_1 = 10$ 计算。调整后，对柱与基础刚接的单层无侧移框架，μ 值在 $0.732 \sim 0.549$ 之间变化；对柱与基础铰接的单层无侧移框架，μ 值在 $1.0 \sim 0.732$ 之间变化。见表 6-1。

单层框架等截面柱的计算长度系数 μ 　　　　　　　　　　　表 6-1

框架类型	柱与基础连接方式	相交于柱上端的横梁线刚度之和与柱线刚度的比值 K_1											
		0	0.05	0.1	0.2	0.3	0.4	0.5	1	2	3	4	5	$\geqslant 10$
无侧移	铰接	1.000	0.990	0.981	0.964	0.949	0.935	0.922	0.875	0.820	0.791	0.773	0.760	0.732
	刚接	0.732	0.726	0.721	0.711	0.701	0.693	0.685	0.654	0.615	0.593	0.580	0.570	0.549
有侧移	铰接	∞	6.02	4.46	3.42	3.01	2.78	2.64	2.33	2.17	2.11	2.08	2.07	2.03
	刚接	2.03	1.83	1.70	1.52	1.42	1.35	1.30	1.17	1.10	1.07	1.06	1.05	1.03

无侧移的多层多跨框架失稳形式如图 6-13（a）所示，这类框架柱的计算长度系数同样可按弹性稳定理论算得，并列于附表 6-2。这时 K_1 为该柱上端节点处左右两根横梁的线刚度之和与上、下相邻两柱的线刚度之和的比值；K_2 为该柱下端节点处左右两根横梁的线刚度之和与上、下相邻两柱的线刚度之和的比值，以图 6-13（a）中⑥号杆为例。

$$K_1 = \frac{I_1/l_1 + I_2/l_2}{I_5/H_1 + I_6/H_2} \quad K_2 = \frac{I_3/l_1 + I_4/l_2}{I_7/H_3 + I_6/H_2}$$

（2）无支撑纯框架，这类框架柱的计算长度系数 μ 按附表 6-1 有侧移框架柱的计算长度系数确定。有侧移框架柱是指框架中未设支撑架、剪力墙、电梯井等横向支撑结构，致使框架失稳时柱顶有侧向位移者。如图 6-12（b）所示单层单跨框架由于未设横向支撑，失稳时柱顶发生位移，横梁也有呈反对称状的变形。由于柱顶侧移，屈曲变形时，柱挠度曲线两反弯点中有一个在挠度曲线的延伸线上，说明柱的计算长度大于柱长，即 $\mu \geqslant 1.0$，因此有侧移框架柱的稳定承载能力较低。对于这种框架柱，由弹性稳定理论算得 μ 的理论值。《钢结构设计规范》对其理论值进行适当调整，规定其数值列于附表 6-1。在柱与基础刚接的有侧移框架中，随横梁刚度变化，μ 的理论值应在 $1.0 \sim 2.0$ 之间变化。但经调整后，附表 6-1 中对 $K \geqslant 10$ 的情况，均按 $K = 10$ 计算，其 μ 在 $1.03 \sim 2.03$ 之间变化。

对于柱与基础铰接的有侧移框架，μ 值更大，承载能力更低。

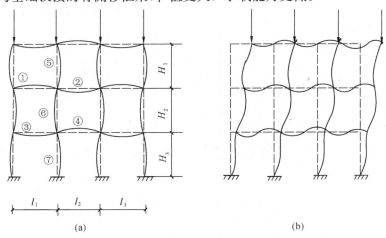

图 6-13　多层多跨框架失稳形式

有侧移的多层多跨框架失稳形式如图 6-13（b）所示，这类框架柱的计算长度系数 μ 同样可按 K_1 和 K_2 查附表 6-1 求得。

（3）弱支撑框架的失稳形态介于前述有侧移失稳和无侧移失稳形态之间，因此其框架柱的轴压杆稳定系数 φ 也介于有侧移和无侧移的框架柱的 φ 值之间。对于这类框架柱，《钢结构设计规范》没有规定其 μ 值的计算方法，而是要求首先算出相应的有侧移框架柱和无侧移框架柱的 φ 值，然后在这两个 φ 值中间取一中间值作为弱支撑框架柱的 φ 值，具体计算方法见《钢结构设计规范》。

2. 框架柱在框架平面外的计算长度

在框架平面外，柱与纵梁或纵向支撑构件一般是铰接，当框架在框架平面外失稳时，可假定侧向支承点是其变形曲线的反弯点。这样柱在框架平面外的计算长度等于侧向支承点之间的距离如图 6-14（a）所示，若无侧向支承，则为柱的全长 H，如图 6-14（b）所示。对于多层框架柱，在框架平面外的计算长度可能就是该柱的全长。

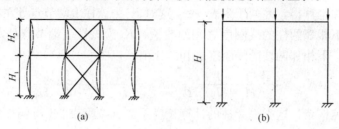

图 6-14　框架柱在框架平面外的计算长度

【例 6-4】　如图 6-15 所示为双跨等截面框架，柱与基础刚接。

（1）试将该框架（如图 6-15（a）所示）按无支撑纯框架，确定其框架柱（边柱和中柱）在框架平面内的计算长度。

（2）在该框架内加支撑（如图 6-15b 所示，框架尺寸与图 a 相同），按强支撑框架计算其框架柱（边柱和中柱）在框架平面内的计算长度，并将其结果与上述无支撑纯框架情况进行比较。

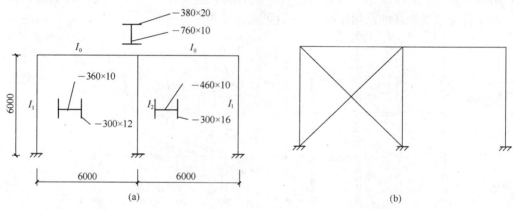

图 6-15　例 6-4 图

【解】

$$I_0 = \frac{1}{12} \times 1 \times 76^3 + 2 \times 38 \times 2 \times 39^2 = 267770 \text{ cm}^4$$

$$I_1 = \frac{1}{12} \times 1 \times 36^3 + 2 \times 30 \times 1.2 \times 18.6^2 = 28800 \text{ cm}^4$$

$$I_2 = \frac{1}{12} \times 1 \times 46^3 + 2 \times 38 \times 1.6 \times 23.8^2 = 62500 \text{ cm}^4$$

边柱　　　　　$K_1 = \dfrac{I_0 H_0}{I_1 l} = \dfrac{267770 \times 6}{28800 \times 6} = 9.3$

中柱　　　　　$K_1 = \dfrac{2 I_0 H}{I_2 l} = \dfrac{2 \times 267770 \times 6}{62500 \times 6} = 8.6$

（1）按无支撑纯框架计算

①边柱：柱下端为刚接，取 $K_2 = 10$，由 K_1 和 K_2 查附表 6-1 得 $\mu_1 = 1.033$。边柱的计算长度为

$$H_{01} = 1.033 \times 6 = 6.198 \text{m}$$

②中柱：柱下端为刚接，取 $K_2=10$，由 K_1 和 K_2 查附表 6-1 得 $\mu_1=1.036$。中柱的计算长度为

$$H_{02}=1.036\times6=6.216\text{m}$$

（2）按强支撑框架计算

①边柱：柱下端为刚接，取 $K_2=10$，由 K_1 和 K_2 查附表 6-2 得 $\mu_1=0.552$。边柱的计算长度为

$$H_{01}=0.552\times6=3.312\text{m}$$

②中柱：柱下端为刚接，取 $K_2=10$，由 K_1 和 K_2 查附表 6-2 得 $\mu_1=0.555$。中柱的计算长度为

$$H_{02}=0.555\times6=3.33\text{m}$$

设支撑后，框架柱的计算长度大大减少，承载力提高。

【**例 6-5**】 如图 6-16 所示为一有侧移多层框架，图中圆圈内数字为横梁或柱的线刚度值，试确定各柱在框架平面内的计算长度系数。

【**解**】 根据附表 6-1 查得各柱在框架平面内的计算长度系数 μ 如下。

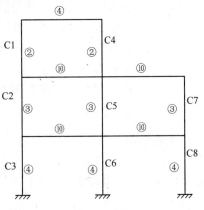

图 6-16 例 6-5 图

柱 C1：$K_1=\dfrac{4}{2}=2$，$K_2=\dfrac{10}{2+3}=2$，$\mu=1.16$

柱 C2：$K_1=\dfrac{10}{2+3}=2$，$K_2=\dfrac{10}{3+4}=1.43$，$\mu=1.21$

柱 C3：$K_1=\dfrac{10}{3+4}=1.43$，$K_2=10$，$\mu=1.14$

柱 C4：$K_1=\dfrac{4}{2}=2$，$K_2=\dfrac{10+10}{2+3}=4$，$\mu=1.12$

柱 C5：$K_1=\dfrac{10+10}{2+3}=4$，$K_2=\dfrac{10+10}{3+4}=2.86$，$\mu=1.10$

柱 C6：$K_1=\dfrac{10+10}{3+4}=2.86$，$K_2=0$，$\mu=2.12$

柱 C7：$K_1=\dfrac{10}{3}=3.33$，$K_2=\dfrac{10}{3+4}=1.43$，$\mu=1.18$

柱 C8：$K_1=\dfrac{10}{3+4}=1.43$，$K_2=10$，$\mu=1.14$

3.5 实腹式压弯构件的局部稳定

实腹式压弯构件常用工字形、箱形和 T 形截面，这些截面由较宽较薄的板件组成时，可能会丧失局部稳定。因此设计应保证其局部稳定。实腹式压弯构件的局部稳定与轴心受压构件和受弯构件一样，也是以受压翼缘和腹板宽厚比限值来保证的。

1. 腹板的局部稳定

实腹式压弯构件的腹板上有不均匀的正应力和剪应力共同作用，腹板上边缘是压应力，下边缘则根据弯矩和轴力的不同可能是压应力，也可能是拉应力，如图 6-17 所示。为保证局部稳定，根据其应力情况，经理论分析，《钢结构设计规范》对压弯构件的腹板

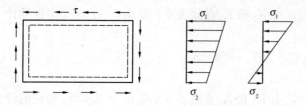

图 6-17　压弯构件的腹板受力状况

高厚比做出如下规定。

对于工字形和 H 形截面：

当 $0 \leqslant \alpha_0 \leqslant 1.6$ 时

$$\frac{h_0}{t_w} \leqslant (16\alpha_0 + 0.5\lambda + 25)\sqrt{\frac{235}{f_y}}$$

（6-9）

当 $1.6 < \alpha_0 \leqslant 2.0$ 时

$$\frac{h_0}{t_w} \leqslant (48\alpha_0 + 0.5\lambda - 26.2)\sqrt{\frac{235}{f_y}}$$

（6-10）

式中　α_0——应力梯度，$\alpha_0 = \dfrac{\sigma_{max} - \sigma_{min}}{\sigma_{max}}$；

　　　σ_{max}——腹板计算高度边缘的最大压应力（即图 6-17 中 σ_1），计算时不考虑构件的稳定系数和截面塑性发展系数；

　　　σ_{min}——腹板计算高度另一边缘相应的应力（即图 6-17 中 σ_2），压应力取正值，拉应力取负值；

　　　λ——构件在弯矩作用平面内的长细比，当 $\lambda < 30$ 时，取 $\lambda = 30$；当 $\lambda > 100$ 时，取 $\lambda = 100$。

对于箱形截面因为腹板高厚比 $\dfrac{h_0}{t_w}$ 不得大于式（6-9）等号右侧值或式（6-10）等号右侧值乘以 0.8，但当此值小于 $40\sqrt{\dfrac{235}{f_y}}$ 时，则取 $40\sqrt{\dfrac{235}{f_y}}$。

对于 T 形截面，当弯矩使腹板自由边受压时，腹板宽厚比的限值如下：

当 $\alpha_0 \leqslant 1.0$ 时　　　　　　　$$\frac{h_0}{t_w} \leqslant 15\sqrt{\frac{235}{f_y}}$$（6-11）

当 $\alpha_0 > 1.0$ 时　　　　　　　$$\frac{h_0}{t_w} \leqslant 18\sqrt{\frac{235}{f_y}}$$（6-12）

如果 T 形截面，当弯矩使腹板自由边受拉，腹板宽厚比的限值与轴心压杆情况相同时，即为：

对于热轧剖分 T 型钢：

$$\frac{h_0}{t_w} \leqslant (15 + 0.2\lambda)\sqrt{\frac{235}{f_y}}$$

（6-13）

对于焊接 T 型钢：

$$\frac{h_0}{t_w} \leqslant (13 + 0.17\lambda)\sqrt{\frac{235}{f_y}}$$

（6-14）

对于十分宽大的工字形、H 形或箱形压弯构件，当腹板宽厚比不满足上述要求时，也可以像中心受压柱那样，设置纵向加劲肋或按截面有效宽度计算。

2. 翼缘的局部稳定

压弯构件的受压翼缘基本上受均匀压应力作用，自由外伸部分属三边简支一边自由的支撑条件，这和受弯构件受压翼缘相似，因此其翼缘宽厚比的规定与受弯构件相同。其翼缘自由外伸宽度限制为：

按弹性计算时 ($\gamma_x = 1$)

$$\frac{b_1}{t} \leqslant 15\sqrt{\frac{235}{f_y}} \tag{6-15}$$

允许截面发展部分塑性时 ($\gamma_x > 1$)

$$\frac{b_1}{t} \leqslant 13\sqrt{\frac{235}{f_y}} \tag{6-16}$$

对于箱形截面压弯构件的两腹板之间的受压翼缘部分的宽厚比限制为：

$$\frac{b_1}{t} \leqslant 40\sqrt{\frac{235}{f_y}} \tag{6-17}$$

项目 4　格构式压弯构件的稳定计算

4.1　格构式压弯构件的组成形式

格构式压弯构件多用于截面较大的厂房框架柱和独立柱，可以较好地节约材料。一般将弯矩绕虚轴作用，弯矩作用平面内的截面高度较大，加之承受较大的外剪力，故通常采用缀条构件。构件分肢可根据作用的轴心压力和弯矩的大小以及使用要求，采用型钢或钢板设计成如图 5-3（c）所示的双轴对称（正负弯矩的绝对值相差不大时）或单轴对称（正负弯矩绝对值相差较大时，并将较大肢放在受压较大一侧）截面。缀条亦多采用单角钢，其要求同格构式轴心受压构件。

4.2　弯矩绕实轴作用时的稳定计算

1. 在弯矩作用平面内的稳定

如图 6-18（a）所示的弯矩绕实轴 $y-y$ 作用（图中双箭头代表矢量表示的绕 y 轴的弯矩 M_y，按右手法则）的格构式压弯构件，显而易见，在弯矩作用平面内的稳定和实腹式压弯构件的相同，故应按式（6-4）计算（将式中 x 改为 y）。

2. 在弯矩作用平面外的稳定

在弯矩作用平面外的稳定和实腹式闭合箱形截面类似，故应按式（6-6）计算（将式中 x 改为 y），但式中 φ_y（改为 φ_x）应按换算长细比（即 λ_{0x}，用格构式轴心受压构件相同方法计算）查表，并取 $\varphi_b = 1.0$（因截面对虚轴的刚度较大）。

4.3　弯矩绕虚轴作用时的稳定计算

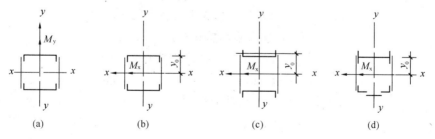

图 6-18　格构式压弯构件的稳定计算

1. 在弯矩作用平面内的稳定

弯矩绕虚轴 $x-x$ 作用的格构式压弯构件，由于截面腹部虚空，对如图 6-18（b）所示截面，当压力较大一侧分肢的腹板边缘达屈服时，可近似地认为构件承载力已达极限状态；对如图 6-18（c）、（d）所示截面，也只考虑压力较大一侧分肢的外伸翼缘发展部分塑性。因此《设计规范》采用边缘纤维屈服作为设计准则，引入等效弯矩系数 β_{mx}，并考虑抗力分项系数后，得：

$$\frac{N}{\varphi_x A} + \frac{\beta_{mx} M_x}{W_{1x}(1 - \varphi_x \dfrac{N}{N'_{Ex}})} \leqslant f \tag{6-18}$$

式中 $W_{1x} = I_x / y_0$；

　　　　I_x——对 x 轴的毛截面惯性矩；

　　　　y_0——由 x 轴到压力较大分肢轴线的距离或者到压力较大分肢腹板外边缘的距离，取二者中较大者；

　　φ_x、N'_{Ex}——轴心压杆稳定系数和考虑 γ_R 的欧拉临界力（$N'_{Ex} = \pi^2 EA / 1.1\lambda_x^2$），均由对虚轴的换算长细比 λ_{0x} 确定。

2. 分肢的稳定

弯矩绕虚轴作用的格构式压弯构件，在弯矩作用平面外的整体稳定性一般有分肢的稳定计算得到保证，故不必再计算整个构件在平面外的整体稳定性。

将整个构件视为一平行弦桁架，将构件的两个分肢看作桁架体系的弦杆，两分肢的轴心力应按下式计算（图 6-19）

分肢 1 $N_1 = \dfrac{M_x}{b_1} + \dfrac{N \cdot y_2}{b_1}$ \hfill (6-19)

分肢 2 $N_2 = N - N_1$ \hfill (6-20)

对缀条柱，分肢按承受 N_1（或 N_2）的轴心受力构件计算。

对缀板柱，分肢除受轴心力 N_1（或 N_2）作用外，尚应考虑由剪力引起的局部弯矩，按实腹式压弯构件验算单肢的稳定性。

分肢的计算长度，在缀件平面内（对 1—1 轴）取缀条相邻两节点中心间的距离或缀板间的净距，在缀件平面外则取整个构件侧向支承点之间的距离。

3. 缀件的计算

与格构式轴心受压构件的缀件相同，但所受剪力应取实际剪力和按式（5-21）的计算剪力两者中的较大值。

4.4　连接节点和构造规定

同第 5 单元项目 6 格构式轴心受压构件。

【例 6-6】 试计算如图 6-20 所示单层厂房框架柱的下柱截面，属有侧移框架。在框架平面内的计算长度 $l_{0x} = 26.03$m，在框架平面外的计算长度 $l_{0y} = 12.76$m。组合内力的设计值为：$N = 4200$kN，$M = 4150$kN·m，$V = \pm 310$kN。钢材 Q235，火焰切割边。

【解】 （1）截面几何特性
$$A = 2(2 \times 35 \times 2 + 66 \times 1.4) = 464.8 \text{ cm}^2$$

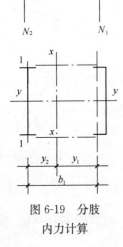

图 6-19　分肢
内力计算

$$I_x = 4 \times \left(\frac{2 \times 35^3}{12} + 35 \times 2 \times 100^2 \right) + 2 \times 66 \times 1.4 \times 100^2$$
$$= 4677000 \text{ cm}^4$$

$$I_y = 4 \times 35 \times 2 \times 34^2 + 2 \times \frac{1.4 \times 66^3}{12} = 390800 \text{ cm}^4$$

$$i_x = \sqrt{\frac{I_x}{A}} = \sqrt{\frac{4677000}{464.8}} = 100.3 \text{ cm}$$

$$i_y = \sqrt{\frac{I_y}{A}} = \sqrt{\frac{390800}{464.8}} = 29.0 \text{ cm}$$

$$W_x = \frac{I_x}{y_{max}} = \frac{4677000}{117.5} = 39800 \text{ cm}^3$$

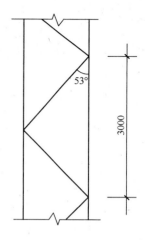

查型钢表得，L125×10，$A = 24.37\text{cm}^2$、$i_{y0} = 2.48\text{cm}$

缀条 $A_1 = 2 \times 24.37 = 48.74\text{cm}^2$

分肢 $A_1' = \frac{A}{2} = \frac{464.8}{2} = 232.4 \text{ cm}^2$

$$I_{x1} = 2 \times \frac{2 \times 35^3}{12} = 14290 \text{ cm}^4$$

$$I_{y1} = \frac{I_y}{2} = \times \frac{390800}{2} = 195400 \text{ cm}^4$$

$$i_{x1} = \sqrt{\frac{I_{x1}}{A_1'}} = \sqrt{\frac{14290}{232.4}} = 7.84 \text{ cm}$$

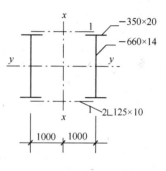

图 6-20 例 6-6 图

$$i_{y1} = \sqrt{\frac{I_{y1}}{A_1'}} = \sqrt{\frac{195400}{232.4}} = 29.0 \text{ cm}$$

（2）验算截面

①强度（验算工字形截面翼缘外端点）

$\frac{N}{A_n} \pm \frac{M_x}{\gamma_x W_{nx}}$（弯矩绕虚轴 $x - x$ 作用，故 $\gamma_x = 1.0$）

$$= \frac{4200 \times 10^3}{464.8 \times 10^2} + \frac{4150 \times 10^6}{39800 \times 10^3} = 90.4 + 104.3 = 194.7 \text{ N/mm}^2 < f = 205\text{N/mm}^2 \text{（满}$$

足）

（按翼缘厚度 $t = 20\text{mm}$ 取 $f = 205\text{N/mm}^2$）

②在弯矩作用平面内的稳定

$$\lambda_x = \frac{l_{0x}}{i_x} = \frac{2603}{100.3} = 25.95$$

$$\lambda_{0x} = \sqrt{\lambda_x^2 + 27\frac{A}{A_1}} = \sqrt{25.93^2 + 27\frac{464.8}{48.74}} = 30.5 < [\lambda] = 150 \text{（满足）}$$

按 b 类截面查附表 3-2，$\varphi_x = 0.934$

$$N'_{Ex} = \frac{\pi^2 EA}{1.1\lambda_{0x}^2} = \frac{\pi^2 \times 206 \times 10^3 \times 464.8 \times 10^2}{1.1 \times 5^2} = 92350000 = 92350 \text{ kN}$$

$$W_{lx} = \frac{I_x}{y_0} = \frac{4677000}{100} = 46770\text{cm}^3$$

$\beta_{mx} = 1.0$（按有侧移的框架柱）

141

$$\frac{N}{\varphi_x A} + \frac{\beta_{mx} M_x}{W_{1x}\left(1 - \varphi_x \dfrac{N}{N'_{Ex}}\right)} = \frac{4200 \times 10^3}{0.934 \times 464.8 \times 10^2} + \frac{1.0 \times 4150 \times 10^6}{46770 \times 10^3\left(1 - 0.934 \times \dfrac{4200 \times 10^3}{92350 \times 10^3}\right)}$$

$$= 96.7 + 92.7 = 189.4 \text{ N/mm}^2 < f = 205 \text{N/mm}^2 \ (\text{满足})$$

③分肢的整体稳定

$$N_1 = \frac{N}{2} + \frac{M}{b_1} = \frac{4200}{2} + \frac{4150}{2} = 4175 \text{ kN}$$

$$\lambda_{x1} = \frac{l_{01}}{i_{x1}} = \frac{300}{7.84} = 38.3 < [\lambda] = 150 \ (\text{满足})$$

$$\lambda_{y1} = \frac{l_{01}}{i_{y1}} = \frac{1276}{29} = 44 < [\lambda] = 150 \ (\text{满足})$$

翼缘为火焰切割边的焊接工字形截面对 x 轴、y 轴均属 b 类截面。由 $\lambda_{max} = \lambda_{y1} = 44$ 查附表 3-2，$\varphi_{min} = 0.882$。

$$\frac{N_1}{\varphi_{min} A'_1} = \frac{4175 \times 10^3}{0.882 \times 232.4 \times 10^2} = 204 \text{ N/mm}^2 < f = 205 \text{N/mm}^2 \ (\text{满足})$$

④分肢的局部稳定

翼缘 $\dfrac{b_1}{t} = \dfrac{350 - 14}{2 \times 20} = 8.4 < (10 + 0.1\lambda_{max})\sqrt{\dfrac{235}{f_y}} = (10 + 0.1 \times 44)\sqrt{\dfrac{235}{235}} = 14.4$

（满足）

腹板 $\dfrac{h_0}{t_w} = \dfrac{660}{14} = 47.1 \approx (25 + 0.5\lambda_{max})\sqrt{\dfrac{235}{f_y}} = (25 + 0.5 \times 44)\sqrt{\dfrac{235}{f_y}} = 47$（满足）

⑤缀条的稳定

计算剪力 $V = \dfrac{Af}{85}\sqrt{\dfrac{235}{f_y}} = \dfrac{464.8 \times 10^2 \times 215}{85}\sqrt{\dfrac{235}{235}} = 117570 \text{ N} = 117.6 \text{kN} < 310 \text{kN}$

故采用实际剪力 $V = 310 \text{kN}$ 计算。

斜缀条内力 $N_1 = \dfrac{V_1}{\sin\alpha} = \dfrac{310}{2 \times \sin 53°} = 194.1 \text{ kN}$

$$\lambda = \frac{l_0}{i_{y0}} = \frac{200}{2\sin 53° \times 2.48} = 100.8 < [\lambda] = 150 \ (\text{满足})$$

等边单角钢对 y_0 轴属 b 类截面。查附表得，$\varphi = 0.550$。

$\dfrac{N_1}{\varphi A} = \dfrac{194.1 \times 10^3}{0.550 \times 24.37 \times 10^2} = 144.8 \text{ N/mm}^2 < \psi f = 0.75 \times 215 = 161.3 \text{ N/mm}^2$（满足）

式中 $\psi = 0.6 + 0.0015\lambda = 0.6 + 0.0015 \times 100.8 = 0.75$

由计算结果可见，截面满足要求。

项目 5　压弯构件的柱头和柱脚设计

梁与柱的连接分铰接和刚接两种形式。轴心受压柱与梁的连接应采用铰接，在框架结构中，横梁与柱则多采用刚接。刚接对制造和安装的要求较高，施工较复杂。设计梁与柱的连接应遵循安全可靠、传力明确、构造简单和便于制造安装等原则。压弯柱最常用作单层和多层厂房柱，也用于某些支架柱。

5.1 梁与柱的连接

图 6-21（a）中，梁与柱连接前，事先在柱身侧面连接位置处焊上衬板（垫板），梁翼缘端部作成剖口，并在梁腹板端部留出槽口，上槽口是为了让出衬板位置，下槽口供焊缝通过。梁吊装就位后，梁腹板与柱翼缘用角焊缝相连，梁翼缘与柱翼缘用剖口对接焊缝相连。这种连接的优点是构造简单、省工省料，缺点是要求构件尺寸加工精确，且需高空施焊。

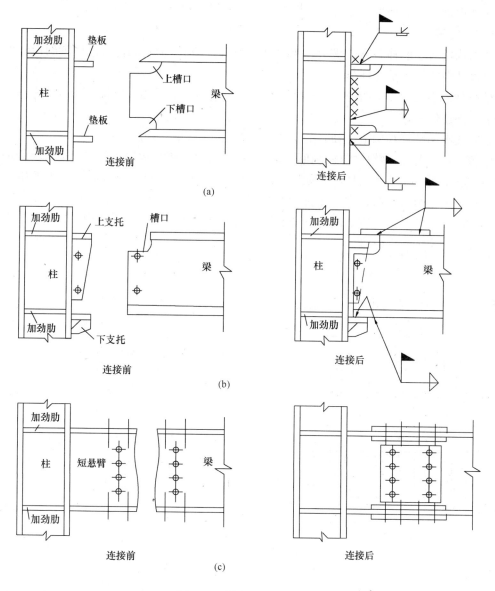

图 6-21　梁与柱的刚性连接

为了克服图 6-21（a）的缺点，可采用图 6-21（b）的连接形式。这种形式在梁与柱连接前，先在柱身侧面梁上下翼缘连接位置处分别焊上、下两个支托，同时在梁端上翼缘及腹板处留出槽口。梁吊装就位后，梁腹板与柱身上支托竖板用安装螺栓相连定位，梁下翼缘与柱身下支托水平板用角焊缝相连。梁上翼缘与上支托水平板则用另一块短板通过角焊缝连接起来。梁端弯矩所形成的上、下拉压轴力由梁翼缘传给上、下支托水平板，再传给柱身。梁端剪力通过下支托传给柱身。这种连接比图 6-21（a）构造稍微复杂一些，但安装时对中就位比较方便。

图 6-21（c）也是对图 6-21（a）的一种改进。这种连接将梁在跨间内力较小处断开，靠近柱的一段梁在工厂制造时即焊在柱上形成一悬臂短梁段。安装时将跨间一段梁吊装就位后，用摩擦型高强度螺栓将它与悬臂短梁段连接起来。这种连接的优点是连接处内力小，所需螺栓数相应较少，安装时对中就位比较方便，同时不需高空施焊。

5.2 柱脚

压弯构件所受的轴力 N、剪力 V 和弯矩 M 通过柱脚传至基础，所以柱脚的设计也是压弯柱设计中的一个重要环节。

柱脚分为刚接和铰接两种，铰接柱脚只传递轴心压力和剪力，刚接柱脚除传递轴心压力和剪力外还传递弯矩。

铰接柱脚的计算和构造与轴心受压柱的柱脚相同，此处不再论述。

刚接柱脚主要分为整体式柱脚和分离式柱脚。实腹式压弯构件和分肢间距较小的格构式压弯构件常常采用整体式柱脚，如图 6-22、图 6-23 所示。对于分肢间距较大的格构式压弯构件，为了节省钢材，常采用分离式柱脚，如图 6-24 所示。每个分肢下的柱脚相当于一个轴心受力的铰接柱脚，同时各分肢柱脚底部宜设置缀材作为联系构件，以保证在运输和安装时一定的空间刚度。

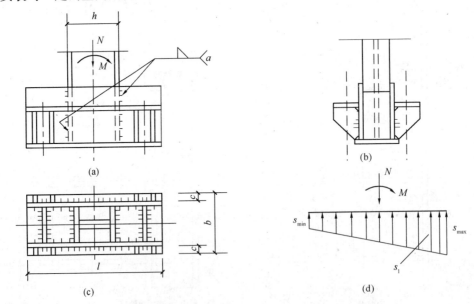

图 6-22 实腹柱的整体式刚接柱脚

柱脚通过锚栓与基础相连。在铰接柱脚中，沿同一条轴线设置两个连接于底板上的锚栓，以使柱端能够绕此轴转动；当柱端绕另一轴线转动时，由于锚栓与底板相连，底板抗弯刚度很小，这样在受拉锚栓作用下，底板会产生弯曲变形，锚栓对柱端转动约束作用不大。在施工时，底板上锚栓孔径应比锚栓直径大 1～2mm，锚栓规格不必计算，按构造要

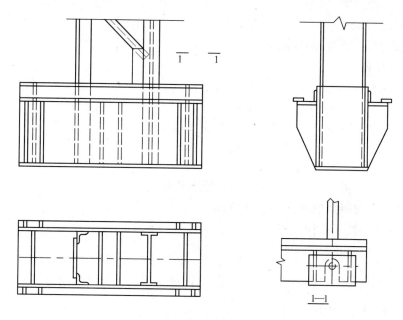

图 6-23　格构柱的整体式刚接柱脚

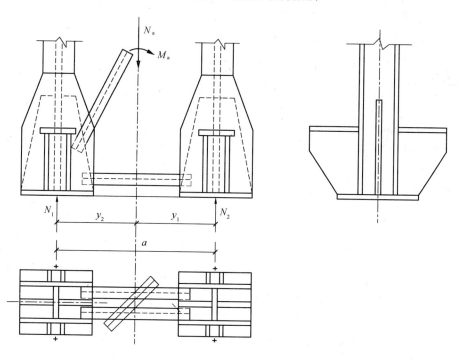

图 6-24　分离式柱脚

求设置即可。

在刚接柱脚中，由于柱脚要传递轴力、弯矩、剪力，在弯矩的作用下，底板范围内产生的拉力由锚栓承受，所以要通过计算来确定锚栓规格，以确保其不被拉断。为了保证柱与基础间刚性连接，锚栓不宜直接固定在底板上，应采用如图 6-22、图 6-23 所示，在靴梁两侧焊接两块间距较小的肋板，锚栓固定在肋板上面的水平板上。此外为了便于安装，锚栓不宜穿过底板。

下面简要介绍一下整体式刚接柱脚的计算。

1. 底板的计算

底板宽度 b 根据构造要求确定，悬臂长度 c 取 $20\sim30$ mm。底板承受轴心拉力及弯矩共同作用，因而压应力呈不均匀分布，如图 6-22（d）所示。底板的长度 l 由底板下基础的压应力不超过混凝土抗压强度设计值的要求来确定。

$$\sigma_{\max} = \frac{N}{bl} + \frac{6M}{bl^2} \leqslant f_{cc} \tag{6-21}$$

式中 N、M——柱脚所承受的轴心压力和最不利弯矩；

f_{cc}——混凝土抗压强度设计值。

这时另一侧产生的最小应力为

$$\sigma_{\min} = \frac{N}{bl} - \frac{6M}{bl^2} \leqslant f_{cc} \tag{6-22}$$

注意式（6-22）仅仅适用于 $\sigma_{\min}$ 为正时，（即底板全部受压）的情况，若 $\sigma_{\min}$ 为负（拉应力），它应由锚栓来承担。

2. 锚栓的计算

锚栓承受拉应力时，按基础为弹性工作设计。如图 6-25 所示，根据对 D 点的力矩平衡条件 $\Sigma M_D = 0$ 可得全部锚栓所受拉力 Z 为：

$$Z = \frac{M - Na}{x} \tag{6-23}$$

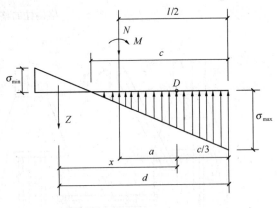

式中 $a = \dfrac{L}{2} - \dfrac{c}{3}$——底板压应力合力的作用点 D 至轴心压力 N 的距离；

$x = d - \dfrac{c}{3}$——底板压应力合力

图 6-25 整体式刚接柱脚实用
计算方法的应力分布图

的作用点 D 至锚栓的距离，其中，$c = \dfrac{\sigma_{\max}}{\sigma_{\max} + |\sigma_{\min}|} L$。

锚栓所需要的总的净截面面积为：$A_n = \dfrac{Z}{f_1^a}$ \hfill (6-24)

式中 f_1^a——锚栓的抗拉强度设计值。

由于底板的刚度较小，锚栓受拉的可靠性较低，故锚栓不宜直接连在底板上。一般支承在靴梁的肋板上，肋板上布置水平板和垫板，如图 6-22（b）所示。锚栓上端通过水平板和垫板把所受拉力 $Z/2$ 传给两块肋板，再由肋板传递给靴梁。

思 考 题 与 习 题

1. 拉弯构件和压弯构件是以什么样的极限状态为设计依据？

2. 在计算实腹式压弯构件的强度和整体稳定性时，在哪些情况应取计算公式中的 $\gamma_x = 1.0$？

3. 拉弯构件和压弯构件采用什么样的截面形式比较合理？

4. 对实腹式单轴对称截面的压弯构件，当弯矩作用在对称轴平面内且使较大翼缘受压时，其整体稳定性应如何计算？

5. 试比较工字形、箱形、T 形截面的压弯构件与轴心受压构件的腹板高厚比限值计算公式各有哪些不同？

6. 格构式压弯构件当弯矩绕虚轴作用时，为什么不计算弯矩作用平面外的稳定性？它的分肢稳定性如何计算？

7. 压弯构件的计算长度和轴心受压构件的是否一样计算？它们都受哪些因素的影响？

8. 梁与柱的铰接和刚接以及铰接和刚接的柱脚各适用于哪些情况？它们的基本构造形式有哪些特点？

9. 如图 6-26 所示为一间接承受动力荷载的拉弯构件。横向均布活荷载设计值 $q = 9\text{kN/m}$。截面为 I22a，无削弱。试确定构件能承受的最大轴心拉力设计值。钢材 Q235。

10. 如图 6-27 所示压弯构件长 12m。承受轴心压力设计值 $N = 2000\text{kN}$。构件的中央作用横向荷载设计值 $F = 500\text{kN}$，弯矩作用平面外有两个侧向支撑（在构件的三分点处），钢材 Q235，翼缘为火焰切割边。验算该构件的整体稳定性。

11. 试计算如图 6-20 所示框架柱的截面，属有侧移框架。在框架平面内的计算长度 $l_{0x} = 25\text{m}$，在框架平面外的计算长度 $l_{0y} = 12.5\text{m}$。组合内力的设计值为：$N = 4300\text{kN}$，$M = 4200\text{kN} \cdot \text{m}$，$V = \pm 320\text{kN}$。钢材为 Q235，火焰切割边。

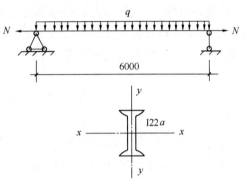

图 6-26　习题 9 图

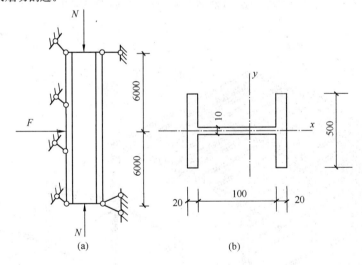

图 6-27　习题 10 图

第7单元　轻型门式刚架结构

　　[知识点]　轻型门式刚架结构形式；轻型门式刚架结构平面布置；檩条、墙梁和支撑布置；轻型门式刚架结构荷载计算；轻型门式刚架结构内力和变形计算；变截面刚架柱、梁的设计；檩条和墙梁设计；支撑构件设计；屋面板和墙板设计；连接和节点设计。

　　[教学目标]　了解门式刚架结构的选型布置，掌握各组成构件的基本特点与作用；掌握门式刚架结构的荷载计算和内力组合，以及刚架梁、柱、檩条和墙梁的计算方法；掌握门式刚架结构的节点形式及计算方法。

项目1　结构的组成与布置

　　轻型门式刚架是对轻型房屋钢结构门式刚架的简称。主要指承重结构为单跨或多跨实腹式钢架。近年来广泛应用于轻工业厂房和公共建筑中，如超市、展览厅、停车场、加油站等。

　　轻型门式刚架的广泛应用，除其自身具有的优点外，还和近年来普遍采用轻型（钢）屋面和墙面系统——冷弯薄壁型钢的檩条和墙梁、彩涂压型钢板和轻质保温材料的屋面板和墙板——密不可分。它们完美的结合，构成了如图7-1所示的轻（型）钢结构系统。

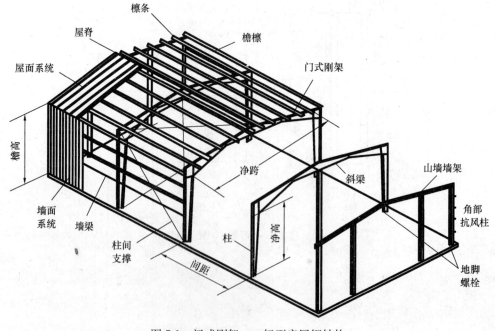

图7-1　门式刚架——轻型房屋钢结构

轻钢结构系统代替传统的混凝土和热轧型钢制作的屋面板、檩条等，不仅可减少梁、柱和基础截面尺寸，整体结构重量减轻，而且式样美观，工业化程度高，施工速度快，经济效益显著。

1.1 结构形式

门式刚架按跨度可分为单跨（图 7-2a）、双跨（图 7-2b、f）、多跨刚架（图 7-2c）以及带挑檐的（图 7-2d）和带毗屋的（图 7-2e）刚架等形式。多跨刚架中间柱与刚架斜梁的连接可采用铰接。多跨刚架宜采用双坡或单坡屋盖（图 7-2f），必要时也可采用由多个双坡屋盖组成的多跨刚架形式。

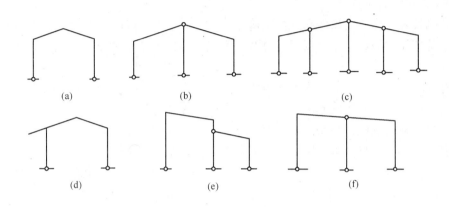

(a) (b) (c)

(d) (e) (f)

图 7-2 门式刚架的形式

根据跨度、高度及荷载不同，门式刚架的梁、柱可采用变截面或等截面的实腹焊接工字形截面或轧制 H 形截面。当车间内设有桥式吊车时，柱宜采用等截面形式。变截面形式柱通常改变截面腹板的高度，做成楔形，必要时也可改变腹板厚度。结构构件在运输单元内一般不改变翼缘截面，必要时可改变翼缘厚度。邻接的运输单元可采用不同的翼缘截面，两单元相邻截面高度宜相等。

柱脚可采用刚接或铰接形式。前者可节约钢材，但基础费用有所提高，加工、安装也较为复杂。当设有 5t 以上桥式吊车时，为提高厂房的抗侧移刚度，柱脚宜采用刚接形式。铰接柱脚通常为平板形式，设一对或两对地脚锚栓。

维护结构宜采用压型钢板和冷弯薄壁型钢檩条组成，外墙宜采用压型钢板墙板和冷弯薄壁型钢墙梁，也可采用砌体或底部砌体、上部轻质材料的外墙。

门式刚架可由多个梁、柱单元构件组成，柱一般为单独的单元构件，斜梁可根据运输条件划分为若干个单元。单元构件本身采用焊接，单元之间可通过端板用高强度螺栓连接。

门式刚架轻型房屋屋面坡度宜取 1/8～1/20，在雨水较多的地区宜取其中的较大值。单层门式刚架轻型房屋可采用隔热卷材做屋盖隔热和保温层，也可采用带隔热层的板材作屋面。

1.2 建筑尺寸

如图 7-1 所示，门式刚架的跨度取横向刚架柱间的距离，跨度宜为 9～36m，宜以 3m 为模数，也可不受模数限制。当边柱宽度不等时，其外侧应对齐。门式刚架的高度应取地坪柱轴线与斜梁轴线交点的高度，宜取 4.5～9m，必要时可适当加大。门式刚架的高度应根据使用要求的室内净高确定，有吊车的厂房应根据轨顶标高和吊车净空的要求确定。柱的轴线可取柱下端（较小端）中心的竖向轴线，工业建筑边柱的定位轴线宜取柱外皮。斜梁的轴线可取通过变截面梁段最小端中心与斜梁上表面平行的轴线。

门式刚架的合理间距应综合考虑刚架跨度、荷载条件及使用要求等因素，一般宜取 6m、7.5m 或 9m。

挑檐长度可根据使用要求确定，宜为 0.5～1.2m，其上翼缘坡度取与刚架斜梁坡度相同。

1.3 结构平面布置

门式刚架轻型房屋的构件和围护结构，通常刚度不大，温度应力相对较小。因此其温度分区与传统结构形式相比可以适当放宽。纵向温度区段不大于 220m；横向温度区段不大于 150m。

当有计算依据时，温度区段可适当放大。

当房屋的平面尺寸超过上述规定时，需设置温度缝（伸缩缝），伸缩缝可采用两种做法：①习惯上采用双柱；②在檩条端部的螺栓连接处采用长圆孔，并使该处屋面板在构造上允许涨缩。吊车梁与柱的连接处也沿纵向采用长圆孔。

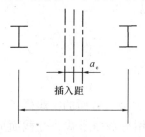

图 7-3 柱的插入距

对有吊车的厂房，当设置双柱形式的纵向伸缩缝时，伸缩缝两侧刚架的横向定位轴线应加插入距（图 7-3）。图中 a_e 为温度缝或防震缝宽度，按设计取用。在多跨刚架局部抽掉中柱处，可布置托架梁。

1.4 檩条和墙梁布置

屋面檩条一般应等间距布置。但在屋脊处，应沿屋脊两侧各布置一道檩条，使得屋面板的外伸宽度不要太长（一般小于 200mm），在天沟附近应布置一道檩条，以便于天沟的固定。确定檩条间距时，应综合考虑天窗、通风屋脊、采光带、屋面材料、檩条规格等因素。

侧墙墙梁的布置，应考虑设置门窗、挑檐、遮雨篷等构件和围护材料的要求。当采用压型钢板作围护面时，墙梁宜布置在刚架柱的外侧，其间距由墙板板型和规格确定，且不大于由计算确定的数值。

外墙在抗震设防烈度不高于 6 度的情况下，可采用砌体；当为 7 度、8 度时，不宜采用嵌砌砌体；9 度时宜采用与柱柔性连接的轻质墙板。

1.5 支撑布置

在每个温度区段或者分期建设的区段中，应分别设置能独立构成空间稳定结构的支撑体系。在设置柱间支撑的开间时，应同时设置屋盖横向支撑以组成几何不变体系。

柱间支撑的间距应根据房屋纵向柱距、受力情况及安装条件确定。当无吊车时宜设在温度区段端部，间距可取 30～40m；当有吊车时宜设在温度区段的中部，或当温度区段较长时设置在三分点处，间距不大于 60m。当房屋高度较大时，柱间支撑要分层设置。

端部支撑宜设在温度区段端部的第一个或第二个开间。当设在第二个开间时，在第一开间的相应位置宜设置刚性系杆。在刚架转折处（如柱顶和屋脊）应沿房屋全长设置刚性系杆。

由支撑斜杆等组成的水平桁架,其直腹杆宜按刚性系杆考虑,可由檩条兼作。若刚度和承载力不满足时,可在刚架斜梁间加设钢管、H型钢或其他截面的杆件。

门式刚架轻型房屋钢结构的支撑,宜采用带张紧装置的十字交叉圆钢组成,校正定位后将拉条张紧固定。圆钢与构件的夹角宜接近45°,在30°~60°范围。当设有不小于5t的桥式吊车时,柱间支撑宜采用型钢形式。当房屋中不允许设置柱间支撑时,应设置纵向刚架。

项目2 荷载计算和内力组合

2.1 荷载计算

设计门式刚架结构所涉及的荷载,包括永久荷载和可变荷载,除现行《门式刚架轻型房屋钢结构技术规程》CECSl02:2002(以下简称《规程》)有专门规定者外,一律按现行国家标准《建筑结构荷载规范》GB 50009—2002(以下简称《荷载规范》)采用。

1. 永久荷载

永久荷载包括结构构件的自重和悬挂在结构上的非结构构件的重力荷载,如屋面板、檩条、支撑、吊顶、管线、门窗、墙面构件和刚架自重等。

2. 可变荷载

(1)屋面活荷载:当采用压型钢板轻型屋面时,屋面竖向均布活荷载的标准值(按水平投影面积计算)应取0.5kN/m²;对受荷水平投影面积超过60m²的刚架结构,计算时采用的竖向均布活荷载标准值可取0.3kN/m²。设计屋面板和檩条时应考虑施工和检修集中荷载(人和小工具的重力),其标准值为1kN。

(2)屋面雪荷载和积灰荷载:屋面雪荷载和积灰荷载的标准值应按《荷载规范》的规定采用,设计屋面板、檩条时并应考虑在屋面天沟、阴角、天窗挡风板内和高低跨连接处等的荷载增大系数或不均匀分布系数。

(3)吊车荷载:包括竖向荷载和纵向及横向水平荷载,按照《荷载规范》的规定采用。

(4)地震作用:按现行国家标准《建筑抗震设计规范》GB 50011—2001的规定计算。

(5)风荷载:按《规程》附录A的规定,垂直于建筑物表面的风荷载可按下列公式计算:

$$w_k = 1.05\mu_s\mu_z w_0 \tag{7-1}$$

式中 w_k——风荷载标准值,kN/m²;

  w_0——基本风压,按照《荷载规范》的规定采用;

  μ_z——风荷载高度变化系数,按照《荷载规范》的规定采用,当高度小于10m时,应按10m高度处的数值采用;

  μ_s——风荷载体型系数。

刚架的风荷载体型系数μ_s按照表7-1及图7-4的规定采用。此表适用于双坡及单坡刚架,其屋面坡度不大于10°,屋面平均高度不大于18m,檐口高度不大于屋面的最小水平尺寸者。

建筑类型	分 区											
	端 区						中间区					
	1E	2E	3E	4E	5E	6E	1	2	3	4	5	6
封闭式	+0.50	−1.40	−0.80	−0.70	+0.90	−0.30	+0.25	−1.00	−0.65	−0.55	+0.65	−0.15
部分封闭式	+0.10	−1.80	−1.20	−1.10	+1.00	−0.20	−0.15	−1.40	−1.05	−0.95	+0.75	−0.05

注：1. 表中正号（压力）表示风力由外朝向表面；负号（吸力）表示风力自表面向外离开，下同；

2. 屋面以上的周边伸出部位，对 1 区和 5 区可取 +1.3，对 4 区和 6 区可取 −1.3，这些系数包括了迎风面和背风面的影响；

3. 当端部柱距不小于端区宽度时，端区风荷载超过中间区的部分，宜直接由端刚架承受；

4. 单坡屋面的风荷载体型系数，可按双坡屋面的两个半边处理。

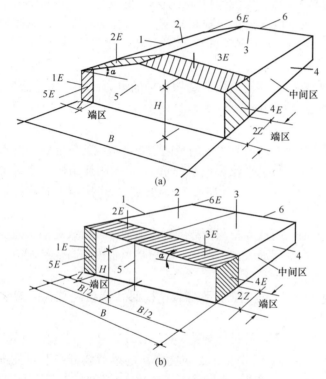

图 7-4　刚架的风荷载体型系数分区

（a）双坡刚架；（b）单坡刚架

α—屋面与水平面的夹角；B—建筑宽度；H—屋顶至地面的平均高度，可近似取檐口高度；Z—计算刚架时的房屋端区宽度，取建筑最小水平尺寸的10%或0.4H中之较小值，但不得小于建筑最小水平尺寸的4%或1m；房屋端区宽度横向取 Z，纵向取和 2Z。

2.2　荷载组合效应

荷载效应的组合一般应遵从《荷载规范》的规定。针对门式刚架的特点，《规程》给出下列组合原则：

（1）屋面均布活荷载不与雪荷载同时考虑，应取两者中的较大值；

（2）积灰荷载应与雪荷载或屋面均布活荷载中的较大值同时考虑；

（3）施工或检修集中荷载不与屋面材料或檩条自重以外的其他荷载同时考虑；

（4）多台吊车的组合应符合现行国家标准《建筑结构荷载规范》的规定；

（5）风荷载不与地震作用同时考虑。

2.3　内力计算

变截面门式刚架应采用弹性分析方法确定各种工况下的内力，仅构件全部为等截面时才允许采用塑性分析方法按现行国家标准《钢结构设计规范》GB 50017 的规定进行设计。但后一种情况在实际工程中已很少采用。进行内力分析时，通常取单榀刚架按平面计算方法进行。计算内力时可采用有限元法（直接刚度法）。计算时宜将变截面刚架梁、柱构件划分为若干段，每段可视为等截面。也可采用楔形单元。地震作用效应可采用底部剪力法分析确定。当需要手算校核时，可采用一般结构力学的方法（如力法、位移法、弯矩分配法等）或利用静力计算的公式、图表进行。

刚架的最不利内力组合应按梁、柱控制截面分别进行，一般可选柱底、柱顶、柱牛腿以及梁端、梁跨中截面等处进行组合并进行截面验算。

对于钢架横梁，其控制截面一般为每跨的两端支座截面和跨中截面。梁支座截面是最大负弯矩（指绝对值最大）及最大剪力作用的截面，在水平荷载作用下还可能出现正弯矩。梁跨中截面一般是最大正弯矩作用的截面，但也可能出现负弯矩。

对于钢架柱，由弯矩图可知，弯矩最大值一般发生在上下两个柱端，而剪力和轴力在柱子中通常保持不变或变化很小。因此钢架柱的控制截面为柱底、柱顶、柱阶形变截面处。

计算刚架控制截面的内力组合时一般应计算以下四种组合：

（1）N_{max}、M_{max}（即正弯矩最大）及相应 V；

（2）N_{max}、M_{min}（即负弯矩最大）及相应 V；

（3）N_{min}、M_{max}（即正弯矩最大）及相应 V；

（4）N_{min}、M_{min}（即负弯矩最大）及相应 V。

2.4 变形计算

门式刚架结构的侧移应采用弹性分析方法确定，计算时荷载取标准值，不考虑荷载分项系数。侧移可以用有限元法计算，也可以按《门式刚架轻型房屋钢结构技术规程》的简化计算公式进行。在风荷载标准值作用下的刚架柱顶位移不应超过下列限值：

不设吊车：采用轻型钢板墙时为 $h/60$，采用砌体墙时为 $h/100$，h 为柱高；

设有桥式吊车：吊车有驾驶室时为 $h/400$，吊车由地面操作时为 $h/180$。

门式刚架斜梁的竖向挠度，当仅支承压型钢板屋面和冷弯型钢檩条（承受活荷载或雪荷载）时为 $l/180$，尚有吊顶时为 $l/240$，有悬挂起重机时为 $l/400$。l 为构件跨度，对悬臂梁，按悬伸长度的 2 倍计算。

目前国内外已经开发了多套门式刚架结构设计商业软件，如 STAAD、STS、3D3S 等，这些软件可完成结构的计算设计工作，并可绘制部分施工图以供参考。

项目 3 刚架柱、梁设计

3.1 变截面刚架柱、梁的设计

1. 板件最大宽厚比和屈曲后强度利用的规定

工字形截面构件受压翼缘自由外伸宽度 b 与其厚度 t 之比：$b/t \leqslant 15\sqrt{235/f_y}$；

工字形截面梁、柱构件腹板计算的高度 h_0 与其厚度 t_w 之比：$h_0/t_w \leqslant 250\sqrt{235/f_y}$。

工字形截面构件腹板的受剪板幅，当腹板高度变化不超过 60mm/m 时，可考虑屈曲后强度，其抗剪承载力设计值：$V_d = h_w t_w f_v'$。式中，h_w 是腹板高度，对楔形腹板取板幅平均高度；f_v' 是腹板屈曲后抗剪强度设计值，它可表达成钢材抗剪强度设计值 f_v 和与板件受剪有关的参数 λ_w 的二元函数，它们的一系列计算式详见《规程》。

当利用腹板屈曲后抗剪强度时，横向加劲肋间距 a 宜在 $h_w \sim 2h_w$ 之间。

工字形截面构件腹板受弯及受压板幅利用屈曲后强度时，应按有效宽度计算截面特性。

当截面全部受压时，有效宽度 $h_e = \rho h_w$；

当截面部分受拉时，受拉区全部有效，受压区有效宽度 $h_e = \rho h_c$。式中，h_c 是腹板受压区宽度；ρ 是有效宽度系数，其一系列表达式详见《规程》。

2. 刚架构件的强度计算和加劲肋设置规定

工字形截面受弯构件在剪力 V 和弯矩 M 共同作用下的强度，应符合：

$V \leqslant 0.5V_d$ 时，

$$M \leqslant M_e \tag{7-2}$$

$0.5V_d \leqslant V \leqslant V_d$ 时，

$$M \leqslant M_f + (M_e - M_f) = [l - (2V/V_d - 1)^2] \tag{7-3}$$

式中　M_f——两翼缘所承担的弯矩，对双轴对称截面：$M_f = A_f (h_w + t) f$；

　　　　M_e——构件有效截面所承担的弯矩，$M_e = W_e f$；

　　　　W_e——构件有效截面最大受压纤维的截面模量；

　　　　A_f——构件翼缘截面面积；

　　　　V_d——腹板受剪承载力设计值，$V_d = h_w t_w f'_v$。

工字形截面压弯构件在剪力 V、弯矩 M 和轴压力 N 共同作用下的强度，应符合：

$V \leqslant 0.5V_d$ 时，

$$M \leqslant M_e^N = M_e - NW_e/A_e \tag{7-4}$$

$0.5V_d \leqslant V \leqslant V_d$ 时，

$$M \leqslant M_f^N + (M_e^N - M_f^N)[l - (2V/V_d - 1)^2] \tag{7-5}$$

式中　M_f^N——兼承受压力 N 时两翼缘所能承受的弯矩。

　　　　　　　对双轴对称截面：$M_f^N = A_f (h_w + t)(f - N/A)$；

　　　　A_e——构件有效截面面积。

梁腹板应在与中柱连接处、较大集中荷载作用处和翼缘转折处设置横向加劲肋。中间加劲肋的设置应满足前面的相关要求。

梁腹板利用屈曲后强度时，其中间加劲肋除承受集中荷载和翼缘转折产生的压力外，还应承受拉力场产生的压力。该拉力场产生的压力 $N_s = V - 0.9h_w t_w \tau_{cr}$，式中 τ_{cr} 是利用拉力场时腹板的屈曲剪应力，它是钢材抗剪强度 f_v 和参数 λ_w 的二元函数，详见《规程》。

当验算加劲肋稳定性时，其截面应包括每侧 $15\sqrt{235/f_y}$ 宽度范围内的腹板面积，计算长度取 h_w。

3. 变截面柱在刚架平面内的稳定计算

$$\frac{N_0}{\varphi_{xY} A_{e0}} + \frac{\beta_{mx} M_1}{(1 - \frac{N_0}{N'_E}) W_{e1}} \leqslant f \tag{7-6}$$

式中　$N'_E = \pi^2 E A_{e0}/1.1\lambda_x^2$——参数，计算 λ 时，回转半径 i_0 以小头为准；

　　　　　　　N_0——小头的轴向压力设计值；

　　　　　　　A_{e0}——小头的有效截面面积；

154

W_{e1}——大头有效截面最大受压纤维的截面模量；

M_1——大头的弯矩设计值；当柱最大弯矩不出现在大头时，M_1 和 W_{e1}，分别取最大弯矩和该弯矩所在截面的有效截面模量；

$\varphi_{x\gamma}$——杆件轴心受压稳定系数，计算长细比 λ 时，取小头的回转半径；而对楔形柱计算长度系数取 μ_γ 由附录 3 查得；

β_{mx}——等效弯矩系数，有侧移刚架柱的等效弯矩系数 β_{mx} 取 1.0。

截面高度呈线性变化的柱，在刚架平面的计算长度 $h_0 = \mu_\gamma H$，这里 H 为柱高，μ_γ 为计算长度系数。μ_γ 可由下列三种方法之一确定：

①查表法，用于柱脚铰接的刚架。

②一阶分析法，用于柱脚铰接和刚接的刚架。

③二阶分析法，用于柱脚铰接和刚接的刚架。

三种方法各自的使用条件和具体计算要求详见《规程》。

多跨刚架的中间柱多采用两端铰接的摇摆柱，此时摇摆柱自身的稳定性依赖刚架的抗侧移刚度，作用于摇摆柱中的内力将起促进刚架失稳的作用。因此，附有摇摆柱的无支撑纯框架柱，应将其计算长度系数乘以增大系数 η：

$$\eta = \sqrt{1 + \frac{\sum(N_i/H)}{\sum(N_f/H)}} \tag{7-7}$$

式中 $\sum(N_i/H)$——各摇摆柱轴心压力设计值与其高度比值之和；

$\sum(N_f/H)$——各框架柱轴心压力设计值与其高度比值之和。

摇摆柱的计算长度取为其几何长度。

4. 变截面柱在刚架平面外的稳定计算

$$\frac{N_0}{\varphi_y A_{e0}} + \frac{\beta_t M_1}{\varphi_{b\gamma} W_{e1}} \leqslant f \tag{7-8}$$

式中 φ_y——轴心受压构件弯矩作用平面外稳定系数，按附录 3 采用，计算长度取侧向支承点间距离，长细比以小头为准；

$\varphi_{b\gamma}$——均匀弯曲楔形受弯构件整体稳定系数，详见《规程》；

N_0——小头的轴向压力设计值；

M_1——大头的弯矩设计值；

β_t——等效弯矩系数，对一端弯矩为零的区段：$\beta_t = 1 - N/N_{Ex0} + 0.75(N/N_{Ex0})^2$；两端弯曲应力基本相等的区段：$\beta_t = 1.0$；其中，$N_{Ex0}$ 为计算长细比 λ 时，回转半径 i_0 以小头为准的欧拉临界力。

5. 变截面柱下端铰接时的规定

变截面柱下端铰接时，应验算柱端的抗剪承载力。如不满足要求应加强该处腹板。

6. 斜梁和隅撑设计规定

实腹式刚架斜梁在平面内和平面外均应按压弯构件计算强度及稳定。当屋面坡度很小（$\alpha \leqslant 100$）时，在刚架平面内可仅按压弯构件计算其强度。

变截面实腹式刚架斜梁的平面内计算长度可取竖向支承点间的距离。

实腹式刚架斜梁的平面外计算长度，应取侧向支承点间的距离；当斜梁两翼缘侧向支承点间的距离不等时，应取最大受压翼缘侧向支承点间的距离。

当实腹式刚架斜梁的下翼缘受压时，必须在受压翼缘两侧布置隔撑作为斜梁的侧向支承，隔撑的另一端连接在檩条上。隔撑应按轴心受压构件设计，轴压力 N 按下式计算：

$$N = \frac{Af}{60\cos\theta}\sqrt{\frac{f_y}{235}} \tag{7-9}$$

式中　A——实腹斜梁被支撑翼缘的截面面积；

　　　θ——隔撑与檩条轴线的夹角；

　　　f_y——实腹斜梁钢材的屈服强度。

当隔撑成对布置时，每根隔撑的计算轴压力可取式（7-9）计算值的一半。

当斜梁上翼缘承受集中荷载处不设横向加劲肋时，除应按第 4 单元的有关公式验算腹板上边缘正应力、剪应力和局部压应力共同作用时的折算应力外，还要按《规程》作有关补充验算。

斜梁不需计算整体稳定的侧向支承点间最大长度，可取斜梁上下翼缘宽度的 $16\sqrt{235/f_y}$ 倍。

3.2　等截面刚架柱、梁的设计

等截面刚架按弹性设计时，其构件可按上述变截面刚架构件计算的规定进行计算。

等截面刚架按塑性设计时，其构件应按现行国家标准《钢结构设计规范》中有关塑性设计的规定进行设计。

项目 4　檩条和墙梁设计

4.1　檩条设计

檩条宜优先采用实腹式构件，跨度大于 9m 时宜采用格构式构件并应验算其下翼缘的稳定性。实腹式檩条宜采用卷边槽形和带斜卷边的 Z 型冷弯薄壁型钢，也可以采用直卷边的 Z 型冷弯薄壁型钢。格构式檩条可采用平面桁架式或空间桁架式。檩条一般设计成单跨简支构件，实腹式檩条尚可设计成连续构件。

当屋面坡度大于 1/10、檩条跨度大于 4m 时，宜在檩条间跨中位置设置拉条。跨度大于 6m 时，在檩条跨度三分点处各设一道拉条，在屋脊处还应设置斜拉条和撑杆。当屋面材料为压型钢板，屋面刚度较大且与檩条有可靠连接时，可少设或不设拉条。

作用在檩条上的荷载以及荷载效应组合，对于门式刚架轻型房屋钢结构有其自身的特点，与现行国家标准《建筑结构荷载规范》并不完全相同。设计计算时应予充分重视并按照《规程》有关规定执行。

在屋面能阻止檩条侧向失稳和扭转的情况下，可仅按式（7-10）计算檩条在风正压力下的强度；当屋面不能阻止檩条侧向失稳和扭转情况下，应按式（7-11）计算檩条在风正压力作用下的稳定性。

$$\frac{M_x}{W_{enx}} + \frac{M_y}{W_{eny}} \leqslant f \tag{7-10}$$

$$\frac{M_x}{\varphi_{bx}W_{ex}} + \frac{M_y}{W_{ey}} \leqslant f \tag{7-11}$$

式中　M_x、M_y——对截面主轴 x 和主轴 y 的弯矩；

W_{enx}、W_{eny}——对主轴 x 和主轴 y 的有效净截面模量（对冷弯薄壁型钢）或净截面模量（对热轧型钢）；

W_{ex}、W_{ey}——对主轴 x 和主轴 y 的有效截面模量（对冷弯薄壁型钢）或毛截面模量（对热轧型钢）；

φ_{bx}——梁的整体稳定系数，根据不同情况按现行国家标准《冷弯薄壁型钢结构技术规范》或《钢结构设计规范》的规定采用。

当屋面能阻止檩条上翼缘侧向失稳和扭转时，可按式（7-11）计算在风吸力作用下檩条的稳定性，或设置拉杆、撑杆防止下翼缘扭转，也可以按《规程》附录的规定计算。

计算檩条时，不应考虑隔撑的影响。

4.2　墙梁设计

轻型墙体结构的墙梁宜采用卷边槽形或 Z 形的冷弯薄壁型钢。

墙梁可设计成简支或连续构件，两端支承在刚架柱上。当墙梁有一定竖向承载力且墙板落地及与墙板间有可靠连接时，可不设中间柱，并可不考虑自重引起的弯矩和剪力。设有条形窗或房屋较高且墙梁跨度较大时，墙架柱的数量应由计算确定。当墙梁需承受墙板及自重时，应考虑双向弯曲。

当墙梁跨度 l 为 4～6m 时，宜在跨中设一道拉条，当跨度 $l>6m$ 时，宜在跨间三分点处各设一道拉条，在最上层墙梁处宜设斜拉条将拉力传至承重柱或墙架柱。

单侧挂墙板的墙梁，应计算其强度和稳定。

承受朝向面板的风压时，墙梁的强度按《规程》规定的系列公式验算。

在风吸力作用下，外侧设有压型钢板的墙梁的稳定性按《规程》规定计算。

当外侧设有压型钢板的实腹式刚架柱的内翼缘受压时，可沿内侧翼缘设置成对的隔撑，作为柱的侧向支承，隔撑的另一端连接在墙梁上。隔撑所受轴压力按式（7-8）计算。

4.3　支撑构件设计

门式刚架轻型房屋钢结构中的交叉支撑和柔性系杆可按拉杆设计。

刚架斜梁上横向水平支撑的内力，应根据纵向风荷载按支承于柱顶的水平桁架计算，并计入支撑对斜梁起减小计算长度作用而应承受的力。对交叉支撑可不计压杆的受力。

刚架柱间支撑的内力，应根据该柱列所受纵向风荷载（有吊车时还应计入吊车纵向制动力）按支承于柱脚基础上的竖向悬臂桁架计算，并计入支撑对柱起减小计算长度作用而应承受的力。对交叉支撑也可不计压杆的受力。当同一柱列设有多道纵向柱间支撑时，纵向力在支撑间可按均匀分布考虑。

支撑构件受拉或受压的计算，应遵循现行国家标准《钢结构设计规范》或《冷弯薄壁型钢结构技术规范》中关于轴心受拉或轴心受压构件的规定。

4.4　屋面板和墙板设计

墙板应根据所受荷载计算其强度和变形。压型钢板应采用预涂层彩色钢板制作。一般建筑屋面或墙面宜采用长尺压型钢板，其厚度宜为 0.4～1.0mm。压型钢板的计算和构造，应符合现行国家标准《冷弯薄壁型钢结构技术规范》的规定。其他墙板应按有关标准的规定计算。

屋面天沟和落水管的断面，应按有关规定计算确定。

项目 5　焊接和节点设计

5.1　焊接

当被连接板的最小厚度大于 4mm 时，其对接焊缝、角焊缝和部分熔透对接焊缝的强度，应分别按现行国家标准《钢结构设计规范》的规定计算。当最小厚度不大于 4mm 时，正面角焊缝的强度增大系数 β_f 取 1.0。

腹板厚度不大于 4mm 的 T 型连接，可采用双面断续角焊缝、高频焊接或其他可靠方法。

当连接板的最小厚度不大于 4mm 时，喇叭形焊缝的抗剪强度按下式计算：

$$\tau = \frac{N}{t l_w} \leqslant \gamma f \qquad (7\text{-}12)$$

式中　N——通过焊缝形心的轴心拉力或轴心压力；

t——被连接板件的最小厚度；

l_w——焊缝的有效长度；

f、γ——被连接板件钢材抗拉强度设计值及折算系数，N 作用线垂直于焊缝轴线方向时，取 $\gamma = 0.8$；N 作用线平行于焊缝轴线方向时，取 $\gamma = 0.7$。

当连接板的最小厚度大于 4mm 时，单边喇叭形焊缝的抗剪强度按下式计算：

$$\tau = \frac{N}{0.7 h_f l_w} \leqslant f_f^w \qquad (7\text{-}13)$$

式中　h_f——焊缝的焊角尺寸，如图 7-5 和图 7-6 所示；

f_f^w——角焊缝抗剪强度设计值。

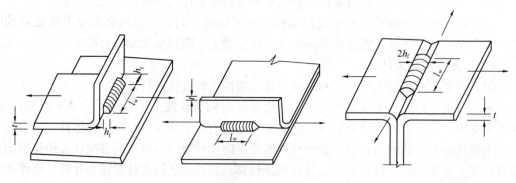

图 7-5　单边喇叭形焊缝　　　　　　　　图 7-6　喇叭形焊缝

单边喇叭形焊缝的焊角尺寸 h_f 不得小于被连接板件的厚度。在组合结构中，组合件的喇叭形焊缝可采用断续焊缝，但其长度不得小于 $8t$ 和 40mm，断续焊缝间的净距不得大于 $15t$（受压构件）或 $30t$（受拉构件），t 为焊件的最小厚度。

5.2　节点设计

门式刚架斜梁与柱的连接，可采用端板竖放（图 7-7a）、端板平放（图 7-7b）和端板斜放（图 7-7c）三种形式。斜梁拼接时宜使端板与构件边缘垂直（图 7-7d）。

端板连接（图 7-7d）应按所受最大内力设计。当内力较小时，应按能承受不小于较小被连接截面承载力的一半设计。

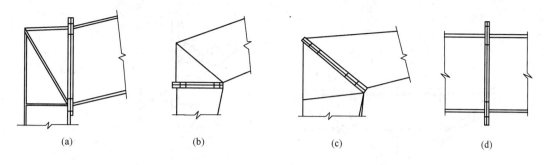

图 7-7　刚架斜梁与柱的连接

(a) 端板竖放；(b) 端板平放；(c) 端板斜放；(d) 斜梁拼接

主刚架构件的连接应采用高强度螺栓，吊车梁与制动梁的连接宜采用摩擦型高强度螺栓，通常选用 M16～M24。吊车梁与刚架连接处宜设长圆孔。檩条与刚架斜梁以及墙梁与柱的连接通常采用 M12 普通螺栓。

端板连接的螺栓应成对地对称布置，在受拉翼缘和受压翼缘的内外两侧均应设置，并使每个翼缘的螺栓群中心与翼缘的中心重合或接近。螺栓中心至翼缘板表面的距离应满足拧紧螺栓时的施工要求，不宜小于 35mm。螺栓端距不应小于 2 倍螺栓孔径。门式刚架受压翼缘的螺栓不宜少于两排。当受拉翼缘两侧各设一排螺栓尚不能满足承载力要求时，可在翼缘内侧增设螺栓（图 7-8），其间距可取 75mm，且不小于 3 倍孔径。与斜梁端板连接的柱翼缘部分应与端板等厚度（图 7-8）。当端板上两对螺栓间的最大距离大于 400mm时，应在端板的中部增设一对螺栓。

同时受拉和受剪的螺栓，应验算螺栓在拉、剪共同作用下的强度。

端板的厚度 t 应根据支承条件计算（方法见《规程》），但不宜小于 12mm。在刚架斜梁与柱相交的节点域，按《规程》的公式验算剪应力不满足要求时，应加厚腹板或设置斜加劲肋。刚架构件的翼缘和腹板与端板的螺栓连接处，构件腹板强度不满足《规程》公式计算值时，可设置腹板加劲肋或局部加厚腹板。

带斜卷边 Z 形檩条的搭接长度 $2a$（图 7-9）及其连接螺栓直径，应根据连续梁中间支座处的弯矩值确定。

隅撑宜采用单角钢制作。可连接在刚架下（内）翼缘附近的腹板上（图 7-9），也可连于下（内）翼缘上（图 7-10）。通常以单个螺栓连接，计算时应考虑承载力折减系数。

圆钢支撑与刚架构件的连接，一般不设连接板，可直接在刚架构件腹板上靠外侧设孔连接（图 7-11）。

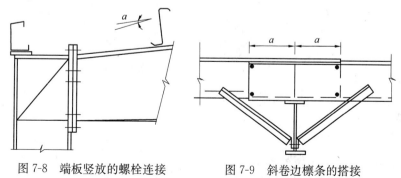

图 7-8　端板竖放的螺栓连接　　图 7-9　斜卷边檩条的搭接

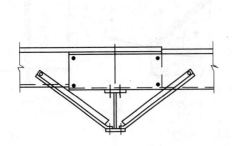

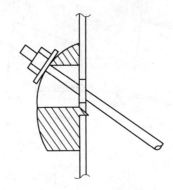

图 7-10　隔撑的连接　　　　　　图 7-11　圆钢支撑与刚架构件的连接

　　屋面板之间的连接及面板与檩条或墙梁的连接，宜采用带橡皮垫圈的自钻自攻螺丝。螺丝的间距不应大于 300mm。

　　门式刚架轻型房屋钢结构的柱脚，宜采用平板式铰接柱脚，当有必要时，也可采用刚接柱脚。变截面柱下端的宽度应根据具体情况确定，但不宜小于 200mm。

思 考 题 与 习 题

　　1. 轻型门式刚架结构由哪些构件组成？它们各有什么作用？

　　2. 轻型门式刚架结构的柱网及变形缝如何布置？

　　3. 轻型门式刚架宜用哪些类型的材料为维护结构？

　　4. 门式刚架需要在哪些位置布置支撑？什么位置需布置刚性系杆？支撑和刚性系杆都采用什么截面？

　　5. 门式刚架计算时怎样考虑荷载效应组合？应选择哪些截面作控制截面进行计算？

　　6. 门式刚架截面需作哪些方面的验算？腹板的局部稳定是否需要验算？

　　7. 隔撑起什么作用？除了斜梁需考虑设隔撑外，刚架柱是否也需考虑设置？

　　8. 轻型门式刚架结构连接节点的主要形式有哪些？应如何设计？

第8单元 网架结构

[知识点] 空间结构的特点和分类；网架结构的形式与选择；网架结构的内力计算；网架结构的杆件设计；网架结构的节点形式；节点承载力的计算及节点球直径的确定；网架结构的制作与安装。

[教学目标] 了解空间结构的特点与分类；了解网架结构各种型式的构成、特点和适用范围，能根据工程情况正确选择网架形式、网架高度和网格尺寸；掌握在静力荷载和温度变化作用下网架内力计算的一般计算原则和计算方法；熟悉网架杆件、节点设计方法，能正确选择节点形式。能进行网架杆件、螺栓球节点和焊接空心球节点、支座节点的设计；熟悉网架的制作和安装，正确选择安装方法。

项目1 空间结构的特点和分类

1.1 空间结构的特点

网架结构属于空间结构的范畴，空间结构是指结构的形体成三维空间状，在荷载作用下具有三维受力特性并呈立体工作状态的结构。空间结构不仅仅依赖材料的性能，更多的是依赖自己合理的形体，充分利用不同材料的特性，以适应不同建筑造型和功能的需要，跨越更大空间。

空间结构的特点表现为以下几方面：

（1）优越的力学性能。空间结构能充分利用其合理的受力形态，发挥材料的性能优势，所有构件（杆件）都是整体结构的一部分，按照空间几何特性承受荷载，没有平面结构体系中构件间的"主次"关系，因而在均布荷载的作用下结构内力呈较均匀的连续变化，在集中荷载的作用下也能较快地分散传递开来。结构内力为面力或构件轴力的形式，这一鲜明特征使得空间结构的杆件截面远较平面结构的小，从而发挥了材料的特性，减轻结构自重。

（2）良好的抗震性能。因为空间结构的杆件截面较小，当结构跨度大到一定程度时，某些类型的空间结构刚度会降低。这样就应考虑轻型结构的大变形问题，必须对结构产生整体屈曲或共振现象的可能性给予充分重视。

（3）良好的经济性、安全性与适用性。空间结构因其三维结构体形和多向受力计算特征，将平面结构体系的受力杆件与支撑体系有机融合在一起，整体性好。能适应各种均布荷载、局部集中荷载、非对称荷载以及悬挂吊车、地震力等动力荷载。传力路线简捷、可靠，故可节约大量金属材料，提高整体经济效果。空间结构一般是高次超静定结构。良好的内力重分布能力使其具有额外的安全储备，可靠程度较高。

空间结构能适应不同跨度、不同支承条件的各种构造要求，形状上也能适应正方形、矩形、多边形、圆形、扇形、三角形以及由此组合而成的各种形状的建筑平面。同时，又有建筑造型轻巧、美观、便于结构处理和装饰等特点。如深圳机场新航站楼135m×195m曲形钢管空间网架屋盖结构，其造型像一只展翅飞翔的大鹏鸟，象征着鹏城的腾飞与发展。

1.2 空间结构的分类

空间结构按照刚性差异、受力特点以及组合构成可分为刚性空间结构、柔性空间结构和杂交空间结构三类。

1. 刚性空间结构

刚性空间结构的特点是结构构件具有很好的刚度，结构的形体由构件的刚度形成，主要有：

（1）薄壁空间结构

薄壁空间结构是指结构的两个方向尺度远远大于第三方向尺度的曲面或折平面结构。前者为薄壳结构，后者为折板结构，一般由钢筋混凝土浇筑而成。薄壁空间结构的壳体都很薄，壳体的厚度与中曲面曲率半径之比小于1：20。在外荷载作用下，由于其曲面特征，壳体的主要内力——薄膜力沿中曲面作用，而弯曲内力和扭转内力都较小，受力性能较好。可充分发挥钢筋混凝土的材料潜力，达到较好的经济效益。但由于结构自重大、施工费时，且大量消耗模板，目前应用较少。

（2）网架结构

网架结构是指由许多杆件按照一定规律布置，通过节点连接而成的外形呈平板状的一种空间杆系结构。网架结构的特点是：杆件主要承受轴力，截面尺寸相对较小；各杆件互为支撑，使受力杆件与支撑系统有机地结合起来，结构刚度大，整体性好；由于结构组合有规律，大量杆件和节点的形状、尺寸相同，便于工厂化生产和工地安装；网架结构一般是高次超静定结构，具有较高的安全储备，能较好地承受集中荷载、动力荷载和非对称荷载，抗震性能卓越；网架结构能够适应不同跨度、不同支承条件、不同建筑平面的要求。

第一个网架是1940年在德国建造的。我国从1964年的上海师范学院球类房盖网架工程（平面尺寸为31.5m×40.5m）开始使用网架结构，在过去的几十年中，网架结构得到了快速发展。如1973年建成的上海体育馆屋盖为净跨110m、悬挑7.5m、厚6m的焊接空心球节点圆形三向网架结构（图8-1），耗钢量47kg/m^2。1990年北京亚运会13个体育馆中有一半采用了网架结构。1991年建成的长春第一汽车制造厂高尔夫轿车总装厂房为近8万m^{2}的网架结构。柱网12m×21m，焊接空心球节点，耗钢量31kg/m^2。

（3）网壳结构

网壳结构是指由许多杆件按照一定规律布置，通过节点连接而成的外形呈曲面状的一种空间杆系结构。网架结构和网壳结构统称网格结构，前者为平板型，后者为曲面型。网壳结构除具有网架结构的一些特点外，主要以其合理的形体来抵抗外荷载的作用。因此，在大跨度的情况下，网壳一般要比网架节约许多钢材。网壳结构按弦杆层数可分为单层网壳和双层网壳；按曲面形状可分为球面网壳（也称网状穹顶）、柱面网壳（也称网状筒壳）、双曲抛物面网壳、扭网壳等。对每一种网壳根据其网格划分又可形成各种不同型式的网壳。

2. 柔性空间结构

柔性空间结构的特点是大多数结构构件为柔性杆件，如钢索、薄膜等，结构的形体必

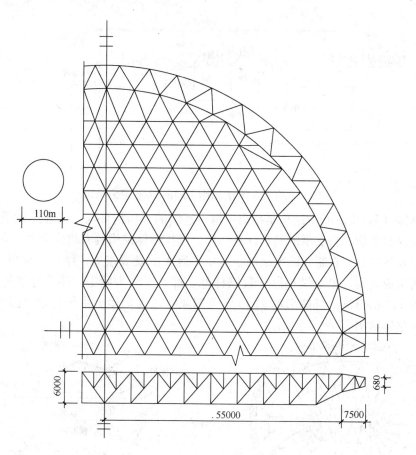

图 8-1　上海体育馆三向网架

须由结构内部的预应力形成，主要有：

（1）悬索结构

悬索结构是由悬挂在支承结构上的一系列受拉高强索按一定规律组成的空间受力结构。高强索常为高强度钢丝组成的钢绞线、钢丝绳或钢丝束等。悬索结构可以最充分地利用钢索的抗拉强度，大大减轻了结构自重，因而能经济地跨越很大的跨度；而且，安装时不需要大型起重设备，便于表现建筑造型，适应不同的建筑平面；但其支承结构往往需要耗费较多的材料。悬索结构分为单层悬索结构、双层悬索结构和索网结构。

世界上第一个现代悬索屋盖是美国于 1953 年建成的 Raleish 体育馆，采用以两个斜放的抛物线拱为边缘的鞍形正交索网。我国现代悬索结构始于 20 世纪 50 年代后期和 60 年代，如 1961 年建成的北京工人体育馆为直径 96m 的圆形车辐式双层悬索结构屋盖（图 8-2）。

（2）薄膜结构

薄膜结构是指通过某种方式使高强薄膜材料内部产生一定的预张应力，从而形成具有一定刚度、能够覆盖大空间的一种结构形式。常用膜材为聚酯纤维覆聚氯乙烯（PVC）和玻璃纤维覆聚四氟乙烯（Tetlon）。薄膜结构按预张应力形成的方式可分为：充气膜结构和张拉膜结构。

（3）张拉整体结构

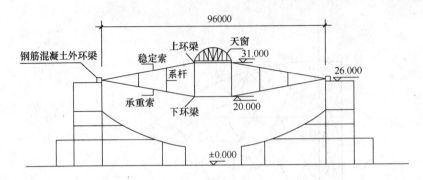

图 8-2　北京工人体育馆圆形车辐式双层悬索结构

张拉整体（Tensegrity）结构是指由一组不连续的受压构件与一组连续的受拉钢索相互联系，实现自平衡、自支承的网状杆系结构。张拉整体结构具有构造合理、自重小、跨越空间能力强等特点，在超大跨度结构中显示了巨大的发展潜力。结构形体可灵活多样，没有固定的组成规则，整个结构除少数压杆外，都处于张力状态，能充分发挥钢索的强度。平面为 240m×193m 椭圆形的 1996 年美国亚特兰大奥运会主体育馆（图 8-3）就属于这种张拉整体结构。

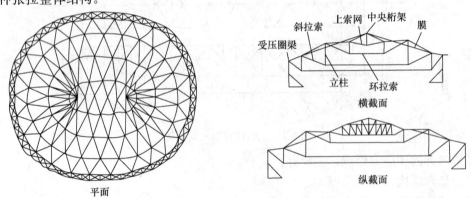

图 8-3　美国亚特兰大奥运会主体育馆的张拉整体结构

3. 杂交空间结构

杂交空间结构是将不同类型的结构进行组合而得到的一种新的结构体系。这种组合不是两个或多个单一类型空间结构的简单拼凑，而是充分利用一种类型结构的长处来抵消另一种与之组合的结构的短处，使得每一种单一类型的空间结构形式及其材料均能发挥最大的潜力，从而改善整个空间结构体系的受力性能，可以更经济、更合理地跨越更大的空间。

项目 2　网架结构的形式与选择

2.1　网架结构的形式

网架结构的形式很多，按结构组成可分为：

（1）双层网架结构。由上弦杆、下弦杆及弦杆间的腹杆组成（图 8-4a）。一般网架结构多采用双层。

（2）三层网架结构。由上弦杆、下弦杆、中弦杆及弦杆之间的腹杆组成（图 8-4b）。其特点是增加网架高度，减小弦杆内力，减小网格尺寸和腹杆长度。当网架跨度较大时，三层网架用钢量比双层网架用钢量省；但由于节点和杆件数量增多，尤其是中层节点所连杆件较多，使构造复杂，造价有所提高。

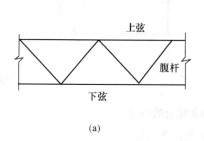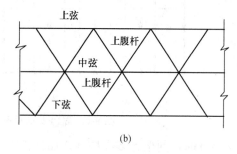

图 8-4　双层及三层网架

（3）组合网架结构。用钢筋混凝土板取代网架结构的上弦杆，形成了由钢筋混凝土板和钢腹杆、钢下弦杆组成的组合网架。组合结构刚度大，适宜建造荷载较大的大跨度结构。

按支承情况可分为：

（1）周边支承网架。网架结构的所有边界节点都搁置在柱或梁上（图 8-5a）。此时网架受力均匀，传力直接，是目前采用较多的一种形式。

（2）点支承网架。点支承网架有四点支承网架（图 8-5b）和多点支承网架（图 8-5c）。点支承网架宜在周边设置适当悬挑（图 8-5b），以减小网架跨中杆件的内力和挠度。

（3）周边支承与点支承相结合的网架。有边、点混合支承（图 8-6a）；三边支承一边开口（图 8-6b），及两边支承两边开口等情况。

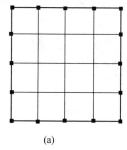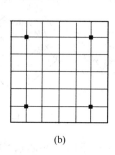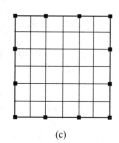

图 8-5　网架的支承种类

1. 网架结构的几何不变性分析

网架是一个空间铰接杆系结构，在任何荷载作用下杆件必须保证不出现结构几何可变性。网架结构几何不变性（静定结构）的必要条件是：

$$W = 3J - m - r \leqslant 0 \tag{8-1}$$

式中　J——网架的节点数；

　　　m——网架的杆件数；

　　　r——支座约束链杆数，将网架作为刚体考虑，最少的支座约束链杆数为 6，$r \geqslant 6$。

当 $W > 0$ 时，网架为几何可变体系；

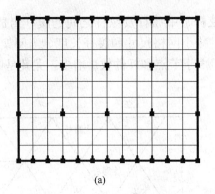
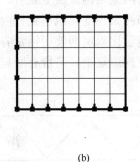

(a)　　　　　　　　　　　　　　　　　(b)

图 8-6　周边支承与点支承相结合的网架

当 $W=0$ 时，网架无多余杆件，如杆件布置合理，为静定结构；

当 $W<0$ 时，网架有多余杆件，如杆件布置合理，为超静定结构。

众所周知，三角形是几何不变的，由三角形组成的结构基本单元也将是几何不变的，如图 8-7（a）、（c）、（d）、（f）所示。由这些几何不变的单元构成的网架结构也一定是几何不变的。有些基本单元有四边形（图 8-7b、e、g）或六边形，它们是几何可变的，但可通过适当加设支承链杆（图 8-7d、h）使其成为几何不变体系。

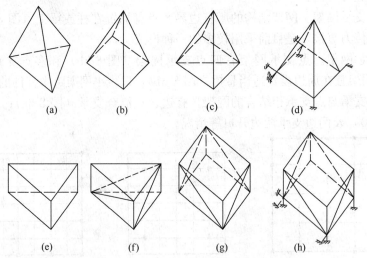

(a)　　　　(b)　　　　(c)　　　　(d)

(e)　　　　(f)　　　　(g)　　　　(h)

图 8-7　网架结构的基本单元

(b)、(e)、(g) 几何可变体系；(a)、(c)、(d)、(f)、(h) 几何不变体系

网架结构几何不变性也可通过对结构的总刚度矩阵进行检查来判断。满足下列条件之一者，该网架结构为几何可变体系：

（1）引入边界条件后，结构总刚度矩阵 $|K|$ 中对角线上出现零元素，则与之对应的结构为几何可变；

（2）引入边界条件后，结构总刚度矩阵行列式 $|K|\neq0$，该矩阵为非奇异，该网架结构为几何不变体系。如 $|K|=0$，则为几何可变体系。

2. 双层网架的常用形式

双层网架的常用形式有平面桁架体系网架、四角锥体系网架和三角锥体系网架等。

（1）平面桁架体系网架

此类网架上下弦杆长度相等，杆件类型少，上、下弦杆与腹杆位于同一垂直平面内。一般情况下竖杆受压，斜杆受拉。斜腹杆与弦杆夹角宜在 40°～60°。

①两向正交正放网架

在矩形建筑平面中，网架的弦杆垂直于及平行于边界，故称正放。两个方向网格数宜布置成偶数。如为奇数，桁架中部节间应做成交叉腹杆。由于上下弦杆组成的网格为矩形，且平行于边界，腹杆又在弦杆平面内，属几何可变体系。对周边支承网架（周边支承参看图 8-5）宜在支承平面（与支承相连弦杆组成的平面）设置水平斜撑杆。斜撑可以沿周边设置（图 8-8），也可以采用图 8-9 的方式设置。对点支承网架应在支承平面内沿主桁架（支承桁架）的两侧（或一侧）设置水平斜撑杆。两向正交正放网架的受力性能类似于两向交叉梁。对周边支承者，平面尺寸越接近正方形，两个方向桁架杆件内力越接近，空间作用越显著。随着建筑平面边长比的增大，短向传力作用明显增大。

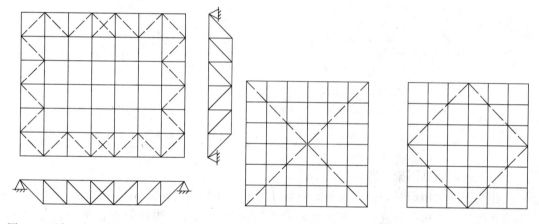

图 8-8　两向正交正放网架水平斜撑及腹杆布置　　　图 8-9　周边支承网架水平斜撑布置方式

两向正交正放网架适用于建筑平面为正方形或接近正方形且跨度较小的情况。

②两向正交斜放网架（图 8-10）

两向正交斜放网架为两个方向的平面桁架垂直相交。用于矩形建筑平面时，两向桁架与边界夹角为 45°；当有可靠边界时，体系是几何不变的。各榀桁架的跨度长短不等，靠近角部的桁架跨度小，对与它垂直的长桁架起支承作用，减小了长桁架跨中弯矩，长桁架两端要产生负弯矩和支座拉力。周边支承时，有长桁架通过角支点（图 8-10a）和避开角支点（图 8-10b）两种布置，前者对四角支座产生较大的拉力，后者角部拉力可由两个支座分担。网架周边支承时，比正交正放网架空间刚度大，受力均匀，用钢量省，跨度大时优越性更显著。适用于建筑平面为矩形的情况。

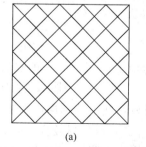
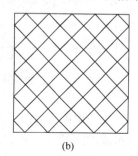

（a）　　　　　　　　　（b）

图 8-10　两向正交斜放网架

（a）有角支承；（b）无角支承

③ 三向网架（图 8-11）

由三个方向平面桁架按 $60°$ 角相互交叉而成，上下弦平面内的网格均为几何不变的三角形。网架空间刚度大，受力性能好，内力分布也较均匀，但汇交于一个节点的杆件最多可达 13 根。节点构造较复杂，宜采用钢管杆件及焊接空心球节点。三向网架适用于大跨度（$l>60m$）的且建筑平面为三角形、六边形、多边形和圆形的情况。上海体育馆（$d=110m$ 圆形）、江苏体育馆（$76.8m×88.68m$ 八边形）等采用了这类网架体系。用于中小跨度（$l≤60m$）时不够经济。

（2）四角锥体系网架

四角锥体系网架是由若干倒置的四角锥（图 8-12）按一定规律组成。网架上下弦平面均为方形网格，下弦节点均在上弦网格形心的投影线上，与上弦网格四个节点用斜腹杆相连。通过改变上下弦的位置、方向，并适当地抽去一些弦杆和腹杆，可得到各种形式的四角锥网架。

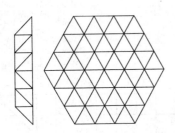

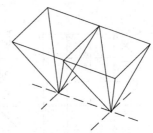

图 8-11　三向网架　　　　　　　图 8-12　四角锥体系基本单元

①正放四角锥网架（图 8-13）

建筑平面为矩形时，正放四角锥网架的上下弦杆均与边界平行或垂直，上下弦节点各连接 8 根杆件，构造较统一。如果网格两个方向尺寸相等且腹杆与下弦平面夹角为 $45°$，即 $h=s/\sqrt{2}$（h 为网架高度，s 为网格尺寸），上下弦杆和腹杆长度均相等。

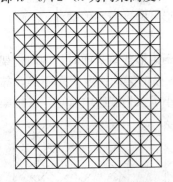

图 8-13　正放四角锥网架

正放四角锥网架杆件受力较均匀，空间刚度比其他类型的四角锥网架及两向网架好。同时，屋面板规格单一，便于起拱。但杆件数量较多，用钢量略高些。正放四角锥网架适用于建筑平面接近正方形的周边支承情况，也适用于屋面荷载较大，大柱距点支承及设有悬挂吊车工业厂房的情况。图 8-13 和随后的网架形式图中，虚线代表下弦杆。

②正放抽空四角锥网架

正放抽空四角锥网架是在正放四角锥网架的基础上，除周边网格锥体不动外，跳格地抽掉一些四角锥单元中的腹杆和下弦杆，使下弦网格尺寸扩大一倍，也可看作为两向正交正放立体桁架组成的网架（图 8-14）。其杆件数目较少，构造简单，经济效果较好。但下弦杆内力增大，且均匀性较差、刚度有所下降。正放抽空四角锥网架适用于中、小跨度或屋面荷载较轻的周边支承、点支承以及周边支承与点支承结合的网架。

③棋盘形四角锥网架

这种网架是在正放四角锥网架的基础上，除周边四角锥不变，中间四角锥间格抽空，上弦杆呈正交正放，下弦杆呈正交斜放，与边界成45°角而形成的。也可看作在斜放四角锥网架的基础上，将整个网架水平转动45°，并加设平行于边界的周边下弦而成的（图8-15）。这种网架具有斜放四角锥网架的全部优点，且空间刚度比斜放四角锥网架好，屋面构造简单。棋盘形四角锥网架适用于中、小跨度周边支承方形或接近方形平面的网架。

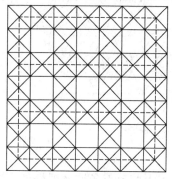

图 8-14　正放抽空四角锥网架

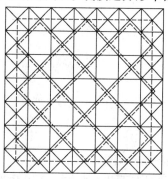

图 8-15　棋盘形四角锥网架

④斜放四角锥网架（图8-16）

将正放四角锥上弦杆相对于边界转动45°放置，则得到斜放四角锥网架。上弦网格呈正交斜放，下弦网格为正交正放。网架上弦杆短，下弦杆长，受力合理。下弦节点连接8根杆，上弦节点只连6根杆。适用于中小跨度周边支承，或周边支承与点支承相结合的矩形平面。

⑤星形四角锥网架（图8-17）

星形四角锥网架的组成单元形似一星体（图8-17b）。将四角锥底面的四根杆用位于对角线上的十字交叉杆代替，并在中心加设竖杆，即组成星形四角锥。十字交叉杆与边界成45°角，构成网架上弦，呈正交斜放。下弦杆呈正交正放。腹杆与上弦杆在同一竖向平面内。星形网架上弦杆比下弦杆短，受力合理。竖杆受压，内力等于节点荷载。当网架高度等于上弦杆长度时，上弦杆与竖杆等长，斜腹杆与下弦杆等长。星形网架一般用于中小跨度周边支承情况。

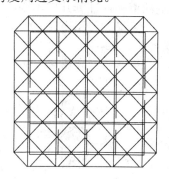

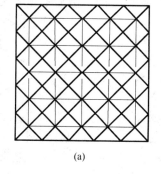

（a）

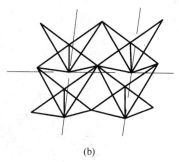

（b）

图 8-16　斜放四角锥网架

图 8-17　星形四角锥网架

（3）三角锥体系网架

三角锥体系网架的基本单元是锥底为正三角形的倒置三角锥（图8-18a）。锥底三条边为网架上弦杆，棱边为网架的腹杆，连接锥顶的杆件为网架下弦杆。三角锥网架主要有以下三种形式。

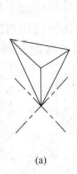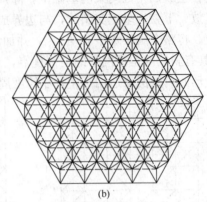

(a)   (b)

图 8-18　三角锥网架

①三角锥网架（图 8-18）

三角锥网架上下弦平面均为正三角形网格，上下弦节点各连 9 根杆件。当网架高度为网格尺寸的 $\sqrt{\dfrac{2}{3}}$ 倍时，上下弦杆和腹杆等长。三角锥网架受力均匀，整体性和抗扭刚度好，适用于平面为多边形的大中跨度建筑。

②抽空三角锥网架

如果保持三角锥网架的上弦网格不变，而按一定规律抽去部分腹杆和下弦杆，就可得到抽空三角锥网架。如图 8-19 所示的抽杆方法是沿网架周边一圈的网格不抽杆，而内部从第二圈开始沿三个方向每间隔一个网格抽掉部分杆，则下弦网格成为多边形的组合。抽杆后，网架空间刚度受到削弱，下弦杆数量减少，内力较大。抽空三角锥网架适用于平面为多边形的中小跨度建筑。

③蜂窝形三角锥网架

蜂窝形三角锥网架如图 8-20 所示。上弦网格为三角形和六边形，下弦网格为六边形，腹杆与下弦杆位于同一竖向平面内。节点、杆件数量都较少，适用于周边支承，中小跨度屋盖。蜂窝形三角锥网架本身是几何可变的，借助于支座水平约束来保证其几何不变性。

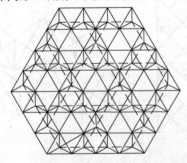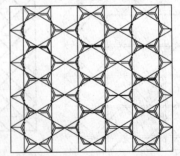

图 8-19　抽空三角锥网架　　　　　图 8-20　蜂窝形三角锥网架

2.2　网架结构的选择

网架结构的选型应根据建筑平面形状和跨度大小、网架的支承方式、荷载大小、屋面

170

构造和材料、制作安装方法以及材料供应等因素综合考虑。

从用钢量来看，当平面接近正方形时，斜放四角锥网架最经济，其次是正放四角锥网架和两向正交系网架（正放或斜放），最费的是三向交叉梁系网架。但当跨度及荷载都较大时，三向交叉梁系网架就显得经济合理些，且刚度也较大。当平面为矩形时，则以两向正交斜放网架和斜放四角锥网架较为经济。

从网架制作和施工来说，交叉平面桁架体系较角锥体系简便，两向比三向简便。而对安装来说，特别是采用分条或分块吊装的方法施工时，选用正放类网架比斜放类网架有利。

设计网架时可按表 8-1 选择网架形式。

常用网架选型表　　　　　　　　　　　　表 8-1

支承方式	平面形状		跨度	网　架　形　式
周边支承	矩形	$L_1/L_2 \leqslant 1.5$	≤60m	斜放四角锥网架、两向正交正放网架、两向正交斜放网架、正放四角锥网架、棋盘形四角锥网架、正放抽空四角锥网架、蜂窝形三角锥网架、星形四角锥网架
			>60m	两向正交正放网架、两向正交斜放网架、正放四角锥网架、斜放四角锥网架
		$1.5 > L_1/L_2 \leqslant 2$		两向正交正放网架、正放四角锥网架、正放抽空四角锥网架、斜放四角锥网架
		$L_1/L_2 > 2$		两向正交正放网架、正放四角锥网架、正放抽空四角锥网架
	圆形、多边形		≤60m	三向网架、三角锥网架、抽空三角锥网架、蜂窝形三角锥网架
			>60m	三向网架、三角锥网架
三边支承				参照上述周边支承矩形平面网架进行选型，但其开口边可采取增加网架层数或适当增加整个网架高度等办法，网架开口边必须形成竖直的或倾斜的边桁架
四点支承及多点支承	矩形			正放四角锥网架、正放抽空四角锥网架、两向正交正放网架
周边支承与点支承结合				正放四角锥网架、正放抽空四角锥网架、两向正交正放网架、两向正交斜放网架或斜放四角锥网架

注：1. 当网架跨度 L_1、L_2 两个方向的支承距离不等时，可选用两向斜交斜放网架。

　　2. L_1 为网架长向跨度；L_2 为网架短向跨度。

项目 3　网架结构的内力计算

3.1　一般计算原则

网架结构的设计计算应遵循现行有关国家或行业标准的规定。这些标准有：《网架结构设计与施工规程》、《建筑结构荷载规范》、《钢结构设计规范》、《冷弯薄壁型钢结构技术规范》、《建筑抗震设计规范》等。

网架结构上作用的外荷载按静力等效原则，将节点所辖区域内的荷载汇集到该节点上。结构分析时可忽略节点刚度的影响而假定节点为铰接，杆件只受轴向力。当杆件上作用有局部荷载时，应另外考虑局部弯矩的影响。

网架结构的内力和位移可按弹性阶段进行计算。

3.2 计算方法

网架结构是一种高次超静定的空间杆系结构，要完全精确地分析其内力和变形相当复杂，常需采用一些计算假定，忽略某些次要因素以使计算工作得以简化。所采用的计算假定越接近结构的实际情况，计算结果的精确程度就越高，但其分析一般较复杂，计算工作量较大。如果在计算假定中忽略较多的因素，可使结构计算得到进一步简化，但计算结果会存在一定的误差。按计算结果的精确程度可将网架结构的计算方法分为精确法和近似法，当然这种精确与近似是相对的。

1. 空间桁架位移法

空间桁架位移法又称矩阵位移法。它取网架结构的各杆件作为基本单元，以节点三个线位移作为基本未知量，先对杆件单元进行分析，根据胡克定律建立单元杆件内力与位移之间的关系，形成单元刚度矩阵；然后进行结构整体分析，根据各节点的变形协调条件和静力平衡条件建立结构上节点荷载与节点位移之间的关系，形成结构总刚度矩阵和结构总刚度方程。这样的结构总刚度方程是一组以节点位移为未知量的线性代数方程组。引进给定的边界条件，利用计算机求得各节点的位移值，进而可由单元杆件的内力与位移关系求得各杆件内力 N，然后进行设计验算。

空间桁架位移法是一种应用于空间杆系结构的精确计算方法，理论和实践都证明这种方法的计算结果最接近于结构的实际受力状况，具有较高计算精度。它的适用范围广泛，不仅可用以计算各种类型、各种平面形状、不同边界条件、不同支承方式的网架，还能考虑网架与下部支承结构间共同工作的情况。它除了可以计算网架在通常荷载下产生的内力和位移以外，还可以根据工程需要计算由于地震作用、温度变化、支座升降等因素引起的内力与变形。目前，有多种较为完善的基于空间桁架位移法编制的空间网架结构商业软件可供设计选用。

2. 差分法与拟夹层板法

网架结构的近似计算方法一般以某些特定形式的网架为计算对象，根据不同的对象采用不同的计算假定，因此，存在适合不同类型网架的各种近似计算方法。一般说来，这些近似计算方法的适用范围与计算结果的精度均不及空间桁架位移法，但近似法的未知数少，计算比较简便，辅以相应的计算图表，其计算更为简捷。而这些近似方法所产生的误差，在某些工程设计中或工程设计的某些阶段中是可接受的。因而在无法利用计算机的情况下，是一类具有实用价值的计算方法。

差分法经惯性矩折算，将网架简化为交叉梁系进行差分计算，它适用于跨度 $l \leqslant 40m$，由平面桁架系组成的网架、正放四角锥网架等。一般按图表计算，其计算误差$\leqslant 20\%$。

拟夹层板法将网架简化成正交异性或者各向同性的平板进行计算，它适用于跨度 $l \leqslant 40m$，由平面桁架系或角锥体组成的网架。一般按图表计算，其计算误差$\leqslant 10\%$。

项目 4　网架结构的杆件设计

4.1 选型

网架结构设计首先要选型，通常是根据工程的平面形状、跨度大小、支承情况、荷载大小、屋面构造、建筑设计等因素，结合以往的工程经验综合确定。网架杆件的布置还必须保证不出现结构几何可变的情况。

4.2 网架尺寸和网架高度

标准网格多采用正方形，但也有采用长方形的。网格尺寸可取 $(1/6 \sim 1/20) L_2$，网架高度（也称为网架矢高）H 可取 $(1/10 - 1/20) L_2$，式中 L_2 为网架的短向跨度。具体尺寸和高度可根据网架形式、跨度大小、屋面材料以及构造要求和建筑功能等因素确定。表 8-2 给出了网格尺寸和网架高度的建议取值。

网架高度的建议值 表 8-2

网格的短向跨度 L_2（m）	上弦网格尺寸	网架高度 H
< 30	$(1/6 \sim 1/12) L_2$	$(1/10 \sim 1/14) L_2$
30 ~ 60	$(1/10 \sim 1/16) L_2$	$(1/12 \sim 1/16) L_2$
> 60	$(1/12 \sim 1/20) L_2$	$(1/14 \sim 1/20) L_2$

4.3 杆件截面

网架杆件截面以圆钢管性能最优，使用最广泛。双角钢组成的杆件曾经也有采用，主要原因是当时角钢比无缝钢管便宜许多。为了保证网架杆件的承载力并使其具有必要的刚度，限制杆件的截面规格不得小于钢管 $\phi 40 \times 2$，角钢∟45×3 或∟$56 \times 36 \times 3$。

网架杆件的材料通常选用 Q235 系列或者 Q345 系列的钢材。当荷载较大或跨度较大时，宜采用 Q345，以减轻网架结构的自重，节约钢材。当以 Q345 代换 Q235 时不需要再重新计算。

4.4 杆件的计算长度及长细比限值

杆件的计算长度与汇交于节点的杆件的受力状况及节点构造有关。与平面桁架相比，网架节点处汇集杆件较多（6～12 根），且常有不少应力较低的杆件，对受力较大杆件起着提高稳定性的作用。球节点与钢板节点相比，前者的抗扭刚度大，对压杆的稳定性比较有利。焊接空心球节点比螺栓球节点对杆件的嵌固作用大。网架杆件的计算长度 l_0 应按表 8-3 计算。表中 l 为杆件几何长度，即节点中心间的距离。

网架杆件的计算长度 l_0 表 8-3

杆 件	节点形式		
	螺栓球	焊接空心球	板节点
弦杆及支座腹杆	l	$0.9l$	l
其他腹杆	l	$0.8l$	$0.8l$

网架结构是空间结构，杆件的容许长细比可比平面桁架放宽一些。规范规定：

（1）受压杆件：$[\lambda] = 180$；

（2）受拉杆件：一般杆件 $[\lambda] = 400$，支座附近处杆件 $[\lambda] = 300$，直接承受动力荷载杆件 $[\lambda] = 350$。

项目 5　网架结构的节点设计

5.1　网架结构的节点形式

节点是网架结构的重要组成部分，节点设计是否合理，将直接影响网架的工作性能、安装质量、用钢量及工程造价等。合理的节点必须受力合理，传力明确，杆件轴线应交汇于节点中心，避免在杆件中出现偏心力矩。同时，应尽量使节点构造与计算假定相符，特别要注意支座节点的构造必须与计算假定的边界条件相符，否则将造成相当大的计算误差，甚至影响结构的安全性，合理的节点还应构造简单，便于制造、安装，用钢量小。

网架节点按其构造可分为：板节点、半球节点、球节点、钢管圆筒节点、钢管鼓节点等。我国最常用的是螺栓球节点、焊接空心球节点和钢板节点等。

网架节点形式的选择应考虑网架类型、受力性质、杆件截面形状、制造工艺、安装方法等条件。一般对型钢杆件，多采用钢板节点；对圆钢管杆件，若杆件内力不是非常大（一般≤750kN），可采用螺栓球节点，若杆件内力非常大，一般应采用焊接空心球节点。

5.2　节点承载力的计算及节点球直径的确定

1. 螺栓球节点

螺栓球节点由螺栓、钢球、销子（或止紧螺钉）、套筒和锥头或封板组成（图 8-21），适用于连接钢管杆件。

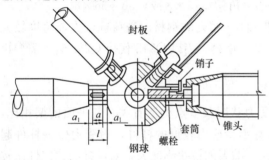

图 8-21　螺栓球节点

螺栓球节点的套筒、锥头和封板采用 Q235 系列、Q345 系列钢材；钢球采用 45 号钢；螺栓、销子或止紧螺钉采用高强度钢材如 45、40B、40Cr、20MnTiB 钢等。

螺栓是节点中最关键的传力部件，一根钢管杆件的两端各设置一颗螺栓。螺栓由标准件厂家供货。在同一网架中，连接弦杆所采用的高强度螺栓可以是一种统一的直径，而连接腹杆所采用的高强度螺栓可以是另一种统一的直径，即通常情况下，同一网架采用的高强度螺栓的直径规格多于两种。但在小跨度的轻型网架中，连接球体的弦杆和腹杆可以采用同一规格的直径。

螺栓直径一般由网架中最大受拉杆件的内力控制，一个螺栓受拉承载力设计值按式（8-2）计算：

$$N_t^b \leqslant \varphi A_e f_t^b \tag{8-2}$$

式中　N_t^b——高强度螺栓的拉力设计值，N；

　　　φ——螺栓直径对承载力影响系数；当螺栓直径＜30mm 时，$\varphi=1.0$；当螺栓直径≥30mm 时，$\varphi=0.93$；

　　　A_e——高强度螺栓的有效截面面积，mm^2；即螺栓螺纹处的最小截面积，当螺栓上钻有销孔或键槽时，A_e 应取螺纹处或销孔键槽处二者中的较小值；

　　　f_t^b——高强度螺栓经热处理后的抗拉强度设计值；对 40B、40Cr 与 20MnTiB 钢，取为 430N/mm^2；对 45 号钢，取为 365N/mm^2。

钢球的加工成型分为锻压球和铸钢球两种。钢球的直径大小要满足按要求拧入球体的任意相邻两个螺栓不相碰条件。

螺栓直径根据计算确定后，钢球直径 D（图 8-22）取式（8-3）和式（8-4）中的较大值：

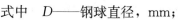

$$D \geqslant \sqrt{\left(\frac{d_2}{\sin\theta} + d_1\cot\theta + 2\xi d_1\right)^2 + \eta^2 d_1^2} \tag{8-3}$$

$$D \geqslant \sqrt{\left(\frac{\eta d_2}{\sin\theta} + \eta d_1\cot\theta\right)^2 + \eta^2 d_1^2} \tag{8-4}$$

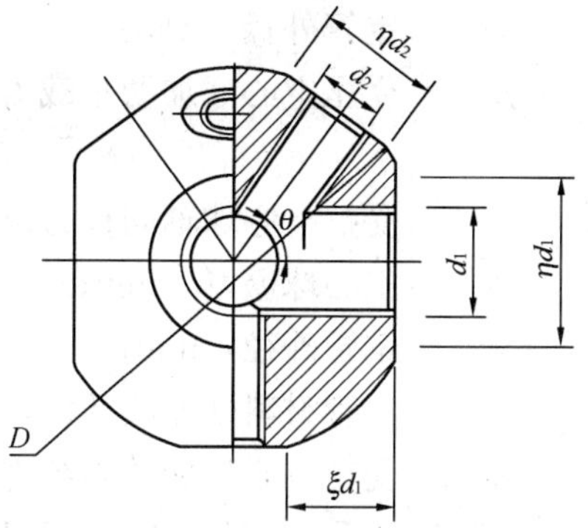

图 8-22 螺栓球

式中　D——钢球直径，mm；

　　　θ——两个螺栓之间的最小夹角，rad；

d_1、d_2——螺栓直径，mm，$d_1 > d_2$；

　　　ξ——螺栓拧进钢球长度与螺栓直径的比值；ξ 可取 1.1；

　　　η——套筒外接圆直径与螺栓直径的比值；η 可取 1.8。

套筒是六角形的无纹螺母，主要用以拧紧螺栓和传递杆件轴向压力。套筒壁厚按网架最大压杆内力计算确定，需要验算开槽处截面承压强度。

止紧螺钉是套筒与螺栓连系的媒介，它能通过旋转套筒而拧紧螺栓。为了减少钉孔对螺栓有效截面的削弱，螺钉直径应尽可能小一些，但不得小于 3mm。

锥头和封板主要起连接钢管和螺栓的作用，承受杆件传来的拉力或压力。它既是螺栓球节点的组成部分，又是网架杆件的组成部分。当网架钢管杆件直径<76mm 时，一般采用封板；当钢管直径≥76mm 时，一般采用锥头。

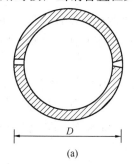

(a)

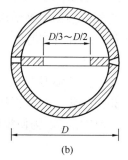

(b)

图 8-23　焊接空心球

2. 焊接空心球节点

空心球可分为不加肋（图 8-23a）和加肋（图 8-23b）两种，所用材料为 Q235 钢或 Q345 钢。当球直径设计为 D 时，用下料为 $1.414D$ 直径的圆板经压制成型做成半球，再由两个半球对焊而成。

这种节点适用于连接钢管杆件，为广泛应用的一种形式。节点构造是将钢管杆件直接焊接连接于空心球体上，具有自动对中和"万向"性质，因而适应性很强。

直径 D 为 120～500mm 的焊接空心球，其承载力设计值 N_c（受压球）和 N_t（受拉球）可分别按式（8-5）和式（8-6）计算：

$$N_c \leqslant \eta_c \left(400td - 13.3\frac{t^2d^2}{D}\right) \tag{8-5}$$

式中　N_c——受压空心球轴向压力设计值，N；

　　　D——空心球外径，mm；

　　　t——空心球壁厚，mm；

d——钢管外径，mm；

η_c——受压空心球加肋承载力提高系数，加肋 $\eta_c=1.4$，不加肋 $\eta_c=1.0$。

$$N_t \leqslant 0.55\eta_t td\pi f \tag{8-6}$$

式中　N_t——受拉空心球轴向拉力设计值，N；

t——空心球壁厚，mm；

d——钢管外径，mm；

f——钢管材料强度设计值，N/mm^2；

η_t——受拉空心球加肋承载力提高系数，加肋 $\eta_t=1.1$，不加肋 $\eta_t=1.0$。

空心球外径 D 与壁厚 t 的比值可按设计要求选用。一般取，$D=(25\sim45)\,t$；空心球壁厚 t 与钢管最大壁厚的比值宜为 $1.2\sim2.0$；另外，空心球壁厚 c 不宜小于 4mm。

在确定空心球外径时，球面上网架相连接杆件与杆件之间的缝隙 d 不宜小于 10mm。为了保证缝隙 d，空心球直径也可初步按式（8-7）估算：

$$D=(d_1+d_2+2a)/\theta \tag{8-7}$$

式中　θ——汇集于空心球节点任意两钢管杆件间的夹角，rad；

d_1、d_2——组成 θ 角的钢管外径，mm；

a——d_1 与 d_2 两钢管间的净距离，一般 $a\geqslant10$mm。

项目 6　网架结构的制作与安装

1. 网架的制作

网架的制作包括节点制作和杆件制作，均在工厂进行。

（1）焊接钢板节点的制作

在进行焊接钢板节点的制作时，首先应根据图纸要求在硬纸板或镀锌薄钢板上进行足尺放样，制成样板，样板上应标出杆件、螺孔等中心线，节点钢板即可按此样板下料。宜采用剪板机或砂轮切割机下料。

节点板按图纸要求角度先点焊定位，然后以角尺或样板为标准，用锤轻击逐渐矫正，最后进行全面焊接。焊接时，应采取相应措施以减少焊接变形和焊接应力。如选用适当的焊接顺序（图 8-24）、采用小电流和分层焊接等。为使焊缝左右均匀，宜采用如图 8-25 所示的船形位置施焊。

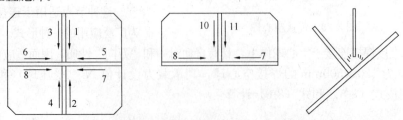

图 8-24　焊接顺序图　　　　　　　图 8-25　船形位置施焊

（2）焊接空心球节点的制作

焊接空心球节点是由两个热轧半球经加工后焊接而成，制作过程如图 8-26 所示。对加肋空心球，应在两半球对焊前先将肋板放入一个半球内并焊好。半球钢板下料直径约为 $\sqrt{2}D$（D 为球的外径），加热温度一般控制在 850～900℃，剖口宜用机床。

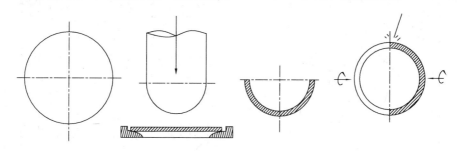

图 8-26　焊接空心球节点制作过程

（3）螺栓球节点的制作

在进行螺栓球节点的制作时，首先将坯料加热后模锻成球坯，然后正火处理，最后进行精加工。加工前应先加工一个高精度的分度夹具，球在车床上加工时，先加工平面螺孔，再用分度夹具加工斜孔。

（4）杆件制作

钢管应用机床下料，角钢宜用剪床、砂轮切割机或气割下料。下料长度应考虑焊接收缩量。焊接收缩量与许多因素有关，如焊逢厚度，焊接时电流强度、气温、焊接方法等。可根据经验结合网架结构的具体情况确定，当缺乏经验时应通过试验确定。

螺栓球节点网架的杆件还包括封板、锥头、套筒和高强螺栓。封板经钢板下料、锥头经钢材下料和胎模锻造毛坯后进行正火处理和机械加工，再与钢管焊接。焊接时应将高强螺栓放在钢管内；套筒制作需经钢材下料、胎模锻造毛坯、正火处理、机械加工和防腐处理；高强螺栓由螺栓制造厂供应。

网架的所有部件都必须进行加工质量和几何尺寸检查，按《网架结构工程质量检验评定标准》JCJ 78 进行检验。

2. 网架的拼装

网架的拼装应根据施工安装方法不同，采用分条拼装、分块拼装或整体拼装。拼装应在平整的刚性平台上进行。

对于焊接空心球节点的网架，为尽量减少现场焊接工作量，多数采用先在工厂或预制拼装场内进行小拼。划分小拼单元时，应尽量使小拼单元本身为一几何不变体。一般可根据网架结构的类型及施工方案等条件划分为平面桁架型和锥体型两种。平面桁架体系网架适于划分成平面桁架型小拼单元，如图 8-27 所示；锥体系网架适于划分成锥体型小拼单元，如图 8-28 所示。小拼应在专门的拼装模架上进行，以保证小拼单元形状尺寸的准确性。

现场拼装应正确选择拼装次序，以减少焊接变形和焊接应力，根据国内多数工程经验，拼装焊接顺序应从中间向两边或四周发展，最好是由中间向两边发展（图 8-29a、b），因为网架在向前拼接时，两端及前边均可自由收缩；而且，在焊完一条节间后，可检查一次尺寸和几何形状，以便在下一条定位焊时给予调整。网架拼装中应避免形成封闭圈。在封闭圈中施焊（图 8-29c），焊接应力将很大。

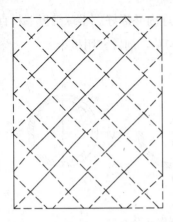

图 8-27　两向正交斜放网小拼
单元划分现场拼焊杆件

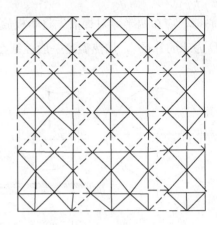

图 8-28　斜放四角锥网架小拼
单元划分现场拼焊杆件

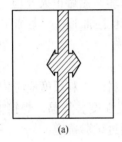

(a)

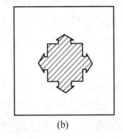

(b)

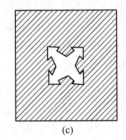

(c)

图 8-29　网架总拼顺序

网架拼装时，一般先焊下弦，使下弦因收缩而向上拱起，然后焊腹杆及上弦杆。如果先焊上弦，由于上弦的收缩而使网架下挠，再焊下弦时由于重力的作用，下弦收缩时就难以再上拱而消除上弦的下挠。

螺栓球节点的网架拼装时，一般也是下弦先拼，将下弦的标高和轴线校正后，全部拧紧螺栓，起定位作用。开始连接腹杆时，螺栓不宜拧紧，但必须使其与下弦节点连接的螺栓吃上劲，以避免周围螺栓都拧紧后，这个螺栓因可能偏歪而无法拧紧。连接上弦时，开始不能拧紧，待安装几行后再拧紧前面的螺栓，如此循环进行。在整个网架拼装完成后，必须进行一次全面检查，看螺栓是否拧紧。

3. 网架的安装

网架的安装是指拼装好的网架用各种施工方法将网架搁置在设计位置上。主要安装方法有：高空散装法、分条或分块安装法、高空滑移法、整体吊装法、整体提升法及整体顶升法等。网架的安装方法，应根据网架受力和构造特点，在满足质量、安全、进度和经济效果的要求下，结合施工技术条件综合确定。

（1）高空散装法

高空散装法是小拼单元或散件（单根杆件及单个节点）直接在设计位置进行总拼的方法。这种施工方法不需大型起重设备，在高空一次拼装完毕，但现场及高空作业量大，且需搭设大规模的拼装支架，耗用大量材料。适用于各类螺栓球节点网架，我国应用较多。

高空散装法有全支架（即满堂脚手架）法和悬挑法两种，全支架法多用于散件拼装，而悬挑法则多用于小拼单元在高空总拼，可以少搭支架。

（2）分条或分块安装法

分条或分块安装法是指将网架分成条状或块状单元，分别由起重设备吊装至高空设计位置，然后再拼装成整体的安装方法。这种施工方法大部分的焊接和拼装工作在地面进行，有利于工程质量，并可省去大部分拼装支架，又能充分利用现有起重设备，较经济。适用于分割后刚度和受力状况改变较小的网架，如两向正交正放网架，以及正放四角锥、正放抽空四角锥等网架。

（3）高空滑移法

高空滑移法是指分条的网架单元在事先设置的滑轨上滑移到设计位置而拼接成整体的安装方法。此条状单元可以在地面拼成后用起重机吊至支架上，也可用小拼单元甚至散件在高空拼装平台上拼成条状单元。这种施工方法网架的安装可与下部其他施工平行立体作业，缩短施工工期，对起重、牵引设备要求不高，可用小型起重机或卷扬机起吊安装，成本低。适用于正放四角锥、正放抽空四角锥、两向正交正放等网架，尤其适用于采用上述网架而场地狭小、跨越其他结构或设备，或需要进行立体交叉施工等情况。

（4）整体吊装法

网架整体吊装法是指网架在地面总拼后，采用单根或多根拔杆、一台或多台起重机进行吊装就位的安装方法。这种施工方法易于保证焊接质量和几何尺寸的准确性，但需要较大的起重设备能力，适用于各种类型的网架。

思 考 题 与 习 题

1. 空间结构的特点是什么？分为哪几类？各有什么特点？

2. 网架结构按网格形式可分为哪几类？叙述各种网架的组成和特点。

3. 网架结构的支承形式哪些？各有何特点？

4. 如何合理地选择网架结构形式？

5. 当网架结构的挠度超过了容许挠度时，改变网架哪个尺寸能最有效地解决此问题？

6. 网架的网格尺寸和高度如何确定？

7. 简述空间桁架位移法计算网架内力的基本假定、基本原理及计算步骤。

8. 何种情况下网架结构可不考虑温度作用产生的内力？

9. 网架结构的杆件一般采用什么截面形式？

10. 对下列网架结构杆件设计时应分别计算哪些内容：（1）轴心受拉杆件；（2）轴心受压杆件。

11. 网架节点形式有哪几类？如何选用？

12. 简述螺栓球节点的组成和特点。

13. 如何确定螺栓球节点中高强度螺栓的直径？

14. 简述焊接空心球节点的特点和构造要求。

15. 简述钢板节点的组成、构造和设计要点。

16. 网架结构的压力支座主要有哪些类型？简述每种类型的组成及适用范围。

17. 网架结构施工主要有哪些方法？

18. 网架采用高空滑移法施工时应考虑哪些问题？

第9单元 屋 盖 结 构

[知识点] 屋盖结构体系；屋盖结构的支撑体系；屋盖支撑的计算与构造；屋架的形式和选型原则；屋架的特征及使用范围；屋架的主要尺寸和荷载组合；屋架杆件的内力计算和截面选择；屋架节点设计的基本要求；屋架节点的计算与构造；钢屋架施工图。

[教学目标] 了解屋盖结构的组成与形式；了解屋盖结构的支撑体系；掌握屋盖支撑的计算与构造；掌握屋架的杆件设计；熟悉屋架的节点设计；掌握钢屋架施工图。

项目1 屋盖结构的组成与形式

1.1 屋盖结构体系

屋盖结构一般由屋架、托架、天窗架、檩条和屋面材料等组成。根据屋面材料和屋面结构布置情况的不同，可分为有檩体系屋盖和无檩体系屋盖两类（图 9-1）。前一类多采用瓦楞铁、波形石棉瓦、预应力钢筋混凝土槽瓦、钢丝网水泥折板瓦、彩色涂层压型钢板、压型钢板夹芯保温板等轻型屋面材料，故须设置檩条作支承并传递屋面荷载给屋架；后一类则是在屋架上直接安放钢筋混凝土大型屋面板、钢筋加气混凝土板等，屋面荷载即由其自身传给屋架。

无檩屋盖的特点是：构件的种类和数量少，施工速度快，且易于铺设保温及防水材料；屋盖刚度大、整体性好、耐久性强；但由于屋面板自重大，屋架及下部承重结构截面

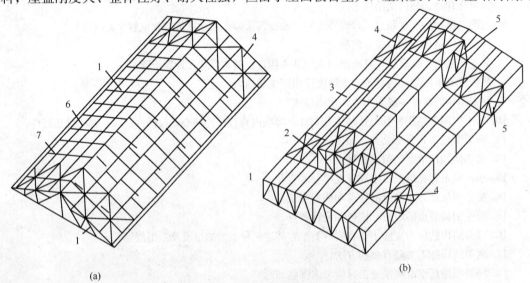

(a)　　　　　　　　　　　　　　　(b)

图 9-1　屋盖结构的组成形式

（a）有檩体系屋盖　（b）无檩体系屋盖

1—屋架；2—天窗架；3—大型屋面板；4—上弦横向水平支撑；5—垂直支撑；6—檩条；7—拉条

增大，用料增加，抗震性能较差；运输及吊装也不太方便，另外受大型屋面板尺寸（常用 1.5m×6.0m 或 3.0m×6.0m）所限，屋架间距必须是 6m，跨度一般取 3m 的倍数。

无檩屋盖常用于对刚度要求较高的工业厂房。

有檩屋盖特点是：可供选用的屋面材料种类较多且自重轻、用料省、运输和吊装方便；可结合檩条的形式和间距从经济角度考虑确定屋架间距，经济间距为 4～6m；但屋盖刚度较差，构件种类及数量较多，构造复杂。

有檩屋盖常用在对刚度要求不高，特别是不需要保暖的中小型厂房中，近年来采用压型金属板的有檩屋盖已逐渐用于大型的工业厂房。

设计时应根据建筑物的受力特点、使用要求、材料供应情况、运输和施工条件及地基状况等具体情况而定。

1.2 檩条、拉条和撑杆

屋盖中檩条的数量多，其用钢量常达屋盖总用钢量的一半以上，因此设计时应给予充分重视，合理地选择其形式和截面。

檩条可全部布置在屋架上弦节点，亦可由屋檐起沿屋架上弦等距离设置，其间距应结合檩条的承载能力、屋面材料的规格和其最大容许跨度、屋架上弦节间长度及是否考虑节间荷载等因素决定。如中波石棉瓦直接放置在檩条上时，由于其长度一般为 1820mm，去掉搭接长度 150mm，且中部还须有一支承，故檩条最大容许间距为（1820－150）/2＝835mm。若石棉瓦下面铺设木望板等基层材料时，则檩条最大容许间距须由基层材料的强度决定。

实腹式檩条常用槽钢、角钢、H 型钢和 Z 形薄壁型钢，并按双向受弯构件计算。

檩条在屋架上应可靠地支承。一般采取在屋架上弦焊接用短角钢制造的檩托，将檩条用 C 级螺栓（不少于两个）和其连接（图 9-2）。对 H 型钢檩条，应将支承处靠向檩托一侧的下翼缘切掉，以便与其连接（图 9-2a）。若翼缘较宽，还可直接用螺栓与屋架连接（图 9-2b），但檩条端部宜设加劲肋，以增强抗扭能力。槽钢檩条的槽口可向上或向下，但朝向屋脊便于安装。角钢和 Z 形薄壁型钢檩条的上翼缘肢尖均应朝向屋脊。

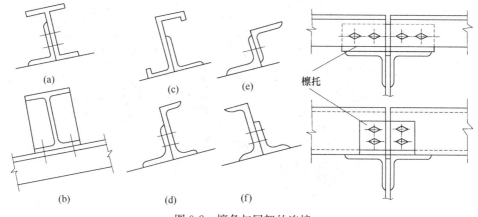

图 9-2　檩条与屋架的连接

拉条的作用是作为檩条的侧向支承点，以减小檩条在平行于屋面方向的跨度，提高檩条的承载能力，减少檩条在使用和施工过程中的侧向变形和扭转。当檩条跨度 $l＝4～6m$ 时，宜设置一道拉条；当 $l＞6m$ 时，宜设置两道拉条（图 9-3a、b）。

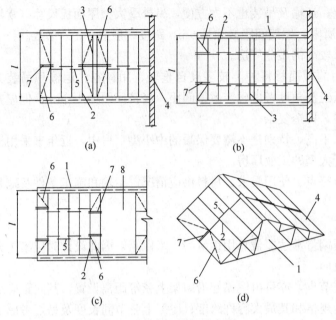

为使拉条形成一个整体不动体系，并能将檩条平行于屋面方向的反力上传至屋脊，须使某些拉条与可作为不动点的屋架节点或檩条连接。当屋面有天窗时，应在天窗侧边两檩条间设斜拉条和作檩条侧向支承的承压刚性撑杆（图 9-3c）。当屋面无天窗时，屋架两坡面的脊檩须在拉条连接处相互联系（图 9-3b），以使两坡面拉力相互平衡，或同天窗侧边一样，设斜拉条和刚性撑杆（图 9-3a）。对 Z 形薄壁型钢檩条，还须在檐口处设斜拉条和撑杆，因为在荷载作用下它也可能向屋脊方向弯曲。当檐口处有圈梁或承重天沟时，可只设直拉条与圈梁或天沟板相连（图 9-3a）。

图 9-3　拉条和撑杆的布置

1—屋架；2—檩条；3—屋脊檩条；4—圈梁；
5—直拉条；6—斜拉条；7—撑杆；8—天窗

　　拉条常用 $\phi 10$、$\phi 12$ 或 $\phi 16$ 圆钢制造，撑杆则多用角钢，按支撑压杆容许长细比 200 选用截面。

　　拉条、撑杆与檩条的连接构造如图 9-4 所示。拉条的位置应靠近檩条上翼缘约 30～40mm，并用螺母将其张紧固定。撑杆则用 C 级螺栓与焊在檩条上的角钢固定。

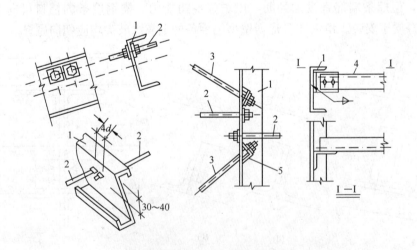

图 9-4　拉条、撑杆与檩条的连接

1—檩条；2—直拉条；3—斜拉条；4—撑杆；5—角钢垫

项目 2 屋盖结构的支撑体系

屋架在其自身平面内为几何不可变体系，并且有较大的刚度，能承受屋架平面内的各种荷载。但是，平面屋架本身在垂直于屋架平面（屋架平面外）的侧向刚度和稳定性很差，不能承受水平荷载。要使屋架具有足够的承载力及一定的空间刚度，应根据结构布置情况和受力特点设置各种支撑体系，使各平面屋架相互联系，组成一个整体刚度较好的空间体系。屋盖支撑体系对屋盖结构的安全工作起重要的保障作用，在钢屋盖坍塌事故中，屋盖支撑设置不当是导致事故发生的主要原因之一。

2.1 屋盖支撑的作用

（1）保证结构的空间整体性能

在屋盖结构中，各个屋架若仅用檩条或大型屋面板连系，没有必要的支撑，屋盖结构在空间上仍是几何可变体系，在荷载作用下就会向一侧倾倒，如图 9-5 虚线所示。只有将某些屋架在适当部位用支撑连系起来，组成稳定的空间体系，其余屋架由檩条或其他构件连接在这个空间体系上，才能使屋盖结构成为一个空间整体。

（2）为屋架弦杆提供侧向支撑点

支撑可作为屋架弦杆的侧向支撑点，使弦杆在屋架平面外的计算长度大大减少，保证了上弦压杆的侧向稳定，并使下弦拉杆有足够的侧向刚度，使其不会在某些动力设备运行时产生过大的振动。

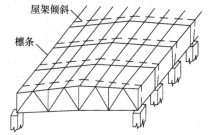

图 9-5 无支撑屋盖屋架倾倒示意

（3）承受和传递水平荷载（如风荷载、悬挂吊车水平荷载和地震荷载等）

（4）保证结构安装时的稳定与方便

支撑能保证屋架在吊装过程中的安全性和准确性，并且便于安装檩条或屋面板。

2.2 屋盖支撑的布置

屋盖支撑系统可分为：横向水平支撑、纵向水平支撑、垂直支撑和系杆。

1. 上弦横向水平支撑

在通常情况下，在屋架上弦和天窗架上弦均应设置横向水平支撑。横向水平支撑一般应设置在房屋两端或纵向温度区段两端（如图 9-6、图 9-7 所示）。有时在山墙承重，或设有纵向天窗但此天窗又未到温度区段尽端而退一个柱间断开时，为了与天窗支撑配合，可将屋架的横向水平支撑布置在第二个柱间，但在第一个柱间要设置刚性系杆以支持端屋架和传递端墙风力（如图 9-7 所示）。两道横向水平支撑间的距离不宜大于 60m，当温度区段长度较大时，尚应在中部增设支撑，以符合此要求。

当采用大型屋面板无檩屋盖时，如果大型屋面板与屋架的连接满足每块板有 3 个点焊牢时，可考虑大型屋面板起一定支撑作用。但由于施工条件的限制，很难保证焊接质量，一般只考虑大型屋面板起系杆作用。而在有檩屋盖中，檩条也只起系杆作用。因此，无论有檩或无檩体系屋盖均应设上弦水平支撑。当屋架间距＞12m 时，上弦水平支撑还应予以加强，以保证屋盖的刚度。

2. 下弦横向水平支撑

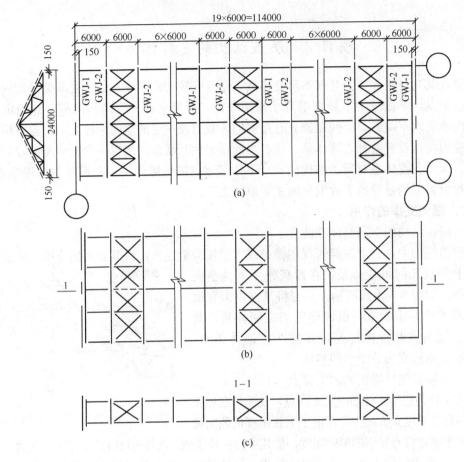

图 9-6　有檩屋盖的支撑布置

(a) 上弦支撑系统；(b) 下弦支撑系统；(c) 竖向支撑系统

当屋架间距＜12m 时，尚应在屋架下弦设置横向水平支撑，但当屋架跨度比较小（l ＜18m 且又无吊车或其他振动设备）时，可不设下弦横向水平支撑。

下弦横向水平支撑一般和上弦横向水平支撑布置在同一柱间以形成空间体系的基本组成部分（如图 9-6、图 9-7 所示）。

当屋架间距≥12m 时，由于在屋架下弦设置支撑不便，可不必设置下弦横向水平支撑，但上弦支撑应适当加强，并应用隅撑或系杆对屋架下弦侧向加以支承。

屋架间距≥18m 时，如果仍采用上述方案则檩条跨度过大，此时宜设置纵向桁架，使主桁架（屋架）与次桁架组成纵横桁架体系，次桁架间再设置檩条或设置横梁及檩条，同时，次桁架还对屋架下弦平面外提供支承。

3. 纵向水平支撑

当房屋较高、跨度较大、空间刚度要求较高时，设有支承中间屋架的托架，为保证托架的侧向稳定时，或设有重级或大吨位的中级工作制桥式吊车、壁行吊车或有锻锤等较大振动设备时，均应在屋架端节间平面内设置纵向水平支撑。纵向水平支撑和横向水平支撑形成封闭体系将大大提高房屋的纵向刚度。单跨厂房一般沿两纵向柱列设置，多跨厂房（包括等高的多跨厂房和多跨厂房的等高部分）则要根据具体情况，沿全部或部分纵向柱列布置。

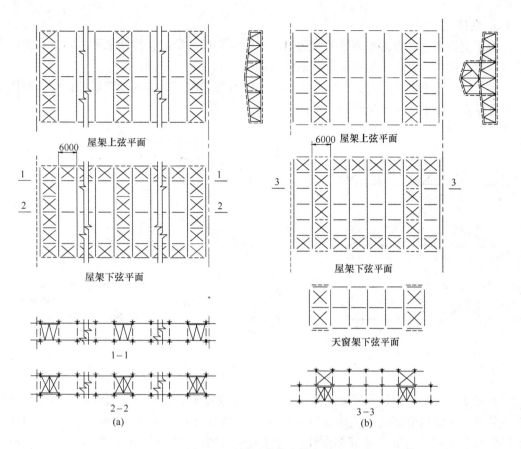

图 9-7　无檩屋盖的支撑布置

（a）屋架间距为 60m 无天窗架的屋盖支撑布置；（b）天窗未到尽端的屋盖支撑布置

屋架间距<12m 时，纵向水平支撑通常布置在屋架下弦平面，但三角形屋架及端斜杆为下降式且主要支座设在上弦处的梯形屋架和人字形屋架，也可以布置在上弦平面内。

屋架间距≥12m 时，纵向水平支撑宜布置在屋架的上弦平面内。

4. 垂直支撑

无论有檩屋盖或无檩屋盖，通常均应设置垂直支撑。屋架的垂直支撑应与上、下弦横向水平支撑设置在同一柱间（如图 9-6、图 9-7 所示）。

对三角形屋架的垂直支撑，当屋架跨度≤18m 时，可仅在跨中设置一道；当跨度>18m 时，宜设置两道（在跨度 1/3 左右处各一道）。

对梯形屋架、人字形屋架或其他端部有一定高度的多边形屋架，必须在屋架端部设置垂直支撑，此外尚应按下列条件设置中部的垂直支撑：当屋架跨度≤30m 时，可仅在屋架跨中布置一道垂直支撑；当屋架跨度>30m 时，则应在跨度 1/3 左右的竖杆平面内各设一道垂直支撑；当有天窗时，宜设置在天窗侧腿的下面（如图 9-8 所示）。若屋架端部有托架时，就用托架等代替，不另设端部垂直支撑。

与天窗架上弦横向支撑类似，天窗架垂直支撑也应设置在天窗架端部以及中部有屋架横向支撑的柱间（如图 9-7b 所示），并应在天窗两侧柱平面内布置（如图 9-8b 所示），对多竖杆和三支点式天窗架，当其宽度>12m 时，尚应在中央竖杆平面内增设一道。

5. 系杆

为了支持未连支撑的平面屋架和天窗架，保证它们的稳定和传递水平力，应在横向支撑或垂直支撑节点处沿房屋通长设置系杆（如图 9-6、图 9-7 所示）。

在屋架上弦平面内，对无檩体系屋盖应在屋脊处和屋架端部处设置系杆；对有檩体系只在有纵向天窗下的屋脊处设置系杆。

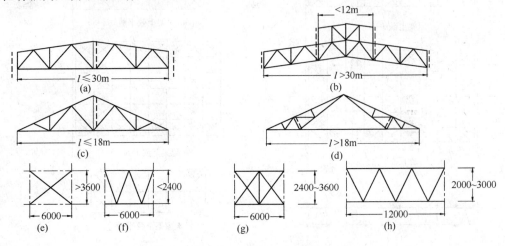

图 9-8　垂直支撑的布置和形式

在屋架下弦平面内，当屋架间距为 6m 时，应在屋架端部处、下弦杆有弯折处、与柱刚接的屋架下弦端节间受压但未设纵向水平支撑的节点处、跨度≥18m 的芬克式屋架的主斜杆与下弦相交的节点处等部位皆应设置系杆。当屋架间距≥12m 时，支撑杆件截面将大大增加，多耗钢材，比较合理的做法是将水平支撑全部布置在上弦平面内并利用檩条作为支撑体系的压杆和系杆，而作为下弦侧向支承的系杆可用支于檩条的隔撑代替。

系杆分刚性系杆（既能受拉也能受压）和柔性系杆（只能受拉）两种。屋架主要支承节点处的系杆、屋架上所有系杆均为刚性系杆，其他情况的系杆可用柔性系杆。

2.3　屋盖支撑的计算与构造

屋架的横向和纵向水平支撑都是平行弦桁架，屋架或托架的弦杆可兼作支撑桁架的弦杆，斜腹杆一般采用十字交叉式（如图 9-6、图 9-7 所示），斜腹杆和弦杆的交角值在 30°～60°。通常横向水平支撑节点间的距离为屋架上弦节间距离的 2～4 倍，纵向水平支撑的宽度取屋架端节间的长度，一般为 6m 左右。

屋架垂直支撑也是一个平行弦桁架（如图 9-8f、g、h 所示），其上、下弦可兼作水平支撑的横杆。有的垂直支撑还兼作檩条，屋架间垂直支撑的腹杆体系应根据其高度与长度之比采用不同的形式，如交叉式、V 式或 W 式（如图 9-8 所示）。天窗架垂直支撑的形式也可按图 9-8 选用。

支撑中的交叉斜杆以及柔性系杆按拉杆设计，通常用单角钢做成；非交叉斜杆、弦杆、横杆以及刚性系杆按压杆设计，宜采用双角钢做成的 T 形截面或十字形截面，其中横杆和刚性系杆常用十字形截面使在两个方向具有等稳定性。屋盖支撑杆件的节点板厚度通常采用 6mm，对重型厂房屋盖宜采用 8mm。

屋盖支撑受力较小，截面尺寸一般由杆件容许长细比和构造要求决定，但对兼作支撑桁架弦杆、横杆或端竖杆的檩条或屋架竖杆等，其长细比应满足支撑压杆的要求，即 [λ] ＝200；兼作柔性系杆的檩条，其长细比应满足支撑拉杆的要求，即 [λ] ＝400（一般情况）或 350（有重级工作制的厂房）。对于承受端墙风力的屋架下弦横向水平支撑和刚性系杆以及承受侧墙风力的屋架下弦纵向水平支撑，当支撑桁架跨度较大（≥24m）或承受的风荷载较大（风压力的标准值＞0.5kN/m）时，或垂直支撑兼作檩条以及考虑厂房结构的空间工作而用纵向水平支撑作为柱的弹性支承时，支撑杆件除应满足长细比要求外，尚应按桁架体系计算内力，并据此内力按强度或稳定性选择截面并计算其连接。

具有交叉斜腹杆的支撑桁架，通常将斜腹杆视为柔性杆件，只能受拉，不能受压，因而每节间只有受拉的斜腹杆参与工作（如图 9-9 所示）。

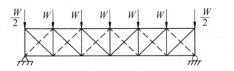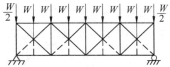

图 9-9 支撑桁架杆件的内力计算简图

支撑和系杆与屋架或天窗架的连接应使构造简单，安装方便，通常采用 C 级螺栓，每一杆件接头处的螺栓数不少于两个。螺栓直径一般为 20mm，与天窗架或轻型钢架连接的螺栓直径可用 16mm。有重级工作制吊车或有较大振动设备的厂房中，屋架下弦支撑和系杆（无下弦支撑时为上弦支撑和隅撑）的连接，宜采用高强度螺栓，或除 C 级螺栓外另加安装焊接，每条焊缝的焊脚尺寸不宜小于 6mm，长度不宜小于 80mm。

项目 3　屋架的杆件设计

屋架是主要承受横向荷载作用的格构式受弯构件。由于其是由直杆相互连接组成，各杆件一般只承受轴心拉力或轴心压力，故截面上的应力分布均匀，材料能充分发挥作用。因此，与实腹梁相比，屋架具有耗钢量小、自重轻、刚度大和容易按需要制成各种不同外形的特点，所以在工业与民用建筑的屋盖结构中得到广泛应用，但屋架在制造时比梁费工。

本书主要以普通钢屋架为对象，就其造型、计算、构造和施工图绘制等作较详细的介绍，但其基本原理同样适用于其他用途的桁架体系，如吊车桁架、制动桁架和支撑桁架等。

3.1　屋架的形式和选型原则

屋架按其外形可分为三角形、梯形、拱形及平行弦（人字形）四种。屋架的选型应符合使用要求、受力合理和便于施工等原则。

1. 使用要求

屋架上弦坡度应适应屋面材料的排水需要。当采用短尺压型钢板、波形石棉瓦和瓦楞铁等时，其排水坡度要求较陡，应采用三角形屋架。当采用大型混凝土屋面板铺油毡防水材料或长尺压型钢板时，其排水坡度可较平缓，应采用梯形或人字形屋架。另外，还应考虑建筑上净空的需要，以及有无天窗、天棚和悬挂吊车等方面的要求。

2. 受力合理

屋架的外形应尽量与弯矩图相近，以使弦杆内力均匀，材料利用充分。腹杆的布置应使内力分布合理，短杆受压，长杆受拉，且杆件和节点数量宜少，总长度宜短。同时应尽可能使荷载作用在节点上，以避免弦杆因受节间荷载产生的局部弯矩而加大截面。当梯形屋架与柱刚接时，其端部应有足够的高度，以便能有效地传递支座弯矩而端部弦杆不致产生过大内力。另外，屋架中部亦应有足够高度，以满足刚度要求。

3. 便于施工

屋架杆件的数量和品种规格宜少，尺寸力求划一，构造应简单，以便于制造。杆件夹角宜在 $30° \sim 60°$，夹角过小，将使节点构造困难。

以上各条要求要同时满足往往不易，因此须根据各种有关条件，对技术经济进行综合分析比较，以便得到较好的经济效果。

3.2 屋架的特征及使用范围

1. 三角形屋架

三角形屋架适用于屋面坡度较陡的有檩体系屋盖。根据屋面材料的排水要求，一般屋面坡度 $i=1/2 \sim 1/3$。三角形屋架端部只能与柱铰接，故房屋横向刚度较低，且其外形与弯矩图的差别较大，因而弦杆的内力很不均匀，在支座处很大，而跨中却较小，使弦杆截面不能充分发挥作用。三角形屋架的上、下弦杆交角一般都较小，尤其在屋面坡度不大时更小，使支座节点构造复杂。综上所述原因，三角形屋架一般只宜用于中、小跨度（$l \leqslant 18 \sim 24m$）的轻屋面结构。

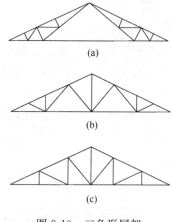

图 9-10　三角形屋架

三角形屋架的腹杆多采用芬克式（图 9-10a），其腹杆虽较多，但压杆短，拉杆长，受力合理。且它可分成两榀小屋架和一根直杆（下弦中间杆），便于运输。人字式（图 9-10b）的腹杆较少，但受压腹杆较长，适用于跨度 $l \leqslant 18m$ 的屋架。单斜式（图 9-10c）的腹杆较长且节点数目较多，只适用于下弦须设置天棚的屋架，一般较少采用。如屋面材料要求的檩距很小，以致檩条有可能不全放在屋架上弦节点，而使节间因荷载作用产生局部弯矩，此时是缩小节间增加腹杆还是加大上弦截面以承受弯矩，须综合分析比较。

2. 梯形屋架

梯形屋架适用于屋面坡度平缓的无檩体系屋盖和采用长尺压型钢板和夹芯保温板的有檩体系屋盖。其屋面坡度一般为 $i=1/8 \sim 1/16$，跨度 $l \geqslant 18 \sim 36m$。由于梯形屋架外形与均布荷载的弯矩图比较接近，因而弦杆内力比较均匀。梯形屋架与柱连接可做成刚接，也可做成铰接。由于刚接可提高房屋横向刚度，因此在全钢结构厂房中广泛采用。当屋架支承在钢筋混凝土柱或砖柱上时，只能做成铰接。

梯形屋架按支座斜杆（端斜杆）与弦杆组成的支承点在下弦或在上弦分为下承式（图 9-11a）和上承式（图 9-11b）两种。一般情况，与柱刚接的屋架宜采用下承式，与柱铰接的则两者均可。梯形屋架的腹杆多采用人字式（图 9-11a），如在屋架下弦设置天棚，可在图中虚线处增设吊杆或采用单斜式腹杆（图 9-11c）。在屋架高度较大的情况下，为使斜杆与弦杆保持适当的交角，上弦节间长度往往比较大，当上弦节间长度为 3m，而大型屋面板宽度为 1.5m 时，可采用再分式腹杆（图 9-11d）将节间缩短至 1.5m，但其制造较费工。故有时仍采用3m节间而使上弦承受局部弯矩，不过这将使上弦截面加大。为同时兼顾，可采取只在跨中一部分节间增加再分杆，而在弦杆内力较小的支座附近采用3m节间，以获得经济效果。

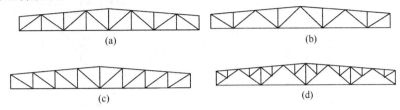

图 9-11　梯形屋架

3. 拱形屋架

拱形屋架适用于有檩体系屋盖。由于屋架外形与弯矩图（通常为抛物线形）接近，故弦杆内力较均匀，腹杆内力亦较小，故受力合理。

拱形屋架的上弦可做成圆弧形（图9-12a）或较易加工的折线形（图9-12b）。腹杆多采用人字式，也可采用单斜式。

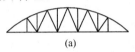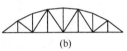

图 9-12　拱形屋架
(a) 圆弧形；(b) 折线形

拱形屋架由于制造费工，故应用较少，仅在大跨度重型屋盖（多做成落地拱式桁架）有所采用。一些大型农贸市场，利用其美观的造型，再配合新品种轻型屋面材料，也有一定应用。

4. 平行弦和人字形屋架

平行弦屋架的上、下弦杆平行，且可做成不同坡度。与柱连接亦可做成刚接或铰接。

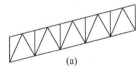

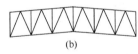

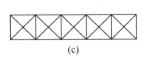

图 9-13　平行弦屋架

平行弦屋架多用于单坡屋盖（图9-13a）和做成人字形屋架的双坡屋盖（图9-13b）或用作托架，支撑桁架亦属此类。平行弦屋架的腹杆多采用人字式（图9-13a、b），用作支撑时常采用交叉式（图9-13c）。我国近年来在一些大型工厂中采用了坡度 $i=2/100\sim5/100$ 的人字形屋架，由于腹杆长度一致，节点类型统一，且在制造时不必起拱，符合标准化、工厂化制造的要求，故效果较好。

3.3　屋架的主要尺寸

屋架的主要尺寸包括屋架跨度 l、屋架高度（跨中）h 和梯形屋架端部高度 h_0。

1. 跨度 l

屋架的跨度取决于房屋的柱网尺寸。屋架跨度 l 指的是标志跨度（柱网轴线的横向间距），在无檩屋盖中应与大型屋面板的宽度相适应，一般以3m为模数。对屋架进行内力分析时，应采用计算跨度 l_0（屋架两端支座反力间的距离）。当屋架简支于钢筋混凝土柱或砖柱上，且柱网采用封闭结合时，考虑屋架支座处的构造尺寸，一般可取 $l_0=l-$（300～400）mm（图9-14a），当屋架支撑于钢筋混凝土柱上，而柱网采用非封闭结合时，取 $l_0=l$（图9-14b）；当屋架与柱刚接且为封闭结合时，取 l_0 为 l

减去上柱宽度，非封闭结合时，取 l_0 为 l 减去两侧的内移尺寸（图 9-14c）。封闭结合是指纵向定位轴线与边柱外缘、外墙内缘三者相重合的定位方法。

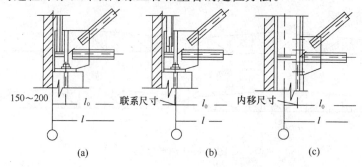

图 9-14　屋架的计算跨度

2. 高度 h

屋架高度 h 应根据经济、刚度和建筑等要求，以及屋面坡度、运输条件等因素确定。

一般情况下，屋架高度 h 可在下列范围内采用：

（1）三角形屋架高度较大，一般取 $h = (1/6 \sim 1/4)l$；梯形屋架、人字形屋架和平行弦屋架坡度较平缓，高度 h 主要由经济高度决定，一般取 $h = (1/10 \sim 1/6)l$。

（2）梯形屋架应首先确定屋架端部高度 h_0，然后按照屋面坡度 i 计算出跨中高度 h，$h = h_0 + l \cdot i/2$。当屋架与柱刚接时，$h_0 = (1/18 \sim 1/10)l$，常取 $1.8 \sim 2.5$m；当屋架与柱铰接时，$h_0 \geqslant l/18$，陡坡屋架宜取 $0.5 \sim 1.0$m，缓坡屋架宜取 $1.8 \sim 2.1$m。

（3）对跨度较大的屋架，若横向荷载较大，在荷载作用下将产生较大的挠度，有损外观并可能影响正常使用。因此，对跨度 $l \geqslant 15$m 的三角形屋架和跨度 $l \geqslant 24$m 的梯形屋架、人字形屋架、平行弦屋架，当下弦无向上弯折时，宜采用起拱（图 9-15），即预先给屋架一个向上的反挠度，以抵消屋架受荷后产生的部分挠度。起拱高度一般为 $l/500$ 左右。在分析屋架内力时，可不考虑起拱高度的影响。

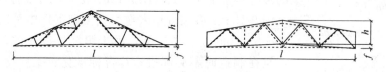

图 9-15　钢屋架的起拱

（4）若屋架横向荷载较小，视情况可不起拱。

3.4　屋架的荷载和荷载组合

作用在屋架上的荷载有永久荷载和可变荷载两部分。各荷载标准值及分项系数、组合系数应按建筑结构荷载规范采用。

永久荷载——包括屋面材料和檩条、屋架、天窗架、支撑以及天棚等结构的自重；

可变荷载——包括屋面活荷载、雪荷载、风荷载、积灰荷载以及悬挂吊车荷载等。

永久荷载和可变荷载可按《建筑结构荷载规范》或按材料的规格计算。

屋架设计时必须根据使用和施工过程中可能遇到的荷载组合对屋架杆件的内力最不利进行计算。荷载组合要按荷载效应的基本组合设计式（1-5）和式（1-6）。一般应考虑下面三种荷载组合：

（1）全跨永久荷载＋全跨可变荷载

（2）全跨永久荷载＋半跨可变荷载

（3）全跨屋架、天窗架和支撑自重＋半跨屋面板重＋半跨屋面活荷载

上述（1）、（2）为使用时可能出现的不利情况，而（3）则是考虑在屋面（主要为大型混凝土屋面板）安装时可能出现的不利情况。在多数情况，用第一种荷载组合计算的屋架杆件内力即为最不利内力。但在第二和第三种荷载组合下，梯形、平行弦、人字形和拱形屋架跨中附近的斜腹杆可能由拉杆变为压杆或内力增大，故应予考虑。有时为了简化计算，可将跨中央每侧各 2～3 根斜腹杆，不论其在第一种荷载组合下是拉杆还是压杆，均当作压杆计算，即控制其长细比不超过 150，此时一般可不再计算第二、第三两种荷载组合。

在荷载组合时，屋面活荷载和雪荷载不会同时出现，可取两者中的较大值计算。

对风荷载，当屋面倾角 $\alpha \leqslant 30°$ 时，为产生卸载作用的风吸力，故一般可不予考虑。但对瓦楞铁等轻型屋面和风荷载大于 490N/m^2 时，则应计算风荷载的作用。

屋架和支撑的自重 g_0 可参照下面经验公式估算：

$$g_0 = \beta l (\text{kN/m}^2, \text{水平投影面}) \tag{9-1}$$

式中 β——系数，当屋面荷载 $Q \leqslant 1\text{kN/m}^2$（轻屋盖）时，$\beta=0.01$；当 $Q=1\sim2.5\text{kN/m}^2$（中屋盖）时，$\beta=0.012$；当 $Q>2.5\text{kN/m}^2$（重屋盖）时，$\beta=0.12/1+0.011$；

l——屋架的标志跨度（m）。

当屋架下弦未设天棚时，通常假定屋架和支撑自重全部作用在上弦；当设有天棚时，则假定上、下弦平均分配。

3.5 屋架杆件的内力计算

计算屋架杆件内力时采用如下假定：

（1）节点均视为铰接。对实际节点中因杆件端部和节点板焊接而具有的刚度以及引起的次应力，在一般情况下可不考虑。

（2）各杆件轴线均在同一平面内且相交于节点中心。屋架杆件的内力均按荷载作用于屋架的上、下弦节点进行计算。对有节间荷载作用的屋架，可先将节间荷载分配在相邻的两个节点上，按只有节点荷载作用的屋架求出各杆件内力，然后再计算直接承受节间荷载杆件的局部弯矩。

作用于屋架上弦节点的荷载 Q 可按各种均布荷载对节点汇集进行计算，如图 9-16 所示阴影部分：

$$Q = \Sigma q_h sa + \Sigma (q_s / \cos\alpha) sa \tag{9-2}$$

式中 q_h——按屋面水平投影面分布的荷载（雪荷载、活荷载、屋架自重等）；

q_s——按屋面坡向分布的永久荷载（屋面材料等）；

s——屋架的间距；

a——上弦节间的水平投影长度；

α——屋面倾角。当 α 较小时，可近似取 $\cos\alpha=1$。

屋架杆件内力可根据屋架计算简图采用图解法、数解法或电算方法计算，但图解法对

三角形屋架和梯形屋架使用较方便。另外，对一般常用形式的屋架，各种建筑结构设计手册中均有单位节点荷载作用下的杆件内力系数，可方便地查表应用。

上弦杆承受节间荷载时的局部弯矩，在理论上应按弹性支座连续梁计算，但其过于繁琐，故一般简化为按简支梁弯矩 M_0 乘以调整系数计算（图 9-17）；对端节间正弯矩取 $M_1 = 0.8M_0$；对其他节间正弯矩和节点（包括屋脊节点）负弯矩取 $M_2 = \pm 0.6M_0$。当仅有一个节间荷载作用在中点时，$M_0 = Qa/4$。

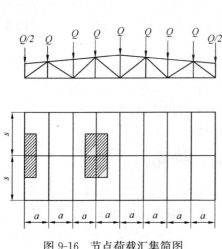

图 9-16　节点荷载汇集简图

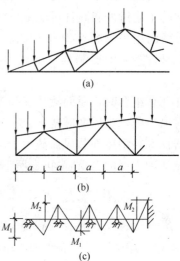

图 9-17　上弦杆局部弯矩计算简图

3.6　杆件的计算长度和容许长细比

1. 杆件的计算长度

确定桁架弦杆和单系腹杆的长细比时，其计算长度 l_0 应按表 9-1 的规定采用。

（1）桁架平面内（图 9-18a）

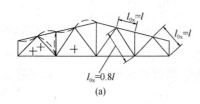

(a)

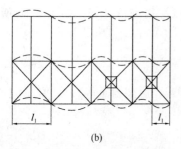

(b)

图 9-18　杆件的计算长度
（a）桁架杆件在桁架平面内的计算长度；
（b）桁架杆件在桁架平面外的计算长度

在理想的桁架中，压杆的桁架平面内的计算长度应等于节点中心间的距离即杆件的几何长度 l，但由于实际上桁架节点具有一定的刚性，杆件两端均系弹性嵌固。当某一压杆因失稳而屈曲，端部绕节点转动时（如图 9-18a 所示）将受到节点中其他杆件的约束。实践和理论分析证明，约束节点的主要因素是拉杆。汇交于节点中的拉杆数量愈多，则产生的约束作用愈大，压杆在节点处的嵌固程度也愈大，其计算长度就愈小。根据这个道理，可视节点的嵌固程度来确定各杆件的计算长度。如图 9-18（a）所示的弦杆、支座斜杆和支座竖杆其本身的刚度较大，且两端相连的拉杆少，因而对节点的嵌固程度很小，可以不考虑，其计算长度不折减而取几何长度（即节点间距离）。其他受压腹杆，考虑到节点处受到拉杆的牵制作用，计算长度适当折减，取 $l_{0x} = 0.8l$（如图 9-18a 所示）。

桁架弦杆和单系腹杆的计算长度 l_0 **表 9-1**

项次	弯曲方向	弦杆	腹杆	
			支座斜杆和支座竖杆	其他腹杆
1	在桁架平面内	l	l	$0.8l$
2	在桁架平面外	l_1	l	l
3	斜平面	—	l	$0.9l$

注：1. l 为构件几何长度（节点中心间距离），l_1 为桁架弦杆侧向支承点间的距离。
2. 斜平面系指与桁架平面斜交的平面，适用于构件截面两主轴均不在桁架平面内的单角钢腹杆和双角钢十字形截面腹杆。
3. 无节点板的腹杆计算长度在任意平面内均取其等于几何长度。

（2）桁架平面外（图 9-18b）

屋架弦杆在平面外的计算长度，应取侧向支承点间的距离。

上弦：一般取上弦横向水平支撑的节间长度。在有檩屋盖中，如檩条与横向水平支撑的交叉点用节点板焊牢（如图 9-18b 所示），则此檩条可视为屋架弦杆的支承点。在无檩屋盖中，考虑大型屋面板能起一定的支撑作用，故一般取两块屋面板的宽度，但不大于 3.0m。

下弦：视有无纵向水平支撑，取纵向水平支撑节点与系杆或系杆与系杆间的距离。

腹杆：因节点在桁架平面外的刚度很小，对杆件没有什么嵌固作用，故所有腹杆均取 $l_{0y}=l$。

（3）斜平面

单面连接的单角钢杆件和双角钢组成的十字形杆件，因截面主轴不在桁架平面内，有可能斜向失稳，杆件两端的节点对其两个方向均有一定的嵌固作用。因此，斜平面计算长度略作折减，取 $l_0=0.9l$，但支座斜杆和支座竖杆仍取其计算长度为几何长度（即 $l_0=l$）。

图 9-19 弦杆在桁架平面外的计算长度

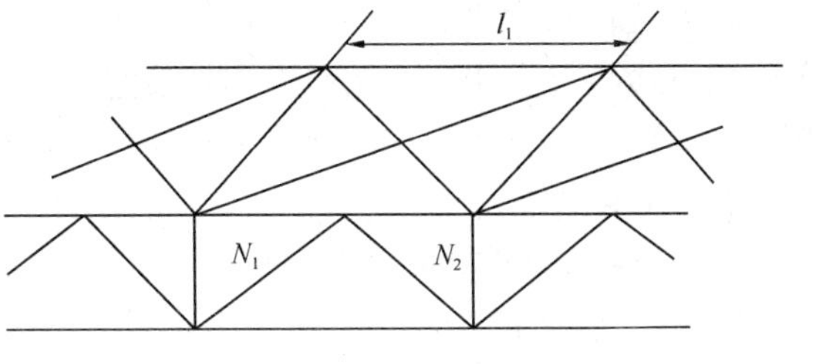

（4）其他

如桁架受压弦杆侧向支承点间的距离为两倍节间长度，且两节间弦杆内力不等时（如图 9-19 所示），该弦杆在桁架平面外的计算长度按下式计算

$$l_0=l_1\left(0.75+0.25\frac{N_2}{N_1}\right)，但不小于 0.5l_1 \tag{9-3}$$

式中 N_1——较大的压力，计算时取正值；

N_2——较小的压力或拉力，计算时压力取正值，拉力取负值。

(a) (b)

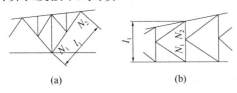

图 9-20 压力有变化的受压腹杆平面外计算长度

(a) 再分式腹杆体系的受压主斜杆在桁架平面外的计算长度；(b) 长形腹杆体系的竖杆桁架交叉腹杆在桁架平面外的计算长度

桁架再分式腹杆体系的受压主斜杆（如图 9-20a 所示）和长形腹杆体系的竖杆桁架交叉腹杆（如图 9-20b 所示）在桁架平面外的计算长

度也应按式（9-3）确定（受拉主斜杆仍取 l_1）；在桁架平面内的计算长度则采用节点中心间距离。

确定桁架交叉腹杆的长细比时，在桁架平面内的计算长度应为节点中心到交叉点间的距离；在桁架平面外的计算长度应按表 9-2 的规定采用。

桁架交叉腹杆在桁架平面外的计算长度　　　　　　　　　　表 9-2

项　次	杆件类别	杆件的交叉情况	桁架平面外的计算长度
1	压杆	相交的另一杆受压，两杆在交叉点均不中断	$l_0 = l\sqrt{\dfrac{1}{2}\left(1+\dfrac{N_0}{N}\right)}$
2		相交的另一杆受压，两杆中有一杆在交叉点中断但以节点板搭接	$l_0 = l\sqrt{1+\dfrac{\pi^2}{12}\times\dfrac{N_0}{N}}$
3		相交的另一杆受拉，两杆在交叉点均不中断	$l_0 = l\sqrt{\dfrac{1}{2}\left(1-\dfrac{3}{4}\times\dfrac{N_0}{N}\right)} \geqslant 0.5l$
4		相交的另一杆受拉，此杆在交叉点中断但以节点板搭接	$l_0 = l\sqrt{1-\dfrac{3}{4}\times\dfrac{N_0}{N}} \geqslant 0.5l$
5	拉杆		$l_0 = l$

注：1. 表中 l 为节点中心间距离（交叉点不作节点考虑），N 为所计算杆的内力，N_0 为相交另一杆的内力，均为绝对值。

　　2. 两杆均受压时，$N_0 \leqslant N$，两杆截面应相同。

　　3. 当确定交叉腹杆中单角钢杆件斜平面的长细比时，计算长度应取节点中心到交叉点间的距离。

2. 杆件的容许长细比

桁架杆件长细比的大小，对杆件的工作有一定的影响。若长细比太大，将使杆件在自重作用下产生过大挠度，在运输和安装过程中因刚度不足而产生弯曲，在动力作用下会引起较大的振动。故在钢结构规范中对拉杆和压杆都规定了容许长细比。其具体规定见第 5 单元表 5-1 和表 5-2。

3.7　杆件的截面选择

1. 杆件的截面形式

桁架杆件截面形式的确定，应考虑构造简单、施工方便、易于连接，使其具有一定的侧向刚度并且取材容易等要求。对轴心受压杆件，为了经济合理，宜使杆件对两个主轴有相近的稳定性，即可使两方向的长细比接近相等。

（1）单壁式屋架杆件的截面形式

普通钢屋架的杆件采用两个角钢组成的 T 形和十字形截面，它具有取材方便，构造简单，自重较轻，便于制造和安装，适用性强和易于维护等许多优点，应用广泛。自 H 型钢在我国生产后，很多情况可用 H 型钢剖开而成的 T 型钢（如图 9-21f、g、h 所示）来代替双角钢组成的 T 形截面。

① 上弦杆

上弦杆在一般的支撑布置情况下，计算长度 $l_{0y} \geqslant 2l_{0x}$，为使轴压稳定系数 φ_x 与 φ_y 接近，一般应满足 $i_y \geqslant 2i_x$，因此，上弦杆宜采用不等边角钢短肢相连的截面（如图 9-21b 所示）或 TW 型截面（如图 9-21f 所示），当 $l_{0y} = l_{0x}$ 时，可采用两个等边角钢截面（如图 9-

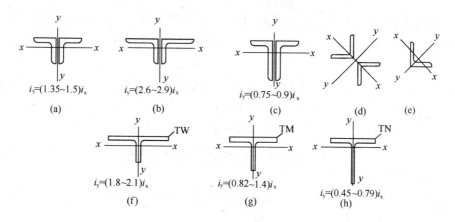

$i_y=(1.35\sim1.5)i_x$ $i_y=(2.6\sim2.9)i_x$ $i_y=(0.75\sim0.9)i_x$
(a)   (b)   (c)   (d)   (e)

$i_y=(1.8\sim2.1)i_x$ $i_y=(0.82\sim1.4)i_x$ $i_y=(0.45\sim0.79)i_x$
(f)   (g)   (h)

图 9-21　屋架杆件截面形式

21a 所示）或 TM 截面（如图 9-21g 所示）；对节间有荷载的上弦杆，为了加强在桁架平面内的抗弯能力，也可采用不等边角钢长肢相连的 T 形截面或 TN 型截面。

②下弦杆

下弦杆的截面由强度控制，同时还应满足如下要求：

A. 杆在平面外的计算长度大，应满足容许长细比要求；

B. 和上弦杆一样，都是屋架外围杆件，应使屋架的侧向刚度尽可能大些；

C. 为了和支撑体系相连，下弦杆的水平肢需要宽些。所以，下弦杆宜采用双等边角钢或不等边角钢短肢相连的 T 形截面。

③端斜腹杆

端斜腹杆由于 $l_{0y}=l_{0x}=l$，为使 φ_x 与 φ_y 接近，即 $\lambda_x\approx\lambda_y$，一般应满足 $i_y\approx i_x$，所以，端斜腹杆可采用不等边角钢长肢相连的 T 形截面，当杆件短，内力较小时，可采用双等边角钢 T 形截面。

④其他腹杆

其他腹杆由于 $i_y=1.25i_x$，为使 φ_x 与 φ_y 接近，即 $\lambda_x\approx\lambda_y$，一般应满足 $i_y=1.25i_x$，一般腹杆可采用双等边角钢 T 形截面，竖腹杆可采用双等边角钢十字形截面，便于和垂直支撑相连以及防止吊装时连接面错位。

（2）双壁式屋架杆件的截面形式

屋架跨度较大时，弦杆等杆件较长，单榀屋架的横向刚度比较低。为保证安装时屋架的侧向刚度，对跨度≥42m 的屋架宜设计成双壁式（图 9-

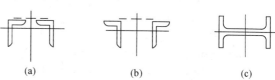

(a)   (b)   (c)

图 9-22　双壁式屋架杆件截面形式

22）。其中由双角钢组成的双壁式截面可用于弦杆和腹杆，横放的 H 型钢可用于大跨度重型双壁式屋架的弦杆和腹杆。

2. 杆件截面选择的一般原则

（1）应优先选用肢宽而薄的板件或肢件组成的截面以增加截面的回转半径，但受压构件应满足局部稳定的要求。一般情况下，板件或肢件的最小厚度为 5mm，对小跨度屋架可用到 4mm。

（2）角钢杆件或 T 型钢的悬伸肢宽不得小于 45mm。直接与支撑或系杆相连的最小肢宽，应根据连接螺栓的直径 d 而定；$d=16$mm 时，为 63mm；$d=18$mm 时，为 70mm；$d=20$mm时，为75mm。垂直支撑或系杆如连接在预先焊于桁架竖腹杆及弦杆的连接板上时，则悬伸肢宽不受此限。

（3）屋架节点板（或 T 型钢弦杆的腹板）的厚度，对单壁式屋架，可根据腹杆的最大内力（对梯形和人字形屋架）或弦杆端节间内力（对三角形屋架），按表 9-3 选用；对双壁式屋架的节点板，则可按照上述内力的一半，按表 9-3 选用。

Q235 钢单壁式焊接屋架节点板厚度选用   表 9-3

梯形、人字形屋架腹杆最大内力或三角形屋架弦杆端节间内力（kN）	≤170	171～290	291～510	511～680	681～910	911～1290	1291～1770	1771～3090
中间节点板厚度（mm）	6～8	8	10	12	14	16	18	20
支座节点板厚度（mm）	10	10	12	14	16	18	20	22

注：1. 节点板钢材为 Q345 钢或 Q390 钢、Q420 钢时，节点板厚度可按表中数值适当减小。
    2. 本表适用于腹杆端部用侧焊缝连接的情况。
    3. 无竖腹杆相连且自由边无加劲肋加强的节点板，应将受压腹杆内力乘以 1.25 后再查表。

（4）跨度较大的桁架（例如≥24m）与柱铰接时，弦杆宜根据内力变化而改变截面，但半跨内一般只改变一次。变截面位置宜在节点处或其附近。改变截面的做法通常是变肢宽而保持厚度不变，以便处理弦杆的拼接构造。

（5）同一屋架的型钢规格不宜太多，以便订货。如选出的型钢规格过多，可将数量较少的小号型钢进行调整，同时就应尽量避免选用相同边长或肢宽而厚度相差很小的型钢，以免施工时产生混料错误。

（6）当连接支撑等的螺栓孔在节点板范围内且距节点板边缘距离≥100mm 时，计算杆件强度可不考虑截面的削弱。

（7）单面连接的单角钢杆件，考虑受力时偏心的影响，在按轴心受拉或轴心受压计算其强度或稳定以及连接时，钢材和连接的强度设计值应乘以相应的折减系数。

对轴心受拉杆件由强度要求计算所需的面积，同时应满足长细比要求。对轴心受压杆件和压弯构件要计算强度、整体稳定、局部稳定和长细比。

3. 双角钢杆件的填板

由双角钢组成的 T 形或十字形截面杆件是按实腹式杆件进行计算的。为了保证两个角钢共同工作，必须每隔一定距离在两个角钢间加设填板，使它们之间有可靠连接。填板的宽度：一般取 50～80mm；填板的长度：对 T 形截面应比角钢肢伸出 10～15mm（如图 9-23a 所示），对十

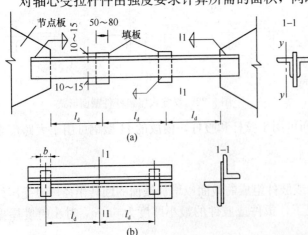

图 9-23　桁架杆件中的填板

字形截面则从角钢肢尖缩进 10～15mm（如图 9-23b 所示），以便于施焊。填板的厚度与桁架节点板相同。

填板的间距对压杆 $l_d \leqslant 40i_1$，拉杆 $l_d \leqslant 80i_1$；在 T 形截面中，i_1 为一个角钢对平行于填板自身形心轴的回转半径；在十字形截面中，填板应沿两个方向交错放置，i_1 为一个角钢的最小回转半径，在压杆的桁架平面外计算长度范围内，至少应设置两块填板。

项目 4　屋架的节点设计

屋架杆件一般采用节点板相互连接，各杆件内力通过杆端焊缝传给节点板，并汇交于节点中心以取得平衡。节点设计时应做到构造合理、传力明确、连接可靠和制造安装方便等。

4.1　节点设计基本要求

（1）杆件的形心线应与屋架的几何轴线重合，并交于节点中心，以免杆件偏心受力而引起附加弯矩。但为了方便制造，通常将角钢肢背至形心距离取为 5mm 倍数。当弦杆截面沿长度有改变时，为方便拼接和放置屋面构件，应使角钢肢背平齐，并使两侧角钢形心线的中线作为屋架弦杆的共同轴线（图 9-24）。当两侧形心线偏移距离 e 不超过较大弦杆截面高度 5％时，可不考虑此偏心影响。

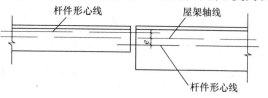

图 9-24　弦杆截面改变时的轴线位置

（2）屋架各杆件在节点板上焊接时应留有一定的间隙，弦杆与腹杆之间以及腹杆与腹杆之间的间隙不宜小于 20mm。以便于施焊和避免由于焊缝过于密集而使节点板材质变脆。

（3）角钢端部切割宜与轴线垂直（图 9-25a），有时为减小节点板尺寸，也可将其一肢斜切（图 9-25b、c）但不能采用将一个肢完全切去而另一肢伸出的斜切（图 9-25d）。

图 9-25　角钢端部的切割

（4）节点板的形状应力求简单规整，应至少有两边平行，如矩形、平行四边形和直角梯形等。节点板外形必须避免凹角，以防产生严重的应力集中现象。节点板边缘与杆件轴线间的夹角 α 不应小于 15°，节点板的尺寸应尽量使连接焊缝中心受力（图 9-26a）。应避免如图 9-26b 所示形式，否则将使弦杆的连接焊缝偏心受力。为便于施焊，节点板通常伸出弦杆角钢肢背 10～15mm。

（5）支承大型混凝土屋面板的上弦杆，伸出肢宽不宜小于 80mm（屋架间距 6m）或100mm（屋架间距大于 6m），否则应在支承处增设外伸的水平板（图 9-27b），以保证屋面板支承长度。当支承处总集中荷载的设计值大于表 9-4 的数值时，应对水平肢按图 9-27作法之一予以加强，以防水平肢过薄而产生局部弯曲。

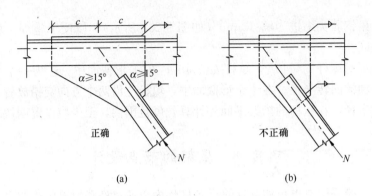

图 9-26　节点板焊缝位置

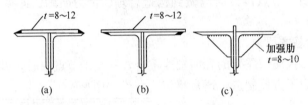

图 9-27　上弦角钢加强示意图

弦杆不加强的最大节点荷载　　　　　　　　　　表 9-4

角钢厚度（mm），当钢材为	Q235	8	10	12	14	16
	Q345	7	8	10	12	14
支承处总集中荷载的设计值（kN）		25	40	55	75	100

4.2　节点的计算与构造

节点设计时，先根据腹杆内力计算所需的焊缝长度和焊脚尺寸。再依腹杆所需焊缝长度并结合构造要求及施工误差等确定节点板的形状和尺寸。弦杆与节点板的焊缝长度已由节点板的尺寸给定，最后计算弦杆与节点板的焊脚尺寸和设计弦杆的拼接等。焊缝尺寸应满足第 3 单元构造要求。以下介绍几种典型节点的设计方法。

1. 一般节点

一般节点是指无集中荷载和无弦杆拼接的节点，例如无悬挂吊车荷载的屋架下弦中间节点（图 9-28）。节点板应伸出弦杆 10～15mm 以便布置焊缝。

（1）腹杆与节点板连接焊缝按第 3 单元角钢角焊缝承受轴心力方法计算。

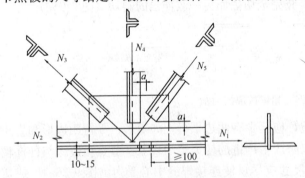

图 9-28　无节点荷载的下弦节点

（2）弦杆与节点板的连接焊缝，承受节点相邻间节间弦杆内力之差 $\Delta N = N_1 - N_2$，按下式计算其焊脚尺寸：

肢背焊缝　　　　　　　　$$h_{f1} \geqslant \frac{K_1 \Delta N}{2 \times 0.7 l_w f_f^w}$$　　　　　（9-4）

肢尖焊缝
$$h_{f2} \geqslant \frac{K_2 \Delta N}{2 \times 0.7 l_w f_f^w} \qquad (9-5)$$

式中　K_1、K_2——角焊缝内力分配系数；

　　　　f_f^w——角焊缝强度设计值；

　　　　l_w——每条角焊缝的计算长度，取实际长度减去 $2h_f$。

　　h_{f1}、h_{f2}——肢背、肢尖焊缝的焊脚尺寸，设计中常取相同值，且等于或略小于角钢肢厚。

通常因 ΔN 很小，焊缝中应力很低，可按构造决定焊脚尺寸沿节点板满焊。

2. 作用有集中荷载的节点

由于上弦节点总有集中荷载作用，例如大型屋面板肋或檩条传来的集中荷载。故计算应考虑杆件内力与集中荷载的共同作用。

为便于大型屋面板或檩条连接角钢的放置，常将节点板缩进上弦角钢肢背而采用槽焊连接（图 9-29a、b）。缩进距离不宜小于（$0.5t+2$）mm，也不宜大于 t，t 为节点板厚度。假设槽焊缝只承受集中荷载，槽焊缝按下式计算其强度：

$$\sigma_f = \frac{Q}{2 \times 0.7 h_{f1} l_w} \leqslant \beta_f f_f^w \qquad (9-6)$$

式中　Q——节点集中荷载垂直于屋面的分量；

　　h_{f1}——焊脚尺寸，取 $h_{f1}=0.5t$；

　　β_f——正面角焊缝强度增大系数。

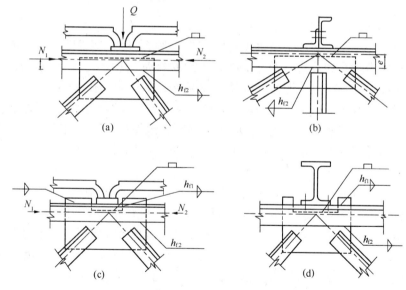

图 9-29　屋架上弦节点

实际上因 Q 不大，可按构造满焊。

上弦节点相邻节间弦件内力之差 $\Delta N = N_1 - N_2$ 由角钢肢尖与节点板的连接焊缝承受，并考虑由此产生的偏心力矩 $M = \Delta N e$（e 为角钢肢尖至弦杆轴线距离），上弦肢尖角焊缝按下列公式计算：

对 ΔN
$$\tau_f = \frac{\Delta N}{2 \times 0.7 h_{f2} l_w} \qquad (9-7)$$

对 M $$\sigma_f = \frac{6M}{2 \times 0.7 h_{f2} l_w^2} \tag{9-8}$$

验算公式 $$\sqrt{\left(\frac{\sigma_f}{\beta_f}\right)^2 + \tau_f^2} \leqslant f_f^w \tag{9-9}$$

式中 h_{f2}——肢尖焊缝的焊脚尺寸。

如果节点板向上伸出不妨碍屋面构件的放置或仅由肢尖焊缝承担 ΔN 不能满足强度要求时，可以将节点板全部或部分向上伸出（图 9-29c、d）。这时弦杆与节点板的连接焊缝按下列公式验算：

肢背焊缝

$$\frac{\sqrt{\left(\frac{Q}{2\beta_f}\right)^2 + (K_1 \Delta N)^2}}{2 \times 0.7 h_{f1} l_{w1}} \leqslant f_f^w \tag{9-10}$$

肢尖焊缝

$$\frac{\sqrt{\left(\frac{Q}{2\beta_f}\right)^2 + (K_2 \Delta N)^2}}{2 \times 0.7 h_{f2} l_{w2}} \leqslant f_f^w \tag{9-11}$$

式中 h_{f1}、l_{w1}——肢背焊缝的焊脚尺寸和计算长度；

h_{f2}、l_{w2}——肢尖焊缝的焊脚尺寸和计算长度。

对于下弦节点，若作用有集中荷载，下弦杆与节点板的连接焊缝可按式（9-10）和式（9-11）计算。

3. 弦杆拼接节点

弦杆拼接分为工厂拼接和工地拼接两种。工厂拼接是因角钢长度不足，在工厂制造的接头，常设在杆力较小的节间（图 9-30d）；工地拼接是为屋架分段运输，在工地进行的安装接头，常设在屋脊节点（图 9-30a、b）和下弦中央节点（图 9-30c）。

在工地拼接时（图 9-30a、b、c），屋架的中央节点板和竖杆均在工厂焊于左半跨，右半跨杆件与中央节点板的拼接角钢与弦杆的连接为工地焊接。拼接角钢与弦杆连接的相应位置均需设置临时性的安装螺栓定位和夹紧，以便于安装焊缝施焊。

（1）上弦拼接节点

屋架上弦一般都在屋脊节点处用两根与上弦相等截面的角钢拼接。角钢一般采用热弯形成。当屋面坡度较大且拼接角钢肢宽不易弯折时，可将拼接角钢竖肢开口（钻孔，焰割）弯折后对焊。为了使拼接角钢与弦杆紧密相贴，需将拼接角钢的棱角切去，为便于施焊，将拼接角钢竖肢切去 $\Delta = (t + h_f + 5)$（图 9-30e），t 是角钢厚度。拼接角钢削棱切肢引起的截面削弱，一般不超过原截面的 15%，削弱的截面可由节点板来补偿。当角钢肢宽≥130mm 时，最好切成四个斜边以便传力平顺（图 9-30f）。

拼接角钢的长度根据焊缝长度计算确定，通常按被连接弦杆的最大杆力计算。在双角钢拼接中，连接角钢所受轴心力 N 由四条焊缝平均分配，如图 9-30 中的焊缝①，每条焊缝的计算长度为：

$$l_w = \frac{N}{4 \times 0.7 h_f f_f^w} \tag{9-12}$$

式中 N——节点两侧弦杆内力的较大值。

焊缝的实际长度 $$l = 2(l_w + 2h_f)$$ (9-13)

拼接角钢的长度等于焊缝实际长度加上弦杆杆端空隙（一般为 30～50mm）。为了保证拼接节点的刚度，拼接角钢的长度不宜小于 400～600mm。跨度大的屋架取较大值。

上弦与节点板的连接焊缝可根据集中荷载 Q 由上弦角钢肢背处的槽焊缝承受，这样就可采用式（9-7）、式（9-8）和式（9-9）计算焊缝。当坡度较小时，ΔN 按上弦较大内力的 15% 计算，当坡度较大时，ΔN 取上弦内力的竖向分力与节点荷载的合力和上弦较大内力的 15% 两者中较大值计算。在图 9-30（a）、（b）的脊节点处，则需要根据节点上的平衡关系来计算，上弦杆与节点板间的连接焊缝③应承受接头两侧弦杆的竖向分力与节点荷载 Q 的合力。

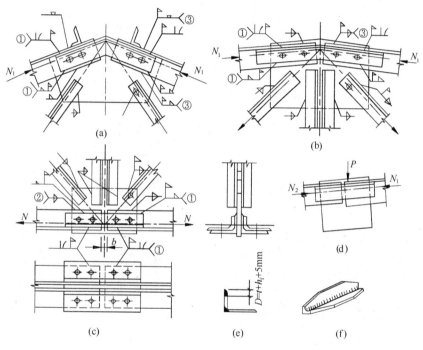

图 9-30　弦杆拼接节点

（2）下弦拼接节点

下弦中央拼接节点构造与屋脊节点相近，采用与下弦截面相同的拼接角钢，并将角钢棱角铲去，同时切去 $\Delta = (t + h_f + 5)$。当角钢肢宽≥130mm 时也要切斜边以便内力传递均匀。

下弦拼接角钢的长度等于连接一侧每条侧焊缝实际长度的两倍加上 10～20mm。

下弦与节点板的连接焊缝②按式（9-4）和式（9-5）计算，公式中的 ΔN 为两侧下弦内力差和下弦较大内力的 15% 中较大值。当节点作用有集中荷载时，则应按上述 ΔN 值和集中荷载 Q 值按式（9-10）和式（9-11）计算。对于受拉下弦杆，截面由强度计算确定，连接角钢面积的削弱势必降低连接角钢的承载能力，这部分降低承载力应由节点板承受。所以下弦杆与节点板的连接焊缝②应按下式计算：

$$\tau = \frac{k_1 \times 0.15 N_{max}}{2 \times 0.7 h_f l_w} \leq f_f^w$$

式中 k_1——下弦角钢背上的内力分配系数。

4. 支座节点

屋架与柱的连接可以刚接（图 9-31）也可以铰接（图 9-32）。支承于钢筋混凝土柱或砖柱上的屋架一般按铰接考虑，而支承于钢柱上的屋架通常按刚接考虑。

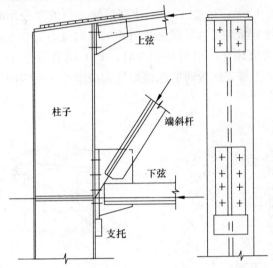

图 9-31 屋架与柱的刚接构造

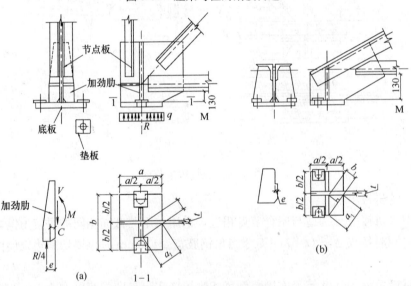

图 9-32 屋架与柱的铰接构造
(a) 梯形屋架支座节点；(b) 三角形屋架支座节点

铰接支座节点大多采用平板式支座，由节点板、底板、加劲肋和锚栓组成。加劲肋设于支座节点中心处，高度和厚度均与节点板相同。但在三角形屋架中，加劲肋顶部应紧靠上弦杆水平肢并与之焊接（图 9-32b）。加劲肋的作用是提高底板的竖向刚度，使底板受力均匀，减少底板弯矩，同时增强节点板侧向刚度。

为了便于施焊，下弦角钢肢背与支座底板的距离不宜小于下弦角钢水平肢的宽度，也不小于 130mm。支座底板与栓顶有锚栓连接，锚栓预埋于柱顶，直径一般取 20～25mm。为便于安装时调整位置，底板上的锚栓孔径宜为锚栓直径的 2～2.5 倍且在外侧开口。

当屋架安装完毕后再加小垫板套住锚栓并与底板焊牢。小垫板上孔径比锚栓直径大 1～2mm。锚栓孔可设在底板的两个外侧区格（图 9-32b），也可设在底板中线两侧加劲肋端部（图 9-32a）。

支座节点的传力路线是：屋架汇交于此节点的各杆内力通过杆端焊缝传给节点板，再经节点板和加劲肋间的竖直焊缝将内力的垂直分量传给底板，再传到柱。内力的水平分量在节点板上相互平衡。节点设计方法如下。

（1）底板计算

支座底板的面积按下式计算

$$A = \frac{R}{f_c} + A_0 \tag{9-14}$$

式中　R——屋架的支座反力；

　　　f_c——钢筋混凝土轴心抗压强度设计值；

　　　A_0——底板上锚栓孔的面积。

方形支座底板的边长为 $a \geqslant \sqrt{A}$，矩形底板可先假定一边长度，即可求另一边长度。考虑到构造要求，底边的短边尺寸一般不小于 200mm。

底板厚度 t 按下式计算

$$t \geqslant \sqrt{\frac{6M}{f}} \tag{9-15}$$

按三边支承板计算　　　　　　$M = \beta q a_1^2$

$$q = R/A$$

式中　M——两相邻边支承板单位宽度的最大弯矩；

　　　β——系数，由 b_1/a_1 查表 5-9 可得，b_1 及 a_1 如图 9-32 所示；

　　　q——底板下压力平均值。

为使底板下压力分布均匀，底板厚度不宜过小，普通钢屋架不小于 14mm，轻型钢屋架不小于 12mm。

（2）加劲肋与支座节点板的连接焊缝

每块加劲肋与节点板的焊缝近似按承受屋架支座反力的四分之一计算。并考虑偏心弯矩作用。因此焊缝承受剪力 $V = R/4$ 和弯矩 $M = Re/4$（图 9-32）。焊缝的长度就是加劲肋的高度，假定 h_f 后按下式验算强度

$$\sqrt{\left(\frac{\sigma_f}{1.22}\right)^2 + \tau_f^2} \leqslant f_f^w \tag{9-16}$$

其中　　　　　$\sigma_f = \frac{6M}{2 \times 0.7 h_f l_w^2}$　　　$\tau_f = \frac{V}{2 \times 0.7 h_f l_w^2}$

式中　l_w——加劲肋与节点板每条连接焊缝的计算长度。

（3）支座底板的水平焊缝

节点板、加劲肋与底板的水平焊缝可按均匀承受支座反力计算，因节点板与底板间为连续施焊，故加劲肋在与节点板接触边的下端切斜角，所以计算水平焊缝计算长度时除考

虑起落弧的影响外，对加劲肋的焊缝还要减去切角宽度 c 和节间板厚度 t。共有 6 条焊缝受力，其总计算长度 Σl_w 为：

$$\Sigma l_w = 2a + 2(b - t - 2c) - 12h_f \tag{9-17}$$

式中 t——节点板厚度；

c——加劲肋切口宽度。

其水平焊缝焊脚尺寸应满足：

$$h_f \geqslant \frac{R}{0.7 \times 1.22 f_f^w \Sigma l_w} \tag{9-18}$$

项目5 钢屋架施工图

钢屋架施工图是钢结构进厂加工制造的主要依据，必须清楚详尽。钢屋架施工图主要包括屋架简图、正面详图、上下弦平面图、必要数量的侧面图和零件图。施工图上还应有整榀屋架的几何轴线图和材料表。对称屋架可只画左半榀，但需将屋脊节点和下弦中央拼接节点画全，以避免右半跨因工地拼接引起的少量差异（如安装螺栓，某些工地焊缝等）。施工图绘制要点如下：

（1）图纸左上角采用合适比例绘制屋架几何轴线图，轴线图左半跨标明屋架的几何轴线尺寸（mm），右半跨注上杆件的内力设计值（kN）。对于考虑起拱的屋架应注在屋架简图上（图 9-15）。

（2）主要图面应绘制屋架的正面详图，上下弦平面图，必要的侧面图和零件图。屋架施工图常用两种比例绘制，屋架轴线一般用 1：20～1：30 的比例尺；杆件截面和节点尺寸采用 1：10～1：15，重要节点大样，比例尺还可加大，以清楚表达节点细部。

下面简要介绍节点正面图的绘制步骤：

工程上常用四个步骤：一定中心，二画杆，三画焊缝，四画板。

如图 9-33 所示，以下弦杆节点为例。首先在图纸中下部确定节点中心，画出屋架所有杆件轴线（中心线）。然后在中心线两侧画出各角钢杆件的肢宽（角钢肢背到轴线距离应为 5mm 倍数），确定下弦杆位置。

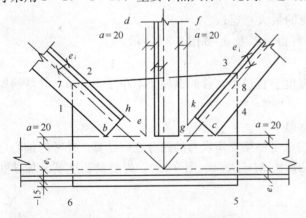

图 9-33 节点板形状和尺寸的确定

在下弦杆肢尖上方 20mm 处作一平行线，竖杆轴线与平行线交点即为竖杆端部位置。然后在竖杆角钢两侧各 20mm 处分别作一平行线 de、fg，作为竖腹杆与斜腹杆的最小间距。下弦杆平行线与两斜腹杆角钢肢尖（或肢背）边线交于 b、c 两点，分别过 b、c 点作两斜腹杆的垂线，垂线 bh、ck 即为斜腹杆端部位置。

分别由点 b、h、k、c 开始向上量出肢尖、肢背焊缝实际长度，分别得到 1、2、3、4 点。

分别过 1、4 点作下弦杆垂线，并超过角钢肢背 10～15mm 得 6、5 两点。分别连接 5、6 两点和 2、3 两点得到两线段 56 和 23。将线段 61、54 延长与线段 23 的双向延长线相交于 7、8 两点。梯形 5678 即为节点板的最小尺寸。最后将节点板尺寸圆整为 5mm 的倍数。节点板 56 长度要大于下弦杆焊缝长度。

（3）施工图中应注明各零件（型钢和钢板）的型号和尺寸，包括加工尺寸、定位尺寸、孔洞位置以及对工厂加工、工地施工的所有要求。定位尺寸有杆件轴线至角钢肢背的距离 e_i（模数为 5mm），节点中心至杆件的近端距离，节点中心到节点板上、下、左、右边缘的距离。螺栓孔定位时，应从节点中心、轴线或角钢肢背处标注。

（4）施工图中要对零件进行详细编号并制成材料表。零件编号按主次、左右、上下、杆件和零件用途等顺序编号。完全相同的杆件或零件用同一编号，正、反面对称的杆件亦可用同一编号，在材料表中加以说明其正、反即可。材料表中应列出所有杆件和零件的编号、规格尺寸、长度、数量（正、反）和重量，最后算出整榀屋架的用钢量。

（5）施工图中还应有必要的说明，说明的内容包括钢材的钢号、焊条型号、加工精度要求、焊缝质量要求；图中未注明的焊缝和螺栓孔的尺寸以及油漆、运输、安装和制造等要求。对一些不易用图表达的宜用文字集中说明。

项目 6　普通钢屋架设计实例

1. 设计资料

某金工车间，车间横向支柱轴线间距 30m，房屋长度 102m，屋架间距 6m，屋面坡度 $i=1/10$。屋面采用 1.5m×6m 预应力钢筋混凝土大型屋面板，上铺 10cm 厚水泥珍珠岩预制块保温层，卷材屋面。车间内设有两台 30/5t 中级工作制桥式吊车。屋架简支在钢筋混凝土柱上，上柱截面 400mm × 400mm，混凝土强度等级为 C20。屋面活荷载 0.7kN/m²，雪荷载 0.4kN/m²。钢材采用 Q235-BF，焊条 E43 系列，手工焊。

2. 屋架形式及尺寸

因屋面采用预应力混凝土大型屋面板，屋面坡度 $i=1/10$，故采用梯形屋架。

屋架的计算跨度

$$l_0 = l - 0.3 = 30 - 0.3 = 29.7\text{m}$$

屋架在 30m 轴线处端部高度取

$$h_0 = 1.99\text{m}$$

屋架在 29.7m 的两端高度取

$$h'_0 = 2.005\text{m}$$

跨中高度

$$h = h_0 + li/2 = 1.99 + 0.1 \times 15 = 3.49\text{m}$$

屋架高跨比

$$h/l = 3.49/30 = 1/8.6$$

在屋架常用高跨比范围之内。

为了使上弦承受节点荷载，结合屋面板的宽度，腹杆体系采用人字式，在跨中考虑腹杆的适宜倾角，采用再分式。屋架腹杆形式如图 9-34 所示，屋架跨中起拱高度 60mm（$l/500$）。

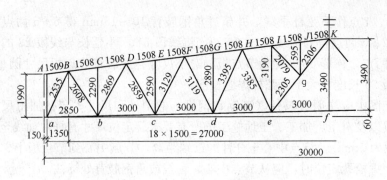

图 9-34 屋架几何尺寸

3. 屋盖支撑布置

根据车间长度、跨度及荷载设置情况设置三道上下弦横向水平支撑，柱网采用封闭结合，为统一支撑规格，厂房两端的横向水平支撑设在第二柱间。在第一柱间的上弦平面设置刚性系杆以保证上弦杆的稳定，在第一柱间下弦平面也设置刚性系杆以传递山墙受到的风荷载。垂直支撑与横向水平支撑布置在同一柱间，在屋架跨中和两端各设一道。在屋脊节点及支座节点处沿厂房纵向通长设置刚性系杆，下弦跨中节点处沿厂房纵向通长设置一道柔性系杆，支撑布置如图 9-35 所示。GWJ-2 代表与横向水平支撑连接的屋架；GWJ-3 代表山墙的端屋架；其他屋架编号均为 GWJ-1。

4. 荷载及内力计算

（1）荷载计算

荷载计算见表 9-5。

荷载计算及汇总表

表 9-5

项次	荷载名称	计算式	标准值 (kN/m²)	设计值 (kN/m²)	备　注
1	防水层（三毡四油，上铺小石子）		0.4	0.48	沿屋面坡向分布
2	水泥砂浆找平层（20mm 厚）	0.02×20	0.4	0.48	沿屋面坡向分布
3	水泥珍珠岩预制块（100mm 厚）	0.1×1.0	0.1	0.12	沿屋面坡向分布
4	水泥砂浆找平层（25mm 厚）	0.025×20	0.5	0.6	沿屋面坡向分布
5	预应力钢筋混凝土大型屋面板（包括灌浆）		1.4	1.68	沿屋面坡向分布
6	钢屋架及支撑	$0.12 + 0.011 \times 30$	0.45	0.54	沿水平面分布
	恒载总和		3.25	3.9	
7	屋面均匀活荷载		0.7	0.98	沿水平面分布，计算中取二者较大值
8	雪荷载		0.4	0.56	
	可变荷载总和		0.7	0.98	取屋面均布活荷载

注：非轻型屋盖不考虑风荷载的作用。

荷载组合应考虑以下几个方面：

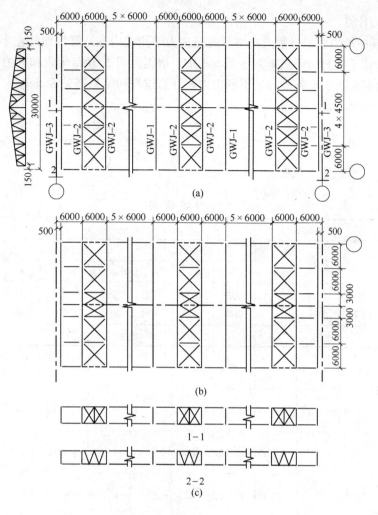

图 9-35 屋盖支撑布置图

(a) 上弦横向水平支撑；(b) 下弦横向水平支撑；(c) 垂直支撑

①使用阶段

全跨永久荷载＋全跨可变荷载；

全跨永久荷载＋半跨可变荷载（按分别作用在左、右半跨两种情况考虑）。永久荷载及可变荷载引起的节点荷载设计值 $P_恒$ 及 $P_活$ 分别为：

$$P_恒 = 3.9 \times 1.5 \times 6 = 35.1\text{kN}$$

$$P_活 = 0.98 \times 1.5 \times 6 = 8.82\text{kN}$$

②施工阶段

全跨屋架和支撑自重＋半跨屋面板自重＋半跨屋面活荷载。屋面板自重及施工荷载（取屋面活荷载数值）可能出现在左半跨，也可能出现在右半跨，取决于屋面板的安装顺序。若从屋架两端对称铺设时，可不必考虑此种组合。永久荷载及可变荷载引起的节点荷载设计值 $P'_恒$ 及 $P'_活$ 分别为：

$$P'_恒 = 0.54 \times 1.5 \times 6 = 4.86\text{kN}$$

$$P'_活 = (1.68 + 0.98) \times 1.5 \times 6 = 4.86\text{kN}$$

（2）内力计算

首先选择一种适宜的计算方法（详见结构力学相关内容）算出屋架左半跨在单位集中荷载 $P=1$ 作用下的杆力系数，列于表 9-6 中，根据算得的节点荷载和杆力系数，利用表 9-7 进行内力组合并求出各杆的最不利内力，计算过程和结果详见表 9-7。

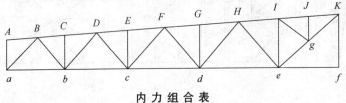

内 力 组 合 表　　　　　　　　　　表 9-6

杆件名称		杆力系数 $P=1$			使用阶段			施工阶段			计算杆力(kN)	组合项目
		在左半跨	在右半跨	全跨	$P_{恒}\times③$ 全跨恒载	$P_{活}\times①$ 在左半跨	$P_{活}\times②$ 在右半跨	$P'_{恒}\times③$ 全跨恒载	$P'_{活}\times①$ 在左半跨	$P'_{活}\times②$ 在右半跨		
		①	②	③	④	⑤	⑥	⑦	⑧	⑨		
上弦	AB	0	0	0	0	0	0	0	0	0	0	①+⑤+⑥
	BD	−8.14	−3.15	−11.29	−396.28	−71.79	−27.78	−54.87	−194.87	−75.41	−495.85	①+⑤+⑥
	DF	−12.45	−5.73	−18.18	−638.12	−109.81	−50.54	−88.35	−298.05	−137.18	−798.47	①+⑤+⑥
	FH	−13.80	−7.68	−21.48	−753.95	−121.72	−67.74	−104.39	−330.37	−183.86	−943.41	①+⑤+⑥
	HI	−12.99	−9.27	−22.26	−781.33	−114.57	−81.76	−108.18	−310.98	−221.92	−977.66	①+⑤+⑥
	IK	−13.39	−9.27	−22.66	−795.37	−118.10	−81.76	−110.13	−320.56	−221.92	−995.23	①+⑤+⑥
下弦	ab	+4.43	+1.70	+6.13	+215.16	+39.07	+14.99	+29.79	+106.05	+40.70	+269.22	①+⑤+⑥
	bc	+10.68	+4.53	+15.21	+538.87	+94.20	+39.95	+73.92	+255.68	+108.45	+668.02	①+⑤+⑥
	cd	+13.36	+6.72	+20.08	+704.81	+117.84	+59.27	+97.59	+319.84	+160.88	+881.92	①+⑤+⑥
	de	+13.55	+8.49	+22.04	+773.60	+119.51	+74.88	+107.11	+324.39	+203.25	+967.99	①+⑤+⑥
	ef	+10.54	+10.54	+21.08	+739.91	+92.96	+92.96	+102.45	+252.33	+252.33	+925.93	①+⑤+⑥

杆件名称	杆力系数 P=1			使用阶段			施工阶段			计算杆力(kN)	组合项目
				$P_恒×③$	$P_活×①$	$P_活×②$	$P'_恒×③$	$P'_活×①$	$P'_活×②$		
	在左半跨	在右半跨	全跨	全跨恒载	在左半跨	在右半跨	全跨恒载	在左半跨	在右半跨		
	①	②	③	④	⑤	⑥	⑦	⑧	⑨		
斜腹杆 aB	−8.32	−2.95	−11.27	−395.58	−73.38	−26.02	−54.77	−199.18	−70.62	−494.98	①+⑤+⑥
Bb	+6.39	+2.64	+9.03	+316.95	+56.36	+23.28	+43.89	+152.98	+63.20	+396.59	①+⑤+⑥
bD	−4.99	−2.53	−7.52	−263.95	−44.01	−22.31	−36.55	−119.46	−60.57	−330.27	①+⑤+⑥
Dc	+3.30	+2.23	+5.53	+194.10	+29.11	+19.67	+26.88	+79.00	+53.39	+242.88	①+⑤+⑥
cF	−2.06	−2.16	−4.22	−148.12	−18.17	−19.05	−20.51	−49.32	−51.71	−185.34	①+⑤+⑥
Fd	+0.77	+1.94	+2.71	+95.12	+6.79	+17.11	+13.17	+18.43	+46.44	+119.02	①+⑤+⑥
dH	+0.39	−1.90	−1.51	−53.00	+3.44	−16.76	−7.34	+9.34	−45.49	−69.72 +2.00	①+⑥ ⑦+⑧
He	−1.43	+1.71	+0.28	+9.83	−12.61	+15.08	+1.36	−34.23	+40.94	−32.87 +42.30	⑦+⑧ ⑦+⑨
eg	+3.64	−2.02	+1.62	+56.86	+32.10	−17.82	+7.87	+87.14	−48.36	+95.01 −40.49	⑦+⑧ ⑦+⑨
gK	+4.35	−2.02	+2.33	+81.78	+38.37	−17.82	+11.32	+104.14	−48.36	+120.15 −37.04	①+⑤ ⑦+⑨
gI	+0.65	0	+0.65	+22.82	+5.73	0	+3.16	+15.56	0	+28.55	①+⑤
竖杆 Aa	−0.5	0	+0.65	−17.55	−4.41	0	−2.43	−11.97	0	−21.96	①+⑤
Cb、Ec、Gd、Jg	−1.0	0	−1.0	−35.10	−8.82	0	−4.86	−23.94	0	−43.92	①+⑤
Ie	−1.5	0	−1.5	−52.65	−13.23	0	−7.29	−35.91	0	−65.88	①+⑤
Kf	0	0	0	0	0	0	0	0	0	0	

5. 杆件截面选择（见表 9-7）

（1）上弦杆

整个上弦杆截面保持不变，取上弦最大设计杆力（IK 杆）计算。$N＝−995.23kN$，$l_{0x}＝150.8cm$，$l_{0y}＝l_1＝301.6cm$（按屋面板与屋架牢固焊接考虑，取 l_1 为两块屋面板宽）。根据杆最大设计杆力 $N_{aB} = -494.98$kN，查表 9-4，取中间节点板厚度 $t = 10$mm，支座节点板厚度 $t = 12$mm。

假设 $\lambda_T = 60$，由附表 3-2 查得 $\varphi_T = 0.807$（由双角钢组成的 T 形和十字形截面属于 b 类），所需的截面面积为

$$A_T = \frac{N}{\varphi_T f} = \frac{995.23 \times 10^3}{0.807 \times 215} = 5376 \text{ mm}^2 = 53.76 \text{ cm}^2$$

一般角钢厚度≤16mm，属于第 1 组，故取 $f = 215$kN/mm² 需要的回转半径

$$i_{xT} = \frac{l_{0x}}{\lambda_T} = \frac{150.8}{60} = 2.51\text{cm}$$

$$i_{yT} = \frac{l_{0x}}{\lambda_T} = \frac{301.6}{60} = 5.03\text{cm}$$

上弦应采用两不等边角钢短边相连组成的 T 形截面。根据需要的 A_T、i_{xT} 以及 i_{yT} 查附录中的型钢表，选用 2L180×110×10：$A = 56.75$cm²，$i_x = 3.13$cm，$i_y = 8.63$cm（节点板厚 10mm），$[\lambda] = 150$。

$$\lambda_x = \frac{l_{0x}}{i_x} = \frac{150.8}{3.13} = 48 < [\lambda]$$

验算

$$\lambda_y = \frac{l_{0y}}{i_y} = \frac{301.6}{8.63} = 35 < [\lambda]$$

$\lambda_{max} = \lambda_x = 48$ 查附表表得：$\varphi_x = 0.865$

$$\frac{N}{\varphi_x A} = \frac{995.23 \times 10^3}{0.865 \times 56.75 \times 10^2} = 203 \text{ N/mm}^2 < f = 215 \text{ N/mm}^2$$

满足要求。

填板每节间放置一块（满足 l_1 范围内不少于两块），

$$l_d = 150.8/2 = 75.4\text{cm} < 40i(i = 5.81\text{cm})$$

（2）下弦杆

下弦杆也不改变截面，采用最大设计杆力（de 杆）计算，$N = 967.99$kN，$l_{0x} = 300$cm，$l_{0y} = 2970/2 = 1485$cm，需要的净截面面积为：

$$A_n = \frac{N}{f} = \frac{967.99 \times 10^3}{215} = 4502 \text{ mm}^2 \doteq 45.02 \text{ cm}^2$$

选用 2L160×100×10（短肢相连）：$A = 50.63$cm²，$i_x = 2.85$cm，$i_y = 7.69$cm。

验算：在节点设计时，将位于 de 杆连接支撑的螺栓孔包在节点板内，且使栓孔中心到节点板近端边缘距离不小于 100mm，故截面验算中不考虑栓孔对截面的削弱，按毛截面验算（$[\lambda] = 350$）：

$$\sigma = \frac{N}{A} = \frac{967.99 \times 10^3}{50.63 \times 10^2} = 191\text{N/ mm}^2 < f = 215/\text{ mm}^2$$

$$\lambda_x = \frac{l_{0x}}{i_x} = \frac{300}{2.85} = 105 < [\lambda]$$

$$\lambda_y = \frac{l_{0y}}{i_y} = \frac{1485}{7.69} = 193 < [\lambda]$$

满足要求。

填板每节间放一块，$l_d=150\text{cm}<80i$（$i=5.14\text{cm}$）

屋架杆件截面选择表 表 9-7

名称	杆件编号	内力 (kN)	计算长度 (cm)		截面形式和规格	截面面积 (cm²)	回转半径 (cm)		长细比		容许长细比 [λ]	稳定系数 φ	计算应力 $N/\varphi A$ (N/mm²)
			l_{0x}	l_{0y}			i_x	i_y	λ_x	λ_y			
上弦	IK	−995.23	150.8	301.6	⌐⌐180×110×10	56.75	3.13	8.63	48	35	150	0.865	203
下弦	de	+967.99	300	1485	⌐⌐160×100×10	50.63	2.85	7.69	105	193	350		191
斜腹杆	aB	−494.98	253.5	253.5	⌐⌐140×90×8	36.08	4.50	3.62	56	70	150	0.715	183
	Bb	+396.59	208.6	260.8	⌐⌐90×6	21.27	2.79	4.05	75	64	350		187
	bD	−330.27	229.5	286.9	⌐⌐100×6	23.86	3.10	4.44	74	65	150	0.726	191
	Dc	+242.88	228.7	285.9	⌐⌐70×5	13.75	2.16	3.24	106	88	350		177
	cF	−185.34	250.3	312.9	⌐⌐90×6	21.27	2.79	4.05	90	77	150	0.621	140
	Fd	+119.02	249.5	311.9	⌐⌐50×5	9.61	1.53	2.45	163	127	350		124
	dH	−69.76	271.6	339.5	⌐⌐70×5	13.75	2.16	3.24	126	105	150	0.406	125
	He	−32.87 +42.3	270.8	338.5	⌐⌐63×5	12.29	1.94	2.96	140	114	150	0.345	78 34
	eK	+120.15 −40.49	230.6	451.3	⌐⌐70×5	13.75	2.16	3.23	107	140	150	0.315	87 85
	Ig	+28.55	166.3	207.9	⌐⌐50×5	9.61	1.53	2.45	109	85	350		30
竖杆	Aa	−21.96	200.5	200.5	⌐⌐50×5	9.61	1.53	2.45	131	82	150	0.383	60
	Cb	−43.92	183.2	229	⌐⌐50×5	9.61	1.53	2.45	120	93	150	0.437	105
	Ec	−43.92	207.2	259	⌐⌐50×5	9.61	1.53	2.45	135	106	150	0.365	125
	Gd	−43.92	231.2	289	⌐⌐50×5	9.61	1.53	2.45	151	118	150	0.304	150
	Ie	−65.88	255.2	319	⌐⌐63×5	12.29	1.94	2.96	132	108	150	0.378	142
	Jg	−43.92	127.6	159.5	⌐⌐50×5	9.61	1.53	2.45	83	65	150	0.668	68
	Kf	0	斜平面 $l_0=314.1$		⌐⌐63×5	12.29	$i_{min}=2.45\text{cm}$		$\lambda_{min}=128$				

注：角钢规格共八种，显得多一些，也可将其中 L63×5 用 L70×5 代替，减为七种。

（3）斜杆 aB

$N=-494.48\text{kN}$，$l_{0x}=253.5\text{cm}$，$l_{0y}=253.5\text{cm}$，选用 $2\llcorner 140×90×8$（长肢相连）：$A=36.8\text{cm}^2$，$i_x=4.5\text{cm}$，$i_y=3.62\text{cm}$，$[\lambda]=150$。

$$\lambda_x=\frac{l_{0x}}{i_x}=\frac{253.5}{4.5}=56<[\lambda]$$

验算：

$$\lambda_y=\frac{l_{0y}}{i_y}=\frac{253.5}{3.62}=70<[\lambda]$$

根据 $\lambda_{max}=\lambda_x=70$ 查附表 3-2 得 $\varphi_y=0.751$

$$\frac{N}{\varphi_y A}=\frac{494.98\times10^3}{0.751\times36.08\times10^2}=183\ \text{N/mm}^2<f=215\ \text{N/mm}^2$$

满足要求。

设置两块填板，$l_d = 84.5 \text{cm} < 40i$ （$i = 2.59 \text{cm}$）。

（4）斜腹杆 eK

此杆为再分式主斜杆，eg、gK 两段同时受压，$N_{eg} = -40.49 \text{kN}$，$N_{gK} = -37.04 \text{kN}$，其他情况两段均受拉，最大拉力为 $N_{eg} = 95.01 \text{kN}$，$N_{eK} = 120.15 \text{kN}$。

按受压杆设计时

$$l_{0x} = 230.6 \text{cm}$$

$$l_{0y} = l_1 \left(0.75 + 0.25 \frac{N_2}{N_1} \right) = (230.5 + 230.6) \times \left(0.75 + 0.25 \times \frac{37.04}{40.49} \right) = 451.3 \text{cm}$$

选用 2L70×5：$A = 13.75 \text{cm}^2$，$i_x = 2.16 \text{cm}$，$l_y = 3.23 \text{cm}$，$[\lambda] = 150$。

$$\lambda_x = \frac{l_{0x}}{i_x} = \frac{230.6}{2.16} = 107 < [\lambda]$$

按压杆验算

$$\lambda_y = \frac{l_{0y}}{i_y} = \frac{451.35}{3.23} = 140 < [\lambda]$$

根据 $\lambda_{max} = \lambda_x = 140$ 查表得 $\varphi_y = 0.345$

$$\frac{N}{\varphi_y A} = \frac{40.49 \times 10^3}{0.345 \times 13.75 \times 10^2} = 85 \text{N/mm}^2 < f = 215 \text{N/mm}^2$$

按拉杆验算

$$\sigma = \frac{N}{A} = \frac{120.15 \times 10^3}{13.75 \times 10^2} = 87 \text{N/mm}^2 < f = 215 \text{N/mm}^2$$

按受拉、压均满足要求。

eg、gK 杆各设置两块填板，$l_d = 76.9 \text{cm} < 40i$ （$i = 2.16 \text{cm}$）

（5）竖杆 Ie

$N = -65.88 \text{kN}$，$l_{0x} = 0.8l = 0.8 \times 319 = 255.2 \text{cm}$，$l_{0y} = 319 \text{cm}$。选用 2L63×5：$A = 12.29 \text{cm}^2$，$i_x = 1.94 \text{cm}$，$i_y = 2.96 \text{cm}$。

$$\lambda_x = \frac{l_{0x}}{i_y} = \frac{255.2}{1.94} = 132 < [\lambda]$$

验算：

$$\lambda_y = \frac{l_{0y}}{i_y} = \frac{319}{2.96} = 108 < [\lambda]$$

根据 $\lambda_{max} = \lambda_y = 132$，查表得 $\varphi_y = 0.378$

$$\frac{N}{\varphi A} = \frac{65.88 \times 10^3}{0.378 \times 12.29 \times 10^2} = 142 \text{N/mm}^2 < f = 215 \text{N/mm}^2$$

满足要求。

设置三块填板，$l_d = 78.9 \text{cm} \approx 40i$ （$i = 1.94 \text{cm}$）

（6）竖杆 Gd

$N = -43.92 \text{kN}$，$l_{0x} = 0.8l = 0.8 \times 289 = 231.2 \text{cm}$，$l_{0y} = 289 \text{cm}$。因杆力很小，可按容许长细比（$[\lambda] = 150$）选择截面。需要的回转半径为：

$$i_{xT} = \frac{l_{0x}}{[\lambda]} = \frac{231.2}{150} = 1.54 \text{cm}$$

$$i_{yT} = \frac{l_{0y}}{[\lambda]} = \frac{289}{150} = 1.93 \text{cm}$$

按 i_{xT}、i_{yT} 查型钢表。选用 2L50×5，$i_x = 1.53\text{cm} \approx i_{xT}$，$i_y = 2.45\text{cm} > i_{yT}$，满足要求。

填板设置三块，虽然 $l_d = 289/4 = 72.3\text{cm}$，略大于 $40i = 40 \times 1.53 = 61.2\text{cm}$，但实际上节点板宽度较大，杆件的净长较小，可以够用。

6. 节点设计

在确定节点板的形状和尺寸时，需要斜腹杆与节点板间连接焊缝的长度。计算公式为：

角钢肢背所需焊缝长度 l_1　　$l_1 = \dfrac{K_1 N}{2 \times 0.7 h_{f1} f_f^w} + 2h_{f1}$

角钢肢背所需焊缝长度 l_2　　$l_2 = \dfrac{K_2 N}{2 \times 0.7 h_{f2} f_f^w} + 2h_{f2}$

例如腹杆 aB，设计杆力 $N = 494.98\text{kN}$，设肢背与肢尖的焊脚尺寸 $h_{f1} = 8\text{mm}$，$h_{f2} = 6\text{mm}$。因 aB 杆为不等边长肢相连，故 $K_1 = 0.65$，$K_2 = 0.35$。则肢背、肢尖焊缝计算长度为

$$l_1 = \frac{0.65 \times 494.98 \times 10^3}{2 \times 0.7 \times 8 \times 160} + 16 = 195\text{mm}$$

$$l_2 = \frac{0.35 \times 494.98 \times 10^3}{2 \times 0.7 \times 6 \times 160} + 12 = 140\text{mm}$$

腹杆杆端焊缝尺寸　　　　　　　　　　　　　　　　表 9-8

杆件名称	设计内力 (kN)	肢背焊缝		肢尖焊缝	
		l_1 (mm)	h_f (mm)	l_2 (mm)	h_f (mm)
aB	−494.98	195	8	140	6
Bb	+396.59	170	8	120	5
bD	−330.27	180	6	100	5
Dc	+242.88	140	6	80	5
cF	−185.34	110	6	60	5
Fd	+119.02	80	5	50	5
dH	−69.76	60	5	50	5
gK	+120.15	90	5	50	5
Ie	−65.88	50	5	50	5
Cb、Ec、Gd、Jg	−43.92	50	5	50	5
He	+42.30	50	5	50	5

其他腹杆所需焊缝长度的计算的计算这里不再一一赘述，现将计算结果于表 9-8 中。未列入表中的腹杆均因杆力很小，可按构造取值

$$h_f \geqslant 1.5\sqrt{t} = 1.5\sqrt{10} = 5\text{mm}$$

$$l_1 = l_2 = 8h_f + 2h_f = 60\text{mm}$$

（1）下弦节点"b"

按表 9-8 所列 Bb、bD 杆所需焊缝长度，按比例绘制节点详图，从而确定节点板的形状和尺寸（图 9-36）。

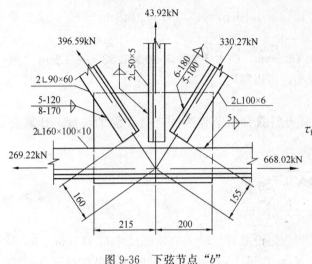

图 9-36 下弦节点 "b"

由图中量出下弦与节点板的焊缝长度为 415mm,设焊脚尺寸 $h_f = 5mm$,焊缝承受节点左右弦杆的内力差 $\Delta N = N_{bc} - N_{ab} = 668.02 - 269.22 = 398.8kN$。验算肢背焊缝的强度:

$$\tau_f = \frac{K_1 \Delta N}{2 \times 0.7 h_f l_w}$$

$$= \frac{0.75 \times 398.8 \times 10^3}{2 \times 0.7 \times 5 \times (415-10)} = 106 \text{ N/mm}^2$$

$$< f_f^w = 160 \text{ N/mm}^2$$

满足要求。

肢尖的焊缝应力更小,也能满足强度要求。竖杆下端应伸至距下弦肢尖为 20mm 处,并沿肢尖和肢背与节点板满焊。

(2)上弦节点 "B"

按表 9-8 所列腹杆 Ba、bB 所需焊缝长度,确定节点板形状和尺寸(图 9-37)。量得上弦与节点板的焊缝长度为 425mm,设 $h_f = 5mm$,因节点板伸出上弦肢背 15mm,故弦杆与节点板的四条焊缝共同承受节点集中荷载 $P = 35.1 + 8.82 = 43.92kN$ 和弦杆内力差 $\Delta N = N_{BD} = 495.85kN$ 的共同作用。忽略 P 对焊缝的偏心并视其与上弦垂直。则上弦肢背的焊缝应力为

$$\sqrt{\left(\frac{P}{1.22 \times 4 \times 0.7 h_f l_w}\right)^2 + \left(\frac{K_1 \Delta N}{2 \times 0.7 h_f l_w}\right)^2}$$

$$= \sqrt{\left(\frac{43.92 \times 10^3}{1.22 \times 4 \times 0.7 \times 5 \times (425-10)}\right)^2 + \left(\frac{0.75 \times 495.85 \times 10^3}{2 \times 0.7 \times 5 \times (425-10)}\right)^2}$$

$$= 128 \text{N/mm}^2 < f_f^w = 160 \text{N/mm}^2$$

满足要求。

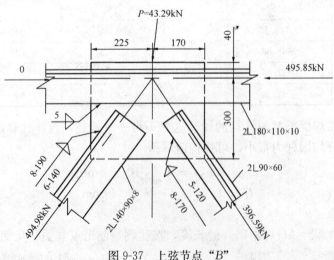

图 9-37 上弦节点 "B"

由于肢尖焊缝的焊脚尺寸也为 5mm，故应力更小，能满足要求，不必验算。

（3）下弦中央拼接节点"f"（图 9-38）

①拼接角钢计算

因节点两侧下弦杆轴力相等，故用一侧杆力 N_{ef} =925.83kN 来计算。拼接角钢采用与下弦相同的截面 2L160×100×10，设角钢与下弦连接焊缝焊脚尺寸 h_f 为 8mm，竖直肢应切去 $\Delta=t+h_f+5=$

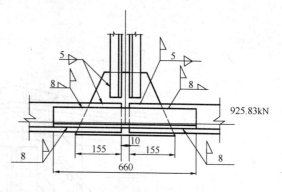

图 9-38　下弦中央拼接节点"f"

$10+8+5=23$mm，节点一侧与下弦连接的每条焊缝的计算长度为

$$l_w = \frac{N_{ef}}{4 \times 0.7 h_f f_f^w} = \frac{925.83 \times 10^3}{4 \times 0.7 \times 8 \times 160} = 258\text{mm}$$

拼接角钢需要的长度为

$$l = 2(l_w + 16) + 10 = 2(258 + 16) + 10 = 558\text{mm}$$

为保证拼接节点处的刚度，取 $l=660$mm。

②下弦与节点板的连接焊缝计算

下弦与节点板的连接焊缝按 $0.15 N_{ef}$ 计算。取焊脚尺寸 $h_f=5$mm，节点一侧下弦肢背和肢尖每条焊缝所需长度 l_1、l_2 分别为

$$l_1 = \frac{K_1 \times 0.15 N_{ef}}{2 \times 0.7 h_f f_f^w} + 10 = \frac{0.75 \times 0.15 \times 925.83 \times 10^3}{2 \times 0.7 \times 5 \times 160} + 10 = 105\text{mm}$$

$$l_2 = \frac{K_2 \times 0.15 N_{ef}}{2 \times 0.7 h_f f_f^w} + 10 = \frac{0.25 \times 0.15 \times 925.83 \times 10^3}{2 \times 0.7 \times 5 \times 160} + 10 = 45\text{mm}$$

在图 9-38 中，节点板宽度是由连接竖杆的构造要求所决定的，从图中量得每条肢背焊缝长度为 155mm，每条肢尖焊缝长度 120mm，满足要求。

（4）屋脊节点"K"（图 9-39）

①拼接角钢计算

拼接角钢采用与上弦相同的截面 2L180×110×10。设两者间的焊脚尺寸 h_f 为 8mm，竖直肢应切去 $\Delta=t+h_f+5=10+8+5=23$mm。按上弦杆力 $N_{1k}=995.2$kN，计算拼接角钢与上弦的焊缝，节点一侧每条焊缝计算长度为

$$l_w = \frac{N_{1k}}{4 \times 0.7 h_f f_f^w} = \frac{955.23 \times 10^3}{4 \times 0.7 \times 8 \times 160} = 267\text{mm}$$

拼接角钢需要的长度为

$$l = 2(l_w + 16) + 20 = 2 \times (267 + 16) + 20 = 586\text{mm}$$

为保证拼接节点的刚度，取 $l=700$mm。

②上弦与节点板间焊缝计算

上弦与节点板间在节点两侧共 8 条焊缝，共同承受节点载荷 P 与两侧上弦内力的合力。近似的取 $\sin\alpha = \tan\alpha = 0.1$，该力的合力数值为

$$2N\sin\alpha - P = 2 \times 995.23 \times 0.1 - 43.92 = 155.13\text{kN}$$

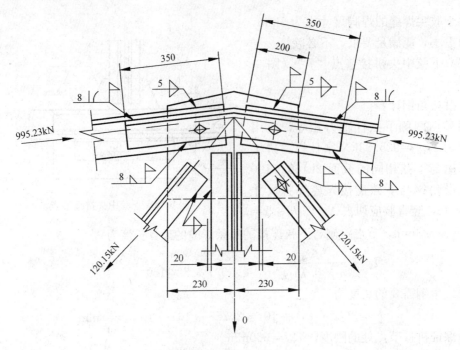

图 9-39　屋脊节点 "K"

设焊缝焊脚尺寸 h_f 为 5mm，每条焊缝所需长度为

$$l = \frac{2N\sin\alpha - P}{8 \times 0.7 \times h_f f_f^w} + 10 = \frac{155.13}{8 \times 0.7 \times 5 \times 160} + 10 = 45mm$$

由图 9-39 量得的焊缝长度为 200mm，满足要求。

（5）支座节点 "a"（图 9-40）

①底板计算

底板承受屋架的支座反力 $R = 10P = 439.2kN$，采用 C20 混凝土，其轴心抗压强度设计值 $f_c = 10N/mm^2$，锚栓直径为 $d = 25mm$，锚栓孔布置图见图 9-40，栓孔面积 $A_0 = 50 \times 40 \times 2 + \pi \times 25^2 = 5963mm^2$。底板所需截面面积 A_T 为

$$A_T = \frac{R}{f_c} + A_0 = \frac{439.2 \times 10^3}{10} + 5963 = 49883mm^2$$

按构造要求底板面积取为 $A = 280 \times 280 = 78400mm^2 > A_T$，满足要求。

底板承受的实际均布反力

$$q = \frac{R}{A} = \frac{439.2 \times 10^3}{78400 - 5963} = 6.06N/mm^2 < f$$

节点板和加劲肋板将底板分成四块相同的两相邻边支承板，它们的对角长度 a_1 及内角顶点到对角线的距离 b_1 分别为

$$a_1 = \sqrt{2 \times 140^2} = 198mm, b_1 = 0.5a_1 = 99mm$$

$a_1/b_1 = 0.5$，查表得 $\beta = 0.058$，两相邻边支承板单位板宽得最大弯矩为

$$M = \beta q a_1^2 = 0.058 \times 6.06 \times 198^2 = 13780N \cdot mm$$

所需底板厚度

$$t = \sqrt{\frac{6M}{f}} = \sqrt{\frac{6 \times 13780}{215}} = 19.6mm, 取 t = 20mm$$

216

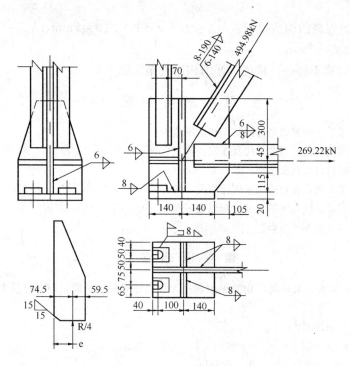

图 9-40　支座节点 "a"

实取底板尺寸为 $-280 \times 280 \times 20$ 。

②加劲肋板与节点板的焊缝计算

焊缝长度等于加劲肋板的高度，也等于节点板高度。由节点图 9-39 量得焊缝长度为 490mm，计算长度 $l = 490 - 15 = 465$mm，设焊脚尺寸 $h_\mathrm{f} = 8$mm，每块加劲肋板近似的按承受 $R/4$ 计算，$R/4$ 作用点到焊缝的距离为 $e = (140 - 6 - 15)/2 + 15 = 74.5$ mm，则焊缝所受剪力 V 及弯矩 M 为

$$V = \frac{439.2}{4} = 109.8 \mathrm{kN}$$

$$M = V \times e = 109.8 \times 74.5 = 8180.1 \mathrm{kN \cdot mm}$$

焊缝强度验算

$$\sqrt{\left(\frac{V}{2 \times 0.7 h_\mathrm{f} l_\mathrm{w}}\right)^2 + \left(\frac{6M}{1.22 \times 2 \times 0.7 h_\mathrm{f} l_\mathrm{w}^2}\right)^2}$$

$$= \sqrt{\left(\frac{109.8 \times 10^3}{2 \times 0.7 \times 6 \times 465}\right)^2 + \left(\frac{6 \times 8180.1 \times 10^3}{1.22 \times 2 \times 0.7 \times 6 \times 465^2}\right)^2}$$

$$= 36 \mathrm{N/mm^2} < f_\mathrm{f}^\mathrm{w} = 160 \mathrm{N/mm^2}$$

满足要求。

③加劲肋和节点板与底板的焊缝计算

上述零件与底板连接焊缝的总计算长度为（图 9-40）

$$\Sigma l_\mathrm{w} = 2 \times 280 + 2(280 - 12 - 2 \times 15) - 60 = 976 \mathrm{mm}$$

所需焊脚尺寸

$$h_\mathrm{f} = \frac{R}{1.22 \times 0.7 f_\mathrm{f}^\mathrm{w} l_\mathrm{w}} = \frac{439.2 \times 10^3}{1.22 \times 0.7 \times 160 \times 976} = 3.29 \mathrm{mm}$$

h_f还应满足角焊缝的构造要求：$h_{fmin} = 1.5\sqrt{t} = 1.5\sqrt{20} = 7mm$，$h_{fmin} = 1.2t = 1.2 \times 12 = 14.1mm$，故取 $h_f = 8mm$。

其他节点的计算不再一一赘述，详细构造见施工图 9-41。

思 考 题 与 习 题

1. 简述有檩屋盖、无檩屋盖各自的特点和适用范围。
2. 简述屋盖支撑的种类、布置方位及作用。
3. 简述屋盖支撑杆件的截面选择。
4. 屋架形式分为几种，各自适用于何种情况，各自的腹杆体系及优缺点是什么？
5. 屋架杆件的计算长度在屋架平面内和屋架平面外有何区别？应如何取值？
6. 屋架施工图应包含哪些内容？

课 程 设 计 作 业

请根据下面的资料设计某单跨厂房的钢屋盖。课程设计时间为一周，内容包括支撑布置、屋架设计，并绘制施工详图一张。

1. 屋架类型：梯形屋架。
2. 厂房长度：90m。
3. 5m×6m 大型钢筋混凝土屋面板，卷材屋面。
4. 屋架间距：6m。
5. 屋架上弦节间长度：1.5m。
6. 屋架跨度：(1) 24m；(2) 30m；(3) 36m。
7. 保温层设置：(1) 有保温层；(2) 无保温层；(3) 有保温层并有 0.6kN/m² 积灰荷载。
8. 雪荷载：(1) 0；(2) 0.55kN/m²；(3) 0.60kN/m²；(4) 0.70kN/m²。

设计题目共 3×3×4=36 个。

第10单元 起 重 臂 架

[知识点] 起重臂架的形式；起重臂架的荷载；起重臂架的荷载组合；平面臂架的内力计算和截面选择；空间臂架的形式和构造要求；格构式空间臂架的计算。

[教学目标] 了解起重臂架的形式与分类；熟悉起重臂架的荷载及其组合；掌握平面臂架的内力计算公式和截面选择方法；了解空间臂架的截面形式和主要尺寸；掌握空间臂架的构造要求；熟悉格构式空间臂架的设计计算。

项目1 起重臂架的形式

起重臂架是各种起重机械必不可少的组成部分。为了适应不同的使用要求，臂架分为变幅和定幅两大类。变幅臂架借助变幅机构来改变臂架的倾角使臂架端点的吊物作水平移动。定幅臂架只能用回转或借助于大小车运行来使吊物水平移动。

按其结构形式，臂架可分为：

（1）格构式臂架：它主要用于移动式起重机中。当起重量不大，起升高度和工作幅度较大时常采用。

（2）实体式臂架：它主要用于门座式起重机和挖掘、装卸机臂架中。当起重量较大，而起升高度和工作幅度较小时常采用。

按其工作（受力）特点，臂架又可分为：

（1）受压臂架：又称平面臂架。它是利用固定在臂架顶端的变幅绳来实现臂架的俯仰变幅，臂架在顶端悬吊的荷载和起升绳、变幅绳拉力作用下主要承受轴向压力；此外，还承受臂架自重作用下产生的弯矩。因此，平面臂架实质上是一根偏心压杆，其侧面常取为中间等高两端缩小的形状，影响这种臂架承载能力的主要因素是整体稳定性。

（2）压弯臂架：又称空间臂架。它是靠连接在臂架中下部或后部的变幅连杆来实现变幅或借助于沿臂架运行的小车来实现变幅的起重臂架。在荷载作用下臂架承受很大的弯矩，主要产生弯曲变形，受力特性类似于梁。所以这种臂架侧面高度一般都比较大且做成变截面的结构形式。臂架的整体稳定性、强度和刚度都对其承载能力有重要影响。

按其几何轴线的特征，臂架又可分为直线型、折线型和曲线型几种。如图 10-1 （a）所示直线型臂架构造简单，制造方便，受力情况也比较好。与折线型或曲线型比较，其缺点是工作幅度较小。当被吊物的体积较庞大时，将影响其起吊高度。折线型或曲线型可避免上述缺点，但构造较复杂，在端部侧向水平力的作用下，臂架还会受到不利的扭曲作用。

格构式臂架常采用四肢杆或三肢杆式。用轧制角钢很容易将臂架做成矩形截面，故四肢应用比较普遍。采用钢管制造的臂架则以三肢杆式更为合适，因三角形截面为几何不变体，不设横膈，并能省去一根肢杆及部分缀材。

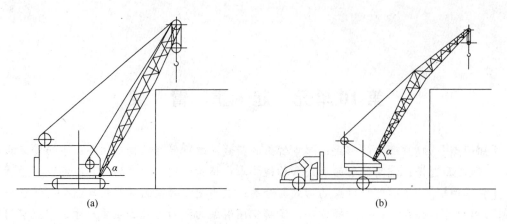

图 10-1　臂架的形式

(a) 直线型；(b) 折线型

采用小车变幅的空间臂架，小车沿臂架下弦杆或特设的工字钢挂梁运行，臂架截面形状如图 10-2 所示。三角形臂架又有正反三角形截面之分。反三角形截面的下弦杆如为工字钢（如图 10-2c 所示），可兼作变幅小车的运行轨道。正三角形截面的抗扭性能比较好，且便于安装变幅小车的牵引机构，因而采用较多。如将下弦杆用角钢焊成箱形组合截面，如图 10-2（d）所示，便可作小车的运行轨道，而不需另设挂梁（图 10-2e 中有挂梁）。

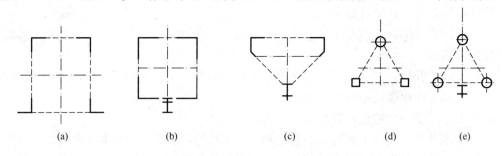

图 10-2　空间臂架截面形状

(a)、(b) 四肢的矩形组合；(c) 反三角形截面；(d)、(e) 正三角形截面

臂架的形式很多，在实际工作中，须根据起重机的使用要求，工作条件、基本参数、受力特性以及减轻自重，方便制造等原则，来选择合理的臂架形式。

项目 2　起重臂架的荷载及其组合

2.1　起重臂架的荷载

作用在起重臂架上的荷载分为三大类。第一类称为基本荷载，包括自重荷载 P_G、起重荷载 P_Q、水平荷载 P_H；第二类称为附加荷载，主要指工作状态的风荷载和物品受风作用对结构产生的水平荷载 $P_{w,i}$；第三类称为特殊荷载包括非工作状态的风荷载 $P_{w,o}$，带有刚性导架的小车的倾翻水平力 P_{SL} 等。

根据《起重机设计规范》GB 3811—2008，作用在起重机上的荷载分为三类，即基本荷载、附加荷载与特殊荷载。

第一类基本荷载是指始终和经常作用在起重机结构上的荷载。包括自重荷载 P_G、起升荷载 P_Q 以及由于机构的起（制）动引起的水平荷载 P_H。

第二类附加荷载是指起重机在正常工作状态下结构所受到的非经常性作用的荷载。包括作用在结构上的最大工作风荷载 P_w、悬吊物品在受风作用时对结构产生的水平荷载、起重机偏斜运行引起的侧向力 P_s，以及根据实际情况而考虑的温度荷载、冰雪荷载及某些工艺性荷载。

第三类特殊荷载是指起重机处于非工作状态时结构可能受到的最大荷载或者在工作状态下结构偶然受到的不利荷载。如结构受到非工作状态的风荷载 $P_{w,o}$、试验荷载以及根据实际情况决定而考虑的安装荷载、地震荷载和某些工艺性荷载，还有工作状态下结构受到的碰撞荷载以及带刚性起升导架的小车的倾翻水平力 P_{SL}。

1. 自重荷载 P_G

自重荷载 P_G 是指结构的自重以及机械、电气设备的重量。

2. 起升荷载 P_Q

起升荷载是指起升质量的重力。起升质量包括允许起升的最大有效物品、取物装置（下滑轮组、吊钩、吊梁、抓斗、容器、起升电磁铁等）、悬挂挠性件及其他在起升中的设备的质量。起升高度小于 50m 的起升钢丝绳的重量可以不计。

起升质量突然离地起升或下降制动时，自重荷载将产生沿其加速度相反方向的冲击作用。在考虑这种工作情况的荷载组合时，应将自重荷载乘以起升冲击系数 ϕ_1，$0.9 \leqslant \phi_1 \leqslant 1.1$。

起升质量突然离地起升或下降制动时，对承载结构和传动机构将产生附加动荷载作用。在考虑这种工作情况的荷载组合时，应将起升荷载乘以起升荷载动载系数 ϕ_2，ϕ_2 值一般在 1.0 到 2.0 范围内，起升速度愈大、系统刚度愈大、操作愈猛烈，ϕ_2 值也愈大。ϕ_2 值可用表 10-1 中的计算式计算。

ϕ_2 的计算式　　　　　　　　　　　　　　　　　表 10-1

起重机类别	ϕ_2 的计算式	适用的例子
1	$1+0.17v$	作安装作用的，使用轻闲的臂架起重机
2	$1+0.35v$	安装用桥式起重机，一般装卸用吊钩式臂架起重机
3	$1+0.70v$	在机加工车间和仓库用的吊钩桥式起重机、港口抓斗门座起重机
4	$1+1.00v$	抓斗和电磁桥式起重机

注：当 v 较大，以致按表 10-1 计算出的 ϕ_2 值大于 2 时，应在控制方面采取措施，使物品离地过程中加速度不致太大，且取 $\phi_2 = 2$。

表中　v——额定起升速度，m/s。

当起升质量部分或全部突然卸载时，将对结构产生动态减载作用。减小后的起升荷载等于突然卸载的冲击系数 ϕ_3 与起升荷载 P_Q 的乘积。ϕ_3 按下式计算。

$$\phi_3 = 1 - \frac{\Delta m}{m}(1 + \beta_3) \tag{10-1}$$

式中　Δm——起升质量中突然卸去的那部分质量，kg；

　　　m——起升质量，kg；

　　　β_3——系数，对于抓斗起重机或类似起重机取 $\beta_3 = 0.5$；对于电磁起重机或类似起

221

重机取 $\beta_3 = 1.0$。

当起重机或它的一部分装置沿轨道或道路运行时，由于道路或轨道不平而使运动的重量产生铅垂方向的冲击作用。在考虑这种工作情况的荷载组合时，应将自重荷载 P_G 和起升荷载 P_Q 乘以运行冲击系数 ϕ_4。有轨运行时，ϕ_4 按下式计算。

$$\phi_4 = 1.10 + 0.058v\sqrt{h} \qquad (10-2)$$

式中　h——轨道接缝处二轨道面的高度差，mm；

　　　v——运行速度，m/s。

无轨运行时，ϕ_4 按表 10-2 选取。

无轨起重机运行冲击系数 ϕ_4　　　　　　表 10-2

汽车和轮胎式起重机的运行速度（km/h）	路面状况	ϕ_4
20～50	水泥路、沥青路	1.5
	砾石路、地面不平	2～4

注：对砾石路面，有弹簧支承装置者取小值，刚性悬挂支承取大值，起重机运行过程中不吊载工作。

3. 水平荷载 P_H

（1）运行惯性力 P_H。起重机自身质量和起升质量在运行机构起动和制动时产生的惯性力按该质量 m 与运行加速度 a 乘积的 1.5 倍计算，但不大于主动车轮与钢轨间的粘着力。"1.5 倍"是考虑起重机驱动力突加及突减时结构的动力效应。惯性力作用在相应质量上。挠性悬挂着的起升质量按与起重机刚性连接一样对待。加（减）速度 a 及相应的加（减）速度时间 t，如无特殊要求，一般按表 10-3 的推荐值选用。

运行机构加（减）速度 a 及相应的加（减）速时间 t 的推荐值　　　表 10-3

运行速度（m/s）	行程长的低、中速起重设备		常用的中、高速的起重设备		大加速度的高速起重设备	
	加（减）速时间（s）	加（减）速度（m/s²）	加（减）速时间（s）	加（减）速度（m/s²）	加（减）速时间（s）	加（减）速度（m/s²）
4.00			8.0	0.50	6.0	0.67
3.15			7.1	0.44	5.4	0.58
2.50			6.3	0.39	4.8	0.52
2.00	9.1	0.22	5.6	0.35	4.2	0.47
1.60	8.3	0.19	5.0	0.32	3.7	0.43
1.00	6.6	0.15	4.0	0.25	3.0	0.33
0.63	5.2	0.12	3.2	0.19		
0.40	4.1	0.098	2.5	0.16		
0.25	3.2	0.078				
0.16	2.5	0.064				

（2）回转和变幅运动时的水平力 P_H。臂架式起重机回转和变幅机构运动时，起升质量产生的水平力（包括风力、变幅和回转起制动时产生的惯性力和回转运动时的离心力）按吊重绳索相对于铅垂线的偏摆角 α 所引起的水平分力计算。

计算电动机功率和机械零件的疲劳及磨损时用正常工作情况下吊重绳的偏摆角 α_{I}，

计算起重机机构强度和抗倾覆稳定性时用工作情况下吊重绳的最大偏摆角 α_{II}。起重机自身质量的离心力通常可以忽略。

在起重机金属结构计算中，臂架式起重机回转和变幅机构起动和制动时，起重机的自身质量和起升质量（此时把它看作与起重臂刚性固接）产生的水平力，等于该质量与该质量中心的加速度的乘积的 1.5 倍。通常忽略起重机自身质量的离心力。此时起升质量所受的风力要单独计算，并且要按最不利方向叠加。当计算出的起升荷载的水平力大于按偏摆角 α_{II} 计算的水平力时，宜减小加速度值。

正常工作情况下吊重绳的偏摆角 α_{I} 按下式计算。

计算电动机功率时 $\qquad \alpha_{\text{I}} = (0.25 \sim 0.3)\alpha_{\text{II}}$ (10-3)

计算机械零件的疲劳及磨损时 $\alpha_{\text{I}} = (0.3 \sim 0.4)\alpha_{\text{II}}$ (10-4)

式中 α_{II}——工作情况下吊重绳的最大偏摆角，按表 10-4 推荐值选取。

α_{II} 的推荐值   表 10-4

起重机类型	装卸用门座起重机		安装用门座起重机		轮胎式和汽车式起重机	臂架式
	$n \geqslant 2$ (r/min)	$n < 2$ (r/min)	$n \geqslant 0.33$ (r/min)	$n < 0.33$ (r/min)		
臂架平面内	12°	10°	4°	2°	3°～6°	6°
垂直于臂架平面	14°	12°	4°	2°		

4. 风荷载 P_{W}

在露天工作起重机应考虑风荷载，伯纳格认为风荷载是一种沿任意方向的水平力。

起重机风荷载分工作状态风荷载与非工作状态风荷载两类。工作状态风荷载 $P_{\text{W},i}$ 是起重机在正常工作情况下所能承受的最大计算风力。

非工作状态风荷载 $P_{\text{W},o}$ 是起重机非工作时所受的最大计算风力（如暴风产生的风力）。

风荷载按下式计算：

$$P_{\text{W}} = C\mu_z \cdot \omega_0 A$$ (10-5)

式中 P_{W}——作用在起重机上或物品上的风荷载，kN；

C——风力系数；

μ_z——风压高度变化系数；

ω_0——基本风压，kPa；

A——起重机或物品垂直于风向的迎风面积，m^2。

在计算起重机风荷载时，应考虑风对起重机沿最不利的方向作用。

(1) 基本风压 ω_0

基本风压分三种，即 $\omega_{0\text{I}}$、$\omega_{0\text{II}}$、$\omega_{0\text{III}}$。

$\omega_{0\text{I}}$ 是起重机正常工作状态计算风压，用于选择电动机功率的阻力计算及机构零部件的发热验算；$\omega_{0\text{II}}$ 是起重机工作状态最大计算风压，用于计算起重机零部件和金属结构的强度、刚度及稳定性，验算驱动装置的过载能力及整机工作状态下的抗倾覆稳定性；$\omega_{0\text{III}}$ 是起重机非工作状态下最大风压，用于验算此时起重机机构零部件及金属结构的强度、整机抗倾覆稳定性和起重机构防风抗滑安全装置和锚定装置的设计计算。不同类型的起重机按具体情况选择不同的基本风压值。

室外工作的起重机的计算风压见表 10-5。

起重机计算风压 ω_0

表 10-5

地　区	工作状态计算风压（Pa）		非工作状态计算风压
	$\omega_{0\,I}$	$\omega_{0\,II}$	$\omega_{0\,III}$
内陆	$0.6\omega_{0\,II}$	150	500~600
沿海		250	600~1000
台湾省及沿海诸岛		250	1500

注：1. 沿海地区系指大陆离海岸线 100km 以内的大陆或海岛地区。

　　2. 特殊用途的起重机的工作状态计算风压允许作特殊的规定。流动式起重机（即汽车式起重机、轮胎式起重机和履带式起重机）的工作状态计算风压，当起重机臂长小于 50m 时取为 125Pa；当臂长等于或大于 50m 时，按使用要求决定。

　　3. 非工作状态计算风压：内陆的华北、华中和华南地区宜取小值；沿海以上海为界，上海可取 800Pa，上海以北取较小值，以南取较大值；在内河港口峡谷地区，经常受特大风暴作用的地区（如湛江等地）或只在小风地区工作的起重机，其非工作状态计算风压应按当地气象资料提供的常年最大风速计算；在海上航行的浮式起重机，可取 ω_{III} =1800Pa，但不再考虑风压高度变化，即取 μ_z =1。

（2）风压高度变化系数 μ_z。起重机的工作状态风压不考虑高度变化。起重机非工作状态风压均需考虑高度变化。风压高度变化系数应根据地面粗糙度按表 10-6 确定。

地面粗糙度可分为 A、B、C 三类。A 类指海平面、海岛、海岸、湖岸及沙漠地区；B 类指田野、乡村、丛林、丘陵以及房屋比较稀疏的中、小城镇和大城市郊区；C 类指有密集建筑群的大城市市区。

风压高度变化系数 μ_z

表 10-6

离地面或海平面高度（m）	地面粗糙度类别		
	A	B	C
10	1.38	1.00	0.71
20	1.63	1.25	0.94
30	1.80	1.42	1.11
40	1.92	1.56	1.24
50	2.03	1.67	1.36
60	2.12	1.77	1.46
70	2.20	1.86	1.55
80	2.27	1.95	1.64
90	2.34	2.02	1.72
100	2.40	2.09	1.79
150	2.64	2.38	2.11
200	2.83	2.61	2.36
250	2.99	2.80	2.58
300	3.12	2.97	2.78
350	3.12	3.12	2.96
≥400	3.12	3.12	3.12

（3）风力系数 C。风力系数与结构物的体型、尺寸等有关，按下列各种情况决定：

①一般起重机单片结构和单根构件的风力系数 C 见表 10-7。

单片结构的风力系数 C

表 10-7

序号	结构形式			C
1	型钢管制成的平面桁架（充实率=0.3~0.6）			1.6
2	型钢、钢板、型钢梁、钢板梁和箱型截面构件	l/h	5	1.3
			10	1.4
			20	1.6
			30	1.7
			40	1.8
			50	1.9
3	圆管及管结构	qd^2	<1	1.3
			≤3	1.2
			7	1.0
			10	0.9
			≥13	0.7
4	封闭的司机室、机房室、平衡重、钢丝绳及物品等			1.1~1.2

注：1. 表中 l 为结构或构件的长度；h 为迎风面的高度；q 为计算风压；d 为管子外径。

2. 司机室在地面上的取 $C=1.1$，悬空的取 $C=1.2$。

②两片平行平面桁架组成的空间结构，其整体结构的风力系数可取单片结构的风力系数，而总的迎风面积应按式（10-8）计算。

③风朝着矩形截面空间桁架或箱形结构的对角线方向吹来，当矩形截面的边长比小于 2 时，计算的风荷载取为风向着矩形长边作用时所受风力的 1.2 倍；当矩形截面的边长比等于或大于 2 时，取为风向着矩形长边作用的风力。

④三角形截面的空间桁架的风荷载，可取为该空间桁架垂直于风向的投影面积所受风力的 1.25 倍计算。

⑤下弦杆为方形钢管，腹杆为圆管的三角形截面空间桁架，在侧向风力作用下，其风力系数 C 可取 1.3。

⑥当风与结构长轴（或表面）成某一角度吹来时，结构所受的风力可以按其夹角分解成两个方向的分力来计算。顺着风向的风力可按式（10-6）计算。

$$P_W = C\mu_z\omega_0 A \cdot \sin^2\theta \tag{10-6}$$

式中　A——迎风面积，m^2；

　　　C——风力系数；

　　　θ——风向与结构纵轴的夹角；

　　　μ_z——风压高度变化系数。

（4）迎风面积 A。起重机结构和物品的迎风面积应按最不利迎风方位计算并取垂直于风向平面上的投影面积。

①单片结构的迎风面积为：

$$A = \varphi A_1 \tag{10-7}$$

式中　A_1——结构或物品的外轮廓面积，即外轮廓高度乘以长度。如图 10-3 所示，$A_1=hl$，m^2；

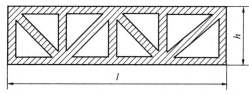

图 10-3　结构和物品的面积轮廓尺寸示意图

φ——结构充实系数，即 $\varphi = \dfrac{A}{A_1}$，见表 10-8。

结构充实系数 φ 表 10-8

	实体结构和物品	1.0
受风结构类型和物品	机构	0.8~1.0
	型钢制成的桁架	0.3~0.6
	钢管桁架结构	0.2~0.4

②对两片并列等高的形式相通的结构，考虑前片对后片的挡风作用，其总迎风面积为：

$$A = A_1 + \eta A_2 \qquad (10\text{-}8)$$

式中　$A_1 = \varphi_1 \cdot A_{11}$——前片结构的迎风面积；

$A_2 = \varphi_2 \cdot A_{12}$——后片结构的迎风面积；

η——两片相邻桁架前片对后片的挡风折减系数，它与第一片（前片）结构的充实率 φ_1 及两片桁架之间的间隔比 a/h（见图 10-4）有关，见表 10-9 所列。

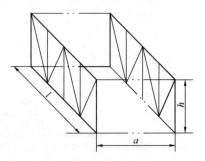

图 10-4　并列结构的间隔比

桁架结构挡风折减系数 η 表 10-9

	φ	0.1	0.2	0.3	0.4	0.5	0.6
间隔比 a/h	0.5	0.75	0.40	0.32	0.21	0.15	0.10
	1	0.84	0.70	0.57	0.40	0.25	0.15
	2	0.87	0.75	0.62	0.49	0.33	0.20
	3	0.90	0.78	0.64	0.53	0.40	0.28
	4	0.92	0.81	0.65	0.56	0.44	0.34
	5	0.94	0.83	0.67	0.58	0.50	0.41
	6	0.96	0.85	0.68	0.60	0.54	0.46

注：其他结构的挡风折减系数可参照《起重机设计规范》GB 3811—2008。

③对 n 片形式相同且彼此间隔相同的并列等高结构，在纵向风力作用下，应考虑多片结构的重叠挡风折减作用，结构的总迎风面积按下式决定：

$$A = (1 + \eta + \eta^2 + \cdots \eta^{n-1})\varphi_1 A_{11} = \frac{1-\eta^n}{1-\eta}\varphi_1 A_{11} \approx \left(\frac{1-\eta^5}{1-\eta} + \frac{n-5}{10}\right)\varphi_1 \cdot A_{11} \quad (10\text{-}9)$$

式中　φ_1——前片（第一片）结构的充实率；

A_{11}——前片（第一片）结构的外形轮廓面积，m^2。

按式（10-9）算得的迎风面积 A 计算结构的总风荷载时，因各片结构形式相同，只用其中一片结构的风力系数乘之即可。

④物品的迎风面积应按其实际轮廓尺寸在垂直于风向平面上的投影面积决定。物品的轮廓尺寸不明确时，允许采用近似方法加以估算。

其他荷载：包括起重机偏斜运行时的水平侧向力 P_s、碰撞荷载 P_c、带刚性起升导架的小车的倾翻水平力 P_{SL}、温度荷载、安装荷载、坡度荷载、地震荷载、工艺性荷载、试验荷载等详见规范。

2.2 荷载组合

上述各种荷载，不可能全部同时出现在臂架上。因此，应根据具体情况，确定臂架承受的主要荷载项目，忽略次要项目，对荷载进行组合。根据《起重机设计规范》GB 3811—2008 规定，起重臂架荷载按表 10-10 进行组合。只考虑基本荷载组合者为组合Ⅰ，用来计算结构的疲劳强度；考虑基本荷载与附加荷载组合者为组合Ⅱ，用来计算结构的强度和稳定性；考虑基本荷载与特殊荷载者或三类荷载都组合者为组合Ⅲ，用来验算结构的强度和稳定性。每一类组合中列出若干种组合方式，计算时应根据具体的机种、工况和计算目的选取对所计算的结构最不利的组合方式。

所述的荷载组合仅用于结构件及其连接件的强度、弹性稳定性和疲劳计算。强度和弹性稳定性的安全系数必须同时满足荷载组合Ⅰ、Ⅱ和Ⅲ三类情况下的规定值，而疲劳强度只按荷载组合Ⅰ进行计算。

在表 10-10 中，P_{H1} 表示运行、回转或变幅机构中最不利的一个机构处于不稳定运动时所引起的水平惯性荷载。P_{H2} 表示上述任两个机构处于不稳定运动时引起的水平荷载的最不利组合；但如果上述机构的控制系统不允许有多于一个机构处于不稳定运动状态时，则按实际情况计算 P_H。

对于移动荷载，计算时必须使它们对所计算的结构或连接处于最不利的位置。

工作状态下结构受到的最大风荷载和物品受风载作用对结构所产生的水平荷载 $P_{w,i}$ 同水平荷载 P_H 总是按最不利的方向叠加。

我们知道，臂架所处的工作位置不同，荷载、反力和内力也就不同。为了保证结构安全可靠，对于动臂起重机，从原则上讲无论臂架处在什么位置工作，都应有足够的强度和稳定性。但在实际设计中，却没有必要对臂架在任何位置时都作出计算，通常只需对两个极限位置（最大幅度最小起重量和最小幅度最大起重量）以及中间幅度的少数几个位置进行受力分析即可。如果要作疲劳强度验算，则应取臂架经常所处的工作位置作为计算工况。

起重臂架荷载组合 表 10-10

荷 载			荷 载 组 合								
			组合Ⅰ				组合Ⅱ			组合Ⅲ	
类别	荷载名称	符号	Ⅰ a	Ⅰ b	Ⅰ c	Ⅰ d	Ⅱ a	Ⅱ b	Ⅱ c	Ⅲ a	Ⅲ b
基本荷载	自重荷载	P_G	$\varphi_1 P_G$	$\varphi_4 P_G$	P_G	$\varphi_1 P_G$	$\varphi_1 P_G$	$\varphi_4 P_G$	$\varphi_1 P_G$	P_G	P_G
	起升荷载	P_Q	$\varphi_2 P_Q$	$\varphi_4 P_Q$	P_Q	$\varphi_3 P_Q$	$\varphi_2 P_Q$	$\varphi_4 P_Q$	$\varphi_3 P_Q$		P_Q
	水平荷载	P_H	P_H		P_{H1}	P_{H2}	P_{H1}	P_{H2}	P_{H2}	P_{H2}	
附加荷载	工作状态下的风荷载	$P_{w,i}$					$P_{w,i}$	$P_{w,i}$	$P_{w,i}$		
特殊荷载	非工作状态下的风荷载	$P_{w,o}$								$P_{w,o}$	
	带刚性导架小车的倾覆水平力	P_{SL}									P_{SL}

注：1. 对于组合Ⅱ，在计算 P_{H2} 时应考虑风对起（制）动时间的影响。

2. 组合Ⅲ$_a$ 也可以用于安装工况，此时 P_G 按安装设计而定，$P_{w,o}$ 为安装风载。

3. φ_1 为起升冲击系数；φ_2 为起升荷载动载系数；φ_3 为突然卸载冲击系数；φ_4 为运行冲击系数。

4. 当温度荷载、安装荷载、坡度荷载、地震荷载和工艺性荷载等需要考虑时，荷载组合由具体情况决定。

这样，就可以求得臂架在几个不同位置时的荷载大小，以及各种荷载作用下臂架的反力和指定截面上的内力（包括杆件内力）。然后根据荷载组合再对内力进行组合，便可找出指定截面上臂架的最大组合内力，作为设计的依据。

对臂架工作状态的组合形式，目前尚无统一规定。以下两种工况是比较常见的组合形式：

（1）起重机不动，仅起升机构工作，吊重从地面起升或下降制动，并考虑风荷载，风向平行臂架。

（2）起重机带载运动（如回转、变幅或运行等）；同时有一个机构起动或制动，并考虑风荷载。当为回转机构带载运动时，须考虑起动或制动时的水平荷载，风向垂直臂架。

2.3 计算方法

起重臂架结构计算的目的是保证结构在荷载作用下安全可靠地工作。既要满足强度、稳定性、刚度等条件，又要符合经济要求。结构的计算方法有两种，许用应力法和极限状态法。

1. 许用应力法

目前国内外广泛采用许用应力法进行金属结构设计计算。其设计准则是：结构在任一类荷载组合的作用下，所求出的构件或连接的计算应力 σ 不得大于相应的许用应力 $[\sigma]$。

许用应力 $[\sigma]$ 是构件或连接材料的屈服点 σ_s 与相应安全系数 K 的商。安全系数 K 包括载荷系数 K_1、材料系数 K_2 和调整系数 K_3。计算表达式为：

$$\sigma = \frac{\Sigma N_i}{S} \leqslant [\sigma] \tag{10-10}$$

$$[\sigma] = \frac{\sigma_s}{K} = \frac{\sigma_s}{K_1 \cdot K_2 \cdot K_3} \tag{10-11}$$

式中　ΣN_i——在外载荷 ΣP_i 作用下产生的内力组合；

　　　　S——构件的几何特性。

许用应力法采用了单一系数 K 来考虑结构的安全度。方法简便、可靠，易于掌握。

2. 极限状态法

我国新制订的《钢结构设计规范》GB 50017—2003 采用了极限状态设计法。其设计准则是：结构在任一类组合载荷作用下，所求得构件或连接的计算应力不得大于相应的极限应力（强度设计值）。计算表达式见第 1 单元。

由于极限状态法采用分项系数来考虑结构的安全度，将载荷系数和调整系数归入了载荷项内。它不仅适用于几何线性结构体系，还适用于几何非线性结构体系。能真实反映结构构件或连接的实际安全度，从而保证了设计的可靠性。

但是，在工程机械设计中，目前还缺乏适用于机械结构的各分项系数的可靠统计数据，故我国以及绝大多数国家至今尚未采用极限状态法来设计工程机械结构，仍采用许用应力法。随着科学技术的发展，极限状态法终究会在机械金属结构设计上得到应用。

2.4 许用应力

工程机械金属结构的安全系数和许用应力，是根据大量试验和工程实践而确定的。结构设计时，按照三类荷载组合情况分别取用不同的许用应力。根据《起重机设计规范》，起重机金属结构材料的安全系数 n 和许用应力 $[\sigma]$ 见表 10-11。

荷载组合	安全系数	拉伸、压缩、弯曲的许用应力	剪切许用应力	端面承载许用应力（磨平顶紧）
组合 Ⅰ	$n_Ⅰ=1.5$	$[\sigma]_Ⅰ=\dfrac{\sigma_s}{1.5}$	$[\tau]_Ⅰ=\dfrac{[\sigma]_Ⅰ}{\sqrt{3}}$	$[\sigma_{cd}]_Ⅰ=1.5\,[\sigma]_Ⅰ$
组合 Ⅱ	$n_Ⅱ=1.33$	$[\sigma]_Ⅱ=\dfrac{\sigma_s}{1.33}$	$[\tau]_Ⅱ=\dfrac{[\sigma]_Ⅱ}{\sqrt{3}}$	$[\sigma_{cd}]_Ⅱ=1.5\,[\sigma]_Ⅱ$
组合 Ⅲ	$n_Ⅲ=1.15$	$[\sigma]_Ⅲ=\dfrac{\sigma_s}{1.15}$	$[\tau]_Ⅲ=\dfrac{[\sigma]_Ⅲ}{\sqrt{3}}$	$[\sigma_{cd}]_Ⅲ=1.5\,[\sigma]_Ⅲ$

注：如采用沸腾钢，对厚度大于 15mm 的型钢和厚度大于 20mm 的钢板的许用应力，应乘以 0.95 予以降低。

在决定许用应力时，需考虑到钢材随着屈服点 σ_s 与抗拉强度 σ_b 的比值 $\dfrac{\sigma_s}{\sigma_b}$ 的增大，其屈服后的强度储备相应会减小，脆性破坏的危险会增大。因此，当 $\dfrac{\sigma_s}{\sigma_b}\geqslant0.7$ 时，为了确保材料安全，应按下式确定其许用应力：

$$[\sigma]=\frac{0.50\sigma_s+0.35\sigma_b}{n} \tag{10-12}$$

式中　n——任一类荷载组合相应的安全系数。

对于 Q235 钢　$[\sigma]_Ⅱ=\dfrac{235}{1.33}=177\text{MPa}$

$[\tau]_Ⅱ=\dfrac{177}{\sqrt{3}}=102\text{MPa}$

对于 Q345 钢　$[\sigma]_Ⅱ=\dfrac{345}{1.33}=259\text{MPa}$

$[\tau]_Ⅱ=\dfrac{259}{\sqrt{3}}=150\text{MPa}$

项目 3　平　面　臂　架

平面臂架在吊重作用下，主要承受轴向压力。此外，还承受因自重在变幅平面内引起的弯矩，以及回转时的切向惯性力和风荷载等引起的侧向（回转平面内）弯矩。所以，平面臂架实质上是一根偏心压杆。

3.1　平面臂架的外形和主要尺寸

平面臂架的型式很多，最常见的是直线型四肢格构式臂架。这种臂架能适应受力特点，构造简单，制造也比较方便。

图 10-5 所示为两种直线型四肢格构式平面臂架的侧面。图 10-5（a）为纵向对称形式，图 10-5（b）为纵向不对称形式，由图中可知纵向不对称形式较对称形式更为合理。因图 10-5（b）中压力 P 对纵轴有偏心距 e，P 与竖向荷载 q（臂架自重）共同作用下的弯矩叠加后，其竖距比图 10-5（a）所示的小。因此，当平面臂架经常被固定在某一幅度的位置工作时，在构造上可使轴向压力有适当偏心，以产生两个相反的弯矩，从而减小臂架

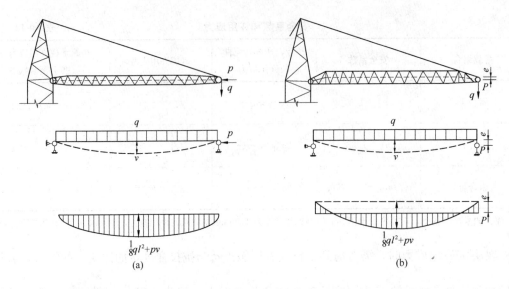

图 10-5　直线型四肢格构式平面臂架

(a) 纵向对称式；(b) 纵向不对称式

中的内力。

平面臂架的支撑情况，通常在变幅平面内相当于两端铰支，在回转平面内相当于一端固定，另一端自由。因此在直线型四肢格构式臂架中，侧桁架多做成中部等高，向两端逐渐缩小的形式，中部高度一般取臂架长度的 $\frac{1}{50} \sim \frac{1}{20}$。在回转平面内的水平桁架，则做成末端宽度大，头部宽度小的梯形（如图 10-6 所示）；末端宽度一般为臂架长度的 $\frac{1}{20} \sim \frac{1}{10}$，头部宽度与高度可根据构造要求来确定。

缀条常采用三角形的腹杆体系，在末端水平桁架的一、二节间内可采用交叉式腹杆体系，以加固臂架的根部。

臂架的长度一般根据需要由起重机的参数决定。考虑到拆装和运输等要求，可将臂架分成若干段，各段之间用螺栓连接。

3.2　平面臂架的内力计算

直线型平面臂架的末端为铰支座，头部由变幅钢丝绳所约束，在变幅平面内相当于一根简支梁，它所受的荷载有臂架的自重荷载、起升荷载、风荷载和钢丝绳的张力等。在回转平面内，偏于安全地认为臂架相当于一根悬臂梁，它所受的荷载有风荷载、水平荷载（运行惯性力、回转变幅引起的水平力）等。

计算臂架内力时，通常根据选定工况及其荷载组合，计算出指定截面上的轴力 N、剪力 V 和弯矩 M，并确定最大内力值。在实际设计中，只须求出几个最危险截面上的内力即可。对于直线型臂架，最危险截面通常在臂架的末端和中部，如图 10-6 所示中的 I-I 截面和 II-II 截面。

一般中小型格构式臂架，为便于制造其肢杆和缀条通常分别采用一种规格的截面尺寸。因此，只须按照内力和长度均较大的某几根杆件进行截面选择。通常假定臂架的肢杆仅承受轴向力 N 和弯矩 M，而腹杆仅承受剪力 V。这样，臂架肢杆的单肢组合内力可近似地按下列公式求得（见图 10-6）。

截面 I-I 上的单肢内力为：

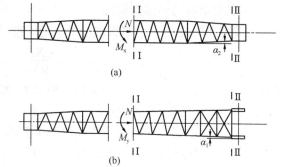

$$N_z = \left(\frac{N}{4} + \frac{M_x}{2h} + \frac{M_y}{2b} \right) \frac{1}{\cos\alpha_1}$$

$$(10\text{-}13)$$

截面 II-II 上的单肢内力为：

$$N_z = \left(\frac{N}{4} + \frac{M_y}{2b} \right) \frac{1}{\cos\alpha_1 \cdot \cos\alpha_2}$$

$$(10\text{-}14)$$

图 10-6 平面臂架的危险截面
(a) 变幅平面；(b) 回转平面

式中　N——臂架危险截面中可能出现
　　　　　的最大组合轴力；

　　M_x、M_y——臂架危险截面中可能出现
　　　　　的绕 x 轴与 y 轴的最大组合弯矩；

　　h、b——与内力相对应的臂架截面高度和宽度；

　　α_1、α_2——肢杆与臂架轴线的夹角。

腹板（缀条）的组合内力，按下式计算：

$$N_f = \frac{V}{n \cdot \sin\alpha} \tag{10-15}$$

式中　V——臂架横截面中可能出现的最大组合剪力，由静力平衡条件按荷载组合计算求
　　　　　得，或按式（5-21）求得，取两者中的较大值；

　　α——斜缀条的倾斜角；

　　n——在臂架截面中承担剪力 V 的斜缀条根数，一般取 $n=2$。

3.3　平面臂架的截面选择及验算

为了获得安全可靠、经济合理的臂架截面尺寸，一般需要经过初选、验算和调整的过程。首先根据经验初选臂架的型式和截面尺寸，并布置好缀条，然后进行整体稳定、局部稳定以及强度和刚度的校核计算。校核计算的方法可参照第 5、6 单元的有关内容，现简述如下：

1. 臂架的整体稳定校核

对臂架作整体稳定校核的目的，是从弹性稳定的角度来检查初选的臂架截面尺寸是否合适。格构式偏心受压构件的稳定计算详见第 6 单元项目 5。由于臂架在变幅和回转平面内都存在弯矩作用，如为四肢格构式臂架，可按式（6-7）和式（6-8）校核其整体稳定性。但在实际设计中，也可采用下列近似公式作整体稳定性的校核：

$$\frac{N}{\varphi A} + \frac{M_x}{W_x} + \frac{M_y}{W_y} \leqslant [\sigma] \tag{10-16}$$

式中　N、M_x、M_y——臂架最危险截面中可能出现的最大组合内力；

　　　　　A——臂架横截面内肢杆的总毛截面面积；

　　　　　φ——按轴心受压考虑的稳定系数。在查 φ 值时，应使用臂架的换算长
　　　　　　　细比，并注意臂架是变截面的；

　　W_x、W_y——臂架截面对 x 轴和 y 轴的弹性抵抗矩；

　　　　$[\sigma]$——钢材的许用应力，见表 10-11。

2. 臂架单肢的局部稳定性

臂架单肢的稳定性,可按轴心受压构件进行验算,即:

$$\frac{N_z}{\varphi A_1} \leqslant [\sigma] \tag{10-17}$$

式中　N_z——由式(10-13)求得的单肢最大轴向压力;

　　　A_1——单肢的截面面积;

　　　φ——轴心压杆稳定系数,根据单肢的长细比 $\lambda = l_1/i_{min}$ 由附表查得。l_1 为单肢的计算长度,等于最大节间长度,i_{min} 为单肢的最小回转半径。

3. 腹杆(缀条)验算

格构式平面臂架的缀条主要承受横向荷载、扭转和臂架屈曲等产生的剪力。缀条的截面按轴心受压杆设计。由于内力一般不大,通常采用单角钢,缀条两端用角焊缝与肢杆的翼缘搭接并按铰接考虑。斜缀条的稳定性可用式(10-18)进行验算。缀条的长度应满足刚度条件。

$$\frac{N_1}{\varphi A} \leqslant \gamma_R \cdot [\sigma] \tag{10-18}$$

式中　N_1——斜缀条的内力;

　　　φ——轴心受压杆的稳定系数;

　　　A——缀条的截面积;

　　　γ_R——考虑单角钢偏心受力的折减系数;

　　　$[\sigma]$——钢材的容许应力。

4. 臂架的强度核算

通常情况下,臂架的强度承载能力高于稳定承载能力,当臂架的肢杆因开孔、刻槽等使截面削弱较多时,或者当偏心率和长细比很小时,可按式(10-19)作补充的强度验算。

$$\sigma = \frac{N}{A_n} \pm \frac{M_x}{W_{nx}} \pm \frac{M_y}{W_{ny}} \leqslant [\sigma] \tag{10-19}$$

式中　A_n——肢杆的净截面积;

W_{nx}、W_{ny}——臂架截面对 x 轴和 y 轴的净截面抵抗矩。

其他符号意义同前。

项目4　空间臂架

常见的空间臂架,有格构式与薄壁箱形实腹式两种。前者主要用于塔式起重机中,后者被广泛用于汽车式起重机中,现分别予以介绍。

4.1　格构式空间臂架

1. 格构式空间臂架的外形和主要尺寸

格构式空间臂架按支撑位置和变幅方法的不同,具有多种形式。

如图10-7所示为常见的一种桁架式空间臂架。这种臂架的变幅滑轮组装在臂架尾部,通过改变臂架的倾斜角作仰俯变幅。臂架的总长度主要由起重机的参数和总体稳定性等因素决定。臂架高度 h 与臂架长度 l_1 之比,可按普通桁架高跨比来选取,即 $\frac{h}{l_1} = \frac{1}{10} \sim \frac{1}{6}$。臂

架的尾部长度 l_2，与变幅机构的牵引力以及牵引机构和配重箱的布置有关，应视具体情况进行选择。

对于主要承受单向剪力的空间臂架，应采用斜杆式的腹杆体系（见图 10-7a）较为有利，可使较长的斜腹杆受拉，较短的竖腹杆受压。当臂架须承受双向剪力时，采用三角形的腹杆体系如图 10-8（a）所示则较为合理。

臂架的水平桁架，通常采用如图 10-7（b）和图 10-8（b）所示的带有副竖杆的三角形腹杆体系。空间臂架在水平面（回转平面）内的支撑情况，与平面臂架相似。因此支撑处的宽度 b，可按相同的规定来选择，即宽度 b 与其在水平面内的悬臂长度 l_1 之比，可取为 $b/l_1 = \dfrac{1}{20} \sim \dfrac{1}{10}$。

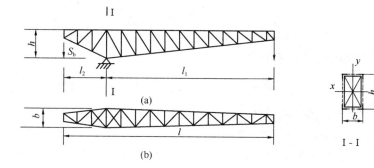

图 10-7　采用仰俯变幅的空间臂架

（a）斜杆式腹杆体系；（b）三角形腹杆体系

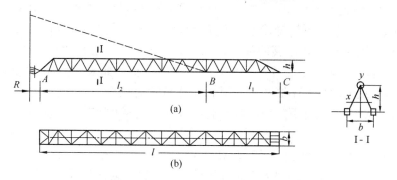

图 10-8　采用小车变幅的空间臂架

（a）三角形腹杆体系；（b）带副竖杆的三角形腹杆体系

如图 10-8 所示是靠小车变幅的空间臂架，其支承索在悬臂上的位置 B（吊点），对臂架的受力及其经济性能有极大影响，须经详细计算来确定。在一般情况下，吊点位置 B 可根据 AB 跨间最大弯矩与吊点处弯矩相等的条件进行初选。经计算吊点的位置 B 大约在臂架总长度 l 的 1/3 处。但臂架属于受力比较复杂的压弯构件，简单地根据在竖直平面内的弯曲来确定这个吊点位置是不够准确的。

空间臂架计算，同样包括荷载的组合与计算，内力计算，截面选择与验算，以及联接计算等项内容。

2. 格构式空间臂架的内力计算

格构式空间臂架是一个空间桁架，设计时常将它分解成平面桁架进行计算，如图10-7所示的臂架，可以分解成如图 10-7（a）所示的两片竖直桁架和图 10-7（b）所示的两片水平桁架，并认为两片竖直桁架仅承受竖直平面内的荷载，如臂架自重荷载、起升荷载、作用于臂架上的风荷载、水平荷载、变幅钢丝绳的张力等。水平桁架承受水平荷载、风荷载等。其中自重荷载、风荷载、水平荷载等可视具体情况换算成节点荷载并分配到臂架的各个节点上。

对于如图 10-8 所示的臂架，则可分解成二片倾斜的侧桁架和一片水平桁架，这时应将竖直平面内的荷载按图10-9进行分解，设竖向荷载为 P，分配给倾斜桁架的荷载分量 P_c 应为：

$$P_c = \frac{P}{2\cos\theta} \qquad (10\text{-}20)$$

分配给水平桁架的荷载分量应为

$$P_x = \frac{P}{2}\tan\theta \qquad (10\text{-}21)$$

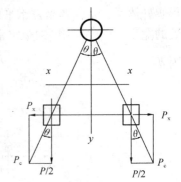

图 10-9　三角形截面受力分析

式中　P——竖直平面内的竖向荷载；

　　　P_c——竖向荷载分配给倾斜桁架的荷载；

　　　P_x——竖向荷载分配给水平桁架的荷载；

　　　θ——倾斜桁架的倾斜角。

因此，每片侧桁架仅承受由竖直平面内各种荷载产生的倾斜分量 P_c。水平桁架除承受回转平面内的各种荷载外，还承受由竖直平面内的荷载所产生的水平分量 P_x。

计算臂架的内力时，可根据选定的工况及荷载组合，计算出杆件的组合内力。为使臂架在任意工作位置时都具有足够的强度、刚度和稳定性，一般应对臂架的两个极限位置（最大与最小幅度）以及一、二个中间位置进行内力分析。如果根据经验能够判断出臂架在某工作位置时最危险，就不必再计算其他工作位置时的内力。如图 10-7 所示臂架，当其在水平（指上弦杆）状态下工作时杆件的内力最大，内力计算时，就可以只考虑这一工作状态。

3. 格构式空间臂架的截面选择与验算

臂架内力求出后，便可根据内力来选择截面。臂架的弦杆与腹杆，按轴心受力构件设计。如果弦杆直接承受集中荷载作用（如小车的轮压等），则应考虑其局部弯曲，按压弯构件计算。臂架的杆件，常选用肢厚（或壁厚）较薄的角钢（或钢管）来制造。

如果空间臂架同时承受较大的轴向压力作用，就应像平面臂架那样，按照压弯构件验算臂架的整体稳定性。

4.2　箱形伸缩臂架

箱形伸缩臂架（如图 10-10 所示）大部分采用由钢板焊接成的薄壁箱形结构。目前主要应用在汽车式起重机上。

箱形伸缩臂架大都靠油缸推杆变幅。变幅油缸的支撑铰点靠近臂架末端。无论在变幅平面或回转平面内，

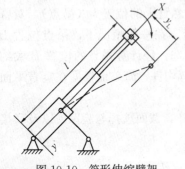

图 10-10　箱形伸缩臂架

臂架都处于悬臂状态，承受着很大的弯矩。臂架结构自重较大，约为格构式臂架的1～1.5倍以上，限制了起重机在大幅度下的起重量和在大起重量下的起升高度。因此，设计时须重视减轻它的结构自重。

箱形伸缩臂架，在变幅平面内的弯矩较回转平面内的弯矩大的多，根据这一受力特点，目前在中小吨位的汽车起重机中，广泛地采用由侧板（腹板）和上下盖板（翼缘）焊成的矩形截面（见图 10-11a），矩形截面具有较好的拉弯和抗扭刚度，制造工艺也比较简单。

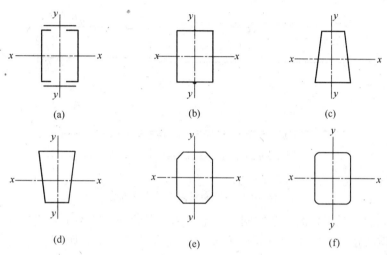

图 10-11　箱形臂架截面形式

（a）矩形截面；（b）等厚槽型板对焊；（c）、（d）梯形截面；
（e）八边形截面；（f）大圆角形截面

考虑到臂架的局部稳定，矩形截面的高宽比一般取为 1.4～1.8 左右，对中小吨位的起重机取较小值，大吨位的起重机则取较大值。臂架如果采用等厚槽形板对焊的结构（见图 10-11b），高厚比应低于上述值，约为 1.2 左右。

在变幅平面内，箱形臂架的上盖板受拉，下盖板受压，两块侧板则处于既受拉、受压，又受剪切的复合应力状态，所以下盖板与侧板均存在局部稳定问题。为了提高其抗局部失稳能力，在维持原截面有效面积不变的条件下，可以将上盖板减薄，下盖板加厚，使中性轴 x-x 下移，从而改变截面上的应力分布，减小下盖板中的压应力。对于用高强度钢制成的箱形臂架，上盖板减薄和下盖板加厚就更能充分发挥材料的效能。

目前，国内外对进一步改进大吨位汽车起重机臂架的截面形式都很重视。虽然矩形截面的箱形臂架能够较好地适应伸缩臂的受力特点，但材料的效能还未能充分发挥。随着制造工艺的提高，近年来已有梯形（见图 10-11c、d）、八边形和大圆角形截面（见图 10-11e、f）等箱形伸缩臂架的汽车起重机问世。

箱形臂架的抗局部失稳能力与焊接质量有很大关系。目前，用四块板拼焊的臂架结构大多采用单面焊接，一般较难焊透。即使采取焊透措施，焊缝在箱形壁内侧也不易形成圆角，容易产生应力集中，导致焊缝开裂。如果出现这种情况，侧板与盖板的支承条件将变成自由边，抗局部失稳能力降低，甚至促使臂架严重屈曲而破坏。因此，如有可能，最好是臂架的里外均施焊，或者预留焊缝，采用深穿透的焊接方法，并使焊缝尽可能离开臂架截面的四个角点处。

在伸缩油缸推动下，为使箱形臂架各节段之间顺利地实现相对运动，在臂架上需布置滑块（见图 10-12）。前部滑块固定在臂架的外节段上，后部滑块布置在内节段上。滑块传递集中力，在该集中力的作用下，臂架将产生局部弯曲。当臂架内节段伸出时，局部弯曲最为严重，对臂架的强度和刚度均有较大影响。所以一般汽车式起重机，不允许臂架满载伸缩。滑块磨损后应便于更换或调节，以控制臂架各节段之间的间隙，防止臂架产生较大的机械变形。

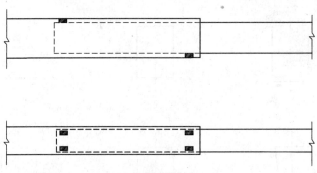

图 10-12 伸缩臂架上的滑块布置

为了增大起重机工作的有效空间，臂架头部的滑轮轴与臂架中心线之间，通常设计成具有一定的偏心距 e（见图 10-13a）。负载后因挠曲变形，偏心距还会增大。这时，臂架在水平荷载作用下不可避免地会产生扭转与旁弯，从而影响起重机工作可靠性。为此，应尽可能减小滑块与侧板之间的间隙，以减小各节段衔接处的扭转变形。在设计时，使箱形伸缩臂架在空载时有一定的上翘量（见图 10-13b），以抵消负载后的一部分挠度值。上翘量 s 可通过滑块的合理设计来获得。

对于汽车式起重机，在做总体设计时，已根据其服务对象和有关参数，初步确定了箱形伸缩臂架的各节段长度及其截面尺寸。臂架设计的主要内容，是根据不同工况的荷载组合，对截面进行强度和稳定性等验算，并设计焊缝。薄壁箱形臂架通常按受弯构件或压弯构件计算。

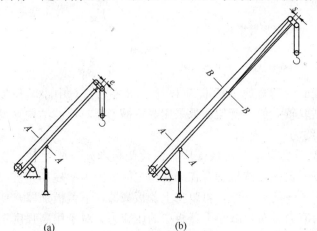

(a) (b)

图 10-13 伸缩臂架的偏心距
(a) 偏心距 e；(b) 上翘量 s

箱形臂架工作状态时的最不利工况及其荷载组合，大致有以下几种：

（1）起重机不动，提升重物时起动或制动，风向平行臂架并从臂架背后向前，吊重产生偏摆；

（2）起重机负载回转时起动或制动，风向垂直臂架，吊重产生偏摆；

（3）起重机负载作匀速回转，风向平行臂架并从臂架背后向前。

根据所选工况与荷载组合，可以计算出臂架处于某一工作位置时（此时仰角 α 为定值）荷载的大小。因臂架类似于悬臂梁，危险截面应在固定端，即在变幅油缸推杆与臂架的联接处（见图 10-13 A-A 截面）。当内节臂伸出时，危险截面还应包括两个节段的衔接处（见图 10-13 B-B 截面）。依次分别计算出基本臂工作时（各节段全部缩回）、二级臂工作时及三级臂工作时各危险截面上的内力。对内力进行组合，即可求得危险截面上的最大内力，作为设计计算的依据。

项目 5　臂架的构造要求

设计起重臂架时，不仅应选择其合理的形式和截面尺寸，而且要注意其构造要求，以满足起重机的正常工作和使用安全。

前面几个单元中已经介绍了钢结构的联接、节点设计、杆件布置及材料选择等，对臂架一般都适应。由于臂架受力复杂，这里再做一些补充说明。

为了减小变形，保证工作可靠，臂架必须具有足够的刚度和稳定性。为此，须沿臂架长度每隔一定距离设置横隔。横隔的间距常取 $4\sim5$m。横隔尽可能布置在拼接处、截面变化处或每个装配段的两端。每个运输单元的横隔数目不应小于两个。横隔的构造形式如图 10-14 所示。当臂架的截面尺寸不大时，可采用钢板或框架，或者在框架上增设一根斜支撑；当臂架的截面尺寸较大时可采用交叉式斜支撑或在框架上增设钢板。

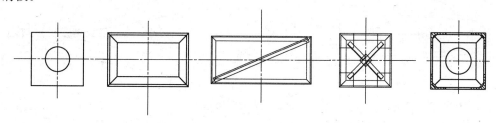

图 10-14　横隔的构造形式

格构式臂架的尾部，一般承受较大的荷载。轴向力将通过尾部的铰接点传到臂架的支座上，故须保证尾部结构有足够的强度、刚度和可靠的连接。为此在靠近尾部的一段长度内，要用钢板将臂架的两侧加强，同时，在臂架尾部上、下两片水平桁架内设置较强的缀条或缀板。必要时还应设置横隔，以增强底部的抗扭刚度。

臂架头部需装设定滑轮以及变幅钢丝绳的拉环等，因此头部也应设计得很牢靠。臂架头部四周可用钢板加固，并在横截面中设置横隔。

图 10-15 和图 10-16 分别表示用角钢和钢管制成的四肢格构式臂架的头部和尾部的构造。

当臂架分成若干段时，臂架的拼接应考虑拆装方便和安全可靠。拼接形式很多，可采用法兰盘螺栓连接或连接角钢等进行拼接。如图 10-17 所示为角钢臂架的一种接头构造，若将上边或下边的插销拔掉，可以把两段臂折叠起来，以便于运输。

对于钢管制成的臂架，肢杆的拼接可采用类似于图 10-18 的接头形式，其中图 10-18

237

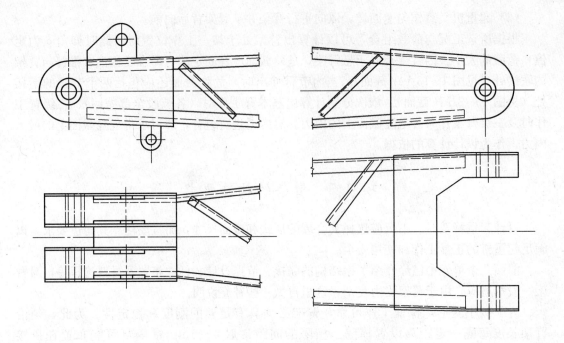

图 10-15　用角钢制成臂架的头部和尾部构造

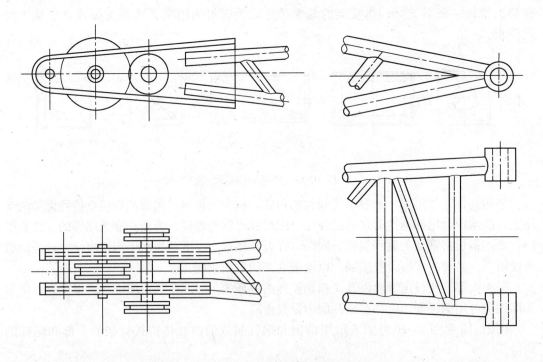

图 10-16　用钢管制成的臂架头部和尾部构造

（a）为方形管接头构造，图 10-18（b）为圆形管的接头构造。联接用的螺栓和插销直径以及接头与肢杆间的联接焊缝，均应按肢杆中可能产生的最大内力进行计算。

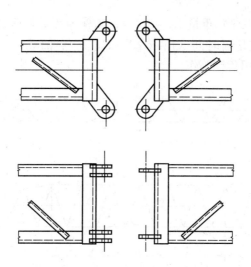

图 10-17 用销轴连接的一种接头形式

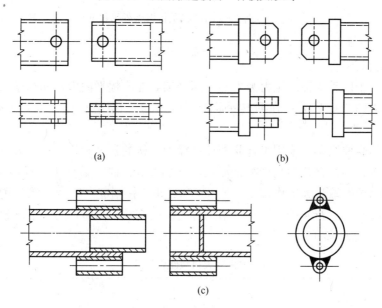

(a)　　　　　　　　　　　　(b)

(c)

图 10-18 钢管肢杆的连接形式

（a）方形管接头构造；（b）圆形管接头构造；（c）圆形管接头构造

项目6　设计计算实例

【例 10-1】　塔式起重机格构式臂架设计

塔式起重机平面臂架外形尺寸如图 10-19 所示。已知臂架的构造长度 13.25m，计算长度 12.9m，共分三节：首段 3.75m，中段 6.0m，末段 3.5m，用螺栓拼接。节间长度为 0.83m；当最大工作幅度 $R_{max}=14m$ 时（此时仰角 $\alpha=5°$），起重量 $Q=7.5kN$，起升高度 $H=18m$；当最小工作幅度 $R_{min}=7m$ 时（此时仰角 $\alpha=63°$），起重量 $Q=15kN$，起升高度 $H=29.5m$；估算臂架自重 $P_G=6kN$；吊具重量 $G_t=550N$；变幅钢丝绳重 $G_s=600N$；起升高度限制器（在臂架头部）重量 $G_h = 100$N；工作速度：提升速度 $v = 21.5$m/min；回转速度 $n = 0.98$r/min；变幅时间（由 R_{max} 到 R_{min}）$t = 51$s；工作制度：轻级；材料为Q235，肢杆与缀条均采用角钢制作。

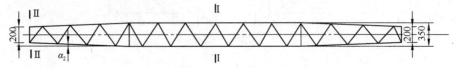

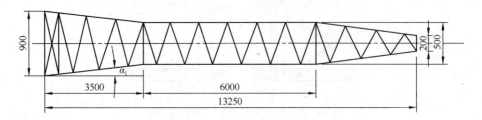

图 10-19　例 10-1 图：起重机臂架外形尺寸

【解】

一、荷载及其组合

该臂架是一个以承受轴向压力为主的平面臂架，在变幅平面内，相当于两端铰支的简支梁，跨中截面的弯矩最大；在回转平面内，近似于一根悬臂梁；末端截面上的弯矩最大。

根据荷载组合原则，应采用组合Ⅱ来计算臂架结构的强度和稳定性，并选择两个极限位置和两种工况作为组合Ⅱ的具体组合形式，分别计算出跨中截面Ⅰ-Ⅰ和末端截面Ⅱ-Ⅱ上的内力。两个位置取最大工作幅度（R_{max}）和最小工作幅度（R_{min}）；第一种工况为起重机不动，仅起升机构进行起动或制动；第二种工况为起重机负载回转，回转机构起动或制动。其组合形式见表 10-12。

起重机臂架荷载组合形式　　　　　　　　　　　　　表 10-12

荷载名称	符　号	组合形式			
		Ⅱ$_a$	Ⅱ$_b$	Ⅱ$_c$	Ⅱ$_d$
自重荷载	P_G	$\phi_1 P_G$	$\phi_1 P_G$	P_G	P_G
起升荷载	P_Q	$\phi_2 P_Q$	$\phi_2 P_Q$	P_Q	P_Q
水平荷载	P_H			P_{H2}	P_{H2}
风荷载	P_W	$P_{W,i}$	$P_{W,i}$	$P_{W,i}$	$P_{W,i}$

注：1. 组合Ⅱ$_a$ 为第一种工况（即起重机不动，仅起升机构起、制动）时起重机按最大工作幅度 R_{max} 工作时的荷载组合；组合Ⅱ$_b$ 为第一种工况时起重机按最小工作幅度 R_{min} 工作时的荷载组合；组合Ⅱ$_c$ 为第二种工况（即起重机负载回转，回转机构起制动）时起重机按最大工作幅度 R_{max} 工作时的荷载组合；组合Ⅱ$_d$ 为第二种工况时最小工作幅度 R_{min} 时的荷载组合。

2. 水平荷载指回转机构起制动惯性力和回转运动的离心力（按吊重绳索相对于铅垂线的偏摆角所引起的水平分力计算）。

臂架在两个极限位置时的计算简图如图 10-20 所示。荷载计算如下：

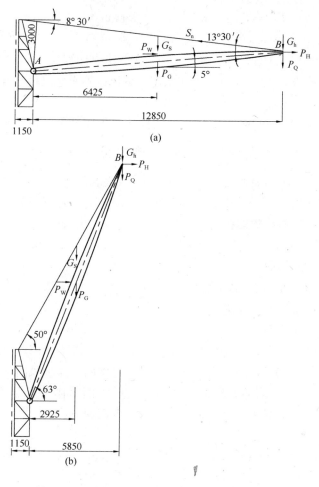

图 10-20　臂架计算简图

(a) 最大工作幅度；(b) 最小工作幅度

1. 自重荷载 P_G

取起升冲击系数 $\varphi_1 = 1.1$，起升荷载动载系数 $\varphi_2 = 1+0.7v = 1+0.7\times0.36 = 1.1$

组合 II$_a$、II$_b$　　　　　　$\varphi_1 P_G = 1.1\times6 = 6.6\text{kN}$

组合 II$_c$、II$_d$　　　　　　　$P_G = 6\text{kN}$

自重荷载按集中荷载作用于臂架的中点。

2. 起升荷载 P_Q

组合 II$_a$　　　　　　　　$\varphi_2 P_Q = 1.1\times(7.5+0.55) = 8.86\text{kN}$

组合 II$_b$　　　　　　　　$\varphi_2 P_Q = 1.1\times(15+0.55) = 17.11\text{kN}$

组合 II$_c$　　　　　　　　$P_Q = 7.5+0.55 = 8.05\text{kN}$

组合 II$_d$　　　　　　　　$P_Q = 15+0.55 = 15.55\text{kN}$

3. 水平荷载 P_H

起升质量产生的水平力(包括风力、变幅和回转起制动时产生的惯性力和回转运动时的离心力)按吊重绳索相对于铅垂线的偏摆角所引起的水平分力计算。取 $\alpha = 5°$。

组合 II$_c$　　　　　　　　$P_{H2} = P_Q \cdot \tan\alpha = 8.05\times\tan5° = 0.7\text{kN}$

241

组合 II_d $\qquad P_{\text{H2}}=P_\text{Q}\cdot\tan\alpha=15.55\times\tan5°=1.36\text{kN}$

4. 风荷载 P_W

风荷载可按式(10-5)计算，即：$P_\text{W}=C\mu_z\omega_\text{o}A$，其中计算风压 $\omega_\text{o}=150\text{Pa}$，（见表10-5）；风压高度变化系数 $\mu_z=1$(起重机工作状态计算风压不考虑高度变化系数)；风力系数 $C=1.6$(见表10-7)；迎风面积 $A=(1+\eta)\varphi A_\text{L1}$。

取充实系数 $\varphi=0.4$（见表10-8）；桁架结构挡风折减系数 η 可在竖桁架平面（$a/h=\frac{500}{350}=1.4$），取 $\eta=0.44$（见表10-9），在水平桁架平面（$a/h=\frac{350}{500}=0.7$），取 $\eta=0.29$。

竖桁架结构的外形轮廓面积为：
$$A_\text{L1}=(0.2+0.35)\times3.5\div2+0.35\times6+(0.35+0.2)\times3.75\div2=4.09\text{m}^2$$

水平桁架结构的外形轮廓面积为：
$$A_\text{L1}=(0.9+0.5)\times3.5\div2+0.5\times6+(0.5+0.2)\times3.75\div2=6.76\text{m}^2$$

竖桁架结构的总迎风面积为：
$$A=(1+\eta)\varphi A_\text{L1}=(1+0.44)\times0.4\times4.09=2.36\text{m}^2$$

水平桁架结构的总迎风面积为：
$$A=(1+\eta)\varphi A_\text{L1}=(1+0.29)\times0.4\times6.76=3.49\text{m}^2$$

当起升机构起动制动时，风荷载对臂架的影响不大，可不考虑风荷载，当回转机构回转时需考虑风荷载的影响，并假定风荷载沿两个方向作用。即①风向平行于变幅平面（作用于水平桁架上），用 P_{W1} 表示；②风向垂直于变幅平面（作用于竖桁架上），用 P_{W2} 表示，并近似假定为集中荷载作用于臂架中心。其组合值如下：

组合 II_a、II_b $\qquad P_\text{W}=0$

组合 II_c $\quad P_{\text{W1}}=C\mu_z\omega_\text{o}A\sin^2\alpha=1.6\times1\times150\times3.49\times\sin^25°=6.36\text{N}$

$\qquad\qquad P_{\text{W2}}=C\mu_z\omega_\text{o}A=1.6\times1\times150\times2.36=566\text{N}$

组合 II_d $\quad P_{\text{W1}}=C\mu_z\omega_\text{o}A\sin^2\alpha=1.6\times1\times150\times3.49\times\sin^263°=665\text{N}$

$\qquad\qquad P_{\text{W2}}=C\mu_z\omega_\text{o}A=1.6\times1\times150\times2.36=566\text{N}$

5. 变幅钢丝绳的拉力 S_n

可由静力平衡条件 $\Sigma M_\text{A}=0$ 求得

组合 II_a $\qquad (P_\text{Q}+G_\text{h})\times12.85+(P_\text{G}+G_\text{S})\times6.425-S_\text{n}\times3.0=0$

$\qquad\qquad (8.86+0.11)\times12.85+(6.6+0.66)\times6.425-S_\text{n}\times3=0$

$$S_\text{n}=53.97\text{kN}$$

组合 II_b

$(P_\text{Q}+G_\text{h})\times5.85+(P_\text{G}+G_\text{S})\times2.925+S_\text{n}\cdot\cos40°\times5.85-S_\text{n}\cdot\sin40°\times12.9\times\sin63°=0$

$\qquad (17.11+0.11)\times5.85+(6.6+0.66)\times2.925+S_\text{n}\cdot\cos40°\times5.85-S_\text{n}\cdot\sin40°\times12.9\times\sin63°=0$

$$S_\text{n}=41.74\text{kN}$$

组合 II_c

$(P_\text{Q}+G_\text{h})\times12.85+(P_\text{G}+G_\text{S})\times6.425+P_{\text{H2}}\times12.9\cdot\sin5°+P_{\text{W1}}\times6.45\times\sin5°-S_\text{n}\times3.0=0$

$$(8.05+0.1)\times12.85+(6+0.6)\times6.425+0.7\times12.9\times\sin5°+6\times10^{-3}\times6.45\times\sin5°$$
$$-S_n\times3=0$$

$$S_n=49.31\text{kN}$$

组合 II_d

$$(P_Q+G_h)\times5.85+(P_G+G_S)\times2.925+P_{H2}\times12.9\times\sin63°+P_{W1}\times6.45\times\sin63°+S_n$$
$$\cdot\cos40°\times5.85-S_n\cdot\sin40°\times12.9\cdot\sin63°=0$$

$$(15.55+0.1)\times5.85+(6+0.6)\times2.925+1.36\times12.9\times\sin63°+0.665\times6.45\times$$
$$\sin63°+S_n\cdot\cos40°\times5.85-S_n\cdot\sin40°\times12.9\cdot\sin63°=0$$

$$S_n=44.83\text{kN}$$

将所有荷载组合值汇总于表 10-13。

荷载组合值 表 10-13

荷载名称	符号	单位	组合 II_a	组合 II_b	组合 II_c	组合 II_d
自重荷载	P_G	kN	6.6	6.6	6	6
起升荷载	P_Q	kN	8.86	17.11	8.05	15.55
水平荷载	P_H	kN	0	0	0.7	1.36
风荷载	P_{W1}	kN			0.006	0.67
	P_{W2}	kN	0	0	0.57	0.57
起升高度限制器	G_H	kN	0.11	0.11	0.1	0.1
变幅钢丝绳重	G_S	kN	0.66	0.66	0.6	0.6
变幅钢丝绳拉力	S_n	kN	53.97	41.74	49.31	44.83

二、计算臂架的轴向力

臂架截面 Ⅰ-Ⅰ 与 Ⅱ-Ⅱ 上的轴向力 N，可由臂架在变幅平面内的实际受力情况求得。计算时假设水平荷载(吊重偏摆水平力)向内以及风荷载由前方吹来，所得轴力最大。

组合 II_a

截面 Ⅰ-Ⅰ

$$N=S_n\cos13°30'+\left(P_Q+G_h+\frac{P_G}{2}\right)\cdot\sin5°$$
$$=53.97\times\cos13°30'+(8.86+0.11+3.3)\times\sin5°=53.55\text{kN}$$

截面 Ⅱ-Ⅱ

$$N=S_n\cos13°30'+(P_Q+G_h+P_G)\cdot\sin5°$$
$$=53.97\times\cos13°30'+(8.86+0.11+6.6)\times\sin5°=53.84\text{kN}$$

组合 II_b

截面 Ⅰ-Ⅰ

$$N=S_n\cos13°+(P_Q+G_h+\frac{P_G}{2})\cdot\cos27°$$
$$=41.74\times\cos13°+(17.11+0.11+3.3)\times\cos27°=58.95\text{kN}$$

截面 Ⅱ-Ⅱ

$$N=S_n\cos13°+(P_Q+G_h+P_G)\cdot\cos27°$$

$$=41.74 \times \cos13° + (17.11 + 0.11 + 6.6) \times \cos27° = 61.89\text{kN}$$

组合 II_c

截面 I-I

$$N = S_n\cos13°30' + \left(P_Q + G_h + \frac{P_G}{2}\right) \cdot \sin5° + (P_H + P_{W1}) \cdot \cos5°$$

$$= 49.31 \times \cos13°30' + (8.05 + 0.1 + 3) \times \sin5° + (0.7 + 0.006) \times \cos5° = 49.62\text{kN}$$

截面 II-II

$$N = S_n\cos13°30' + (P_Q + G_h + P_G) \cdot \sin5° + (P_H + P_{W1}) \cdot \cos5°$$

$$= 49.31 \times \cos13°30' + (8.05 + 0.1 + 6) \times \sin5° + (0.7 + 0.006) \times \cos5° = 49.88\text{kN}$$

组合 II_d

截面 I-I

$$N = S_n\cos13° + \left(P_Q + G_h + \frac{P_G}{2}\right) \cdot \cos27° + (P_H + P_{W1}) \cdot \cos63°$$

$$= 44.83 \times \cos13° + (15.55 + 0.1 + 3)\cos27° + (1.36 + 0.67) \cdot \cos63° = 61.22\text{kN}$$

截面 II-II

$$N = S_n\cos13° + (P_Q + G_h + P_G) \cdot \cos27° + (P_H + P_{W1}) \cdot \cos63°$$

$$= 44.83 \times \cos13° + (15.55 + 0.1 + 6)\cos27° + (1.36 + 0.67) \cdot \cos63° = 63.89\text{kN}$$

三、计算臂架的弯矩和剪力

臂架在变幅平面内相当于简支梁，中间截面 I-I 的弯矩最大，两端截面的弯矩为零，剪力最大；臂架在回转平面内相当于悬臂梁，末端截面 II-II 的弯矩、剪力最大。因此需计算变幅平面内截面 I-I 的弯矩 M_x，回转平面内截面 II-II 的弯矩 M_y 及剪力 V，回转平面内截面 I-I 的弯矩值可近似取截面 II-II 的一半。

组合 II_a

截面 I-I

$$M_x = (P_Q + G_h)\cos5° \times 6.45 + \frac{P_G}{2}\cos5° \times \frac{6.45}{2} - S_n\sin13°30' \times 6.45$$

$$= (8.86 + 0.11) \times \cos5° \times 6.45 + 3.3 \times \cos5° \times 3.225 - 53.97 \times \sin13°30' \times 6.45$$

$$= 13.03\text{kN} \cdot \text{m}$$

截面 II-II

$$V_y = S_n\sin13°30' - (P_Q + G_h)\cos5° - P_G \cdot \cos5°$$

$$= 53.97 \times \sin13°30' - (8.86 + 0.11) \times \cos5° - 6.6 \times \cos5° = -2.91\text{kN}$$

组合 II_b

截面 I-I

$$M_x = (P_Q + G_h)\sin27° \times 6.45 + \frac{P_G}{2}\sin27° \times \frac{6.45}{2} - S_n \cdot \sin13° \times 6.45$$

$$= (17.11 + 0.11) \times \sin27° \times 6.45 + 3.3 \times \sin27° \times 3.225 - 41.74 \times \sin13° \times 6.45$$

$$= -5.31\text{kN} \cdot \text{m}$$

截面 II-II

$$V_y = S_n \cdot \sin13° - (P_Q + G_h) \cdot \sin27° - P_G \times \sin27°$$

$$= 41.74 \times \sin13° - (17.11 + 0.11) \times \sin27° - 6.6 \times \sin27° = -1.42\text{kN}$$

组合Ⅱ$_c$

截面Ⅱ-Ⅱ

$M_y = P_H \times 12.9 + P_{W2} \times 6.45 = 0.7 \times 12.9 + 0.57 \times 6.45 = 12.71 \text{kN} \cdot \text{m}$

$V_x = P_H + P_{W2} = 0.7 + 0.57 = 1.27 \text{kN}$

$V_y = S_n \cdot \sin13°30' - (P_Q + G_h)\cos5° - P_G\cos5° - (P_H + P_{W1})\sin5°$

$\quad = 49.31 \times \sin13°30' - (8.05 + 0.1) \times \cos5° - 6 \times \cos5° - (0.7 + 0.006) \times \sin5°$

$\quad = -2.65 \text{kN}$

截面Ⅰ-Ⅰ

$$M_x = (P_Q + G_h)\cos5° \times 6.45 + \frac{P_G}{2}\cos5° \times \frac{6.45}{2} - S_n\sin13°30' \times 6.45$$

$$\quad - P_H \cdot \sin5° \times 6.45 - \frac{P_{W1}}{2} \times \sin5° \times \frac{6.45}{2}$$

$$\quad = (8.05 + 0.1) \times \cos5° \times 6.45 + 3 \times \cos5° \times 3.225 - 49.3 \times \sin13°30' \times 6.45$$

$$\quad - 0.7 \times \sin5° \times 6.45 - 0.003 \times \sin5° \times 3.225 = -12.64 \text{kN} \cdot \text{m}$$

$$M_y = \frac{12.71}{2} = 6.36 \text{kN} \cdot \text{m}$$

组合Ⅱ$_d$

截面Ⅱ-Ⅱ

$M_y = P_H \times 12.9 + P_{W2} \times 6.45 = 1.36 \times 12.9 + 0.57 \times 6.45 = 21.22 \text{kN} \cdot \text{m}$

$V_x = P_H + P_{W2} = 1.36 + 0.57 = 1.93 \text{kN}$

$V_y = (P_Q + G_h)\sin27° + P_G\sin27° - S_n\sin13° - (P_H + P_{W1}) \cdot \cos27°$

$\quad = (15.55 + 0.1) \times \sin27° + 6 \times \sin27° - 44.83 \times \sin13° - (1.36 + 0.67)\cos27°$

$\quad = -2.06 \text{kN}$

截面Ⅰ-Ⅰ

$$M_y = \frac{21.22}{2} = 10.6 \text{kN} \cdot \text{m}$$

$$M_x = (P_Q + G_h)\sin27° \times 6.45 + \frac{P_G}{2}\sin27° \times \frac{6.45}{2} - S_n\sin13° \times 6.45$$

$$\quad - P_H\cos27° \times 6.45 - \frac{P_{W1}}{2}\cos27° \times \frac{6.45}{2}$$

$$\quad = (15.55 + 0.1) \times \sin27° \times 6.45 + 3 \times \sin27° \times 3.225 - 44.83 \times \sin13° \times 6.45$$

$$\quad - 1.36 \times \cos27° \times 6.45 - 0.335 \times \cos27° \times 3.225$$

$$\quad = -23.60 \text{kN} \cdot \text{m}$$

将以上算得臂架的内力汇总于表 10-14 中。

臂架的组合内力   表 10-14

组合形式	轴力（kN）		截面Ⅱ-Ⅱ剪力（kN）		弯矩（kN·m）		
	截面Ⅰ-Ⅰ	截面Ⅱ-Ⅱ	V_x	V_y	截面Ⅰ-Ⅰ		截面Ⅱ-Ⅱ
					M_x	M_y	M_y
组合Ⅱ$_a$	53.55	53.84	0	2.91	13.03	0	0
组合Ⅱ$_b$	58.95	61.89	0	1.42	5.31	0	0
组合Ⅱ$_c$	49.62	49.88	1.27	2.65	12.64	6.36	12.71
组合Ⅱ$_d$	61.22	63.89	1.93	2.06	23.6	10.61	21.22

四、截面选择与验算

该臂架的截面形式已初步确定，现在需要选择肢杆和缀条的截面尺寸，并对臂架作整体稳定与局部稳定校核。

1. 杆件的截面选择

肢杆初选为 L63×5 角钢，并由附表 4-4 查得其截面数据为：

$$A_1 = 6.14\text{cm}^2$$
$$A = 4A_1 = 4×6.14 = 24.56\text{cm}^2$$

$I_x = 23.17\text{cm}^4$ $i_x = 1.94\text{cm}$

$i_{y0} = 1.25\text{cm}$ $q = 4.82\text{kg/m}$

$z_0 = 1.74\text{cm}$

缀条初选为 L45×4 角钢，由附录型钢表查得其截面数据为：

$A_1 = 3.49\text{cm}^2$ $A = 4A_1 = 4×3.49 = 13.96\text{cm}^2$

$A_{1x} = A_{1y} = 2A_1 = 2×3.49 = 6.98\text{cm}^2$

$I_x = 6.65\text{cm}^4$ $i_x = 1.38\text{cm}$ $i_{y0} = 0.89\text{cm}$

$q = 2.74\text{kg/m}$ $z_0 = 1.26\text{cm}$

缀条的布置，采用三角形体系，如图 10-19 所示。

2. 臂架的整体稳定性校核

该臂架是变截面四肢格构式构件，可采用近似式（10-19）作整体稳定性校核。

（1）计算臂架横截面的几何特性

上端截面：见图 10-21（a）

$$I_x = I_y = 4\left[I_{x1} + A_1 × \left(\frac{h}{2} - z_0\right)^2\right] = 4 × \left[23.17 + 6.14 × \left(\frac{20}{2} - 1.74\right)^2\right] = 1768\text{cm}^4$$

$$W_x = W_y = \frac{I_x}{\frac{h}{2}} = \frac{1768}{10} = 177\text{cm}^3$$

$$i_x = i_y = \sqrt{\frac{I_x}{A}} = \sqrt{\frac{1768}{24.56}} = 8.48\text{cm}$$

中部截面：见图 10-21（b）：

$$I_x = 4\left[I_{x1} + A_1 × \left(\frac{h}{2} - z_0\right)^2\right] = 4 × \left[23.17 + 6.14 × \left(\frac{35}{2} - 1.74\right)^2\right] = 6193\text{cm}^4$$

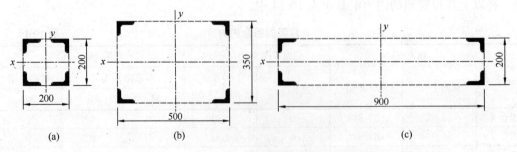

图 10-21　臂架截面形式

（a）上端截面；（b）中部截面；（c）末端截面

246

$$I_y = 4\left[I_{y1} + A_1\left(\frac{b}{2} - z_0\right)^2\right] = 4 \times \left[23.17 + 6.14 \times \left(\frac{50}{2} - 1.74\right)^2\right] = 13380\text{cm}^4$$

$$W_x = \frac{I_x}{h/2} = \frac{6193}{35/2} = 374\text{cm}^3$$

$$W_y = \frac{I_y}{b/2} = \frac{13380}{50/2} = 535\text{cm}^3$$

$$i_x = \sqrt{\frac{I_x}{A}} = \sqrt{\frac{6193}{24.56}} = 15.88\text{cm}$$

$$i_y = \sqrt{\frac{I_y}{A}} = \sqrt{\frac{13380}{24.56}} = 23.34\text{cm}$$

末端截面：见图 10-21（c）：

$$I_x = 4\left[I_{x1} + A_1 \times \left(\frac{h}{2} - z_0\right)^2\right] = 4 \times \left[23.17 + 6.14 \times \left(\frac{20}{2} - 1.74\right)^2\right] = 1768\text{cm}^4$$

$$I_y = 4\left[I_{y1} + A_1\left(\frac{b}{2} - z_0\right)^2\right] = 4 \times \left[23.17 + 6.14 \times \left(\frac{90}{2} - 1.74\right)^2\right] = 46055\text{cm}^4$$

$$W_x = \frac{I_x}{h/2} = \frac{1768}{10} = 177\text{cm}^3$$

$$W_y = \frac{I_y}{b/2} = \frac{146055}{\frac{90}{2}} = 1023\text{cm}^3$$

$$i_x = \sqrt{\frac{I_x}{A}} = \sqrt{\frac{1768}{24.56}} = 8.48\text{cm}$$

$$i_y = \sqrt{\frac{I_y}{A}} = \sqrt{\frac{46055}{24.56}} = 43.3\text{cm}$$

（2）求臂架的稳定系数 φ

$$\frac{I_{x\min}}{I_{x\max}} = \frac{1768}{6193} = 0.29 \qquad \frac{L_1}{L} = \frac{6}{13.25} = 0.45$$

由表 5-6 查得变截面构件的长度折算系数 $\mu_z = 1.05$，由此得到臂架在变幅平面内的折算长度为：

$$L_{1x} = \mu_z l_0 = \mu_z L = 1.05 \times 13.25 = 13.91\text{m}$$

臂架的长细比为：

$$\lambda_x = \frac{L_{zx}}{i_x} = \frac{1391}{15.88} = 87.6$$

由式（5-12）可得臂架的换算长细比为：

$$\lambda_{hx} = \sqrt{\lambda_x^2 + 40\frac{A}{A_{1x}}} = \sqrt{87.6^2 + 40 \times \frac{24.56}{6.98}} = 88.4$$

在回转平面内，臂架按末端固定的悬臂梁考虑。

$$\frac{I_{y\min}}{I_{y\max}} = \frac{1768}{46055} = 0.04 \qquad \frac{L_1}{L} = 0（取 L_1 = 0）$$

由表 5-7 查得长度折算系数 $\mu_z = 1.58$，则有：

$$L_{zy} = \mu_z L_0 = \mu_z \mu L = 1.58 \times 2.1 \times 13.25 = 43.96\text{m}$$

（由表 5-3 得 $\mu = 2.1$），臂架的长细比应为：

$$\lambda_y = \frac{L_{zy}}{i_y} = \frac{4396}{43.3} = 101.5$$

$$\lambda_{hy} = \sqrt{\lambda_y^2 + 40\frac{A}{A_{1y}}} = \sqrt{101.5^2 + 40 \times \frac{24.56}{6.98}} = 102.2$$

由 $\lambda_{max} = \lambda_{hy} = 102.2$ 查附表 3-2（b 类）得：$\varphi = 0.541$

（3）强度校核

因截面无削弱，可不验算。

（4）刚度校核

$$\lambda_{hx} = 88.4 < [\lambda] = 150$$
$$\lambda_{hy} = 102.2 < [\lambda] = 150$$

（5）整体稳定性校核

从臂架的组合内力表 10-14 可以看出，组合 II_d 的内力最大，应以组合 II_d 的内力作整体稳定性校核。

截面 I-I $N = 61.22$kN $M_x = 23.6$kN·m

$M_y = 10.61$kN·m

$$\sigma = \frac{N}{\varphi A} + \frac{M_x}{W_x} + \frac{M_y}{W_y} = \frac{61.22 \times 10^3}{0.541 \times 24.56 \times 10^2} + \frac{23.6 \times 10^6}{354 \times 10^3} + \frac{10.61 \times 10^6}{535 \times 10^3}$$
$$= 133\text{MPa} < [\sigma] = 177\text{MPa}$$

截面 II-II $N = 63.89$kN $M_x = 0$

$M_y = 21.22$kN·m

$$\sigma = \frac{N}{\varphi A} + \frac{M_x}{W_x} + \frac{M_y}{W_y} = \frac{63.89 \times 10^3}{0.541 \times 24.56 \times 10^2} + \frac{21.22 \times 10^6}{1023 \times 10^3} = 69\text{MPa} < [\sigma]$$

经校核计算，臂架整体稳定性满足要求。

3. 单肢稳定性校核

已知单肢的计算长度等于臂架的节间长度即 $L_1 = 83$cm，单肢角钢的最小回转半径 $i_{min} = i_{y0} = 1.25$cm，可得单肢的长细比为：

$$\lambda_1 = \frac{L_1}{i_{min}} = \frac{83}{1.25} = 66.4 < [\lambda]$$

由附录表 3-2 查得稳定系数 $\varphi = 0.772$

按照式（10-13）计算单肢的组合内力。由组合内力表 10-14 可知，单肢最大组合内力 N_2 应按组合 II_d 进行计算。

截面 I-I

$$N_2 = \frac{N}{4} + \frac{M_x}{2(h - 2z_0)} + \frac{M_y}{2(b - 2z_0)}$$

$$= \frac{61.22}{4} + \frac{23.6 \times 10^2}{2 \times (35 - 2 \times 1.74)} + \frac{10.61 \times 10^2}{2 \times (50 - 2 \times 1.74)}$$

$$= 64.15\text{kN}$$

截面 II-II

$$N_2 = \left[\frac{N}{4} + \frac{M_x}{2(h - 2z_0)} + \frac{M_y}{2(b - 2z_0)}\right]\frac{1}{\cos\alpha_1 \cos\alpha_2}$$

$$= \left[\frac{63.89}{4} + \frac{21.22 \times 10^2}{2 \times (90 - 2 \times 1074)}\right] \frac{1}{\cos^3 3°16' \times \cos^2 2°28'} = 27.87\text{kN}$$

$$N_{2\text{max}} = 64.15\text{kN}$$

$$\sigma = \frac{N_2}{\varphi A_1} = \frac{64.15 \times 10^3}{0.772 \times 6.14 \times 10^2} = 135\text{MPa} < [\sigma] = 177\text{MPa}$$

4. 缀条的稳定性验算

缀条用来承受横向剪力。由组合内力表 10-14 可见最大剪力 $V = V_y = 2.91\text{kN}$。如按式（5-21）求剪力，则有：

$$V = \frac{Af}{85}\sqrt{\frac{f_y}{235}} = \frac{19.2 \times 10^2 \times 215}{85} = 4856\text{N} = 4.86\text{kN}$$

取 $V = 4.86\text{kN}$，在回转平面内截面 Ⅱ-Ⅱ 处的缀条最长，只需对该处的斜缀条进行验算。

由式（8-3）可得斜缀条的内力：

$$N_f = \frac{V}{n\sin\alpha} = \frac{4.86}{2 \times \sin 65°14'} = 2.68\text{kN}$$

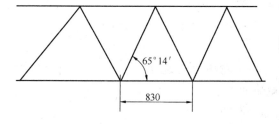

图 10-22　斜缀条的计算简图

式中，n 为 Ⅱ-Ⅱ 截面处在回转平面内承担水平剪力的斜缀条根数，上下两根。α 为斜缀条与肢杆间在回转平面内的夹角，近似地按图 10-22 确定，这时斜缀条的计算长度为：

$$L_1 = \sqrt{415^2 + 900^2} = 991\text{mm}$$

斜缀条的长细比为：

$$\lambda = \frac{L_1}{i_{\text{min}}} = \frac{L_1}{i_{y0}} = \frac{99.1}{0.89} = 111 < [\lambda]$$

由附录表 3-2 查得 $\varphi = 0.487$。斜缀条是等肢角钢，考虑到单角钢单面联接存在偏心，将钢材的设计强度乘以折减系数 $\gamma_R = 0.6 + 0.0015\lambda = 0.6 + 0.0015 \times 111 = 0.77$ 得到：

$$\sigma = \frac{N_f}{\gamma_R \varphi A_1} = \frac{2.68 \times 10^3}{0.77 \times 0.487 \times 3.49 \times 10^2} = 20.5\text{MPa} < [\sigma]$$

经过验算，证明初选臂架尺寸满足要求，肢杆用 L63×5 角钢制造，缀条用 L45×4 角钢制造。焊缝计算以及臂架支座等的计算从略。

【例 10-2】　小车变幅水平臂架设计

一、设计资料

1. 起重力矩 800kN·m；

2. 起重量：最大幅度 $R_{\text{max}} = 41.8\text{m}$ 时，$Q_{\text{min}} = 18\text{kN}$；最小幅度 $R_{\text{min}} = 7.93\text{m}$，$Q_{\text{max}} = 60\text{kN}$；

3. 变幅：由水平吊臂绳索牵引小车变幅，变幅速度 15m/min；

4. 吊钩起升速度 25～40m/min；

5. 回转速度 0.3r/min，起制动时间 3s；

6. 工作类型：中级工作制；

7. 材料：采用 Q235 钢材，E4303 型焊条；

8. 设计中的参数及系数取自起重机设计规范及设计手册。

二、起重臂结构形式及主要尺寸

根据受力及构造要求，该起重臂架采用格构式三角形断面，平行弦三角形腹杆下承桁架，底宽1350mm，高1200mm。上弦选用 $\phi108\times8$ 的钢管，下弦选用一根槽钢 [14b 和钢板—120×5 组焊成箱型杆件。斜腹杆为 $\phi60\times6$ 的钢管，水平腹杆为角钢∟63×6（图 10-25）。

起重臂总长 42m，共由七节组成，中间有五节标准节，各长 6.30m，首节长 6.29m，尾节长 4.21m。节与节之间采用销轴 $\phi40$（20 号）联接。底根铰销轴采用 $\phi50$（20 号），首尾两节各装一个导向滑轮，小车牵引机构安装在首节上。吊臂主要尺寸见图 10-24。

三、吊点确定

1. 确定原则：按等稳定性的原则来选择吊点的合理位置。

2. 根据试选及验算最后确定吊点尺寸为：

第一吊点距底根铰为 13.34m，幅度为 $R_1=14.64$m。

第二吊点距第一吊点为 20.3m，幅度为 $R_2=34.94$m。

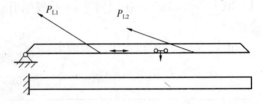

四、计算简图（图 10-23）

1. 起升平面内，按一次超静定连续梁考虑。按压弯构件计算。

图 10-23　吊臂的力学模型

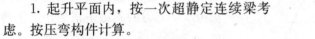

2. 在回转平面内，按悬臂梁考虑。由于小车轮中心与起重臂下弦 y-y 轴线相距仅 10mm，小车轮压又不大，故由此产生的扭矩略而不计。

五、荷载组合与工况

（一）荷载组合

本设计考虑以下两种荷载组合进行计算：

1. 自重＋吊重＋工作状态风载＋其他惯性力；

2. 自重＋非工作状态风载＋起重小车及吊钩重。

在计算中忽略行走惯性力和离心力的影响。因塔机属于中等工作类型，故不必验算结构的疲劳强度。

（二）计算工况（图 10-24）

1. 工作情况

工况 Ⅰ：$R_{max}=41.8$m，$Q_{min}=18$kN，风向垂直于吊臂；

工况 Ⅱ：$R=24.79$m，$Q=32$kN，风向垂直于吊臂；

工况 Ⅲ：$R_{min}=7.97$m，$Q=60$kN，风向垂直于臂架。

2. 非工作情况

工况 Ⅳ：$R_{min}=2.8$m，$Q=0$，风向垂直于臂架。

六、拉索倾角 α（图 10-24）

$$\alpha_1 = \arctan \frac{7120}{13340 + 1300 - 1110} = 27.76°$$

$$\alpha_2 = \arctan \frac{7220}{20300 + 13340 + 1300 - 1220} = 12.09°$$

$$\sin\alpha_1 = 0.466, \cos\alpha_1 = 0.885$$

$$\sin\alpha_2 = 0.209, \cos\alpha_2 = 0.978$$

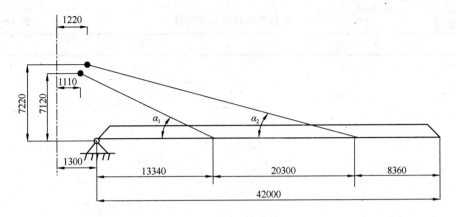

图 10-24　臂架结构简图

七、截面几何特性（图 10-25）

弦杆几何特性，见表 10-15。整体截面几何特性，见表 10-16。

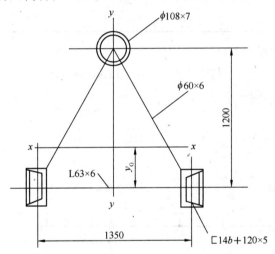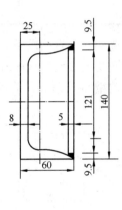

图 10-25　截面几何特性

弦杆几何特性　　　　　　　　　　　　　　　　表 **10-15**

名　称	面积 A（cm²）	I（cm⁴）	W（cm³）
上弦杆 $\phi108\times7$	$A_{上}=\dfrac{\pi(d_1^2-d_2^2)}{4}$ $=\dfrac{3.14\times(10.8^2-9.4^2)}{4}$ $=22.2\,\text{cm}^2$	$I_{x上}=\dfrac{\pi(d_1^4-d_2^4)}{64}$ $=\dfrac{3.14\times(10.8^4-9.4^4)}{64}$ $=284.4\,\text{cm}^4$	$W_{x上}=\dfrac{2I_{x上}}{d}$ $=\dfrac{2\times284.4}{10.8}$ $=52.7\,\text{cm}^3$
下弦杆 $[14b+120\times5:$ $A_0=21.31\,\text{cm}^2$ $I_{x0}=609.4\,\text{cm}^4$ $I_{y0}=61.2\,\text{cm}^4$ $Z_0=1.67\,\text{cm}$	$A_{下}=21.31+13\times0.5$ $=27.81\,\text{cm}^2$	$I_{x下}=I_{x0}+\dfrac{b\cdot h^3}{12}$ $=609.4+\dfrac{0.5\times13^3}{12}$ $=701\,\text{cm}^4$ $I_{y下}=I_{y0}+A_0\cdot y^2+b\cdot h\cdot y_1^2$ $=61.2+21.31\times0.83^2$ $\quad+0.5\times13\times3.25^2$ $=144.5\,\text{cm}^4$	$W_{x下}=\dfrac{I_{x下}}{\dfrac{h}{2}}=\dfrac{701}{7}$ $=100\,\text{cm}^3$ $W_{y下}=\dfrac{I_{y下}}{X_{max}}=\dfrac{144.5}{3.5}$ $=41.3\,\text{cm}^3$

名称	公 式	数 据	结果
面积(cm^2)	$A=\Sigma A_i=A_{上}+2A_{下}$	$22.2+2\times27.81$	77.82
形心(cm)	$y_c=\dfrac{\Sigma y_{ci}\cdot A_i}{\Sigma A_i}$	$\dfrac{120\times22.2+0}{77.82}$	34
惯性矩(cm^4)	$I_{x总}=2(I_{x下}+a^2A_{下})+(I_{x上}+a_1^2\cdot A_{上})$	$2\times(701+34^2\times27.81)+284.4+86^2\times22.2$	230174
	$I_{y总}=2(I_{y下}+r^2A_{下})+I_{y上}$	$2\times(144.5+67.5^2\times27.81)+284.4$	253992
截面模量(cm^3)	$W_{x上总}=\dfrac{I_{x总}}{y_{上}}$	$\dfrac{230174}{120-34+(10.8/2)}$	2518.3
	$W_{x下总}=\dfrac{I_{x总}}{y_{下}}$	$\dfrac{230174}{34+(14/2)}$	5614
	$W_{y总}=\dfrac{I_{y总}}{x}$	$\dfrac{253992}{(135/2)+3.5}$	3577.4

八、臂架在垂直面内受力简图（图 10-26）

参考同类型结构估计吊臂重为 65.6kN，起重小车重 $G_1=5$kN，吊钩重 $G_2=4$kN，小车牵引机构重 $G_3=5$kN，动载系数取 $K_1=1.1$，冲击系数取 $K_2=1.2$。

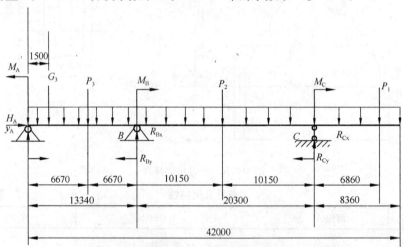

图 10-26 臂架在垂直面内受力简图

$$M_B = P_{l1}\cdot\cos\alpha_1\cdot e_2 = P_{l1}\times0.885\times34 = 30.1P_{l1}\,\text{N}\cdot\text{cm}$$

$$M_C = P_{l2}\cdot\cos\alpha_2\cdot e_2 = P_{l2}\times0.978\times34 = 33.3P_{l2}\,\text{N}\cdot\text{cm}$$

$$M_A = M_B + M_C = 30.1P_{l1} = 33.3P_{l2}\,\text{N}\cdot\text{cm}$$

$$q = \frac{65.6}{42} = 1.562\text{kN/m}$$

$$K_2\cdot G_2 = 1.2\times4 = 4.8\text{kN}$$

$$K_1\cdot K_2\cdot Q_{\text{III}} = 1.1\times1.2\times60 = 79.2\text{kN}$$

$$K_1\cdot K_2\cdot Q_{\text{II}} = 1.1\times1.2\times32 = 42.2\text{kN}$$

$$K_1 \cdot K_2 \cdot Q_{\mathrm{I}} = 1.1 \times 1.2 \times 18 = 23.8 \text{kN}$$

$$P_{\mathrm{I}} = G_1 + K_2(G_2 + K_1 Q_{\mathrm{I}}) = 33.6 \text{kN}$$

$$P_{\mathrm{II}} = G_1 + K_2(G_2 + K_1 Q_{\mathrm{II}}) = 52 \text{kN}$$

$$P_{\mathrm{III}} = G_1 + K_2(G_2 + K_1 Q_{\mathrm{III}}) = 89 \text{kN}$$

$$P_{\mathrm{IV}} = G_1 + G_2 = 9 \text{kN}$$

九、求垂直面内支座反力和内力（图 10-27）

计算工况有以下四种，除工况 I 外，其他三种工况为超静定结构，用力法求解。

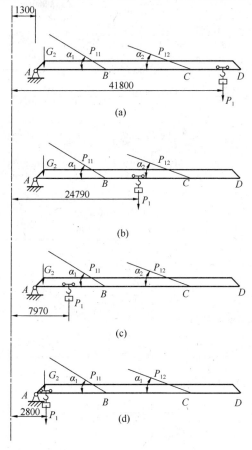

图 10-27　工况简图

(a) I—工况；(b) II—工况；(c) III—工况；(d) IV—工况

1. B 点位移计算见表 10-17

B 点位移计算

表 10-17

外力	II—工况	III—工况	IV—工况
P_i	$Y_{\mathrm{BP_{II}}} = \dfrac{P_{\mathrm{II}} b_x}{6EIl}(l^2 - x^2 - b^2)$ $= -\dfrac{52000 \times 10150 \times 13340}{6 \times 2.1 \times 10^5 \times 230174 \times 10^4}$ $\times \dfrac{(33640^2 - 13340^2 - 10150^2)}{33640}$ $= -61.4 \text{mm}$	$Y_{\mathrm{BP_{III}}} = -\dfrac{P_{\mathrm{III}} bx}{6EIl}(l^2 - x^2 - b^2)$ $= -\dfrac{89000 \times 6670 \times 20300}{6 \times 2.1 \times 10^5 \times 230174 \times 10^4}$ $\times \dfrac{(33640^2 - 20300^2 - 6670^2)}{33640}$ $= -83.4 \text{mm}$	$Y_{\mathrm{BP_{IV}}} = \dfrac{-P_{\mathrm{IV}} bx}{6EIl}(l^2 - x^2 - b^2)$ $= -\dfrac{9000 \times 1500 \times 20300}{6 \times 2.1 \times 10^5 \times 230174 \times 10^4}$ $\times \dfrac{(33640^2 - 20300^2 - 1500^2)}{33640}$ $= -2 \text{mm}$

外力	II—工况	III—工况	IV—工况
G_3	$Y_{BG3} = -\dfrac{Pbx}{6EIl}(l^2-x^2-b^2) = -\dfrac{5000\times1500\times20300}{6\times2.1\times10^5\times230174\times10^4\times33640}(33640^2-20300^2-1500^2)$ $= -1.1\,\mathrm{mm}$		
q	$Y_{Bq} = -\dfrac{qx}{24EI}(l^3-2Lx^2+x^3) + \dfrac{qa^2x}{12EIl}(l^2-x^2)$ $= -\dfrac{1.562\times13340}{24\times2.1\times10^5\times230174\times10^4}(33640^3-2\times33640\times13340^2+13340^3)$ $+ \dfrac{1.562\times8360^2\times13340}{12\times2.1\times10^5\times230174\times10^4\times33640}(33640^2-13340^2)$ $= -44\,\mathrm{mm}$		
R_{By}	$Y_{BRBy} = \dfrac{Pa^2b^2}{3EIl} = \dfrac{P_{l1}\times\sin\alpha_1\times20300^2\times13340^2}{3\times2.1\times10^5\times230174\times10^4\times33640} = 7\times10^{-4}P_{l1}$		
M_A	$Y_{BM_A} = \dfrac{M_A\cdot l\cdot x}{6EI}\left(1-\dfrac{x^2}{l^2}\right)$ $= \dfrac{M_A\times33640\times20300}{6\times2.1\times10^5\times230174\times10^4}\times\left(1-\dfrac{20300^2}{33640^2}\right)$ $= 1.5\times10^{-7}M_A$ $= 1.5\times10^{-7}(301P_{l1}+333P_{l2})$ $= 4.52\times10^{-5}P_{l1}+5\times10^{-5}P_{l2}$		
M_B	$Y_{BM_B} = \dfrac{M_B\cdot x}{6EIl}(x^2-l^2+3b^2)$ $= \dfrac{M_B\times20300}{6\times2.1\times10^5\times230174\times10^4\times33640}\times(20300^2-33640^2+3\times13340^2)$ $= -3.86\times10^{-8}M_B = -3.86\times10^{-8}\times301P_{l1}$ $= -1.16\times10^{-5}P_{l1}$		
M_C	$Y_{BM_C} = \dfrac{M_C\cdot l\cdot x}{6EI}\left(1-\dfrac{x^2}{l^2}\right)$ $= \dfrac{M_C\times33640\times13340}{6\times2.1\times10^5\times230174\times10^4}\times\left(1-\dfrac{13340^2}{33640^2}\right)$ $= 1.3\times10^{-7}M_C$ $= 1.3\times10^{-7}\times333P_{l2} = 4.33\times10^{-5}P_{l2}$		
	$-61.4-1.1-44+7\times10^{-4}P_{l1}$ $+4.52\times10^{-5}P_{l1}+5\times10^{-5}P_{l2}$ $-1.16\times10^{-5}P_{l1}+4.33\times10^{-5}P_{l2}$ $=0$	$-84.3-1.1-44+7\times10^{-4}P_{l1}$ $+4.5\times10^{-5}P_{l1}+5\times10^{-5}P_{l2}$ $-1.16\times10^{-5}P_{l1}+4.33\times10^{-5}P_{l2}$ $=0$	$-2-1.1-44+7\times10^{-4}P_{l1}$ $+4.52\times10^{-5}P_{l1}+5\times10^{-5}P_{l2}$ $-1.16\times10^{-5}P_{l1}+4.33\times10^{-5}P_{l2}$ $=0$
	$7.34\times10^{-4}P_{l1}+9.33\times$ $10^{-5}P_{l2}=106.5$	$7.34\times10^{-4}P_{l1}+9.33\times10^{-5}P_{l2}$ $=128.5$	$7.34\times10^{-4}P_{l1}+9.33\times10^{-5}P_{l2}$ $=47.1$

2. 约束反力 P_{l1}、P_{l2}、V_A、H_A 计算见表 10-18。

3. 自重和吊重产生的内力（弯矩和剪力）计算见表 10-19。

表10-18

求约束反力 P_{l1}、P_{l2}、V_A、H_A

	Ⅰ-工况	Ⅱ-工况	Ⅲ-工况	Ⅳ-工况
$\Sigma M_A=0$	$5000\times1500+1.562\times(42000^2\div2)+33600\times40500-P_{l2}\times sin\alpha_2\times33640=0$ $2.746\times10^9-7030P_{l2}=0$	$5000\times1500+1.562\times(42000^2\div2)+52000\times23490-P_{l1}\times sin\alpha_2\times33640=0$ $P_{l2}\times sin\alpha_2\times33640=0$ $6216P_{l1}+7030P_{l2}=2.607\times10^9$	$5000\times1500+1.562\times(42000^2\div2)+89000\times6670-P_{l1}\times sin\alpha_1\times13340-P_{l2}\times sin\alpha_2\times33640=0$ $6216P_{l1}+7030P_{l2}=1.979\times10^9$	$5000\times1500+1.562\times(42000^2\div2)+9000\times1500-P_{l1}\times sin\alpha_2\times13340-P_{l2}\times sin\alpha_2\times33640=0$ $6216P_{l1}+7030P_{l2}=1.399\times10^9$
P_{l1}、P_{l2} 联立方程求解	$\begin{cases}P_{l1}=0 \\ 2.746\times10^9-7030P_{l2}=0\end{cases}$ $\begin{cases}P_{l1}=0 \\ P_{l2}=39.06\times10^4 \text{N}\end{cases}$	$\begin{cases}6216P_{l1}+7030P_{l2}=2.607\times10^9 \\ 7.34\times10^{-4}P_{l1}+9.33\times10^{-5}P_{l2}=106.5\end{cases}$ $\begin{cases}P_{l1}=110340\text{N} \\ P_{l2}=273510\text{N}\end{cases}$	$\begin{cases}6216P_{l1}+7030P_{l2}=1.979\times10^9 \\ 7.34\times10^{-4}P_{l1}+9.33\times10^{-5}P_{l2}=128.5\end{cases}$ $\begin{cases}P_{l1}=156900\text{N} \\ P_{l2}=142890\text{N}\end{cases}$	$\begin{cases}6216P_{l1}+7030P_{l2}=1.399\times10^9 \\ 7.34\times10^{-4}P_{l1}+9.33\times10^{-5}P_{l2}=47.1\end{cases}$ $\begin{cases}P_{l1}=43780\text{N} \\ P_{l2}=160430\text{N}\end{cases}$
$Y_A=\Sigma G_i-$ $\Sigma P_{li}x\,sin\alpha_i$	$5+33.6+65-390.6\times0.209$ $=22\text{kN}$	$5+52+65-110.34$ $\times0.209=13.4\text{kN}$	$5+89.6+65-156.9\times0.466-$ $142.89\times0.209=56\text{kN}$	$5+9+65-43.78\times0.466-160.43\times$ $0.209=25.1\text{kN}$
$H_A=$ $\Sigma P_{li}\cdot cos\alpha_i$	$390.6\times0.978=382\text{kN}$	$110.34\times0.885+273.51\times0.978$ $=365\text{kN}$	$156.9\times0.885+142.89\times0.978$ $=278.6\text{kN}$	$43.78\times0.885+160.43\times0.978$ $=195.6\text{kN}$
M_B	$0.301\times0=0\text{kN}\cdot\text{m}$	$0.301\times110.34=33.2\text{kN}\cdot\text{m}$	$0.301\times156.9=47.2\text{kN}\cdot\text{m}$	$0.301\times43.78=13.1\text{kN}\cdot\text{m}$
M_C	$0.333\times390.6=130\text{kN}\cdot\text{m}$	$0.333\times273.51=91\text{kN}\cdot\text{m}$	$0.333\times142.89=47.6\text{kN}\cdot\text{m}$	$0.333\times160.43=53.4\text{kN}\cdot\text{m}$
M_A	$M_B+M_C=0+130=130\text{kN}\cdot\text{m}$	$M_B+M_C=33.2+91=124.2\text{kN}\cdot\text{m}$	$M_B+M_C=47.2+47.6=94.8\text{kN}\cdot\text{m}$	$M_B+M_C=13.1+53.4=66.5\text{kN}\cdot\text{m}$

表 10-19

由自重和吊重产生的内力（弯矩和剪力）

工程简图	E-E 截面 kN·m		B-B 截面 kN·m		F-F 截面 kN·m		C-C 截面 kN·m	
I—工况 $Q_I=18$kN $P_I=33.6$kN $P_1=33.6$kN	M_{E-E}		M_{B-B}		M_{F-F}		M_{C-C}	
	$V_A \cdot l_{AE}$	146.7	$V_A \cdot l_{AB}$	293.5	$V_A \cdot l_{AF}$	516.8	$-q/2 \cdot l_{CD}^2$	-54.6
	$-G_3 \cdot 5.17$	-25.9	$-G_3 \cdot 11.84$	-59.2	$-G_3 \cdot 21.99$	-110	$-P_1 \cdot 6.86$	-230.5
	$-q/2 \cdot l_{AE}^2$	-34.8	$-q/2 \cdot l_{AB}^2$	-139	$-q/2 \cdot l_{AF}^2$	-431	$-M_C$	-130
	$-M_A$	-130	$-M_A$	-130	$-M_A$	-130	$-M_A$	-130
	Σ	-43.9	Σ	-34.7	Σ	-154.2	Σ	-415.1
	Q_{E-E} kN		Q_{B-B} kN		Q_{F-F} kN		Q_{C-C} kN	
	V_A	22	V_A	22	V_A	22	$q l_{CD}$	13.1
	$-G_3$	-5	$-G_3$	-5	$-G_3$	-5	P_1	33.6
	$-q l_{AE}$	-10.4	$-q l_{AB}$	-20.8	$-q l_{AF}$	-36.7	$-P_{12} \cdot \sin\alpha_2$	-81.6
	Σ	6.6	Σ	-3.8	Σ	-19.7	Σ	-34.9
II—工况 $Q_{II}=32$kN $P_{II}=52$kN	M_{E-E} kN·m		M_{B-B} kN·m		M_{F-F} kN·m		M_{C-C} kN·m	
	$V_A \cdot l_{AE}$	89.4	$V_A \cdot l_{AB}$	178.8	$V_A \cdot l_{AF}$	314.8	$-q/2 \cdot l_{CD}^2$	-54.6
	$-G_3 \cdot 5.17$	-25.9	$-G_3 \cdot 11.84$	-59.2	$-G_3 \cdot 21.99$	-110	$-M_C$	-91
	$-q/2 \cdot l_{AE}^2$	-34.7	$-q/2 \cdot l_{AB}^2$	-139	$-q/2 \cdot l_{AF}^2$	-431	Σ	-145.6
	$-M_A$	-124.1	$-M_A$	-124.1	$-M_A$	-124.1		
	Σ	-95.3	Σ	-143.5	$+M_B$	33.1		
					$P_{11} \cdot \sin\alpha_1 \cdot l_{BF}$	521.9		
					Σ	204.7		
	Q_{E-E} kN		Q_{B-B} kN		Q_{F-F} kN		Q_{C-C} kN	
	V_A	13.4	V_A	13.4	V_A	13.4	$q l_{CD}$	13.1
	$-G_3$	-5	$-G_3$	-5	$-G_3$	-5	$-P_{12} \cdot \sin\alpha_2$	-57.2
	$-q l_{AE}$	-10.4	$-q l_{AB}$	-20.8	$-q l_{AF}$	-36.7	Σ	-44.1
	Σ	-2	Σ	-12.4	$P_{11} \cdot \sin\alpha_1$	51.4		
					Σ	23.1		

I—工况简图标注：G_3、P_{I1}、α_1、P_{I2}、α_2、E、B、F、C、D、P_1、A；尺寸 6.67、13.34、23.49m、33.64m、40.5m

II—工况简图标注：G_3、P_{II1}、α_1、α_3、E、B、F、C、P_{II}、P_{II2}、α_2、D、A；尺寸 1.5m、23.49m

工程简图	E-E 截面	B-B 截面	F-F 截面	C-C 截面
Ⅲ—工况 $Q_Ⅲ=60kN$ $P_Ⅲ=89kN$ 	M_{E-E}　kN·m　373.5 $V_A l_{AE}$ $-G_3 \cdot 5.17$　−25.9 $-\dfrac{q}{2} l_{AE}^2$　−34.7 $-M_A$　−94.7 Σ　218.2 Q_{E-E}　kN　56 V_A $-G_3$　−5 $-q l_{AE}$　−10.4 Σ　40.6	M_{B-B}　kN·m　747 $V_A l_{AE}$ $-G_3 \cdot 11.8$　−59.2 $-\dfrac{q}{2} l_{AB}^2$　−139 $-M_A$　−94.7 $-P_Ⅲ \cdot 6.67$　−593.6 Σ　−145.6 Q_{B-B}　kN　56 V_A $-G_3$　−5 $-q l_{AB}$　−20.8 $-P_Ⅲ$　−89 Σ　−58.8	M_{F-F}　kN·m　1315.4 $V_A l_{AF}$ $-G_3 \cdot 21.99$　−110 $-P_Ⅲ \cdot 16.82$　−149.7 $-\dfrac{q}{2} l_{AF}^2$　−431 $-M_A$　−94.7 M_B　47.1 $P_{l1} \cdot \sin\alpha_1 \cdot l_{BF}$　742.1 Σ　−28.1 Q_{F-F}　kN　56 V_A $-G_3$　−5 $-q l_{AF}$　−36.7 $P_{l1} \cdot \sin\alpha_1$　73.1 $-P_Ⅲ$　−89 Σ　−1.6	M_{C-C}　kN·m　−54.6 $-\dfrac{q}{2} l_{CD}^2$ $-M_C$　−47.6 Σ　−102.2 Q_{C-C}　kN　13.1 $q l_{CD}$ $-P_{l2} \cdot \sin\alpha_2$　−29.9 Σ　−16.8
Ⅳ—工况 $Q_Ⅳ=0$ $P_Ⅳ=9kN$ 	M_{E-E}　kN·m　167.4 $V_A l_{AE}$ $-G_3 \cdot 5.17$　−25.9 $-\dfrac{q}{2} l_{AE}^2$　−34.7 $-M_A$　−66.5 $-P_Ⅳ \cdot 5.17$　−46.5 Σ　−6.2 Q_{E-E}　kN　25.1 V_A $-G_3$　−5 $-P_Ⅳ$　−9 $-q l_{AE}$　−10.4 Σ　0.7	M_{B-B}　kN·m　334.8 $V_A \cdot l_{AB}$ $-G_3 \cdot 11.84$　−59.2 $-\dfrac{q}{2} l_{AB}^2$　−139 $-M_A$　−66.5 $-P_Ⅳ \cdot 11.84$　−106.6 Σ　−36.5 Q_{B-B}　kN　25.1 V_A $-G_3$　−5 $-P_Ⅳ$　−9 $-q l_{AB}$　−20.8 Σ　−9.7	M_{F-F}　kN·m　589.9 $V_A \cdot l_{AF}$ $-G_3 \cdot 21.99$　−110 $-\dfrac{q}{2} l_{AF}^2$　−431 $-M_A$　−66.5 $-P_Ⅳ \cdot 21.99$　−197.9 M_B　33.1 $-P_{l1} \cdot \sin\alpha_1 l_{BF}$　207.1 Σ　4.7 Q_{F-F}　kN　25.1 V_A $-G_3$　−5 $-P_Ⅳ$　−9 $-q \cdot l_{AF}$　−36.7 $-P_{l1} \cdot \sin\alpha_1$　20.4 Σ　−5.2	M_{C-C}　kN·m　−54.6 $-q/2 \cdot l_{CD}^2$ $-M_C$　−53.4 Σ　−108 Q_{C-C}　kN　13.1 $q l_{CD}$ $-P_{l2} \cdot \sin\alpha_2$　−33.5 Σ　−20.4

十、在回转面内产生的内力（M 和 Q）

1. 由工作风荷载产生的内力（图 10-28）计算见表 10-20。

工作风荷载产生的内力　　　　　　　　　　　　　　　　　表 10-20

截面位置	M (kN·m)	Q (kN)
A-A	$M_{A-A} = P_W \times (l_{AD}/2) = 96.4$	$Q_{A-A} = P_W = 4.59$
E-E	$M_{E-E} = (P_W/l) \times (l_{ED}^2/2) = 68.2$	$Q_{E-E} = (P_W/l) l_{ED} = 3.86$
B-B	$M_{B-B} = (P_W/l) \times (l_{BD}^2/2) = 44.9$	$Q_{B-B} = (P_W/l) l_{BD} = 3.1$
F-F	$M_{F-F} = (P_W/l) \times (l_{FD}^2/2) = 18.7$	$Q_{F-F} = (P_W/l) l_{FD} = 2$
C-C	$M_{C-C} = (P_W/l) \times (l_{CD}^2/2) = 3.8$	$Q_{C-C} = (P_W/l) l_{CD} = 0.9$

风向垂直于吊臂，风荷载计算公式为：

$P_W = C \cdot K_h \cdot q_{II} \cdot A$，其中 $A = A_1 \cdot \varphi \cdot (1 + \eta)$，取 $\varphi = 0.3, 1 + \eta = 1.41, A_1 = 1.324 \times 42, C = 1.3, K_h = 1, q_{II} = 150\text{N/m}^2$

$P_W = 1.3 \times 1 \times 150 \times 1.324 \times 42 \times 0.3 \times 1.41 \times 10^{-3} = 4.59\text{kN}$

2. 回转惯性产生的内力（图 10-29）计算见表 10-21。

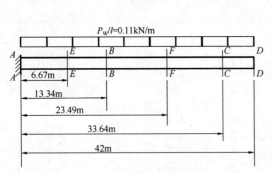

图 10-28　工作风荷载

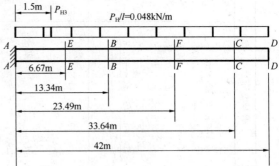

图 10-29　回转惯性产生的内力

吊臂回转惯性力产生的内力　　　　　　　　　　　　　　　表 10-21

截面位置	M (kN·m)	Q (kN)
A-A	$M_{A-A} = P_H \times (l_{AD}/2) = 42$	$Q_{A-A} = P_H = 2$
E-E	$M_{E-E} = (P_H/l) \times (l_{ED}^2/2) = 29.7$	$Q_{E-E} = (P_H/l) l_{ED} = 1.7$
B-B	$M_{B-B} = (P_H/l) \times (l_{BD}^2/2) = 19.6$	$Q_{B-B} = (P_H/l) l_{BD} = 1.4$
F-F	$M_{F-F} = (P_H/l) \times (l_{FD}^2/2) = 8.2$	$Q_{F-F} = (P_H/l) l_{FD} = 0.9$
C-C	$M_{C-C} = (P_H/l) \times (l_{CD}^2/2) = 0.4$	$Q_{C-C} = (P_H/l) l_{CD} = 0.4$

吊臂回转惯性力的计算公式为 $P_H = \dfrac{2\pi n}{60} GR$，代入已知数据计算得 $P_H = 0.0011 GR$。

$$P_H = 0.0011 GR = 0.0011 \times 65.6 \times \frac{2}{3} \times 42 = 2\text{kN}$$

小车牵引机构回转惯性力

$$P_{H3} = 0.0011 G_3 \times 1.5 = 0.008\text{kN}（略）$$

3. 变幅小车横向冲击力产生的内力（图 10-30）计算见表 10-22。

通常取

$$T_1 = \frac{1}{10}(G_1 + G_2 + Q)$$

$$T_1^I = \frac{1}{10}(G_1 + G_2 + Q_I)$$

$$= \frac{1}{10}(5 + 4 + 18)$$

$$= 2.7\text{kN}$$

$$T_1^{II} = \frac{1}{10}(G_1 + G_2 + Q_{II})$$

$$= \frac{1}{10}(5 + 4 + 32) = 4.1\text{kN}$$

$$T_1^{III} = \frac{1}{10}(G_1 + G_2 + Q_{III}) = \frac{1}{10}(5 + 4 + 60) = 6.9\text{kN}$$

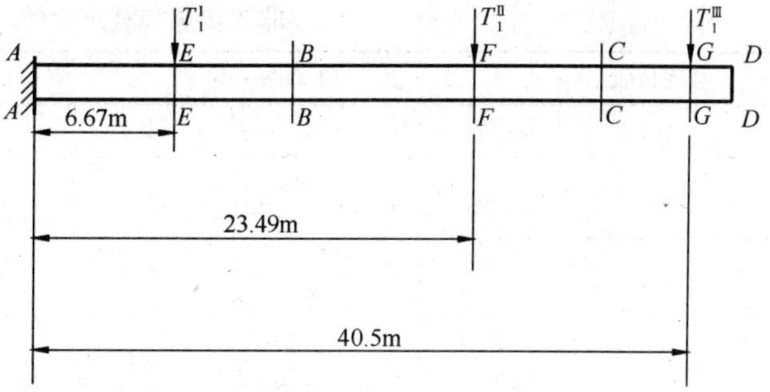

图 10-30 变幅小车横向冲击力产生的内力

变幅小车横向冲击力产生的内力   表 10-22

工况	截面位置	$M(\text{kN} \cdot \text{m})$	$Q(\text{kN})$
I	A-A	$M_{A-A} = T_1^I \cdot l_{AG} = 109.4$	$Q_{A-A} = T_1^I = 2.7$
	E-E	$M_{E-E} = T_1^I \cdot l_{EG} = 91.3$	$Q_{E-E} = T_1^I = 2.7$
	B-B	$M_{B-B} = T_1^I \cdot l_{BG} = 73.3$	$Q_{B-B} = T_1^I = 2.7$
	F-F	$M_{F-F} = T_1^I \cdot l_{FG} = 45.9$	$Q_{F-F} = T_1^I = 2.7$
	C-C	$M_{C-C} = T_1^I \cdot l_{CG} = 18.5$	$Q_{C-C} = T_1^I = 2.7$
II	A-A	$M_{A-A} = T_1^{II} \cdot l_{AF} = 96.3$	$Q_{A-A} = T_1^{II} = 4.1$
	E-E	$M_{E-E} = T_1^{II} \cdot l_{EF} = 69$	$Q_{E-E} = T_1^{II} = 4.1$
	B-B	$M_{B-B} = T_1^{II} \cdot l_{BF} = 41.6$	$Q_{B-B} = T_1^{II} = 4.1$
	F-F	0	$Q_{F-F} = T_1^{II} = 4.1$
	C-C	0	0
III	A-A	$M_{A-A} = T_1^{III} \cdot l_{AE} = 46$	$Q_{A-A} = T_1^{III} = 6.9$
	E-E	0	$Q_{E-E} = T_1^{III} = 6.9$
	B-B	0	0
	F-F	0	0
	C-C	0	0

4. 由非工作风荷载引起的内力（图 10-31）计算见表 10-23。

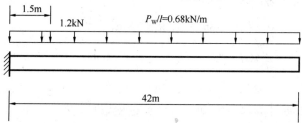

图 10-31 由非工作风荷载引起的内力

259

截面位置	M (kN·m)	Q (kN)
A-A	$M_{A-A} = P_w \cdot \dfrac{l_{AD}}{2} = 596.4$	$Q_{A-A} = P_w + 0.12 = 29.6$
E-E	$M_{E-E} = \dfrac{P_w}{l} \cdot \dfrac{l_{ED}^2}{2} = 422$	$Q_{E-E} = \dfrac{P_w}{l} \cdot l_{ED} = 23.9$
B-B	$M_{B-B} = \dfrac{P_w}{l} \cdot \dfrac{l_{BD}^2}{2} = 277.7$	$Q_{B-B} = \dfrac{P_w}{l} \cdot l_{BD} = 19.4$
F-F	$M_{F-F} = \dfrac{P_w}{l} \cdot \dfrac{l_{FD}^2}{2} = 115.8$	$Q_{F-F} = \dfrac{P_w}{l} \cdot l_{FD} = 12.5$
C-C	$M_{C-C} = \dfrac{P_w}{l} \cdot \dfrac{l_{CD}^2}{2} = 23.6$	$Q_{C-C} = \dfrac{P_w}{l} \cdot l_{CD} = 5.7$

风向垂直于吊臂，计算公式为 $P_w = C \cdot K_h \cdot q_{\text{III}} \cdot A$，

式中 $C = 1.3$，$K_h = 1.86$，$q_{\text{III}} = 500\text{N/m}^2$，$A = 23.52\text{m}^2$。

$$P_w = 1.3 \times 1.86 \times 500 \times 23.52 \times 10^{-3} = 28.4\text{kN}$$

十一、由小车制动力 T_2 和起重牵引力 S 产生的附加弯矩（图 10-32）。

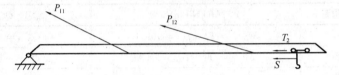

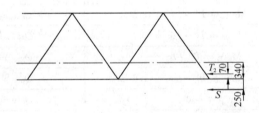

图 10-32 起重小车和牵引索在结构上的尺寸

小车制动力公式为 $T_2 = \dfrac{1}{7}(G_1 + G_2 + Q)$

$$T_2^{\text{I}} = \frac{1}{7}(G_1 + G_2 + Q_{\text{I}}) = \frac{1}{7}(5 + 4 + 18) = 3.86\text{kN}$$

$$M_f^{\text{I}} = 0.27 \times 3.86 = 1.04\text{kN·m}$$

$$T_2^{\text{II}} = \frac{1}{7}(G_1 + G_2 + Q_{\text{II}}) = \frac{1}{7}(5 + 4 + 32) = 5.86\text{kN}$$

$$M_f^{\text{II}} = 0.27 \times 5.86 = 1.58\text{kN·m}$$

$$T_2^{\text{III}} = \frac{1}{7}(G_1 + G_2 + Q_{\text{III}}) = \frac{1}{7}(5 + 4 + 60) = 9.9\text{kN}$$

$$M_f^{\text{III}} = 0.27 \times 9.9 = 2.67\text{kN·m}$$

起重索牵引力根据计算取 $S = 30\text{kN}$（计算过程略）

$$M_{fs} = 30 \times (0.34 + 0.25) = 17.7\text{kN·m}$$

十二、由轮压在下弦产生的局部弯矩（图 10-33）

$$P_1^{\mathrm{I}} = \frac{P_{\mathrm{I}}}{4} = \frac{33.6}{4} = 8.4\mathrm{kN}$$

$$M_{\mathrm{Pmax}}^{\mathrm{I}} = P_1^{\mathrm{I}} \cdot \frac{l}{6} = 8.4 \times \frac{1.5}{6} = 2.1\mathrm{kN \cdot m}$$

$$P_1^{\mathrm{II}} = \frac{P_{\mathrm{II}}}{4} = \frac{52}{4} = 13\mathrm{kN}$$

$$M_{\mathrm{Pmax}}^{\mathrm{II}} = P_1^{\mathrm{II}} \cdot \frac{l}{6} = 13 \times \frac{1.5}{6} = 3.25\mathrm{kN \cdot m}$$

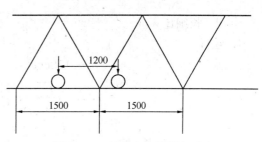

图 10-33 起重小车轮压在下弦
产生的局部弯矩的轮位

$$P_1^{\mathrm{III}} = \frac{P_{\mathrm{III}}}{4} = \frac{89}{4} = 22.3\mathrm{kN}$$

$$M_{\mathrm{Pmax}}^{\mathrm{III}} = P_1^{\mathrm{III}} \cdot \frac{l}{6} = 22.3 \times \frac{1.5}{6} = 5.575\mathrm{kN \cdot m}$$

十三、约束反力汇总表见表 10-24。

约束反力汇总表　　　　表 10-24

工况	垂直平面				回转平面	
	P_{l1}(kN)	P_{l2}(kN)	Y_A(kN)	H_A(kN)	M_{A-A}(kNm)	H(kN)
I	0	390.6	22	415.9	247.8	9.3
II	110.34	273.51	13.4	401	234.7	10.7
III	156.9	142.89	56	318.5	184.4	13.5
IV	43.78	160.43	25.1	195.6	596.4	29.6

十四、内力汇总表见表 10-25。

内 力 汇 总 表　　　　表 10-25

工况	内力	垂 直 面					回 转 面				
		A-A	E-E	B-B	F-F	C-C	A-A	E-E	B-B	F-F	C-C
I	M (kN·m)	−148.7	−62.6	−53.4	−172.9	−433.8	247.8	189.2	137.8	72.8	24
	Q (kN)	22	6.6	−3.8	−19.7	−34.9	9.3	8.3	7.2	5.6	4
	N (kN)	−415.9	−415.9	−415.9	−415.9	−415.9	—	—	—	—	—
II	M (kN·m)	−143.4	−114.6	−162.8	−185.4	−146.6	234.7	166.9	106.1	26.9	5.5
	Q (kN)	13.4	−2	−12.4	23.1	−44.1	10.7	9.7	8.6	7	1.3
	N (kN)	−401	−401	−401	−303.4	−267.5	—	—	—	—	—
III	M (kN·m)	−115.1	197.8	−166.9	−28.1	−102.2	184.4	97.9	64.5	26.9	5.5
	Q (kN)	56	40.6	−58.8	−1.6	−16.8	13.5	12.5	4.5	2.9	1.3
	N (kN)	−318.5	−318.5	−278.6	−139.7	−139.7	—	—	—	—	—
IV	M (kN·m)	−66.6	−6.2	−36.5	4.7	−108	596.4	422	277.7	115.8	23.6
	Q (kN)	25.1	0.7	−9.7	−5.2	−20.4	29.6	23.9	19.4	12.5	5.7
	N (kN)	−195.6	−195.6	−195.6	−156.9	−156.9	—	—	—	—	—

十五、长细比 λ

1. 弦杆

上弦 $\qquad l_0 = 150\mathrm{cm}$

$$i_{\text{上}} = \sqrt{\frac{I_{x\text{上}}}{A_{\text{上}}}} = \sqrt{\frac{284.4}{22.2}} = 3.58\mathrm{cm}$$

$$\lambda_{\text{上}} = \frac{l_0}{i_{x\text{上}}} = \frac{150}{3.58} = 41.9$$

$$\varphi_{\text{上}} = 0.92(\text{查起重机设计规范})$$

下弦

$$i_{x\text{下}} = \sqrt{\frac{I_{x\text{下}}}{A_{\text{下}}}} = \sqrt{\frac{701}{27.81}} = 5\mathrm{cm}$$

$$\lambda_{x\text{下}} = \frac{l_0}{i_{x\text{下}}} = \frac{150}{5} = 30$$

$$\varphi_{x\text{下}} = 0.958$$

$$i_{y\text{下}} = \sqrt{\frac{I_{y\text{下}}}{A_{\text{下}}}} = \sqrt{\frac{144.4}{27.81}} = 2.3\mathrm{cm}$$

$$\lambda_{y\text{下}} = \frac{l_{0y}}{i_{y\text{下}}} = \frac{150}{2.3} = 65.2$$

$$\varphi_{y\text{下}} = 0.815$$

2. 组合断面

对 $x\text{-}x$ 轴

$$i_x = \sqrt{\frac{I_{x\text{总}}}{A}} = \sqrt{\frac{230174}{77.82}} = 54.4\mathrm{cm}$$

$$\frac{a}{l} = \frac{13.34}{33.64} = 0.4$$

$$\mu_x = 0.52(\text{查起重机设计规范})$$

$$l_{0x} = \mu_x \cdot l = 0.52 \times 3364 = 1749\mathrm{cm}$$

$$\lambda_x = \frac{l_{0x}}{i_x} = \frac{1749}{54.4} = 32.2$$

$$\lambda_{hx} = \sqrt{\lambda_x^2 + \frac{42A}{A_1\cos^2\theta}} = \sqrt{33.2^2 + \frac{42 \times 77.82}{27.65 \times \cos^2 29.36°}} = 34.5$$

$$\varphi_x = 0.945$$

对 $y\text{-}y$ 轴

$$i_y = \sqrt{\frac{I_{y\text{总}}}{A}} = \sqrt{\frac{253992}{77.82}} = 57.1\mathrm{cm}$$

$$l_{0y} = \mu_y \cdot 3364 = 6728\mathrm{cm}$$

$$\lambda_y = \frac{l_{0y}}{i_y} = \frac{6728}{57.1} = 117.8$$

$$\lambda_{hy} = \sqrt{\lambda_y^2 + \frac{42A}{A_1(1.5 - \cos^2 29.36°)}}$$

$$= \sqrt{117.8^2 + \frac{42 \times 77.82}{27.65(1.5 - \cos^2 29.36°)}} = 118.5$$

十六、截面验算

1. 整体稳定性验算

(1) 上弦上边：$\sigma_{\text{上}}^{\text{上}} = -\dfrac{N}{\varphi_x A} \pm \dfrac{M_x}{W_{x\text{上总}}}$

① 工况 I

A-A 截面 $\quad \sigma_{\text{上}}^{\text{上}} = -\dfrac{415.9 \times 10^3}{0.945 \times 77.82 \times 10^2} + \dfrac{148.7 \times 10^6}{2518.3 \times 10^3}$

$\qquad\qquad = 2.5\text{MPa} < [\sigma]_{\text{II}} = 177\text{MPa}$

C-C 截面 $\quad \sigma_{\text{上}}^{\text{上}} = -\dfrac{415.9 \times 10^3}{0.945 \times 77.82 \times 10^2} + \dfrac{433.8 \times 10^6}{2518.3 \times 10^3}$

$\qquad\qquad = 115\text{MPa} < [\sigma]_{\text{II}} = 177\text{MPa}$

② 工况 II

B-B 截面 $\quad \sigma_{\text{上}}^{\text{上}} = -\dfrac{401 \times 10^3}{0.945 \times 77.82 \times 10^2} + \dfrac{162.8 \times 10^6}{2518.3 \times 10^3}$

$\qquad\qquad = 10.1\text{MPa} < [\sigma]_{\text{II}}$

F-F 截面 $\quad \sigma_{\text{上}}^{\text{上}} = -\dfrac{303.4 \times 10^3}{0.945 \times 77.82 \times 10^2} - \dfrac{185.4 \times 10^6}{2518.3 \times 10^3}$

$\qquad\qquad = -114.9\text{MPa} < [\sigma]_{\text{II}}$

③ 工况 III

E-E 截面 $\quad \sigma_{\text{上}}^{\text{上}} = -\dfrac{318.5 \times 10^3}{0.945 \times 77.82 \times 10^2} - \dfrac{197.8 \times 10^6}{2518.3 \times 10^3}$

$\qquad\qquad = -121.9\text{MPa} < [\sigma]_{\text{II}}$

④ 工况 IV

E-E 截面 $\quad \sigma_{\text{上}}^{\text{上}} = -\dfrac{195.6 \times 10^3}{0.945 \times 77.82 \times 10^2} + \dfrac{6.2 \times 10^6}{2518.3 \times 10^3}$

$\qquad\qquad = -24.1\text{MPa} < [\sigma]_{\text{III}} = 204\text{MPa}$

C-C 截面 $\quad \sigma_{\text{上}}^{\text{上}} = -\dfrac{156.9 \times 10^3}{0.945 \times 77.82 \times 10^2} + \dfrac{108 \times 10^5}{2518.3 \times 10^3}$

$\qquad\qquad = -17\text{MPa} < [\sigma]_{\text{III}} = 204\text{MPa}$

F-F 截面 $\quad \sigma_{\text{上}}^{\text{上}} = -\dfrac{156.9 \times 10^3}{0.945 \times 77.82 \times 10^2} - \dfrac{4.7 \times 10^5}{2518.3 \times 10^3}$

$\qquad\qquad = -21.5\text{MPa} < [\sigma]_{\text{III}}$

(2) 下弦下边

$$\sigma_{\text{下}}^{\text{下}} = -\dfrac{N}{\varphi A} \pm \dfrac{M_x}{W_{x\text{下总}}} \pm \dfrac{M_y}{W_{y\text{总}}} \leqslant [\sigma]$$

$$\sigma_{\text{下}}^{\text{下}} = -\dfrac{N}{\varphi A} \pm \dfrac{M_x}{W_{x\text{下总}}} \pm \dfrac{M_y}{W_{y\text{总}}} + \dfrac{M_{p\text{max}}}{W_{x\text{下}}} \leqslant [\sigma]$$

① 工况 I

A-A 截面 $\quad \sigma_{\text{下}}^{\text{下}} = -\dfrac{415.9 \times 10^3}{0.945 \times 77.82 \times 10^2} - \dfrac{148.7 \times 10^6}{5614 \times 10^3} - \dfrac{247.8 \times 10^6}{3577 \times 10^3}$

$\qquad\qquad = -152.3\text{MPa} < [\sigma]_{\text{II}}$

$C\text{-}C$ 截面 $\quad \sigma_{\text{下}}^{\text{下}} = -\dfrac{415.9 \times 10^3}{0.945 \times 77.82 \times 10^2} - \dfrac{433.8 \times 10^6}{5614 \times 10^3} - \dfrac{24 \times 10^6}{3577 \times 10^3}$

$$= -140.5 \text{MPa} < [\sigma]_{\text{II}}$$

② 工况 II

$B\text{-}B$ 截面 $\quad \sigma_{\text{下}}^{\text{下}} = -\dfrac{401 \times 10^3}{0.945 \times 77.82 \times 10^2} - \dfrac{162.8 \times 10^6}{5614 \times 10^3} - \dfrac{106.1 \times 10^6}{3577 \times 10^3}$

$$= -1.13 \text{MPa} < [\sigma]_{\text{II}}$$

$F\text{-}F$ 截面 $\quad \sigma_{\text{下}}^{\text{下}} = -\dfrac{303.4 \times 10^3}{0.945 \times 77.82 \times 10^2} + \dfrac{185.4 \times 10^6}{5614 \times 10^3} + \dfrac{26.9 \times 10^6}{3577 \times 10^3} + \dfrac{3.36 \times 10^6}{100 \times 10^3}$

$$= 32.9 \text{MPa} < [\sigma]_{\text{II}}$$

③ 工况 III

$E\text{-}E$ 截面 $\quad \sigma_{\text{下}}^{\text{下}} = -\dfrac{318.5 \times 10^3}{0.945 \times 77.82 \times 10^2} + \dfrac{197.8 \times 10^6}{5614 \times 10^3} + \dfrac{97.9 \times 10^6}{3577 \times 10^3} + \dfrac{5.76 \times 10^6}{100 \times 10^3}$

$$= 76.9 \text{MPa} < [\sigma]_{\text{II}}$$

④ 工况 IV

$A\text{-}A$ 截面 $\quad \sigma_{\text{下}}^{\text{下}} = -\dfrac{195.6 \times 10^3}{0.945 \times 77.82 \times 10^2} - \dfrac{66.5 \times 10^6}{5614 \times 10^3} - \dfrac{596.4 \times 10^6}{3577 \times 10^3}$

$$= -205.2 \text{MPa} \approx [\sigma]_{\text{III}} = 204 \text{MPa}$$

$E\text{-}E$ 截面 $\quad \sigma_{\text{下}}^{\text{下}} = -\dfrac{195.6 \times 10^3}{0.945 \times 77.82 \times 10^2} - \dfrac{6.2 \times 10^6}{5614 \times 10^3} - \dfrac{422 \times 10^6}{3577 \times 10^3}$

$$= -145.7 \text{MPa} < [\sigma]_{\text{III}}$$

∴ 整体稳定性满足要求。

2. 单肢的强度和稳定性验算

（1）上弦杆

$$N_{\text{上}} = -\frac{N}{3} \pm \frac{M_{\text{x}}}{1.2}$$

$$\sigma_{\text{上}} = \frac{N_{\text{上}}}{\varphi A_{\text{上}}} \leqslant [\sigma] （压）$$

$$\sigma_{\text{上}} = \frac{N_{\text{上}}}{A_{\text{上}}} \leqslant [\sigma] （拉）$$

① 工况 I

$A\text{-}A$ 截面 $\begin{cases} N_{\text{上}} = -\dfrac{415.9}{3} - \dfrac{148.7}{1.2} = -14.7 \text{kN} \\[2mm] \sigma_{\text{上}} = -\dfrac{14.7 \times 10^3}{0.92 \times 22.2 \times 10^2} = -7.2 \text{MPa} < [\sigma]_{\text{II}} \end{cases}$

$C\text{-}C$ 截面 $\begin{cases} N_{\text{上}} = -\dfrac{415.9}{3} - \dfrac{433.8}{1.2} = -223 \text{kN} \\[2mm] \sigma_{\text{上}} = -\dfrac{223 \times 10^3}{22.2 \times 10^2} = 100.5 \text{MPa} < [\sigma]_{\text{II}} \end{cases}$

② 工况 II

264

$B\text{-}B$ 截面 $\begin{cases} N_{上} = -\dfrac{401}{3} + \dfrac{162.8}{1.2} = 2\text{kN} \\[3mm] \sigma_{上} = \dfrac{2 \times 10^3}{22.2 \times 10^2} = 0.9\text{MPa} < [\sigma]_{\text{II}} \end{cases}$

$C\text{-}C$ 截面 $\begin{cases} N_{上} = -\dfrac{303.4}{3} - \dfrac{185.4}{1.2} = -256\text{kN} \\[3mm] \sigma_{上} = -\dfrac{256 \times 10^3}{0.92 \times 22.2 \times 10^2} = -125.3\text{MPa} < [\sigma]_{\text{II}} \end{cases}$

③ 工况 III

$E\text{-}E$ 截面 $\begin{cases} N_{上} = -\dfrac{318.5}{3} - \dfrac{197.8}{1.2} = -271\text{kN} \\[3mm] \sigma_{上} = -\dfrac{271 \times 10^3}{0.92 \times 22.2 \times 10^2} = -132.7\text{MPa} < [\sigma]_{\text{II}} \end{cases}$

④ 工况 IV

$E\text{-}E$ 截面 $\begin{cases} N_{上} = -\dfrac{195.6}{3} + \dfrac{66.5}{1.2} = -60\text{kN} \\[3mm] \sigma_{上} = -\dfrac{60 \times 10^3}{0.92 \times 22.2 \times 10^2} = -29.4\text{MPa} < [\sigma]_{\text{III}} = 204\text{MPa} \end{cases}$

$C\text{-}C$ 截面 $\begin{cases} N_{上} = -\dfrac{156.9}{3} + \dfrac{108}{1.2} = 37.7\text{kN} \\[3mm] \sigma_{上} = \dfrac{37.7 \times 10^3}{22.2 \times 10^2} = 17\text{MPa} < [\sigma]_{\text{III}} \end{cases}$

(2) 下弦杆

$$N_{下} = -\frac{N}{3} \pm \frac{M_x}{2 \times 1.2} \pm \frac{M_y}{1.35}$$

$$\sigma_{下} = \frac{N_{下}}{\varphi A_{下}} \leqslant [\sigma](\text{压})$$

$$\sigma_{下} = \frac{N_{下}}{A_{下}} \leqslant [\sigma](\text{拉})$$

① 工况 I

$A\text{-}A$ 截面 $\begin{cases} N_{下} = -\dfrac{415.9}{3} - \dfrac{148.7}{2 \times 1.2} - \dfrac{247.8}{1.35} = -384\text{kN} \\[3mm] \sigma_{下} = -\dfrac{384 \times 10^3}{0.815 \times 27.81 \times 10^2} = -169\text{MPa} < [\sigma]_{\text{II}} \end{cases}$

$C\text{-}C$ 截面 $\begin{cases} N_{下} = -\dfrac{415.9}{3} - \dfrac{433.8}{2 \times 1.2} - \dfrac{24}{1.35} = -337\text{kN} \\[3mm] \sigma_{下} = -\dfrac{337 \times 10^3}{0.815 \times 27.81 \times 10^2} = -149\text{MPa} < [\sigma]_{\text{II}} \end{cases}$

② 工况 II

$B\text{-}B$ 截面 $\begin{cases} N_{下} = -\dfrac{401}{3} - \dfrac{162.8}{2 \times 1.2} - \dfrac{106.1}{1.35} = -280\text{kN} \\[3mm] \sigma_{下} = -\dfrac{280 \times 10^3}{0.815 \times 27.81 \times 10^2} = -123.5\text{MPa} < [\sigma]_{\text{II}} \end{cases}$

$$F\text{-}F\ 截面 \begin{cases} N_{下} = -\dfrac{303.4}{3} + \dfrac{185.4}{2 \times 1.2} - \dfrac{26.9}{1.35} = -44\text{kN} \\[3mm] \sigma_{下} = -\dfrac{44 \times 10^3}{0.815 \times 27.81 \times 10^2} = -19.4\text{MPa} < [\sigma]_{II} \end{cases}$$

③ 工况III

$$E\text{-}E\ 截面 \begin{cases} N_{下} = -\dfrac{318.5}{3} + \dfrac{197.8}{2 \times 1.2} - \dfrac{97.9}{1.35} = -96\text{kN} \\[3mm] \sigma_{下} = -\dfrac{96 \times 10^3}{0.815 \times 27.81 \times 10^2} = -42.4\text{MPa} < [\sigma]_{II} \end{cases}$$

④工况IV

$$A\text{-}A\ 截面 \begin{cases} N_{下} = -\dfrac{195.6}{3} - \dfrac{66.5}{2 \times 1.2} - \dfrac{596.4}{1.35} = -535\text{kN} \\[3mm] \sigma_{下} = -\dfrac{535 \times 10^3}{0.815 \times 27.81 \times 10^2} = -236\text{MPa} > [\sigma]_{III} = 204\text{MPa} \end{cases}$$

经计算可知 A-A 截面超载，主要是由非工作状态风荷载引起的。解决办法：在非工作状态下，让回转机构处于自由状态，使吊臂可以随风转动，转到风向与吊臂轴线平行，此时吊臂不受风荷载，吊臂可以安全承载。

$$E\text{-}E\ 截面 \begin{cases} N_{下} = -\dfrac{195.6}{3} - \dfrac{6.2}{2 \times 1.2} - \dfrac{422}{1.35} = -380\text{kN} \\[3mm] \sigma_{下} = -\dfrac{380 \times 10^3}{0.815 \times 27.81 \times 10^2} = -167.7\text{MPa} < [\sigma]_{III} \end{cases}$$

∴ 单肢的强度和稳定性满足要求。

3. 腹杆的稳定性验算

(1) 斜平面内腹杆（见图10-34）

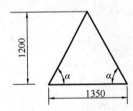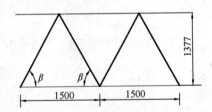

图 10-34　斜平面内腹杆计算简图

斜腹杆采用 $\phi60 \times 6$ 的钢管。

几何特性：

$$倾角 \begin{cases} \alpha = \arctan^{-1} \dfrac{1200}{675} = 60.6° \\[3mm] \beta = \arctan^{-1} \dfrac{1377}{750} = 61.4° \end{cases}$$

面积：

$$A_{fl} = \frac{\pi(D^2 - d^2)}{4} = \frac{3.14 \times (6^2 - 4.8^2)}{4} = 10.2\text{cm}^2$$

$$I_{fl} = \frac{\pi(D^4 - d^4)}{64} = \frac{3.14 \times (6^4 - 4.8^4)}{64} = 38\text{cm}^4$$

$$i_{f1} = \sqrt{\frac{38}{10.2}} = 1.92\text{cm}$$

$$l_1 = \mu \cdot l = 1 \times 1.377 / \sin 61.4° = 157\text{cm}$$

$$\lambda_{f1} = \frac{l_1}{i_{f1}} = \frac{157}{1.92} = 82$$

$$\varphi_{f1} = 0.770$$

作用力

$$N_{f1} = \frac{Q}{2\sin\alpha \cdot \sin\beta} = \frac{58.8}{2 \times \sin 60.6° \cdot \sin 61.4°} = 38.4\text{kN}$$

$$\sigma_{f1} = \frac{N_{f1}}{\varphi_{f1} \cdot A_{f1}} = \frac{38.4 \times 10^3}{0.77 \times 10.2 \times 10^2} = 48.9\text{MPa} < [\sigma]_{II}$$

（2）水平腹杆（见图 10-35）

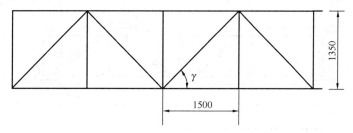

图 10-35　水平腹杆计算简图

水平腹杆采用 L63×6 的角钢，*A-A* 截面剪力最大，验算 *A-A* 截面。

几何特性：

$$A_{f2} = 7.288\text{cm}^2$$

$$I_{f2} = 11.2\text{cm}^4$$

$$i_{f2} = 1.24\text{cm}$$

$$\gamma = \arctan^{-1}\frac{1350}{1500} = 41.98°$$

$$l_{0f2} = \frac{\mu l}{\sin 41.98°} = \frac{0.9 \times 135}{\sin 41.98°} = 181.6\text{cm}$$

$$\lambda_{f2} = \frac{l_{0f2}}{i_{f2}} = \frac{181.6}{1.24} = 146.5$$

$$\varphi_{f2} = 0.321$$

$$\gamma_R = 0.6 + 0.0015\lambda = 0.6 + 0.0015 \times 146.5 = 0.82$$

工况 III $\begin{cases} N = \dfrac{13.5}{\sin\gamma} = -20.2\text{kN} \\[2mm] \sigma_{\text{下}} = -\dfrac{20200}{0.321 \times 0.82 \times 7.29 \times 10^2} = -105.3\text{MPa} < [\sigma]_{II} = 177\text{MPa} \end{cases}$

工况 IV $\begin{cases} N = \dfrac{29.6}{\sin\gamma} = 44.3\text{kN} \\[2mm] \sigma_{f2} = -\dfrac{44300}{0.321 \times 0.82 \times 7.29 \times 10^2} = 230.9\text{MPa} > [\sigma]_{III} = 204\text{MPa} \end{cases}$

经验算可知 A-A 截面在非工作状态超载，主要是由非工作状态风荷载引起的。解决办法：在非工作状态下，让回转机构处于自由状态，吊臂可以安全承载。所选腹杆截面安全。

焊缝计算略。

十七、绘制吊臂施工图

吊臂标准节施工图如图 10-36 所示。

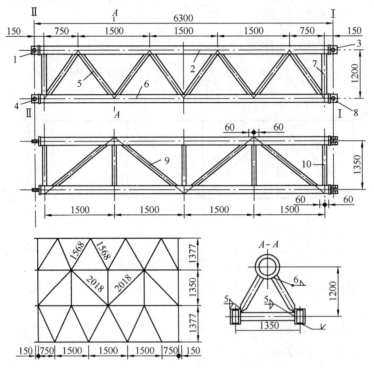

图 10-36　吊臂标准节施工图

吊 臂 第 二 节

序　　号	零件名称	规　格	材　　料	数　　量
10	水平竖腹杆	∟63×6	Q235	10
9	水平斜腹杆	∟63×6	Q235	8
8	右下接头	—	20	2
7	竖腹杆	φ60×6	Q235	4
6	下弦杆	〔14—120×5	Q235	2
5	斜腹杆	φ60×6	Q235	16
4	左下接头	—	20	2
3	右下接头	—	20	1
2	上弦杆	φ108×7	Q235	1
1	左上接头	—	20	1

技术要求：

（1）所有腹杆的长度尺寸均为理论尺寸，加工时应放样定尺寸；

（2）吊臂是主要受力件应保证焊接质量；

（3）端面Ⅰ、Ⅱ对吊臂纵轴线的垂直度误差不得大于 1/1000；

（4）端面Ⅰ、Ⅱ平行度误差不得大于 15mm；

（5）左、右两弦杆上 $\phi45$ 孔的同轴度误差不大于孔公差之半；

（6）焊条采用 E42 型。

思 考 题 与 习 题

1. 起重机格构式平面臂架的结构形式和尺寸如图 10-37 所示。已知肢杆为 $4\times\llcorner50\times5$，缀条为 $\llcorner45\times4$，结点间距 95cm，材料为 Q235 钢，用 E4303 型焊条手工焊。位于最大工作幅度时的内力组合为：臂架根部Ⅰ-Ⅰ截面处，$N=130kN$，$M_x=0$，$M_y=30kN\cdot m$；臂架中部Ⅱ-Ⅱ截面 $N=100kN$，$M_x=10kN\cdot m$，$M_y=15kN\cdot m$，试验算臂架在此工况下是否满足使用要求。

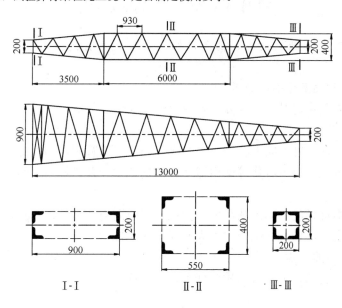

图 10-37 平面臂架的结构形式

2. 起重臂架分为哪几种型式？怎样选择合理的臂架形式？

3. 怎样选择平面臂架的截面？

4. 空间臂架计算应包括哪些内容？

第11单元 起重桅杆

[知识点] 桅杆的类型；桅杆的强度、刚度和稳定性计算；桅杆头部、底脚和吊耳的构造；桅杆头部、底脚和吊耳的设计计算；桅杆设计计算实例。

[教学目标] 了解桅杆的类型；熟悉桅杆的强度、刚度和稳定性计算；了解桅杆头部、底脚和吊耳的构造；掌握桅杆头部、底脚和吊耳的设计计算。

项目1 桅杆的类型

起重桅杆，根据其截面情况、制作材料、端部支撑情况和工作情况，可分为多种类型。

1.1 按桅杆截面变化情况分类

根据桅杆截面变化情况，桅杆分为等截面桅杆和变截面桅杆。

1. 等截面桅杆

桅杆截面沿桅杆长度方向形状和大小不变。如：用钢管制作的桅杆、圆木桅杆。圆木桅杆尽管有梢度变化，也可看作等截面桅杆，其梢径为计算桅杆直径的依据。

2. 变截面桅杆

桅杆截面沿桅杆长度方向形状和大小变化。变截面桅杆多为格构式。为了充分利用桅杆材料，并减轻自重而做成两头小中间大的变截面桅杆。

1.2 按桅杆材质分类

根据桅杆制作材料，桅杆分木质桅杆和金属桅杆。

1. 木质桅杆

木质桅杆多用圆木。木质桅杆使用历史悠久，但因木材强度低及尺寸小，只适用于小型吊装。目前多被金属桅杆所代替。

2. 金属桅杆

金属桅杆中，钢管桅杆用得最多。中小型多用无缝钢管制作法兰连接，也可用焊接连接；大型桅杆可用卷板管制作。在大型吊装中，多用角钢制作成四肢格构式桅杆。随着工业技术的发展，硬铝和超硬铝合金的出现，也有用铝合金制作的格构式桅杆，其自重仅为钢的 $\frac{1}{3}$，但其强度接近钢的强度。

1.3 按桅杆支撑情况分类

根据桅杆端部支撑方式，即端部约束情况，桅杆端部约束有铰支端、嵌固端和自由端。

1. 两端铰支桅杆

理想铰支只允许杆端有转动，而不允许有移动。在现实中，当单桅杆直立工作时，其底脚有的设计成铰型支座（圆柱铰或球铰），有的直接着地，横向约束靠地面摩擦，纵向约束靠地面抗力，这属非刚性铰支，一般近似看成刚性铰支；杆顶端用缆风绳固定，因受力不均存在弹性位移（位移可用计算方法求得），属弹性铰支。对这种桅杆可近似按两端铰支处理。两端铰支的桅杆，实质是一个平面臂架。

2. 根部嵌固、顶端铰支桅杆

当桅杆底部用地脚螺栓与基础相连，近似认为嵌固；其顶部仍用缆风绳固定，即弹性铰支。这种桅杆可近似按根部嵌固、顶部铰支处理。如：利用已吊的设备当桅杆吊其他设备，其顶部用缆风绳加固，可简化成这种支撑。另外，若桅杆顶用缆风绳、底用圆柱铰，在吊装平面内，两端可简化为铰支；在吊装平面外，则属于底端嵌固、顶端铰支的约束情况。

3. 根部嵌固、顶端自由的桅杆

根部嵌固、顶端自由的悬臂桅杆，好似电线杆（塔），一端插入地面或固定在地面（如地脚螺栓固定）。显然，这种桅杆稳定性差。当用已吊的塔类设备当桅杆吊其他设备时属于这种情况。这种桅杆实质为空间臂架。

1.4 按桅杆工作情况分类

1. 独脚桅杆——单桅杆

独脚桅杆，又称单桅杆。根据桅杆站立情况，单桅杆又分为直立单桅杆（图11-1）和倾斜单桅杆（图11-2）。

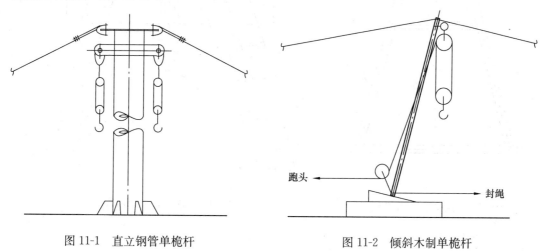

图 11-1 直立钢管单桅杆　　　　　图 11-2 倾斜木制单桅杆

根据材质，单桅杆可用钢管（图11-1）、木杆（图11-2）和格构式（图11-3）。

2. 人字桅杆

人字桅杆又称两脚杆，可用两根木杆上端用绳临时绑扎，因此又称二木搭（图11-4）。现多用两根钢管在上端绑扎，一是钢管承载力大，二是施工现场宜就地取材。解开绳索不影响钢管的再使用。

永久性人字桅杆上端多用铰链连结，它可以是钢管（图11-5），也可以是格构式（图11-6）。为了增加人字桅杆横向稳定性，可在中部加一横杆，此时的人字桅杆常称为A字杆（图11-5）。

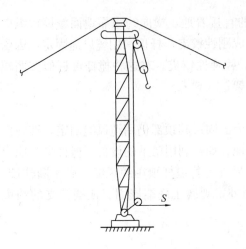

图 11-3　格构式金属桅杆

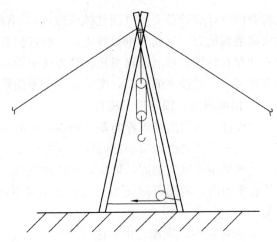

图 11-4　二木搭

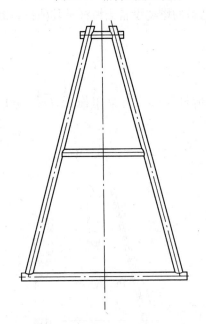

图 11-5　铰接钢管 A 字桅杆

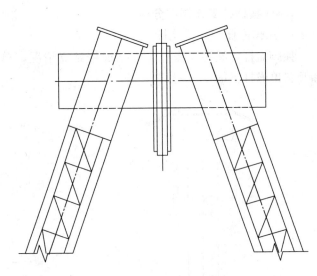

图 11-6　格构式人字桅杆

3. 三脚架

人字桅杆要有缆风绳作稳定系统，若再增加一杆，两脚杆便成了三脚杆——常称三脚架。三脚架多用于用导链临时装卸；若用卷扬机和滑车组，常用于井洞中提升。

4. 双桅杆和多桅杆

根据吊装需要可用两根单脚桅杆吊同一设备，也可用多杆单脚桅杆吊同一设备；它可以等高，也可不等高。对双桅杆和多桅杆而言，在未吊设备之前，它们是各自独立，彼此不存在联系。只有在吊设备时，才由设备把它们联系起来。

5. 门式桅杆

门式桅杆又称龙门桅杆和龙门架，它是一个 Ⅱ 型框架。用钢管或型钢制作，在土建施工现场，龙门架是垂直上料机具，如图 11-7 所示。

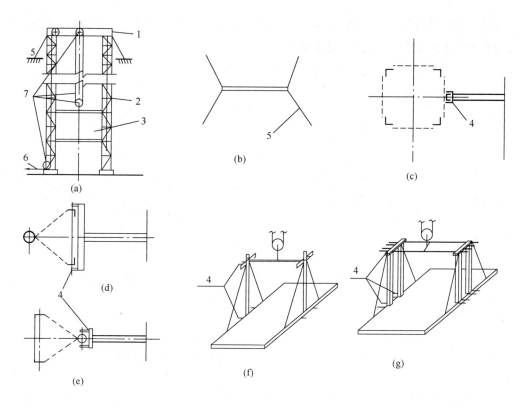

图 11-7　龙门架的构造

1—横梁；2—立柱；3—提升盘；4—导靴；5—缆绳；6—跑绳；7—滑轮组

龙门架的特点是高度大、承载小，主要由立柱、横梁、提升盘、缆风绳和提升滑车及卷扬机等组成。起重量为 10～20kN，高度可根据楼层高度升高。提升盘有单导轮和双导轮两种：机架高度在 15m 以下者，可采用单导轮，15m 以上者，应采用双导轮。为了简化构造，减少加工件，导轮常做成导靴的形式（见图 11-7 的 c～g）。横梁通常用两根槽钢组成，中间设置定滑轮。横梁两端与立柱用螺栓连接，提升盘用钢丝绳经滑轮可以沿立柱升降。立柱常用三肢或四肢格构式缀条柱或缀板柱。当采用三肢柱时，立柱内肢兼做提升盘导轨；当用双导靴提升盘时，内肢为双肢（见图 11-7d）；当采用单导靴时，内肢为单肢（见图 11-7e）。当采用四肢柱时，在内肢的相应位置酌情加设导轨（见图 11-7c）；当然也可让内肢兼作双导轨。立柱下端可用角钢连起来，也可用螺栓与临时基础连结。

在大型设备安装中，往往用两等高桅杆顶加设横梁组成门式桅杆。分为单杆，可合为双杆或门杆。当然，也有专用的龙门杆，只不过杆的利用率不如前者高而已。为了增加门杆横向稳定性，龙门杆也有作成梯形的。

龙门桅杆横向稳定性好，承载力大，缆风绳和地锚均少。其缺点是竖放及移动较麻烦。

6. 动臂桅杆

根据动臂桅杆的完善程度可分为三类：

（1）临时杆（图 11-8）

临时杆，又称灵机或临机，它只有吊臂（也称臂杆或吊杆），装设在其他构筑物上进行吊装工作，多用于构筑物附近或厂房内固定台位的吊装，用钢管制作的多，仅有起升和变幅两个机构，而回转是靠人用绳牵拉。

（2）半腰动臂回转桅杆（图 11-9）

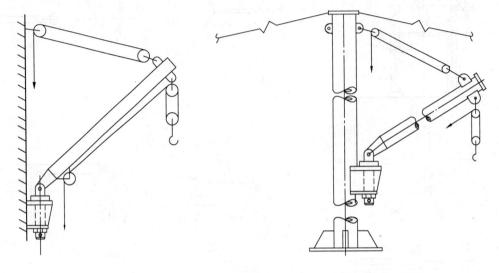

图 11-8　临时杆　　　　　　　　图 11-9　半腰动臂回转桅杆

半腰动臂回转桅杆又称腰灵，它是由主杆和副杆（吊杆）组成，吊杆底铰装于主杆中间腰部而得名。吊臂多用钢管制作，也可用型钢制成格构式，即所谓井子架（见图 11-10）。在建安施工现场，半腰动臂桅杆即腰灵，多用于气柜和油罐等薄壁容器现场制安的垂直运输；而井子架多用土建垂直上料用。

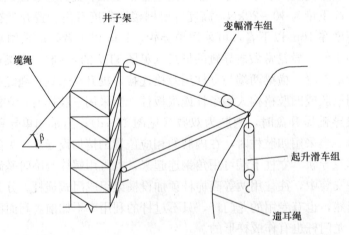

图 11-10　井子架

（3）动臂回转桅杆（图 11-11）

动臂回转桅杆又称地灵，也有叫它塔桅起重机的。主要由主杆和吊杆组成。多为格构式结构，吊杆底铰可以安在主杆下部（见图 11-11），也可铰接在底座上（见图 11-12）。在底座上铰接可大大改善下部受力，这对大型吊装具有现实意义。

274

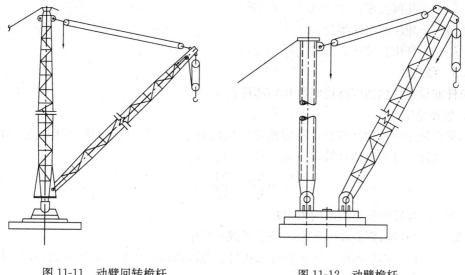

图 11-11　动臂回转桅杆　　　　　　图 11-12　动臂桅杆

项目 2　桅杆的设计计算

目前桅杆多采用金属桅杆。对金属桅杆而言，其横截面仅有两类：圆管和格构式。从受力情况看桅杆皆为压弯构件，其设计计算包括强度、刚度和稳定性。

2.1　强度

通常情况下，桅杆的强度承载能力高于稳定性承载能力，一般不进行强度计算。只有当局部开孔、刻槽等使截面削弱较多时，或者当偏心率和长细比很小时，才进行强度计算。强度验算按式（11-1）进行。

$$\sigma = \frac{N}{A_n} \pm \frac{M_x}{W_{nx}} \pm \frac{M_y}{W_{ny}} \leqslant [\sigma] \tag{11-1}$$

式中　　　N——轴力；

M_x、M_y——分别是对 x 轴和 y 轴的最大计算弯矩；

A_n——截面净面积；

W_{nx}、W_{ny}——分别为截面对 x 轴和 y 轴的净截面抵抗矩；

$[\sigma]$——金属材料的许用应力。

2.2　刚度

桅杆结构的刚度，用限制长细比的方法。桅杆的长细比应满足下式要求：

$$\lambda = \frac{l_0}{i} \leqslant [\lambda] \tag{11-2}$$

式中　λ——桅杆的长细比，取两主轴方向长细比较大者；若对虚轴，要用换算长细比；

l_0——桅杆计算长度；

$$l_0 = \mu\mu_z l \tag{11-3}$$

式中　μ——计算长度系数，按表 5-3 选取；

μ_z——变截面折算长度系数，按表 5-6，表 5-7 选取；

l——几何长度；

i——相应的惯性半径；

[λ]——许用长细比，桅杆 [λ] =150。

2.3 稳定性

桅杆的稳定性包括整体稳定性和局部稳定性。

1. 整体稳定性

起重机械中压弯构件的整体稳定性计算比较复杂（参见《起重机设计规范 GB 3811-2008》）。实际中常用近似计算，按式（11-4）进行：

$$\frac{N}{\varphi A}+\frac{M_x}{W_x}+\frac{M_y}{W_y}\leqslant[\sigma] \tag{11-4}$$

式中 N——桅杆中验算截面的轴力；

M_x、M_y——桅杆验算截面的弯矩，按下列规定采用：

（1）框架系统：等截面柱采用柱长范围内最大弯矩；阶形柱的各段采用各段的最大弯矩；

（2）悬臂构件采用固定端弯矩；

（3）两端铰支的构件（包括端部有弯矩作用的构件），采用全长中间 $\frac{1}{3}$ 长度范围内的最大弯矩，但不得少于构件最大弯矩的一半。

A——桅杆验算截面毛面积；

φ——按轴心受压考虑的稳定系数；

W_x、W_y——桅杆验算截面对 x 轴和 y 轴弹性抵抗矩；

[σ]——金属材料许用应力。

若截面为钢管，则式（11-4）变为：

$$\frac{N}{\varphi A}+\frac{M}{W}\leqslant[\sigma] \tag{11-5}$$

2. 局部稳定性

桅杆截面形式有格构式和圆管型。

（1）格构式桅杆局部稳定性

格构式桅杆的局部稳定性有单肢稳定性和腹杆（缀条）的稳定性。

①单肢稳定性

格构式桅杆的单肢稳定性，可按轴心受压构件进行，即

$$\frac{N_z}{\varphi A_z}\leqslant[\sigma] \tag{11-6}$$

式中 φ——轴心受压的稳定系数；

A_z——单肢截面的毛面积；

N_z——单肢的轴力。

②腹杆（缀条）稳定性

缀条多为偏心受力，偏心受力的影响用折减系数予以考虑，即

$$\frac{N_f}{\varphi A_f}\leqslant[\sigma]\cdot\gamma_R \tag{11-7}$$

式中　N_f——缀条的内力；

　　　φ——轴心受压的稳定系数；

　　　A_f——缀条的毛截面积；

　　　$[\sigma]$——材料的许用应力；

　　　γ_R——考虑单角钢偏心受力的折减系数。

（2）圆管局部稳定性

①无缝钢管

用无缝钢管制作桅杆，因无缝钢管壁相对较厚，一般不存在局部稳定性，所以无缝钢管不进行局部稳定性验算。

②圆柱壳的局部稳定性

当用卷板管制作桅杆时，形成受压或压弯联合作用的薄壁圆柱壳体。当壳体壁厚 t 与圆柱壳体中面半径 r 的比值 $\dfrac{t}{r}$ 不大于 $25\dfrac{\sigma_s}{E}$（σ_s——屈服极限；E——弹性模量）时，必须计算其局部稳定性。

圆柱壳体受轴压或压弯联合作用时的临界应力按式（11-8）计算：

$$\sigma_{cr} = 0.2\frac{t}{r}E \tag{11-8}$$

式中　t——圆柱壳体壁厚；

　　　r——圆柱壳体中面半径；

　　　σ_{cr}——圆柱壳体受轴压或压弯联合作用时的临界应力。

若由式（11-8）计算得的临界应力超过 $0.75\sigma_s$ 时，特殊情况（$\tau = 0$；σ_c（局部挤压）$= 0$），取 $\sigma_{cr} = 0.75\sigma_s$。

受轴压或压弯联合作用的薄壁圆柱壳体的局部稳定性按式（11-9）验算：

$$\frac{N}{A_n} + \frac{M}{W_n} \leqslant \frac{\sigma_{cr}}{n} \tag{11-9}$$

式中　N——轴力；

　　　M——弯矩；

　　　A_n——圆柱壳体净截面积；

　　　W_n——圆柱壳体净截面抵抗矩；

　　　n——强度安全系数。

若局部稳定性不足，应设置横向加劲环和纵向加劲肋。

圆柱壳体两端应设加劲环，当壳体长度大于 $10r$ 时，需设置中间加劲环。加劲环的间距不大于 $10r$ 时，加劲环截面惯性矩 I_z 应满足式（11-10）要求：

$$I_z \geqslant \frac{rt^3}{2}\sqrt{\frac{r}{t}} \tag{11-10}$$

式中　r——圆柱壳体中面半径；

　　　t——圆柱壳体壁厚；

　　　I_z——圆柱壳加劲环截面对壳中面惯性矩。

纵向加劲肋，相当圆筒壁厚增大，此时折算壁厚 t_z 可用式（11-11）近似计算：

$$t_z = t + \frac{A_1}{b} \tag{11-11}$$

式中　t_z——圆筒折算壁厚；

　　　t——圆筒壳体壁厚；

　　　A_1——纵向加劲肋的横截面积；

　　　b——纵向加劲肋间隔弧长。

值得指出的是：根据《起重机设计规范》GB 3811—2008 规定，对工作级别为 A_6、A_7、A_8 级的结构件，才验算其疲劳强度。而桅杆结构不在此范围内，因此桅杆结构不需进行疲劳强度验算，其承载能力主要由稳定性决定。

项目3　桅杆附件设计计算

桅杆附件主要有桅杆的头部和底脚等。

3.1　桅杆头部

桅杆头部包括系结缆风绳的缆风盘和系挂定滑车的上吊梁（上吊耳），如图 11-13 所示。

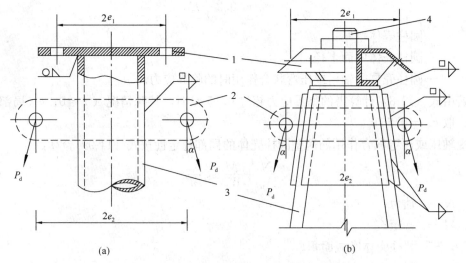

图 11-13　桅杆头部构造

(a) 管式桅杆；(b) 格构式桅杆

1—缆风盘；2—上吊梁；3—桅杆；4—销轴

1. 上吊梁

由图 11-13 可知，不管是钢管式桅杆，还是格构式桅杆，其上吊梁的结构基本相同。一般上吊梁采用两块穿进桅杆头部的钢板，用焊缝连接。

从受力角度看，上吊梁实质是一个外伸梁（见图 11-14）。

桅杆可能单侧吊，也可能双侧吊。根据桅杆最不利工况，画出上吊梁内力图，找出危险截面，再进行承载能力计算。

（1）上吊梁弯拉组合强度

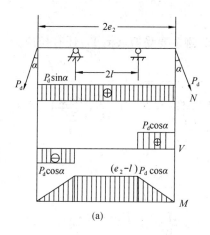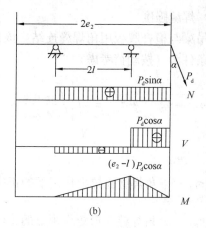

图 11-14　上吊梁受力图和内力图

(a) 双侧吊；(b) 单侧吊

由图 11-14 可知，上吊梁工作时，既受拉（$N=P_d\sin\alpha$，P_d 为上吊梁吊装时受的合力；α 为 P_d 与杆轴线间夹角）又受弯（$M_{max}=(e_2-l)P_d\cos\alpha$）。所产生的正应力，方向上是相同的。因此，

其强度条件为：

$$\sigma=\sigma_t+\sigma_w=\frac{N}{2bh}+\frac{3M_{max}}{bh^2}\leqslant[\sigma] \tag{11-12}$$

式中　σ_t——拉应力；

　　　σ_w——弯曲应力；

　　　b——上吊梁宽；

　　　h——上吊梁高。

（2）上吊梁的剪切强度

$$\tau=1.5\frac{V_{max}}{A}=1.5\cdot\frac{P_d\cos\alpha}{2bh}\leqslant[\tau] \tag{11-13}$$

式中　τ——上吊梁的剪应力；

　　V_{max}——危险截面的剪力；

　　　A——危险截面受剪面积；

　1.5——矩形截面上的最大剪应力是平均剪应力的 1.5 倍。

其他符号同式（11-12）。

（3）上吊梁的弯拉正应力 σ 和剪应力 τ 的组合强度

若危险截面上的危险点还存在剪应力，那么可按第四强度理论计算折算应力，其强度条件为：

$$\sigma_{eq}=\sqrt{\sigma^2+3\tau^2}\leqslant[\sigma] \tag{11-14}$$

由于 τ 一般比较小，往往可忽略不计，因此，按式（11-12）验算即可。

（4）上吊梁的整体稳定性

因为上吊梁窄而高（$h\gg b$），受力易失稳，因此还应验算其整体稳定性。若 $\dfrac{l}{b}\leqslant15\sqrt{\dfrac{235}{f_y}}$ 时，可不进行整体稳定性计算（l——跨距）。

（5）焊缝强度

上吊梁与桅杆腹板用角焊缝连结，该角焊缝两侧主要受剪（τ_f），还有拉应力（σ_f），其强度条件为（按动荷考虑）：

$$\sqrt{(\sigma_{fN}+\sigma_{fM})^2+\tau_{fV}^2}=\sqrt{\left(\dfrac{P_d\sin\alpha}{h_e\cdot\Sigma l_w}+\dfrac{P_d\cos\alpha\cdot(e_2-l)}{4\cdot\dfrac{h_e l_w^2}{6}}\right)^2+\left(\dfrac{P_d\cos\alpha}{h_e\cdot\Sigma l_w}\right)^2}\leqslant f_f^w$$

(11-15)

式中　σ_{fN}——角焊缝在拉力作用下的正应力，$\sigma_{fN}=\dfrac{N}{h_e\cdot\Sigma l_w}$；

σ_{fM}——角焊缝在弯矩作用下的正应力，$\sigma_{fM}=\dfrac{M_{max}}{W}=\dfrac{P_d\cos\alpha\cdot(e_2-l)}{4\cdot\dfrac{h_e l_w^2}{6}}$；

τ_{fV}——角焊缝在剪力作用下的剪应力，$\tau_{fV}=\dfrac{V}{h_e\cdot\Sigma l_w}$；

h_e——角焊缝有效厚度，$h_e=0.7h_f$（h_f——焊脚尺寸）；

Σl_w——角焊缝有效长度和，$\Sigma l_w=4\,l_w$；

l_w——角焊缝有效长度，取上吊梁的高度 h（一般采用围焊）；

f_f^w——角焊缝的设计强度。

2. 缆风盘

缆风盘俗称草帽头，它安装在桅杆顶端，用于系结缆风绳（通常6～8根）。对管式桅杆，缆风盘比较简单，可根据板式吊耳进行强度计算。对格构式桅杆，缆风盘除用系结缆风绳外，还允许桅杆绕其旋转。缆风盘为焊接结构，用钢板冲压成型。为减轻重量增加强度和刚度，根据开孔数量均匀分布加劲肋和加强环。加劲肋和加强环（开孔处）间隔均匀分布。缆风盘主要尺寸可参照图11-15和表11-1选取，并验算几个关键部位的强度即可。

格构式桅杆缆风盘的主要尺寸（mm）　　　　　　　　表 11-1

起重量（t）	D	b	t	d_1	d_2	d_3	孔数
20	800	100	6	102	300	60	6
30	800	120	8	102	300	60	6
50	1000	150	10	155	350	60	8
100	1860	240	12	162	360	60	8
200	2400	400	15	202	400	70	8

销轴根部的剪切强度验算（按圆形截面梁最大切应力计算）：

$$\tau=\frac{4}{3}\cdot\frac{4P_t\cos(\beta+\alpha)}{\pi d_1^2}\leqslant[\tau]$$

(11-16)

销轴与孔接触强度验算：

$$\sigma_c=\frac{1.6P_t\cos(\beta+\alpha)}{d_1 b}\leqslant[\sigma]_c$$

(11-17)

式中　P_t——主缆绳拉力；

β——缆风绳仰角；

α——桅杆与铅垂线夹角，桅杆直立时 $\alpha=0$；

d_1——销轴直径；

$[\tau]$——销轴材料许用剪应力；

$[\sigma]_c$——缆风盘和销轴中较小的许用挤压应力。

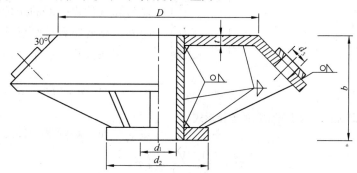

图 11-15　缆风盘的主要尺寸

3.2　桅杆底脚

由于桅杆支撑不同，其设计，计算也不同。如钢管桅杆，多数直接站立在枕木上，一般只验算接触处的挤压应力；若强度不足，往往加垫钢板或加焊盲板。若用地脚螺栓与基础连结，可按柱脚设计，这里不再赘述。下面仅介绍枢轴、圆柱铰和球铰三种支撑形式的设计计算。

1. 环形枢轴式支撑

环形枢轴式支撑，常用在半腰动臂桅杆（即腰灵）和临时杆（即灵机）的下支撑上。

最简单的环形枢轴式支撑如图 11-16 所示。这种支撑，在制安贮槽类容器时，在槽中间竖一腰灵，作为垂直上料的吊装机具。这种机具往往是由现场就地取材，用最少的机加工件自制而成，因此比较简单，相当于老式门轴。

如图 11-17 所示为带有回转机构的腰灵下支撑形式，其与底座连接也是环形枢轴形式。

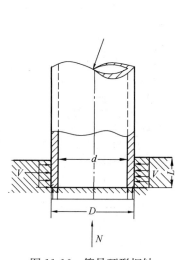

图 11-16　简易环形枢轴

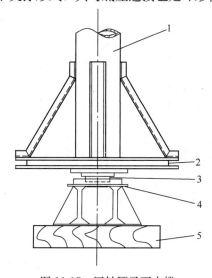

图 11-17　回转腰灵下支撑

1—立杆；2—回转绳轮；3—枢轴；4—底座；5—枕木

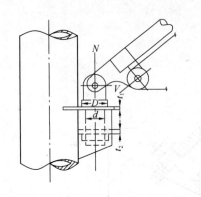
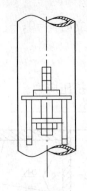

图 11-18　腰灵吊臂与主杆常用的连接形式

如图 11-18 所示为腰灵吊臂（或井字架吊臂）与主杆常用的连接形式，实质也是环形枢轴的形式。

环形枢轴式支撑在设计计算时，除要验算其危险截面的压弯强度和剪切强度外，还要验算接触强度。

端面接触强度条件为

$$\sigma_c^N = \frac{4N}{n\pi(D^2 - d^2)} \leqslant [\sigma]_c \tag{11-18}$$

侧面接触强度条件为

$$\sigma_c^V = \frac{1.6V}{\Sigma l \cdot D} \leqslant [\sigma]_c \tag{11-19}$$

式中　　N——端面所受轴向压力；

　　　　V——侧面所受总压力；

　　　　D——环形枢轴外径；

　　　　d——环形枢轴内径；

　　　　Σl——侧面接触长度和；

　　　　n——环形接触面数；

　　　$[\sigma]_c$——金属材料接触许用应力，MPa。

若作永久性设施，且转动频繁，则还应验算 $[P]$（许用比压）和 $[PV]$（许用发热）。

2. 圆柱铰链

圆柱铰有销轴式和板铰。

（1）销轴式圆柱铰（图 11-19）

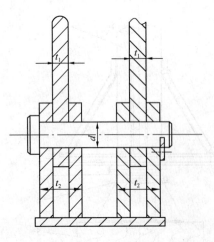
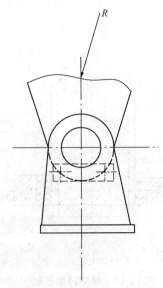

图 11-19　圆柱铰结构图

销轴式圆柱铰可作单桅杆底铰，也可做腰灵吊臂底铰（见图 11-20a），还可作地灵底铰（见图 11-20b）。除销轴外，其他为焊接结构。主要由底板、支撑耳板和销轴组成。

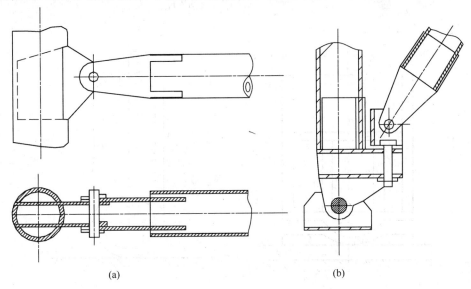

(a)　　　　　　　　　　　　　　(b)

图 11-20　圆柱铰应用

（a）吊臂底圆柱铰；（b）地灵底铰

销轴式圆柱铰底板的面积由基础许用承压力确定，其厚度按柱脚底板的确定方法计算，这里不再重述。

支撑耳板按悬臂梁验算其弯曲强度、剪切强度和焊缝连接强度。

销轴按简支梁（双支撑耳板）或连续梁（多支撑耳板）验算其弯曲强度和剪切强度。销轴与支撑耳板之间的接触强度按下式进行验算：

$$\sigma_c = \frac{1.6R}{d\Sigma t_i} \leqslant [\sigma]_c \tag{11-20}$$

式中　R——承载合力；

　　　d——销轴直径；

　　　Σt_i——一侧支撑耳板厚度和（取其小者）。

（2）板铰式支座

简单的板铰式支座可以用一块弧形板制成，见图 11-21。

对板铰式支座，枢轴半径小于槽穴的半径，属于自由接触（非配合），其接触强度条件为：

$$\sigma_c^{max} = 0.42 \sqrt{\frac{RE}{l}\left(\frac{1}{r_1} - \frac{1}{r_2}\right)} \leqslant [\sigma]_c \tag{11-21}$$

式中　l——枢轴接触长度；

　　　r_1——枢轴半径；

　　　r_2——槽穴曲率半径；

　　　E——材料折算弹性模量，或称综合弹性模量，$E = \dfrac{2E_1 E_2}{E_1 + E_2}$（$E_1$——枢轴材料弹性模量，$E_2$——槽穴材料弹性模量）。

如果 r_2 为无穷大，即槽穴变为平面，见图 11-22 所示。这时接触强度条件为：

$$\sigma_c^{max} = 0.42\sqrt{\frac{RE}{lr_1}} \leqslant [\sigma]_c \tag{11-22}$$

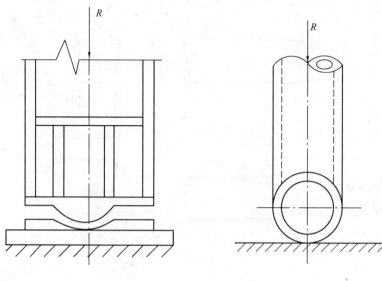

图 11-21 板铰支座　　　　图 11-22 平板铰支座

3. 球铰

为了避免起重桅杆在工作时承受扭矩，重型金属格构式桅杆的底端一般制成球铰式底座，其结构形式如图 11-23 所示。工作时，球头和球穴（臼）相互压紧，两者接触处不是一点而是一个圆球面，接触面上的应力分布是不均匀的，在接触面中心处压应力最大。

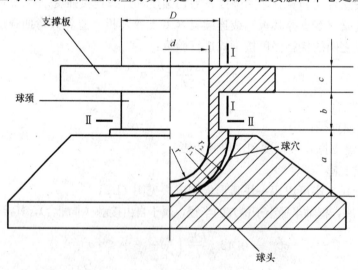

图 11-23 球铰底座

（1）球头和球穴的接触强度计算

$$\sigma_c^{max} = 0.62 \cdot \sqrt[3]{\frac{NE_1^2 E_2^2}{(E_1 + E_2)^2}\left(\frac{1}{r_1} - \frac{1}{r_2}\right)^2} \leqslant [\sigma]_c \tag{11-23}$$

式中　N——桅杆底座上的轴力，N；

E_1——球头材料的弹性模量，MPa；

E_2——球穴材料的弹性模量，MPa；

对钢材 $E = 2.1 \times 10^5$ MPa

对铸铁 $E = (1.5 \sim 1.6) \times 10^5$ MPa

r_1——球头曲率半径，mm；

r_2——球穴曲率半径，mm；设计中，常取 $r_1 = (0.85 \sim 0.9) r_2$。

$[\sigma]_c$——金属材料接触许用应力，MPa；

对铸铁 $[\sigma]_c = 800 \sim 1000$ MPa

对铸钢 $[\sigma]_c = 1000 \sim 1300$ MPa

注：若接触面为平面，称挤压强度，$[\sigma]_c = 1.5[\sigma]$；若接触面为曲面，称接触强度。如果接触面为单向曲面（常见圆弧面）：$[\sigma]_c = 2.5[\sigma]$；若为双向曲面（常见为球面）：$[\sigma]_c = 5[\sigma]$。

当球头和球穴用相同材料，式（11-22）便变为：

$$\sigma_c^{max} = 0.39 \cdot \sqrt[3]{NE^2 \left(\frac{1}{r_1} - \frac{1}{r_2} \right)^2} \leqslant [\sigma]_c \qquad (11\text{-}24)$$

（2）球头颈部的弯压强度

弯压强度条件为：

$$\sigma_{max} = \sigma_p \pm \sigma_w \leqslant [\sigma]_p \text{ 和 } [\sigma]_t \qquad (11\text{-}25)$$

式中　σ_p——颈部压应力，$\sigma_p = N/A$（其中 A 为颈部截面积，$A = \frac{\pi}{4} (D^2 - d^2)$，$D$ 为颈部外径，d 为颈部内径）；

σ_w——颈部弯曲应力，$\sigma_w = \frac{M}{W}$（其中 M 为验算截面的弯矩；W 为验算截面的抗弯截面系数，$W = \frac{\pi (D^4 - d^4)}{32D}$）；

$[\sigma]_p$——材料的许用压应力，MPa；

$[\sigma]_t$——材料的许用拉应力，MPa。

若剪力比较大，还要验算颈部的剪切强度和弯、压、剪联合强度，如式（11-14）所示。

（3）上支撑板的剪切强度

在图 11-23 中的 I-I 截面（环形），应按剪切强度验算。

$$\tau = \frac{N}{\pi D t_1} \qquad (11\text{-}26)$$

式中　N——底座承受轴力，N；

D——球头颈部外径，mm；

t_1——上支撑板厚度，mm。

（4）底座底面积

底座一般放置在道木上或混凝土基础上，故底座的底面积应根据木材或混凝土的许用应力来决定，即：

$$\sigma = \frac{N}{B^2} \leqslant f \qquad (11\text{-}27)$$

式中　B——底座边长，mm；

f——支撑材料的强度设计值。

球铰式底座主要尺寸参见表 11-2。

生产实践中，球穴常用铸铁制作，而球头用铸钢制作。由于铸铁笨重，铸钢工艺性差，成本高。若用板冲压焊接结构，既减轻了重量，又降低了成本，不失为好的方法。

球铰式底座主要尺寸参考   表 11-2

桅杆起重量 (kN)	尺　寸（mm）							
	a	b	c	r_1	r_2	r	D	d
200	100	80	40	100	105	60	190	120
300	100	90	40	100	105	60	190	120
500	120	100	60	120	125	70	230	140
1000	175	110	75	175	180	125	320	220
2000	200	120	75	200	205	150	350	250

3.3 吊耳

根据用途不同和具体条件，吊耳种类繁多，如减速机下箱体是铸造吊耳，而上箱盖常采用环首吊耳且用螺纹连接在上箱体上。这里只介绍吊装中金属桅杆上常用的焊接吊耳。

焊接吊耳有板式吊耳和管轴式吊耳。如顶部系结缆风绳和系挂定滑车处均为板式吊耳；底部挂结导向滑车也要用吊耳（管式桅杆多为板式吊耳，格构式桅杆多为管轴式吊耳）。吊装设备时，为了减轻捆绑的劳动强度、减少捆系时间、缩短吊索长度，可在被吊设备上设置焊接吊耳。设备上的吊耳，一般在制造时加上，若要在现场焊接压力容器或其他重要设备的吊耳，必须经有关部门的批准。

1. 板式吊耳

板式吊耳又称圆孔耳板，其结构形式多种多样。常见的板式吊耳如图 11-24 所示。

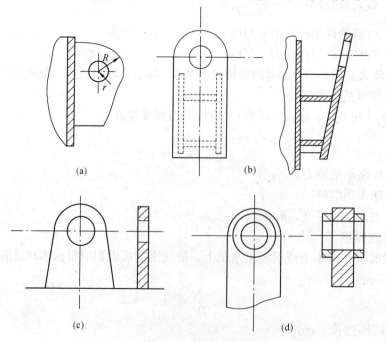

(a)
(b)
(c)
(d)

图 11-24　板式吊耳

起重机具中常用的板式吊耳，圆孔处尺寸比例一般为 $R:r=2\sim3$，其中 r 为圆孔半径，R 为外边圆半径。

板式吊耳的耳板强度计算如图 11-25 所示。除了根部的拉弯强度和剪切强度外，圆孔耳板的头部（上半环）的强度是一个特殊的问题，理论上属于三次超静定，在拉力 P 作用下，若 P 为集中力，除接触应力外，截面 $A-B$、$C-D$ 及 $E-F$ 产生极值弯矩，其最大正压应力在 A 点，其最大拉应力在 C 和 E 点。由于圆孔不宜直接与绳索相连，而常用销轴连接，因此力 P 不是集中力，按集中力计算不准确。实际上为一定范围内的分布载荷，类似于内压容器，因此要用拉曼公式计算。但这个分布载荷只是局部的且不均匀，所以用拉曼公式计算也不准确。常采用实用公式计算，其强度条件按式（11-28）进行：

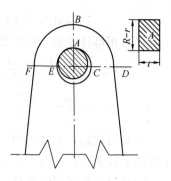

图 11-25　耳板头部强度计算

$$\sigma_r = \frac{P}{A_s} = \frac{P}{(R-r)t} \leqslant [\sigma]_r \qquad (11-28)$$

式中　P——吊耳受拉力，N；

　　　A_s——$A-B$ 截面断面积，mm^2；

　　　t——吊耳板厚，mm；

　　$[\sigma]_r$——吊耳许用正应力，$[\sigma]_r = \dfrac{\sigma_s}{n_r}$，$n_r$ 为安全系数，为了弥补计算的近似性，取 $n_r=2$。

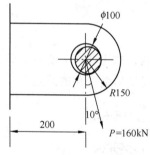

【例 11-1】　现有焊接板式吊耳，材料为 Q235F，穿入销轴直径 $\phi96$，尺寸如图 11-26 所示，试验算其承载能力。

【解】

（1）销轴与耳孔的接触强度，由式（11-21）得：

$$\sigma_c^{max} = 0.42\sqrt{\frac{RE}{l}\left(\frac{1}{r_1}-\frac{1}{r_2}\right)}$$

$$= 0.42\sqrt{\frac{160\times10^3}{30}\times2.1\times10^5\left(\frac{1}{48}-\frac{1}{50}\right)}$$

$$=406MPa < 2.5\,[\sigma]$$

$$=2.5\times177=443MPa$$

（2）耳孔头部强度，由式（11-28）得：

$$\sigma_r = \frac{P}{A_s} = \frac{P}{(R-r)t} = \frac{160\times10^3}{(150-50)\times30}$$

$$= 53.3MPa < [\sigma]_r = \frac{\sigma_s}{n_r} = \frac{235}{2}$$

$$=117.5MPa\ 安全$$

（3）吊耳根部的组合强度，吊耳根部受拉又受弯，其正应力为：

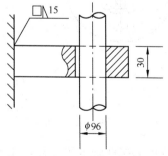

图 11-26　例 11-1 图

$$\sigma = \frac{P\sin10°}{300\times30} + \frac{P\cos10°\times200}{\dfrac{30\times300^2}{6}} = \frac{160\times10^3\sin10°}{300\times30} + \frac{160\times10^3\cos10°}{5\times300^2}$$

$$= 73.1\text{MPa} < [\sigma] = 177\text{MPa}$$

吊耳根部还受剪，矩形截面最大剪应力为：

$$\tau_{max} = 1.5\frac{P\cos 10°}{300 \times 30} = 1.5 \times \frac{160 \times 10^3\cos 10°}{300 \times 30} = 26.3\text{MPa} < [\tau]$$

$$= \frac{[\sigma]}{\sqrt{3}} = \frac{177}{\sqrt{3}} = 102\text{MPa}$$

对矩形截面，中性轴剪应力最大，上下边为 0，因此危险截面上下边为拉弯组合，而中性轴为拉剪组合，由于应力较小，故不验算。

（4）吊耳根部焊缝验算

吊耳根部属于轴力、弯矩和剪力共同作用下的焊缝。若用角焊缝，$h_f = 15\text{mm}$，$l_w = 300\text{mm}$。由式（11-15）得（按动荷考虑）

$$\sqrt{(\sigma_{fN} + \sigma_{fM})^2 + \tau_{fV}^2} = \sqrt{\left(\frac{P\sin 10°}{2h_e l_w} + \frac{6P\cos 10° \cdot 200}{2h_e l_w^2}\right)^2 + \left(\frac{P\cos 10°}{2h_e l_w}\right)^2}$$

$$= \sqrt{\left(\frac{160 \times 10^3\sin 10°}{2 \times 0.7 \times 15 \times 300} + \frac{6 \times 160 \times 10^3\cos 10° \times 200}{2 \times 0.7 \times 15 \times 300^2}\right)^2 + \left(\frac{160 \times 10^3\cos 10°}{2 \times 0.7 \times 15 \times 300}\right)^2}$$

$$= 107.4\text{MPa} < f_f^w = 160\text{MPa} \quad \text{安全}$$

（5）耳板的整体稳定性

$$\frac{l}{t} = \frac{200}{30} = 6.67 < 15 \quad \text{耳板整体稳定性足够。}$$

2. 管轴式吊耳

管轴式吊耳主要是靠管及管内的加强筋共同承受吊装载荷的，如图 11-27 所示。管轴式吊耳刚性好、耗钢少，并能适应设备吊装过程中受力方向随起吊角度变化的特点。

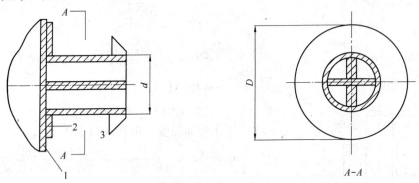

图 11-27　管轴式吊耳
1—设备；2—加强圈；3—管轴式吊耳

设计管轴式吊耳，除了强度计算（包括拉弯强度、剪切强度和接触强度等）外，还要验算管的稳定性。尤其是吊装载荷如何传递给设备是管轴式吊耳设计的重要问题。常见的形式有：

（1）设置加强圈（图 11-27）

如果不用加强圈，仅用管根的环形焊缝与设备相连接，会使设备产生巨大的局部应力，降低了设备的强度且往往引起设备局部失稳。为了降低局部应力峰值，常在管周加设加强圈，扩大与设备接触面积，加强圈的设计是根据等效面积加强理论确定。通常：加强圈外径 $D=(1.7\sim2.0)d(d$ 为管轴外径)，其厚度 $t_1=t+(2\sim4)\mathrm{mm}(t$ 为设备壁厚)。

（2）内筋板插入设备内（图 11-28）

如图 11-28 所示为扳吊排气筒塔架时用的管轴式吊耳，排气筒塔架为用钢管制作的格构式结构，其横截面多为等边三角形。这种吊耳通过内筋板将吊装载荷传递给汇交于该节点的所有杆件，其强度和刚度均较好。

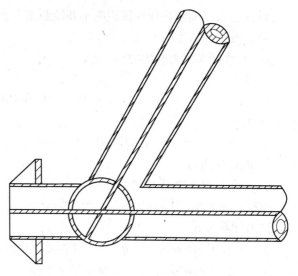

图 11-28　扳吊排气筒塔架时管轴式吊耳

由于管轴式吊耳计算复杂，在《大型设备吊装工程施工工艺标准》SHJ 1515—90 中，已详细给出了各种管轴式吊耳的结构尺寸，应用时可直接查阅选用。

项 目 4　设 计 计 算 实 例

【例 11-2】　W50×40 单桅杆设计

已知条件：桅杆受力简图如图 11-29（a）所示。动滑车受力 $P_1=600\mathrm{kN}$，偏心距 $e_2=510\mathrm{mm}$，偏角 $\alpha=15°$；跑绳拉力 $S=160\mathrm{kN}$（双跑头）；主缆绳拉力 $P_t=187.8\mathrm{kN}$，偏心距 $e_1=480\mathrm{mm}$，仰角 $\beta=30°$；缆风盘的轴向压力 $t=90\mathrm{kN}$；假定桅杆自重 $P_G=100\mathrm{kN}$。

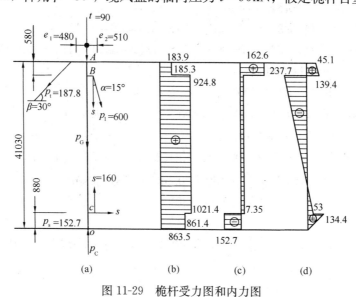

图 11-29　桅杆受力图和内力图

（a）受力图；（b）轴力图 N（kN）；（c）剪力图 V（kN）；（d）弯矩图 M（kN・m）

设计要求：编制设计计算说明书并绘制施工图。

一、设计计算说明书

（一）桅杆支反力和内力

1. 桅杆支反力

$\Sigma y=0$ $P_c=P_t\sin30°+t+P_G+P_1\cos15°=187.8\sin30°+90+100+600\cos15°$
$=863.5\text{kN}$

$\Sigma x=0$ $P_s=S+P_1\sin15°-P_t\cos30°=160+600\sin15°-187.8\cos30°=152.7\text{kN}$

2. 桅杆的内力

（1）轴力 N（如图 11-29b 所示）

桅杆自重初值：$P_G=100\text{kN}$。按均匀分布 $q_G=P_G/H=100/41.03=2.44\text{kN/m}$

轴力计算公式

$N_{AB}=t+P_t\sin30°+Z\cdot q_G$ （$0\leqslant Z\leqslant0.58$）

$N_{BC}=t+P_t\sin30°+S+P_1\cos15°+Z\cdot q_G$ （$0.58\leqslant Z\leqslant40.15$）

$N_{CO}=t+P_t\sin30°+P_1\cos15°+Z\cdot q_G$ （$40.15\leqslant Z\leqslant41.03$）

式中　Z——计算截面至 A 点距离，m。

则关键截面的轴力为

$N_A=90+187.8\sin30°+0\times2.44=183.9\text{kN}$（压）

$N_B^{上}=90+187.8\sin30°+0.58\times2.44=185.3\text{kN}$（压）

$N_B^{下}=90+187.8\sin30°+160+600\cos15°+0.58\times2.44=924.8\text{kN}$（压）

$N_C^{上}=90+187.8\sin30°+160+600\cos15°+40.15\times2.44=1021.4\text{kN}$（压）

$N_C^{下}=90+187.8\sin30°+600\cos15°+40.15\times2.44=861.4\text{kN}$（压）

$N_O=P_C=863.5\text{kN}$（压）

（2）剪力 V（如图 11-29（c）所示）

$V_{AB}=-P_t\cos30°=-187.8\cos30°=-162.6\text{kN}$

$V_{BC}=P_1\sin15°-P_t\cos30°=600\sin15°-187.8\cos30°=-7.35\text{kN}$

$V_{CO}=P_1\sin15°-P_t\cos30°+S=600\sin15°-187.8\cos30°+160=152.65\text{kN}$

（3）弯矩 M（如图 11-29d 所示）

$M_{AB}=-e_1P_t\sin30°-ZP_t\cos30°$ （$0\leqslant Z\leqslant0.58$）

$M_A=-0.48\times187.8\sin30°-0\times187.8\cos30°=-45.1\text{kN}\cdot\text{m}$

$M_B^{上}=-0.48\times187.8\sin30°-0.58\times187.8\cos30°=-139.4\text{kN}\cdot\text{m}$

$M_{BC}=e_2P_1\cos15°+e_2S+(Z-0.58)P_1\sin15°-e_1P_t\sin30°-ZP_t\cos30°$

$M_B^{下}=0.51\times600\cos15°+0.51\times160+(0.58-0.58)600\sin15°-0.48$
$\qquad\times187.8\sin30°-0.58\times187.8\cos30°$

$\qquad=237.7\text{kN}\cdot\text{m}$

$M_C^{上}=0.51\times600\cos15°+0.51\times160+(40.15-0.58)600\sin15°-0.48\times187.8\sin30°$
$\qquad-40.15\times187.8\cos30°$

$\qquad=-53.0\text{kN}\cdot\text{m}$

$M_C^{下}=-P_s\times0.88=-152.7\times0.88=-134.4\text{kN}\cdot\text{m}$

$M_o = 0$

（二）桅杆几何尺寸和截面几何性质

1. 桅杆外形尺寸

根据类比法选择桅杆几何尺寸如图 11-30 所示。中间截面较大，外廓尺寸 950×950。两头截面较小，外廓尺寸 700×700。

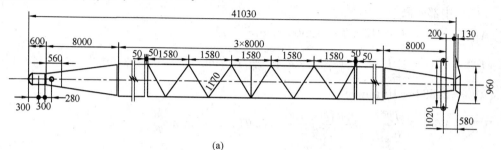

(a)

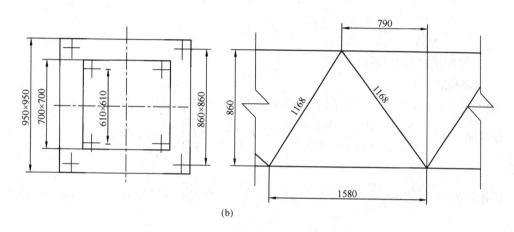

(b)

图 11-30　桅杆几何尺寸

2. 桅杆截面选择

根据类比法，初选肢杆角钢 $\llcorner 160 \times 10$

$A_1 = 3150.2 \text{mm}^2 \qquad I_{x1} = 779.53 \times 10^4 \text{mm}^4$

$i_{x1} = 49.8 \text{mm} \qquad i_{min} = 32 \text{mm} \qquad Z_o = 43.1 \text{mm}$

画图取角钢中心线到肢背距离 45mm，两截面角钢中心距为：860×860 和 610×610。

初选缀条角钢 $\llcorner 56 \times 5$

$A_f = 541.5 \text{mm}^2 \qquad I_x^f = 16.02 \times 10^4 \text{mm}^4$

$i_x^f = 17.2 \text{mm} \qquad i_{min}^f = 11 \text{mm} \qquad Z_o^f = 15.7 \text{mm}$

3. 截面的几何性质

（1）桅杆小头截面

$A_{min} = 4A_1 = 4 \times 3150.2 = 12600.8 \text{mm}^2$

$$I_x^{min} = I_y^{min} = 4\left[I_{x1} + A_1 \left(\frac{h_{min}}{2} - Z_o \right)^2 \right] = 4\left[779.53 \times 10^4 + 3150.2 \left(\frac{700}{2} - 43.1 \right)^2 \right]$$

$$= 1.218 \times 10^9 \text{mm}^4$$

$$W_x^{min} = W_y^{min} = \frac{I_x^{min}}{\dfrac{h_{min}}{2}} = \frac{1.218 \times 10^9}{\dfrac{700}{2}} = 3.48 \times 10^6 \text{mm}^3$$

$$i_x^{min} = i_y^{min} = \sqrt{\frac{I_x^{min}}{A_{min}}} = \sqrt{\frac{1.218 \times 10^9}{12600.8}} = 310.9 \text{mm}^2$$

（2）中部截面

$$A_{max} = 4A_1 = 4 \times 3150.2 = 12600.8 \text{mm}^2$$

$$I_x^{max} = I_y^{max} = 4\left[I_{x1} + A_1\left(\frac{h_{max}}{2} - Z_o\right)^2\right] = 4\left[799.53 \times 10^4 + 3150.2\left(\frac{950}{2} - 43.1\right)^2\right]$$

$$= 2.382 \times 10^9 \text{mm}^4$$

$$W_x^{max} = W_y^{max} = \frac{I_x^{max}}{\dfrac{h_{max}}{2}} = \frac{2.348 \times 10^9}{\dfrac{950}{2}} = 5.014 \times 10^6 \text{mm}^3$$

$$i_x^{max} = i_y^{max} = \sqrt{\frac{I_x^{max}}{A_{max}}} = \sqrt{\frac{2.382 \times 10^9}{12600.8}} = 434.8 \text{mm}$$

（三）桅杆承载能力验算

1. 强度验算

由内力图知（如图 11-29 所示），危险截面在桅杆 B 和 C 处，根据式（11-1）得

B 截面 $\quad \sigma_B = \dfrac{N_B^F}{A_{min}} + \dfrac{M_B^F}{W_{min}} = \dfrac{924.8 \times 10^3}{12600.8} + \dfrac{237.7 \times 10^6}{3.48 \times 10^6} = 141.7 \text{MPa} < [\sigma] = 177 \text{MPa}$

安全

C 截面 $\sigma_C = \dfrac{N_C^F}{A_{min}} + \dfrac{M_C^F}{W_{min}} = \dfrac{861.4 \times 10^3}{12600.8} + \dfrac{134.4 \times 10^6}{3.48 \times 10^6} = 107.0 \text{MPa} < [\sigma] = 177 \text{MPa}$

安全

2. 刚度验算

$$\frac{I_{min}}{I_{max}} = \frac{1.218 \times 10^9}{2.382 \times 10^9} = 0.511 \qquad \frac{l_1}{l} = \frac{24}{41.03} = 0.585$$

由表 5-7 得 $\quad \mu_z = 1.011$

$$l_{zx} = l_{zy} = \mu_z l_0 = \mu_z \mu l = 1.011 \times 1 \times 41.03 = 41.5 \text{m}$$

$$\lambda_x = \frac{l_{zx}}{i_x} = \frac{41.5 \times 10^3}{434.8} = 95.4 = \lambda_y$$

换算长细比，由式（5-12）得

$$\lambda_{0x} = \lambda_{0y} = \sqrt{\lambda_x^2 + 40\frac{A}{2A_f}} = \sqrt{95.4^2 + 40 \times \frac{12600.8}{2 \times 541.5}} = 97.8 < [\lambda] = 150$$

桅杆刚度足够。

3. 桅杆整体稳定性验算

桅杆属于两端铰支情况，可能在中部失稳，其计算弯矩应取中间 1/3 杆长范围内最大弯矩，但不得小于桅杆最大弯矩的一半，由图 11-29（a）可知

$M = e_2 P_1 \cos 15° + e_2 S + (41.03/3 - 0.58)P_1 \sin 15° - e_1 P_t \sin 30° - 41.03/3 P_t \cos 30°$

$= 0.51 \times 600 \cos 15° + 0.51 \times 160 + (41.03/3 - 0.58) \times 600 \sin 15° - 0.48 \times 187.8 \sin 30°$

$$-41.03/3 \times 187.8\cos30° = 141.5\text{kN}\cdot\text{m} > M_{max}/2 = 237.7/2 = 118.9\text{kN}\cdot\text{m}$$

$$N = t + P_t\sin30° + S + P_1\cos15° + 41.03/3q_G$$

$$= 90 + 187.8\sin30° + 160 + 600\cos15° + 41.03/3 \times 2.44 = 956.8\text{kN}$$

由 $\lambda_{0x} = 97.8$ 查附表 3-2（b 类）得 $\varphi_x = 0.570$

$$\sigma = \frac{N}{\varphi A} + \frac{M}{W} = \frac{956.8 \times 10^3}{0.57 \times 12600.8} + \frac{141.5 \times 10^6}{5.014 \times 10^6} = 162.7\text{MPa} < [\sigma] = 177\text{MPa}$$

桅杆整体稳定性足够。

4. 单肢稳定性

单肢计算长度 $L_{01} = 1580\text{mm}$ $\qquad i_{min} = 32\text{mm}$

$$\lambda_1 = L_{01}/i_{min} = 1580/32 = 49.4 < [\lambda] = 150$$

查附表 3-2 得 $\varphi_1 = 0.858$ （b 类）

单肢内力计算：最大内力可能在强度验算截面内或稳定性验算截面内，应分别计算后取大者。

在强度验算截面内

$$N_1^B = \left[\frac{N_B^F}{4} + \frac{M_B^F}{2(h_{min} - 2Z_o)}\right]\cos\alpha = \left[\frac{924.8}{4} + \frac{237.7 \times 10^3}{2(700 - 2 \times 43.1)}\right] = 424.8\text{kN}$$

稳定性验算截面内

$$N_1 = \frac{N}{4} + \frac{M}{2(h_{max} - 2Z_o)} = \frac{956.8}{4} + \frac{141.5 \times 10^3}{2(950 - 2 \times 43.1)} = 321.1\text{kN}$$

取 $N_1 = 424.8\text{kN}$

$$\sigma = \frac{N_1}{\varphi A_1} = \frac{424.8 \times 10^3}{0.858 \times 3150.2} = 157.2\text{MPa} < [\sigma] = 177\text{MPa} \text{ 安全}$$

5. 缀条稳定性

由剪力图可知：桅杆顶部 $V = 162.6\text{kN}$，底部 $V = 152.7\text{kN}$，由于该处缀条采用腹板代替而变为箱形，其抗剪抗弯均好，不需计算。而桅杆中部 $V = 7.35\text{kN}$。

根据规范规定

$$V = \frac{Af}{85}\sqrt{\frac{f_y}{235}} = \frac{12600.8 \times 215}{85}\sqrt{\frac{235}{235}} = 31.9\text{kN}$$

故取 $V = 31.9\text{kN}$

$$l_f = \sqrt{860^2 + 790^2} = 1168\text{mm}$$

$$N_f = \frac{V}{2\sin\alpha} = \frac{31.9}{2 \times \dfrac{860}{1168}} = 21.66\text{kN}$$

$$\lambda_f = \frac{l_f}{i_{min}^f} = \frac{1168}{11} = 106.2 < [\lambda] = 150$$

查附表 3-2 得 $\varphi_f = 0.516$

折减系数 $\gamma_R = 0.6 + 0.0015\lambda = 0.6 + 0.0015 \times 112.4 = 0.7686$

$$\sigma_f = \frac{N_f}{\gamma_R \varphi A_f} = \frac{20.74 \times 10^3}{0.7686 \times 0.516 \times 541.5} = 93.6\text{MPa} < [\sigma] = 177\text{MPa}$$

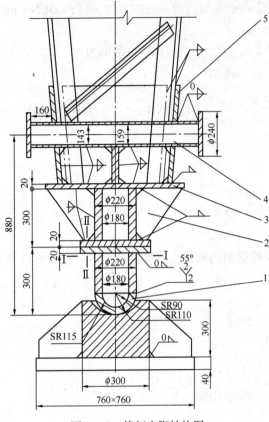

图 11-31　桅杆底脚结构图

1—球铰；2—下过渡节；3—杆脚底板；
4—下吊耳；5—靴腹板

验算结果表明，桅杆截面选择合理。

6. 缀条焊缝计算

由式（3-16）可知，角钢端头角焊缝可承受内力为（取 $h_f=4$）

$$N_3 = 1.22 \times 0.7 h_f l_{w3} f_f^w$$
$$= 1.22 \times 0.7 \times 4 \times 56 \times 160$$
$$= 30.6kN > N_f$$
$$= 20.74kN$$

固采用 L 形角焊缝，只要保证肢尖焊缝最小长为 $2h_f$，而肢背根据结构需要，最小长度也为 $2h_f$。

（四）桅杆附件计算

1. 桅杆底脚部分（如图 11-31 所示）

（1）球铰

由于铸钢工艺性差，成本高，现采用焊接结构。材料为 Q235F。底座采用 $\phi300mm$ 的圆柱体钢，与 40mm 厚的钢板焊接而成，其外加设 8 块纵向筋板。底座球穴 SR115mm。球铰采用 SR110mm 球头与 $\phi220mm$ 的钢管焊接而成。

球铰的接触强度，由式（9-24）得

$$\sigma_c^{max} = 0.39 \sqrt[3]{NE^2 \left(\frac{1}{r_1} - \frac{1}{r_2}\right)^2} = 0.39 \cdot \sqrt[3]{863.5 \times 10^3 \times (2.1 \times 10^5)^2 \left(\frac{1}{110} - \frac{1}{115}\right)^2}$$
$$= 706.7MPa < [\sigma]_c = 5[\sigma] = 5 \times 177 = 885MPa$$

球铰颈部 I—I 截面强度验算

由内力图得

$$N_I = 862.9kN$$

$$V_I = 152.7kN$$

$$M_I = 39.7kN \cdot m$$

颈部压应力

$$\sigma_p = \frac{N_I}{A_I} = \frac{N_I}{\frac{\pi}{4}(D^2 - d^2)} = \frac{862.9 \times 10^6}{\frac{3.14}{4} \times (220^2 - 180^2)} = 68.7MPa < [\sigma] = 177MPa$$

颈根部弯曲应力

$$\sigma_w = \frac{M_I}{W_I} = \frac{M_I}{\frac{\pi(D^4 - d^4)}{32D}} = \frac{39.7 \times 10^6}{\frac{3.14 \times (220^4 - 180^4)}{32 \times 220}} = 68.9MPa < [\sigma] = 177MPa$$

球铰颈部 I—I 截面弯压强度，由式（9-25）得

$$\sigma_{max} = \sigma_p + \sigma_w = 68.7 + 68.9 = 137.6\text{MPa} < [\sigma] = 177\text{MPa}$$

球铰颈部剪应力 τ

$$\tau = \frac{V_I}{A_I} = \frac{V_I}{\frac{\pi}{4}(D^2 - d^2)} = \frac{152.7 \times 10^3}{\frac{3.14}{4} \times (220^2 - 180^2)} = 12.16\text{MPa} < [\tau]$$

$$= \frac{[\sigma]}{\sqrt{3}} = \frac{177}{\sqrt{3}} = 102\text{MPa}$$

球铰组合强度，由式（9-14）得

$$\sigma_{eq} = \sqrt{\sigma_{max}^2 + 3\tau^2} = \sqrt{137.6^2 + 3 \times 12.16^2} = 139.2\text{MPa} < [\sigma] = 177\text{MPa}$$

球铰支承板Ⅱ—Ⅱ截面剪切强度，由式（9-20）得

$$\tau = \frac{N_I}{\pi D t_1} = \frac{862.9 \times 10^3}{3.14 \times 220 \times 20} = 62.5\text{MPa} < [\tau]$$

由上述计算可知，球铰强度足够。

（2）下过渡节

下过渡节由圆钢板、圆管和方钢板组成。中间圆管截面与球铰相同，下部圆钢板厚度为20mm，直径为300mm。上部方钢板厚度为20mm，尺寸为750×750。其外加设8块纵向筋板，目的是使力均匀传递，使强度和刚度增加，因此不必验算。

（3）下吊耳

下吊耳采用管轴式吊耳，系挂导向滑车。管轴和杆下节靴腹板相连，内用十字托筋与杆底板相连，故可按悬臂梁验算。管轴采用 $\phi 159 \times 8$ 的无缝钢管，外伸长度160mm。

受力 $\quad\quad\quad\quad P_D = 1.4(S/2) = 1.4 \times (160/2) = 112\text{kN}$（双跑头）

弯矩 $\quad\quad\quad\quad M_{max} = P_D l_r = 112 \times 0.08 = 8.96\text{kN} \cdot \text{m}$

弯曲强度验算

$$\sigma_W = \frac{M_{max}}{W} = \frac{8.96 \times 10^6}{\frac{3.14(159^4 - 143^4)}{32 \times 159}} = 65.7\text{MPa} < [\sigma] \quad \text{安全}$$

局部稳定性验算：

为防止轴管压瘪，需进行局部稳定性验算。管轴式吊耳常属于刚性圆筒，根据《钢制压力容器》GB 150—95可知其临界压力为

$$p_{cr}^G = 2\frac{t}{D}\sigma_s = 2 \times \frac{8}{159} \times 235 = 23.65\text{MPa}$$

导向滑车若用 $\phi 37$ 钢丝绳2股系结，则绳对吊耳压力为

$$p = \frac{2 \cdot \frac{P_D}{2}}{Dd_{绳}} = \frac{2 \times \frac{112}{2} \times 10^3}{159 \times 37} = 19.03\text{MPa} < p_{cr}^G = 23.65\text{MPa} \quad \text{安全}$$

（4）杆脚底板和靴腹板设计计算（略）

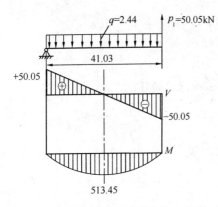

图 11-32 桅杆竖立时受力和内力图

（5）焊缝计算（略）

2. 桅杆连接的设计计算

（1）连接螺栓的计算

采用普通粗制螺栓连接。螺栓因桅杆受弯而受拉。

螺栓承受总弯矩 M_{max}

工作时　$M_{max}=237.7\text{kN}\cdot\text{m}$

竖立时　$M_{max}=\dfrac{ql^2}{8}=\dfrac{2.44\times41.03^2}{8}$

$=513.45\text{kN}\cdot\text{m}$（见图 11-32）

取 $M_{max}=513.45\text{kN}\cdot\text{m}$

螺栓排列如图 11-33 所示，假定螺栓群绕最下边一排螺栓旋转，由图 11-33（b）可得螺栓受力 N^b_{max}

$y_1=810\text{mm}$

$y_2=760\text{mm},\quad \dfrac{6N^b_1}{y_1}=\dfrac{6N^b_2}{y_2}\qquad N^b_2=\dfrac{y_2}{y_1}N^b_1=\dfrac{760}{810}N^b_1=0.938N^b_1$

$y_3=690\text{mm},\quad \dfrac{4N^b_3}{y_3}=\dfrac{6N^b_1}{y_1}\qquad N^b_3=1.5\dfrac{y_3}{y_1}N^b_1=1.5\times\dfrac{690}{810}N^b_1=1.278N^b_1$

$y_4=620\text{mm},\quad \dfrac{4N^b_4}{y_4}=\dfrac{6N^b_1}{y_1}\qquad N^b_4=1.5\dfrac{y_4}{y_1}N^b_1=1.5\times\dfrac{620}{810}N^b_1=1.148N^b_1$

$y_5=190\text{mm},\quad \dfrac{4N^b_5}{y_5}=\dfrac{6N^b_1}{y_1}\qquad N^b_5=1.5\dfrac{y_5}{y_1}N^b_1=1.5\times\dfrac{190}{810}N^b_1=0.352N^b_1$

$y_6=120\text{mm},\quad \dfrac{4N^b_6}{y_6}=\dfrac{6N^b_1}{y_1}\qquad N^b_6=1.5\dfrac{y_6}{y_1}N^b_1=1.5\times\dfrac{120}{810}N^b_1=0.222N^b_1$

$y_7=50\text{mm},\quad \dfrac{6N^b_7}{y_7}=\dfrac{6N^b_1}{y_1}\qquad N^b_7=\dfrac{y_7}{y_1}N^b_1=\dfrac{50}{810}N^b_1=0.062N^b_1$

$M^b_{max}=6y_1N^b_1+6y_2N^b_2+4y_3N^b_3+4y_4N^b_4+4y_5N^b_5+4y_6N^b_6+6y_7N^b_7$

$\qquad=6\times810N^b_1+6\times760N^b_2+4\times690N^b_3+4\times620N^b_4$

$\qquad\quad+4\times190N^b_5+4\times120N^b_6+6\times50N^b_7$

$\qquad=6\times810N^b_1+6\times760\times0.938N^b_1+4\times690\times1.278N^b_1+4\times620\times1.148N^b_1$

$\qquad\quad+4\times190\times0.352N^b_1+4\times120\times0.222N^b_1+6\times50\times0.062N^b_1$

$\qquad=15904.28\,N^b_1$

$$N^b_1=\dfrac{M^b_{max}}{15904.28}=\dfrac{513.45\times10^3}{15904.28}=32.28\text{ kN}$$

$$N^b_{max}=N_3=1.278N_1=41.25\text{kN}$$

验算螺栓强度

取 M20 螺栓：$A_e=245\text{mm}^2$

$$N^b_t=\dfrac{\pi}{4}d_e^2\cdot f^b_t=245\times170\times10^{-3}=41.65\text{kN}>N^b_{max}=41.25\text{kN}\quad 安全$$

（2）连接焊缝计算

①主肢与角钢法兰连接缝

296

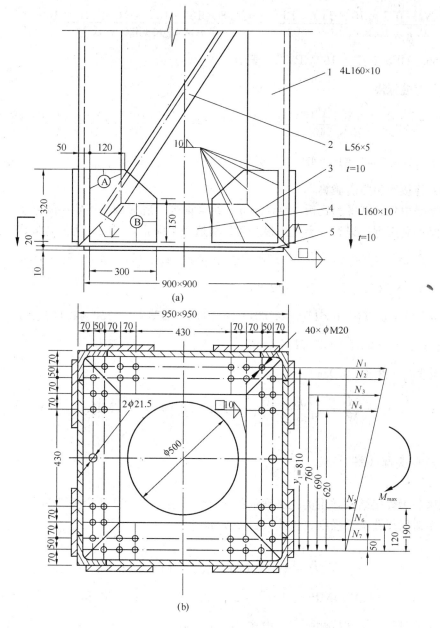

图 11-33　桅杆中部端头结构图

1—肢杆；2—斜缀条；3—靴筋板；4—角钢法兰；5—底板

主肢与角钢法兰圈连接用开 V 形坡口斜对接缝，因为 $\tan45°=1<1.5$，其强度超过母材，故不必计算。

②靴筋板角焊缝

力的传递过程：主肢受力 N_1（$=424.8\text{kN}$）通过Ⓐ角焊缝传给靴筋板，靴筋板通过Ⓑ角焊缝传给角钢法兰。把正面焊缝与侧面焊缝同等对待（按动态考虑）。焊脚尺寸 $h_f=10\text{mm}$，则

Ⓐ角焊缝强度

$$\frac{N_1 - 0.7 \times 10 \times 110 \times 160}{0.7 \times 10 \times (320 + 180)} = \frac{424.8 \times 10^3 - 0.7 \times 10 \times 110 \times 160}{0.7 \times 10 \times (320 + 180)}$$

$$= 86.2 \text{MPa} < f_f^w = 160 \text{MPa} \qquad 安全$$

Ⓑ角焊缝强度

$$\frac{N_1 - 0.7 \times 10 \times (300 + 190) \times 160}{0.7 \times 10 \times 140} = \frac{424.8 \times 10^3 - 0.7 \times 10 \times (300 + 190) \times 160}{0.7 \times 10 \times 140}$$

$$= -126.5 \text{MPa} < f_f^w = 160 \text{MPa} \qquad 安全$$

（3）连接底板强度验算

底板是由角钢翼缘和钢板（$t = 10$mm）组合而成。底板四边固定中间悬空。考虑桅杆竖立时最不利工况，只有一半受力最恶劣。对这一半而言，可简化为三边固定一边悬空。

$$M_3 = \beta[6N_1^b(70-10) + 6N_2^b(70-10+50) + 4N_3^b(70-10+50+70)$$

$$+ 4N_4^b(70-10+50+70\times2)]$$

$$= 0.058[6\times60 + 6\times110\times0.938 + 4\times180\times1.278 + 4\times250\times1.148]N_1^b$$

$$= 176.74\times32.28 = 5705 \text{kN} \cdot \text{mm} \qquad （取\ b_1/a_1 = 465/930 = 0.5$$

查表 5-9 得 $\beta = 0.058$）

$$\sigma_w = \frac{M_3}{W} = \frac{5705\times10^3}{\dfrac{930\times20^2}{6}} = 92 \text{MPa} < [\sigma] = 177 \text{MPa} \qquad 安全$$

3. 桅杆头部（图 11-34）

（1）缆风盘

缆风盘为焊接结构，用类比法确定各部分尺寸后，再验算几个关键部位。

①系缆风绳孔头部强度，由式（11-28）得

$$\sigma_r = \frac{P_t}{A_s} = \frac{P_t}{(R-r)t} = \frac{187.8\times10^3}{(70-30)\times(16+12\times2)}$$

$$= 117.4 \text{MPa} < [\sigma]_r = 235/n_r = 235/2 = 117.5 \text{MPa}$$

②缆风盘与销轴间接触强度，由式（11-19）得

$$\sigma_c^v = \frac{1.6P_t}{dL} = \frac{1.6\times187.8\times10^3}{100\times200} = 15.02 \text{MPa} < [\sigma]_c = 442.5 \text{MPa}$$

③缆风盘与过渡节间挤压强度

$$\sigma_c = \frac{t + P_t\sin30°}{\dfrac{\pi}{4}(D^2 - d^2)} = \frac{100 + 187.8\sin30°}{\dfrac{3.14}{4}\times(530^2 - 100^2)} \times 10^3$$

$$= 0.912 \text{MPa} < [\sigma]_c = 1.5[\sigma] = 265.5 \text{MPa}$$

通过上述计算，缆风盘强度足够。

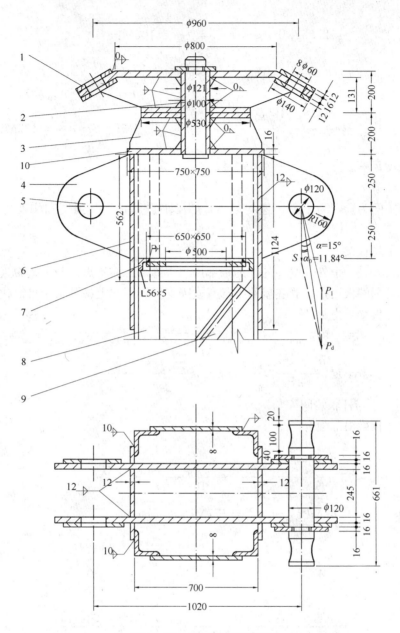

图 11-34　桅杆顶部结构图

1—缆风盘；2—销轴；3—过渡节；4—上吊耳板梁；5—上吊耳销轴；6—靴腹板；

7—横隔角钢（∟ 56×5）；8—主肢（∟ 160×10）；9—斜缀条；10—上端板

④缆风盘焊缝计算，可根据等强度原则布置（略）。

（2）销轴

销轴下半节在过渡节中，可按悬臂轴计算。

①销轴剪切强度

$$\tau_{\max} = \frac{4}{3} \times \frac{P_t \cos 30^\circ}{\frac{\pi}{4}d^2} = \frac{4 \times 187.8 \times 10^3 \cos 30^\circ}{3 \times \frac{3.14}{4} \times 100^2}$$

$$=27.62\text{MPa}<[\tau]=\frac{[\sigma]}{\sqrt{3}}=102\text{MPa}$$

②销轴弯曲强度

$$\sigma_w=\frac{M}{W}=\frac{187.8\times10^3\times\dfrac{200}{2}\cos30°}{0.1\times100^3}=162.6\text{MPa}<[\sigma]=177\text{MPa}$$

销轴强度足够。

（3）过渡节

过渡节中间为管，为了力传递均匀，管周围加设筋板，其强度和刚度均好，故不必计算。

（4）上吊耳板梁

上吊耳板梁是一个外伸梁，外伸的根部用角焊缝（二面均焊）与上靴腹板连接，中间部分的顶部与上端板用角焊缝连接而下部有横隔支撑，因此上吊耳板梁可简化为悬臂梁。

①上吊耳板梁受力 P_d

$$P_d=\sqrt{P_1^2+S^2+2P_1S\cos\alpha}=\sqrt{600^2+160^2+2\times600\times160\cos15°}=755.7\text{kN}$$

$$\alpha_0=\arccos\frac{P_d^2+S^2-P_1^2}{2P_dS}=\arccos\frac{755.7^2+160^2-600^2}{2\times755.7\times160}=11.84°$$

式中　α_0——P_d 与杆轴线间夹角。

②上吊耳板梁根部强度

拉应力　$\sigma_t=\dfrac{\dfrac{1}{2}P_d\sin\alpha_0}{A}=\dfrac{0.5\times755.7\times10^3\sin11.84°}{16\times500}$

$$=9.69\text{MPa}<[\sigma]=177\text{MPa}$$

弯曲应力　$\sigma_w=\dfrac{M_{max}}{W}=\dfrac{\dfrac{1}{2}P_d\cos\alpha_0\cdot\left(510-\dfrac{700}{2}-12\right)}{\dfrac{16\times500^2}{6}}$

$$=\frac{0.5\times755.7\times10^3\cos11.84°\cdot(510-350-12)}{\dfrac{16\times500^2}{6}}$$

$$=82.10\text{MPa}<[\sigma]=177\text{MPa}$$

弯拉强度　$\sigma_{max}=\sigma_t+\sigma_w=9.69+82.10=91.79\text{MPa}<[\sigma]=177\text{MPa}$

剪应力　$\tau_{max}=1.5\dfrac{\dfrac{1}{2}P_d\cos\alpha_0}{A}=1.5\times\dfrac{0.5\times755.7\times10^3\cos11.84°}{16\times500}$

$$=69.33\text{MPa}<[\tau]=102\text{MPa}$$

上吊耳板梁根部强度足够。

③上吊耳板梁根部焊缝验算

侧面焊缝长 500mm＞$40h_f=40\times12=480$mm，故按 480mm 验算。吊耳根部角焊缝在弯矩、剪力、轴力共同作用下，其强度按式（3-33）计算

$$\sqrt{(\sigma_{fN}+\sigma_{fM})^2+\tau_{fV}^2}$$

$$=\sqrt{\left[\frac{\frac{1}{2}P_d\sin 11.84°}{2\times0.7\times12\times480}+\frac{6\times\frac{1}{2}P_d\times148\cos 11.84°}{2\times0.7\times12\times480^2}\right]^2+\left[\frac{\frac{1}{2}P_d\cos 11.84°}{2\times0.7\times12\times480}\right]^2}$$

$$=\sqrt{\left[\frac{\frac{1}{2}\times755.7\times10^3\sin 11.84°}{2\times0.7\times12\times480}+\frac{6\times\frac{1}{2}\times755.7\times10^3\times148\cos 11.84°}{2\times0.7\times12\times480^2}\right]^2+\left[\frac{\frac{1}{2}\times755.7\times10^3\cos 11.84°}{2\times0.7\times12\times480}\right]^2}$$

$=105$MPa$＜f_f^w=160$MPa　　安全

④上吊耳板梁孔头部强度，由式（11-28）得

$$\sigma_r=\frac{\frac{1}{2}P_d}{(160-60)\times(16+16)}=\frac{0.5\times755.7\times10^3}{100\times32}$$

$$=118.08\text{MPa}\approx[\sigma]_r=\frac{[\sigma_s]}{n_r}=235/2=117.5\text{MPa}　安全$$

⑤上吊耳板梁孔接触强度

$$\sigma_V^c=\frac{1.6\times\frac{1}{2}P_d}{d\cdot\sum l}=\frac{1.6\times0.5\times755.7\times10^3}{120\times(16+16)}$$

$$=157\text{MPa}＜[\sigma]_c=442.5　　安全$$

⑥上吊耳板梁整体稳定性

$\dfrac{l}{t}=148/16=9.25＜15$　　稳定性足够。

（5）靴腹板与主肢杆连接焊缝验算

焊缝长 $l_w=1124$mm＞$40h_f=40\times10=400$mm，故取 $l_w=400$mm。只考虑侧焊缝（端焊缝按结构焊缝处理）。

$$\tau_f=\frac{P_d}{A_f}=\frac{755.7\times10^3}{4\times0.7\times10\times400}=67.5\text{MPa}＜f_f^w=160\text{MPa}　　安全$$

（6）吊耳销轴强度验算

吊耳销轴可简化为外伸梁。

① 吊耳销轴受力及内力（见图 11-35）

$$M_{max}=29.24\text{kN}\cdot\text{m}　V_{max}=300\text{kN}$$

② 弯曲强度

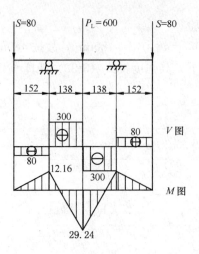

图 11-35 吊耳销轴受力与内力图

$$\sigma_w = \frac{M_W}{W} = \frac{M_W}{0.1d^3} = \frac{29.24 \times 10^6}{0.1 \times 120^3} = 169.2\text{MPa} < [\sigma] = 177\text{MPa} \quad 安全$$

③ 剪切强度

$$\tau_{max} = \frac{4V_{max}}{3A} = \frac{4 \times 300 \times 10^3}{3 \times \frac{3.14}{4} \times 120^2} = 35.4\text{MPa}$$

$$a < [\tau] = 102\text{MPa} \quad 安全$$

二、桅杆施工图

（一）桅杆几何尺寸图（略）

（二）桅杆中节施工图（见图 11-36），材料明细见表 11-3。

（三）桅杆头部施工图（略）

（四）桅杆底部施工图（略）

桅杆中节材料明细表（单节总质量 kg）   表 11-3

序号	名　称	规　格	数量	质量（kg）	备　注
1	底板	$-900 \times 900 \times 10$	2	96.36	
2	靴板	$-320 \times 300 \times 10$	8	50.68	
3	主肢	$\llcorner 160 \times 10 \times 7960$	4	787.37	
4	缀条	$\llcorner 56 \times 5 \times 975$	40	165.79	
5	横隔板	$-870 \times 870 \times 4$	1	23.38	
6	连接螺栓螺母	$M20 \times 60$	40	11.10	
7	定位螺栓螺母	$M20 \times 60$	2	0.42	
8	横隔角钢圈	$\llcorner 56 \times 5 \times 3700$	1	62.92	
9	角钢法兰	$\llcorner 160 \times 10 \times 950$	2	187.94	
10	合计			1385.96	

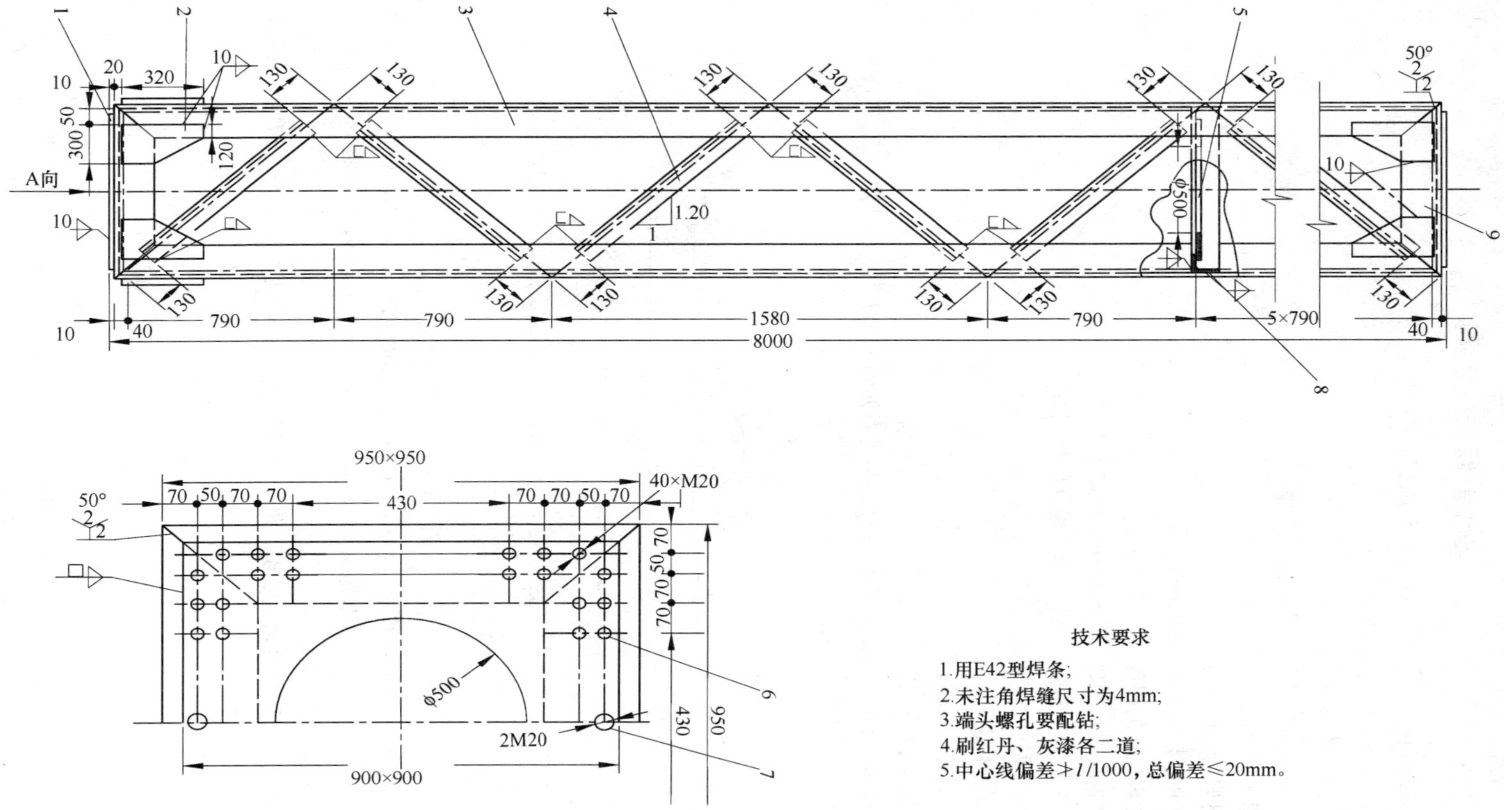

技术要求

1. 用E42型焊条；
2. 未注角焊缝尺寸为4mm；
3. 端头螺孔要配钻；
4. 刷红丹、灰漆各二道；
5. 中心线偏差≯1/1000，总偏差≤20mm。

图 11-36　桅杆中节（标准节）施工图

303

思 考 题 与 习 题

1. 桅杆有哪些种类？

2. 常用制作桅杆的材料有哪些？

3. 如何简化桅杆端部约束？

4. 试比较 A 字型桅杆和人字型桅杆的差异。

5. 简述三脚架的用途。

6. 简述龙门架的结构特点。

7. 试比较灵机、腰灵和地灵的异同。

8. 何时才计算桅杆的强度？如何计算？

9. 如何计算桅杆的长细比？桅杆许用长细比为多少？

10. 桅杆的稳定性包括哪些？如何验算桅杆的稳定性？

11. 何时要验算圆管的局部稳定性？

12. 桅杆顶部结构形式有哪些？

13. 桅杆底脚结构形式有哪些？

14. 焊接吊耳有哪些种类？

15. 设计铁扁担上的焊接板式吊耳，其尺寸和受力如图 11-37 所示。已知：$P=300\text{kN}$；$l=2000\text{mm}$，扁担主体用 $\phi159\times4.5$ 的无缝钢管。

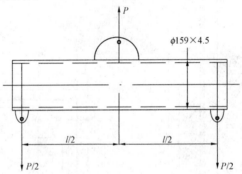

图 11-37　习题 15 图

16. 设计 W32×32 格构式单桅杆，材料为 Q235F。已知：$P_1=400\text{kN}$，偏角 $\alpha=15°$，偏心距 $e_2=440\text{mm}$；跑绳拉力 $S=2\times50\text{kN}$（双跑头）；主缆绳拉力 $P_t=125.7\text{kN}$，偏心距 $e_1=430\text{mm}$，仰角 $\beta=30°$，缆风盘轴向压力 $t=90\text{kN}$。

17. 试设计垂直上料的龙门架。已知：龙门架高 $h=24\text{m}$；跨度 $l=2.8\text{m}$；提升额定荷载 $Q=10\text{kN}$；卷扬机型号为 JK-1。

第 12 单元　钢结构的制作、安装、防腐与防火

[知识点]　钢结构的制作、运输、安装；钢结构的大气腐蚀；结构的防腐；钢结构的防火；防火涂料的防火作用。

[教学目标]　熟悉钢结构的制作、运输、安装；了解钢结构大气腐蚀的机理、影响因素和破坏形式；掌握钢结构防腐措施、除锈方法及等级、涂料种类和涂刷方法；了解钢结构防火的重要意义；了解钢结构的防火方法。

项目 1　钢结构的制作、运输和安装

钢结构的制作一般应在专业化的钢结构制造厂进行。这是因为钢材的强度高、硬度大和钢结构的制作精度要求高等特点决定的。在工厂，不但可集中使用高效能的专用机械设备、精度高的工装夹具和平整的钢平台，实现高度机械化、自动化的流水作业，提高劳动生产率，降低生产成本，而且易于满足质量要求。另外还可节省施工现场场地和工期，缩短工程整体建设时间。

1. 钢结构的制作工艺流程

钢结构制造厂一般由钢材仓库、放样车间、零件加工车间、半成品仓库、装配车间、涂装车间和成品仓库组成。钢结构的制作工艺流程通常如图 12-1 所示。

2. 施工详图绘制

钢结构的初步设计、技术设计通常在设计院、所完成，而进一步深化绘制的施工详图则宜在制造厂进行。厂方根据其加工条件，结合其习用的操作方式，可将施工详图绘制得更具有操作性，便于保证质量和提高生产效率。

施工详图绘制一般采用计算机辅助设计，且有专门对框架、门式刚架、网架、桁架等的设计软件。单项工程施工详图的内容应包括：①图纸目录；②设计总说明；③供现场安装用的布置图，一般应按构件系统分别绘制平面和剖面布置图，如屋盖、钢架、吊车梁、桅杆等；④构件详图，按设计图及布置图中的构件编制，带材料明细表；⑤安装节点图。

3. 编制工艺技术文件

根据施工详图和有关规范、规程和标准的

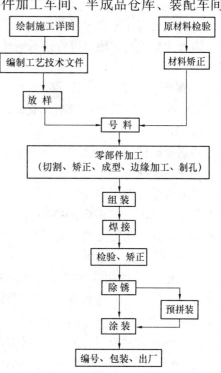

图 12-1　钢结构的制作工艺流程

要求，制造厂技术管理部门应结合本厂设备、技术等条件，编制工艺技术文件，下达车间，以指导生产。一般工艺技术文件为工艺卡或制作要领书。其内容应包括：工程内容、加工设备、工艺措施、工艺流程、焊接要点、采用规范和标准、允许偏差、施工组织等。另外，还应对质量保证体系制定必要的文件。

4. 放样

根据施工详图，将构件按 1:1 的比例在样板平台上画出实体大样（包括切割线和孔眼位置），并用白铁皮或胶合板等材料做成样板或样杆（用于型钢制作的杆件）。放样的尺寸应预留切割、刨边和端部铣平的加工余量以及焊接时的收缩余量。

5. 材料检验及矫正

采购的钢材、钢铸件、焊接材料、紧固件（普通螺栓、高强度螺栓、自攻钉、铆钉、锚栓、地脚螺栓及螺母、垫圈等配件）等原材料的品种、规格、性能等均应符合现行国家标准和设计要求，并按有关规定进行检验。

当钢材因运输、装卸或切割、加工、焊接过程中产生变形时，应及时进行矫正。矫正方法分冷矫正和热矫正。

冷矫正是利用辊床、矫直机、翼缘矫平机或千斤顶配合专用胎具进行。对小型工件的轻微变形可用大锤敲打。当环境温度 $t < -16℃$（对碳素结构钢）或 $t < -12℃$（对低合金高强度结构钢）时，不应进行冷矫正，以免产生冷脆断裂。

热矫正是利用钢材加热后冷却时产生的反向收缩变形来完成的。加热方法一般使用氧－乙炔或氧－丙烷火焰，加热温度不应超过 900℃。低合金高强度结构钢在加热矫正后应自然缓慢冷却，以防止脆化。

6. 号料

号料是根据样板或样杆在钢材上用钢针划出切割线和用冲钉打上孔眼等的位置。近年来，随着计算机的应用，可将绘制的施工详图和加工数据直接输入数控切割机械，一次加工成型。因此，放样和号料等传统工艺在一些制造厂逐渐减少。

7. 零部件加工

零部件加工一般包括切割、成型、边缘加工和制孔等工序。

(1) 切割

切割分机械切割、气割及等离子切割等方法。

① 机械切割

机械切割分剪切和锯切。剪切机械一般采用剪板机和型钢剪切机。剪板机通常可剪切厚度为 12～25mm 的钢板，型钢剪切机则用于剪切小规格型钢。锯切机械一般采用圆盘锯或带锯，其切割能力强，可以将构件锯断。

② 气割

气割是用氧-乙炔或丙烷、液化石油气等火焰加热，使切割处钢材熔化并吹走。气割设备除手工割具外，还有半自动和自动气割机、多头气割机等。现代化加工多采用数控切割机械，自动化程度高，切割程度可与机床加工件媲美，不仅能切割直线、厚板，还能切割各种曲线和焊缝坡口（V 型、X 型）。

③ 等离子切割

等离子切割是利用高温高速的等离子弧进行切割。其切割速度快，割缝窄，热影响面小，适合于不锈钢等难熔金属的切割。

（2）成型

按构件的形状和厚度的不同，成型可采用弯曲、弯折、模压等机械。成型时，按是否加热，又分为热加工和冷加工两类。

厚钢板和型钢的弯曲成型一般在三辊或四辊辊床上辊压成型或借助加压机械或模具进行。钢板的弯折和模压成型，一般采用弯折机或压型机。它们多用于薄钢板制作的冷弯型钢或压型钢板（薄钢檩条、彩涂屋面板和墙板、彩板拱型波纹屋面等）。

冷加工成型是指在常温下的加力成型，即使钢材超过其屈服点产生永久变形，故其弯曲或弯折厚度受机械能力的限制，尤其是弯折冷弯型钢时的壁厚不能太厚。但近年来由于设备能力的提高，已可加工厚度达 20mm 钢板。

热加工成型是在冷加工成型不易时，采用加热后施压成型，一般用于较厚钢板和大规格型钢，以及弯曲角度较大或曲率半径较小的工件。热加工成型的加热温度应控制在 900～1030℃。当温度下降至 700℃（对碳素结构钢）或 800℃（对低合金高强度结构钢）之前，应结束加工，因为当温度低于 700℃时，不但加工困难，而且钢材还可能会产生蓝脆现象。

型钢冷弯曲的工艺方法有滚圆机滚弯、压力机压弯，还有顶弯、拉弯等。先按型材的截面形状、材质规格及弯曲半径制作相应的胎模，经试弯符合要求方准加工。

型钢弯曲最小弯曲率半径和最大弯曲矢高允许值　　　　　　表 12-1

项次	钢材类别	示　意　图	对于轴线	矫正		弯曲	
				r	f	r	F
1	钢板、扁钢	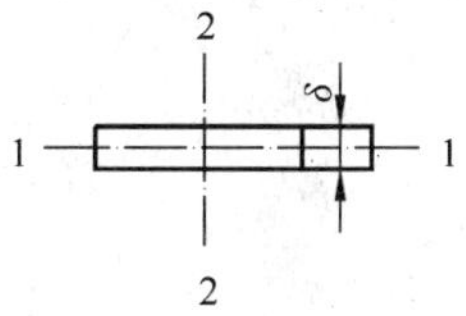	1-1	50δ	$\dfrac{L^2}{400\delta}$	25δ	$\dfrac{L^2}{200\delta}$
			2-2（扁钢）	$100b$	$\dfrac{L^2}{800b}$	$50b$	$\dfrac{L^2}{400b}$
2	角钢	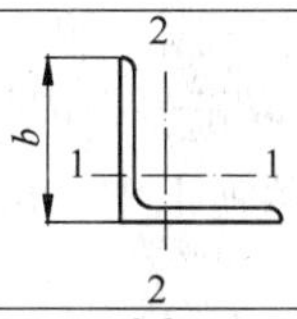	1-1	$90b$	$\dfrac{L^2}{720b}$	$45b$	$\dfrac{L^2}{360b}$
3	槽钢	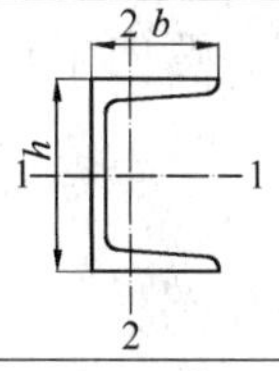	1-1	$50h$	$\dfrac{L^2}{400h}$	$25h$	$\dfrac{L^2}{200h}$
			2-2	$90b$	$\dfrac{L^2}{720b}$	$45b$	$\dfrac{L^2}{360b}$
4	工字钢	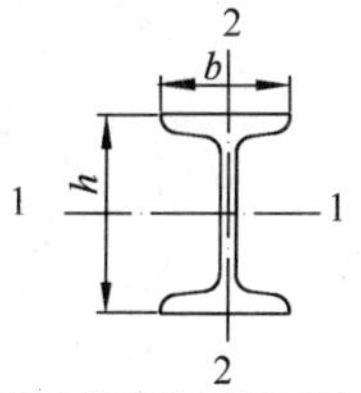	1-1	$50h$	$\dfrac{L^2}{400h}$	$25h$	$\dfrac{L^2}{200h}$
			2-2	$50b$	$\dfrac{L^2}{400b}$	$25b$	$\dfrac{L^2}{200b}$

注：1. 图中，r—曲率半径；f—弯曲矢高；L—弯曲弦长；

　　2. 超过以上数值时，必须先加热再行加工；

　　3. 当温度低于 -20℃（低合金钢低于 -15℃）时，不得对钢材进行锤击、剪冲和冲孔。

307

①钢结构零件、部件在冷矫正和冷弯曲时，根据验收规范要求，最小弯曲率半径和最大弯曲矢高应符合表 12-1 的规定。

②角钢煨圆长度计算见图 12-2。

角钢冷煨圆时其中性层的位置不在形心，而在靠近背面的位置，其距离为：

$$A = \frac{nt}{\pi} \tag{12-1}$$

式中　A——角钢肢背到中性层的距离；

　　　t——角钢厚度；

　　　n——角钢煨圆系数。

对于等肢角钢 $n=6$

对于不等肢角钢 n 值经试验得出如下数值：

对∟ $90 \times 56 \times 6$ 煨 90 边方向 $n=10.0$，

　　　　　　　　　　　煨 56 边方向 $n=4.0$。

对∟ $75 \times 50 \times 5$ 煨 75 边方向 $n=6.5$，

　　　　　　　　　　　煨 50 边方向 $n=4.0$。

对∟ $63 \times 40 \times 6$ 煨 63 边方向 $n=7.0$，

　　　　　　　　　　　煨 40 边方向 $n=3.5$。

其他规格的不等肢角钢 n 值参照上述数值考虑。

角钢煨弯时其圆弧部分的展开长度为：

$$L = \pi(R \pm A) \frac{\alpha}{180°} = \pi \left(R \pm \frac{nt}{\pi} \right) \times \frac{\alpha}{180°} = (\pi R \pm nt) \times \frac{\alpha}{180°} \tag{12-2}$$

式中　R——圆弧半径；

　　　α——圆弧部分的圆心角；

　　　t——角钢厚度；

　　　n——角钢煨圆系数；

　　　A——角钢肢背到中性层的距离。当外煨时 A 取正号，内煨时 A 取负号。见图 12-2。

当采用热煨等其他工艺时，长度还有变化，实际施工中一般会适当加长。当大批量生产时，必须进行工艺试验以取得精确的结果。

【例 12-1】　如图 12-3 所示，一角钢∟ $90 \times 56 \times 6$。弯内半径 $R=600$mm，直段部分长度为 500mm。试计算两个面冷弯时各自总长。

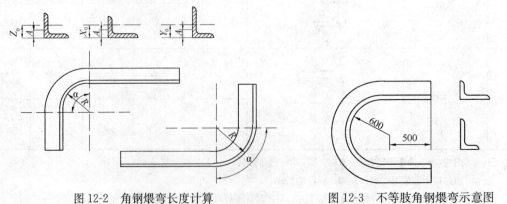

图 12-2　角钢煨弯长度计算　　　　　图 12-3　不等肢角钢煨弯示意图

【解】 两个直段部分总长为：$2 \times 500 = 1000$mm

圆弧部分长度为：当煨 90 边时：$n = 10.0$，$L_1 = (\pi R + nt) \times \dfrac{\alpha}{180°} = (600\pi + 10 \times 6)$

$$\times \frac{180°}{180°} = 1945\text{mm}$$

当煨 56 边时：$n = 4.0$，$L_2 = (\pi R + nt) \times \dfrac{\alpha}{180°} = (600\pi + 4 \times 6)$

$$\times \frac{180°}{180°} = 1909\text{mm}$$

总长为：当煨 90 边时：$1000 + 1945 = 2945$mm

当煨 56 边时：$1000 + 1909 = 2909$mm

③角钢弯折时切口宽度及总长度计算见图 12-4。

在施工过程中，有时根据工程要求需改变角钢布置的高度位置，而不切断角钢。需要沿角钢轴线上下弯折同一角度 α，使原轴线方向保持不变。具体做法是根据要求计算出弯折位置，在两弯折处肢板上划轴线的垂线，并切断肢板保留肢背。然后在内弯处两边各切去一个边长为 C，高度为肢内宽的直角三角形。之后将角钢肢背按要求弯折，将两三角形焊接到另一弯折位置，最后将两弯折位置焊牢。

【例 12-2】 角钢∟140×12 如图 12-4 所示割口煨弯，试计算其切口宽度及总长度。

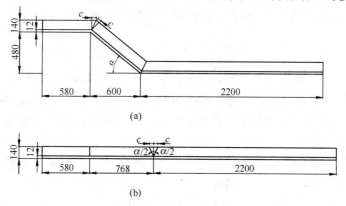

图 12-4 角钢长度计算示意图

【解】 $\alpha = \tan^{-1} \dfrac{480}{600} = 38°40'$ $\qquad \dfrac{\alpha}{2} = \dfrac{38°40'}{2} = 19°20'$

切口宽度：$C = (b - t) \tan \alpha/2 = (140 - 12) \tan 19°20' = 45$mm

弯折长度：$\sqrt{480^2 + 600^2} = 768$mm

总长度：$L = 580 + 768 + 2200 = 3548$mm

（3）边缘加工

边缘加工按其用途可分为消除硬化边缘或有缺陷边缘、加工焊缝坡口和板边刨平取直等三类：

① 消除硬化边缘或有缺陷边缘

当钢板用剪板机剪断时，边缘材料会产生硬化；当用手工气割时，边缘不平直且有缺陷。它们都会对动力荷载作用下的构件疲劳问题产生不利影响。因此，对重级工作制吊车梁的受拉翼缘板（或吊车桁架的受拉弦杆）有这些情况时，应用刨边机或铣边机沿全长刨（铣）边，以消除不利影响，且刨削量不应小于 2mm。

刨边机是利用刨刀沿加工边缘往复运动刨削，可刨直边或斜边。铣边机则是利用铣刀旋转铣削，并可沿加工边缘上下、左右直线运动，其效率更高。

② 加工焊缝坡口

为了保证对接焊缝或对接与角接组合焊缝的质量，需在焊件边缘按接头形状和焊件厚度加工成不同类型的坡口。V 形或 X 形等斜面坡口，一般可用数控气割机一次完成，也可用刨边机加工。J 形或 U 形坡口可采用碳弧气刨加工。它是用碳棒与电焊机直流反接，在引弧后使金属熔化，同时用压缩空气吹走，然后用砂轮磨光。

③ 刨平取直零件边缘

对精度要求较高的构件，为了保证零件装配尺寸的准确，或为了保证传递压力的板件端部的平整，均须对其边缘用刨床或铣床刨平取直。

（4）制孔

制孔方法有冲孔和钻孔两种，分别用冲床和钻床加工。

冲孔一般只能用于较薄钢板，且孔径宜不小于钢板厚度。冲孔速度快，效率高，但孔壁不规整，且产生冷作硬化，故常用于次要连接。

钻孔适用于各种厚度钢材，其孔壁精度高。除手持钻外，制造厂多采用摇臂钻床和可同时三向钻多个孔的三维多轴钻床，如和数控相结合，还可和切割等工序组成自动流水线。

8. 组装

组装是将经矫正、检查合格的零、部件按照施工图的要求组合成构件。组装前应采用刮具、钢刷、打磨机和喷砂等装置将零件上的铁锈、毛刺和油污等清除干净。

组装一般采用胎架法或复制法。胎架法是将零、部件定位于专用胎架上进行组装。适用于批量生产且精度要求高的构件，如焊接工字形截面（H 形）构件等的组装。组装平台的模胎（或模架）应测平，并加以固定，以保证构件组装的精确度。复制法多用于双角钢桁架类的组装。操作方法是先在装配平台上用 1：1 比例放出构件实样，并按位置放上节点板和填板，然后在其上放置弦杆和腹杆的一个角钢，用点焊定位后翻身，即可作为临时胎模。以后其他屋架均可先在其上组装半片屋架，然后翻身再组装另外半片成为整个屋架。

焊接结构组装时，要求用螺丝夹和卡具等夹紧固定，然后点焊。点焊部位应在焊缝部位之内，点焊焊缝的焊脚尺寸一般不宜超过设计焊缝焊脚尺寸的 2/3，所用焊条应与正式焊接用的焊条相同。

9. 焊接

钢结构制造的焊接多数采用埋弧自动焊，部分焊缝采用气体保护焊或电渣焊，只有短焊缝或不规则焊缝采用手工焊。

埋弧自动焊适用于较长的接料焊缝或组装焊缝，它不仅效率高，而且焊接质量好，尤其是将自动焊与组装合起来的组焊机，其生产效率更高。气体保护焊机多为半自动，焊缝质量好，焊速快，焊后无熔渣，故效率较高。但其弧光较强，且须防风操作。在制作厂一般将其用于中长焊缝。电渣焊是利用电流通过熔渣所产生的电阻热熔化金属进行焊接，它适用于厚度较大钢板的对接焊缝且不用开坡口。其焊缝匀质性好，气孔、夹渣较少。故一般多将其用于厚壁截面，如箱形柱内位于梁上、下翼缘处的横隔板焊缝等。

焊接完的构件若检验变形超过规定，应予矫正。如焊接 H 型钢翼缘一般在焊后会产生向内弯曲。

10. 预拼装

因受运输或吊装等条件限制，有些构件需分段制作出厂。为了检验构件的整体质量，故宜在工厂先进行预拼装。

预拼装除壳体结构采用立装，且可设一定的卡具或夹具外，其他构件一般均采用在经测量找平的支凳或平台上卧装。卧装时，各构件段应处于自由状态，不得强行固定，不应使用大锤锤击。检查时，应着重整体尺寸、接口部位尺寸和板叠安装孔（用试孔器检查通过率）等的允许偏差是否符合《施工规范》的要求。

对一些精度要求高的构件，如靠端面承压的承重柱接头，需保证其端面的平整，因此需用端部铣床对其铣端。铣端不仅可准确保证构件的长度和铣平面的平面度，而且可保证铣平面对构件轴线的垂直度要求。

对构件上的安装孔，宜在构件焊好或预拼装后制孔，并以受力支托（牛腿）的表面或以多节柱的铣平面至第一个安装孔的距离作为主控尺寸，以保证安装尺寸的准确。

11. 除锈和涂装

钢结构的防腐蚀除一些需要长效防腐的结构，如输电塔、桅杆、闸门等采用热浸锌、热喷铝（锌）防腐外，建筑钢结构一般均采用涂装（彩涂钢板是热浸锌加涂层的长效防腐钢板）。

涂装分防腐涂料（油漆类）涂装和防火涂料涂装两种。前者应在构件组装、预拼装或安装完成并经施工质量验收合格后进行，而后者则是在安装完经验收合格后进行。涂装前钢材表面应先进行除锈。在影响钢结构的涂层保护寿命的因素中，几乎一半是取决于除锈的质量，因此需给予足够重视。

（1）除锈

一般钢结构的最低除锈等级应采用《涂装前钢材表面锈蚀等级和除锈等级》GB 8923—1988 中的 Sa2、Sa2 $\frac{1}{2}$ 和 St2 级。前两者为喷（抛）射除锈等级，后者为手工（钢丝刷）和动力工具（钢丝砂轮等）的除锈等级。对热浸锌或热喷锌、铝的钢结构的除锈等级应采用 Sa2 $\frac{1}{2}$ 或 Sa3 级。

喷射除锈是采用压缩空气将磨料（石英砂、钢丸、钢丝头等）高速喷出击打钢材表面。抛射除锈则是将磨料经抛丸除锈机叶轮中心吸入，在高速旋转的叶轮尖端抛出，击打钢材表面，其效率高、污染少。

喷（抛）射除锈除可清除钢材表面浮锈外，还可将轧制时附着于钢材表面的氧化铁皮去掉，露出金属光泽，提高除锈质量，故而是除锈方法的首选。手工和动力工具除锈只应作为补充手段。

除锈等级应根据钢结构使用环境选用的涂料品种进行选择。St2 是手工和动力工具除锈的最低等级，一般只适用于湿润性和浸透性较好的油性涂料，如油性酚醛、醇酸等底漆或防锈漆。Sa2 是喷射除锈的最低等级，通常适用于常规涂料，如高氯化聚乙烯、氯化橡胶、氯磺化聚乙烯、环氧树脂、聚氨脂等底漆或防锈漆。对高性能防锈涂料如无机富锌、有机硅、过氯化烯等底漆，则应采用 Sa2 $\frac{1}{2}$ 除锈等级。

（2）涂装

防腐涂料应根据使用环境选择。不同的使用环境对钢材的腐蚀有着不同的影响，故涂料的选择应有针对性。

防腐涂料有底漆和面漆之分。底漆是直接涂刷于钢材表面。由于钢材经除锈后，表面粗糙程度和表面面积大幅度增加。为了增加涂料与钢材的附着力，底层油漆（底漆）的粉料含量应较多，而基料则较少，这样成膜虽较粗糙，但附着力较强。面漆的基料含量相对较多，故漆膜光泽度高，且能保护底漆不受风化，抵抗锈蚀。底漆和面漆应进行匹配，能够相容。

涂装方法有人工涂刷（用毛刷或辊筒）和喷涂。喷涂的生产效率高，一般采用压缩空气喷咀喷涂和高压无气喷涂两种方法。后者具有涂料浪费少，一次涂层厚度大的优点，对于涂装粘性较大的涂料更具有不可替代的优势。

涂装时的环境温度宜在 5～38℃，湿度不应大于 85%。因为环境温度低于 0℃时，漆膜容易冻结而使固化化学反应停止（环氧类涂料更明显）。另外，涂装时漆膜的耐热性只在 40℃以下，当环境温度高于 43℃时，漆膜容易产生气泡而起鼓。且温度过高，涂料中溶剂挥发将加快。为了便于涂装，需加大稀释剂用量，这也降低漆膜质量。相对湿度超过 85%时，钢材表面一般会产生露水凝结，影响漆膜附着，故亦不适宜涂装。还需注意涂装后 4 小时内严防淋雨，因漆膜尚未固化。

涂装时应留出高强度螺栓的摩擦面和安装焊缝的焊接部位，不得误涂。

12. 编号、包装、出厂

涂装完的构件应按施工详图在构件上作出明显标志、标记和编号。预拼装构件还应标出分段编号、方向、中心线和标高等。对于重大构件应标出外形尺寸、重量和起吊位置等，以便于运输和安装。对于刚度较小或易于变形的构件应采取临时加固和保护措施（如大直径钢管的两端宜加焊撑杆、接头的坡口突缘和螺纹等部位应加包装），以防变形和碰伤。对零散部件应加以包装和绑扎，并填写包装清单。

13. 钢结构运输

运输装车应绑扎牢靠，垫木位置应放置正确平稳，且不得超高、超宽和超长。结构构件的最大轮廓尺寸应不超过铁路或公路运输许可的限界尺寸。构件的重量应根据起重及运输设备所能承担的能力确定。在一般情况下，构件的重量不宜超过 15t，最大构件重量也不宜超过 40t。

构件需要利用铁路运输时，其外形尺寸应不超过《标准轨距铁路机车车辆限界》GB 146.1—1983 中规定的限界尺寸。构件需要利用公路运输时，其外形尺寸应考虑公路沿线的路面至桥涵和隧道的净空尺寸。在一般情况下，净空尺寸为：对超级公路，一、二级公路 5.0m；对三、四级公路 4.5m。

14. 钢结构安装

安装钢结构时应注意下列问题：

（1）结构安装前应对构件进行全面检查，如构件的数量、长度、垂直度安装接头处螺栓孔之间的尺寸等是否符合设计要求；对制造中遗留下的缺陷及运输中产生的变形，应在地面预先矫正，妥善解决。

（2）钢柱与基础一般采用柱脚锚栓连接，在安装钢柱前应检查柱脚螺栓之间的尺寸、露出基础顶面的尺寸、基础顶面的标高是否符合设计要求，以及柱脚锚栓的螺纹是否有损坏等。

（3）结构吊装时，应采取适当措施，防止产生过大的弯扭变形，同时应将绳扣与构件的接触部位加垫块垫好，以防刻伤构件。吊装就位后，应及时系牢支撑及其他连系构件，以保证结构稳定性。所有上部结构的吊装，必须在下部结构就位、校正并系牢支撑构件以后才能进行。

（4）根据工地安装机械的起重能力，在地面上组装成较大的安装单元，以减少高空作业的工作量。

项目 2　钢结构的大气腐蚀与防腐

2.1　钢结构的大气腐蚀

1. 大气腐蚀的机理

钢结构的腐蚀环境主要为大气腐蚀，大气腐蚀是金属处于表面水膜层下的电化学腐蚀过程。这种水膜实质上是电解质水膜，它是由于空气中相对湿度大于一定数值时，空气中的水汽在金属表面吸附凝聚及溶有空气中的污染物而形成的，电化学腐蚀的阴极是氧去极化作用过程，阳极是金属腐蚀过程。

在大气环境下的金属腐蚀（表 12-2），由于表面水膜很薄，氧气很容易达到阴极表面，氧的平衡电位较低，金属在大气中腐蚀的阴极反应为氧去极化作用过程。

在大气中腐蚀的阳极过程随水膜变薄会受到较大阻碍，此时阳极易发生钝化，金属离子水化作用会受阻。

可以看出，在潮湿环境中，大气腐蚀速度主要由阴极过程控制；当金属表面水膜很薄或气候干燥时，金属腐蚀速率变慢，其腐蚀速度主要受阳极化过程控制。

金属在大气中的腐蚀　　　　　　　　　　表 12-2

阴极反应	在中性和碱性水膜中	$O_2 + 2H_2O + 4e \rightarrow 4OH^-$
	在弱酸水膜（酸雨）中	$O_2 + 2H + 4e \rightarrow 2H_2O$
阳极反应	$M + xH_2O \rightarrow M^{n+} \cdot xH_2O + ne$ M 代表腐蚀的金属； M^{n+} 为 n 价金属离子； $M^{n+} \cdot xH_2O$ 为金属离子水化合物	

2. 大气腐蚀的影响因素

（1）空气中的污染源

大气的主要成分是不变的，但是污染的大气中含有的硫化物、氮化物、碳化物，以及尘埃等污染物，对金属在大气中的腐蚀影响很大。

二氧化硫（SO_2）吸附在钢铁表面，极易形成硫酸而对钢铁进行腐蚀。这种自催化式的反应不断进行就会使钢铁不断受到腐蚀。与干净大气的冷凝水相比，被 0.1% 的二氧化硫所污染的空气能使钢铁的腐蚀速度增加 5 倍。

来自于沿海或海上的盐雾环境或者是含有氯化钠颗粒尘埃的大气是氯离子的主要来源，它们溶于钢铁的液膜中，而氯离子本身又有着极强的吸湿性，对钢铁会造成极大的腐蚀危害。

有些尘埃本身虽然没有腐蚀性，但是它会吸附腐蚀性介质和水气，冷凝后就会形成电解质溶液。砂粒等固体尘埃虽然没有腐蚀性，也没有吸附性，但是，一旦沉降在钢铁表面会形成缝隙而凝聚水分，从而形成氧浓差腐蚀条件，引起缝隙腐蚀。

（2）相对湿度

空气中的水分在金属表面凝聚而生成的水膜和空气中的氧气通过水膜进入金属表面是发生大气腐蚀的最基本的条件。相对湿度达到某一临界点时，水分在金属表面形成水膜，从而促进了电化学过程的发展，表现出腐蚀速度迅速增加。这个临界点与钢材表面状态和表面上有无吸湿物有很大关系（表 12-3）。

钢材表面形成水膜的空气相对湿度临界值   表 12-3

表面状态	临界湿度（%）	表面状态	临界湿度（%）
干净表面在干净的空气中	接近 100	干净表面在含氧化硫 0.01% 的空气中	70
二氧化硫处理过的表面	80	在 3% 氯化钠溶液中浸泡过的表面	55

从上表可以看出，当空气被污染或者在沿海地区，空气中含盐分，临界湿度都很低，钢铁表面很容易形成水膜。

（3）温度

环境温度的变化会影响金属表面水汽的凝聚，也会影响水膜中各种腐蚀气体和盐类的浓度、水膜的电阻等。当相对湿度低于金属临界相对湿度时，温度对大气的腐蚀影响较小；而当相对湿度达到金属临界相对湿度时，温度的影响就会十分明显。湿热带或雨季气温高，则腐蚀严重。温度的变化还会引起结露。比如，白天温度高，空气中相对湿度较低，夜晚和清晨温度下降后，大气的水分就会在金属表面引起结露。

3. 大气腐蚀的破坏形式

大气腐蚀的主要破坏形式可以分为两大类，即全面腐蚀和局部腐蚀，全面腐蚀又称为均匀腐蚀，局部腐蚀则又可分为点蚀、缝隙腐蚀、电偶腐蚀、晶间腐蚀、选择性腐蚀、应力腐蚀和腐蚀疲劳等。下面介绍几种钢结构建筑中常见的腐蚀形式。

（1）均匀腐蚀

均匀腐蚀是最常见的腐蚀形态，其特征是腐蚀分布于整个金属表面，并以相同的速度使金属整体厚度减小。在一般情况下，大气腐蚀多数表现为均匀腐蚀，但大气腐蚀并不都是均匀腐蚀。均匀腐蚀的电化学过程特点是腐蚀原电池的阴、阳面积非常小，甚至用微观方法也无法辨认出来，而且无数微阴极与微阳极的位置是变幻不定的，不断交替和重复进行。均匀腐蚀发生在整个金属表面都处于水膜电解质活化状态，表面各部位随时都有能量起伏变化，能量高的部位为阳极，能量低的部位为阴极，使整个金属表面发生腐蚀。均匀腐蚀造成大量金属损失，但这类腐蚀并不可怕。由于腐蚀速度均匀，可以容易地进行预测和防护，只要进行严格的工程设计和采取合理的防腐蚀措施，不会发生突然性的腐蚀事故。

（2）点蚀

点蚀是局部性腐蚀状态，可以形成大大小小的孔眼，但绝大多数情况下是相对较小的孔隙。这种腐蚀破坏主要集中在某些活性点上，并向金属内部深处发展，其腐蚀深度要大于孔径。点蚀是大多数内部腐蚀形态的一种，即使是很少的金属腐蚀也会引起设备的报废。防止点蚀的发生，主要是选用高铬量或同时含有大量钼、氮、硅等合金元素的耐海水不锈钢。要选用高纯度的不锈钢，因为钢中含硫、碳等极少，提高了耐腐蚀性能。碳钢要防止点蚀发生，方法也是提高钢的纯度。

（3）缝隙腐蚀

缝隙腐蚀是因金属与金属、金属与非金属相连接时表面存在缝隙，在有腐蚀介质存在时发生的局部腐蚀形态。

缝隙腐蚀发生的部位：

① 金属与金属之间的连接处。金属铆接部位，焊接部位和螺纹连接部位等。

② 金属与非金属之间的连接处。金属与有机涂层、塑料、橡胶、木材、混凝土、石棉和织物连接部位等。

③ 金属腐蚀产物和灰尘、砂粒、盐分等沉积物或附着物聚积在金属表面，造成聚积物与金属界面间的腐蚀现象。

具有缝隙是缝隙腐蚀发生的条件，缝宽必须能容纳腐蚀介质进入缝隙内，同时缝隙又必须窄到让腐蚀介质停滞在缝隙内，一般发生缝隙腐蚀最敏感的缝隙宽度在 0.025～0.1mm 范围内。

缝隙腐蚀的机理为腐蚀介质进入缝隙内，由于闭塞电池效应，缝隙内外腐蚀介质浓度不一致产生浓差极化，缝隙内部氧浓度低于外部而成为阳极区，腐蚀集中于缝隙周围。腐蚀产物的累积和腐蚀介质的继续浸入，使得此处缝隙腐蚀进一步向纵深发展。缝隙腐蚀介质可以是酸性、中性、碱性等任何侵蚀性溶液。当有氯离子存在于缝隙腐蚀介质中时，最容易产生缝隙腐蚀，如在海洋环境下氯离子含量丰富，此时的缝隙腐蚀危害极大，对金属结构性安全构成较大威胁。

（4）应力腐蚀

应力腐蚀是指在拉伸应力和腐蚀环境介质共同作用产生的腐蚀现象。这里强调的是应力和腐蚀的共同作用。因为仅就产生应力腐蚀的介质来说，一般都不是腐蚀性的，至多也只是很轻微的腐蚀性。如果没有任何应力存在，大多数材料在这种环境介质下都认为是耐腐蚀的；单独考虑应力的影响时，发生应力腐蚀破坏的应力通常是很小的，假如不是处在腐蚀环境中，这样小的应力是不会使材料和结构发生机械破坏的。

一般认为发生应力腐蚀需要具备以下三个基本条件：

① 敏感的材料；

② 特定的腐蚀环境；

③ 拉伸应力。

表 12-4 为几种金属合金材料发生应力腐蚀的环境。

几种金属合金材料发生应力腐蚀的环境 表 12-4

材　料	应力腐蚀环境
普通碳钢	氢氧化物溶液，含有硝酸根、碳酸根、硫化氢的水溶液，海水、海洋大气和工业大气，硫酸—硝酸混合液，熔化的锌、锂，热的三氯化铁溶液，氯离子环境，水蒸气等
高强度钢、奥氏体不锈钢	酸性和中性氯化物溶液，海水，熔融氯化物，热的氟化物，碱溶液，高温高压水
铝合金	潮湿空气，海洋性和工业性大气海水及含氯化物的水溶液，汞
镁合金	氟化物，工业和海洋大气，蒸馏水，氯化钠—铬酸钾溶液
钛合金	发烟硝酸，海水、盐酸，300℃以上的氯化物，潮湿空气，汞

　　钢材的锈蚀主要由于大气中氧、水分及其他杂质的作用引起的，如果钢材在施工时除锈、防锈技术不好，或结构在使用中防锈层失效而出现锈层，由于钢材和锈层具有不同的电位，一旦出现锈层，会加速腐蚀作用。日本曾对不涂防护层的低碳钢挂片试验，根据年平均锈蚀速度推算，沿海地区和重工业区内在 8.4～16.8 年时间内，就将锈蚀 1mm 厚的钢板。美国的挂片试验也表明，没有涂层的两面外露的钢材在大气中的锈蚀也相当 8.5 年为 1mm。而一般的钢材即使进行了防锈处理也不能完全解决问题。所以发达的工业国家对于钢材的防锈给予了极大的关注，对于已建成的钢结构根据其所处环境定期进行维护。如发现有严重的锈蚀现象，应及时测定构件的欠损值，并计算抗力下降系数，对构件或整体结构进行校核。

$$抗力下降系数 = \left(1 - \frac{现存端面抗力}{原设计端面抗力}\right) \times 100\%$$

如果有下列情况，应该重点检查结构强度：

（1）空气中相对湿度大于 70％ 的地方；

（2）高温而又潮湿的车间；

（3）大气中二氧化硫；氧化氮、一氧化碳等较浓的地区及有酸雨地区；

（4）沿海地区特别是盐雾较浓地区；

（5）由于温差较大，结构上出现结露（冷凝水）地方；

（6）结构上积有灰尘、微粒的部位；

（7）热处理过的部件；

（8）防锈材料发生腐蚀变质现象的部位。

2.2　钢结构的防腐

　　钢结构的防腐方法一般有两种：一是改变钢材的组织结构，在钢材冶炼过程中加入铜、镍、铬、锡等元素，提高钢材的抗腐蚀能力；二是在钢材表面覆盖各种保护层，把钢材与腐蚀介质隔离。第一种方法造价较高，使用范围较小，例如不锈钢；第二种方法造价较低，效果较好，应用范围广。

　　覆盖的保护层分为金属保护层和非金属保护层两种，可通过化学方法、电化学方法和物理方法实现。要求保护层致密无孔，不透过介质，同时与基体钢材结合强度高，附着粘结力强，硬度高、耐磨性好，且能均匀分布。对于金属保护层，可采用电镀、热浸、扩散、喷镀和复合金属等方法实现，如常用的镀锌檩条、彩色压型钢板等。对于非金属覆盖层，又可分为有机和无机两种，工程中常用有机涂料进行涂装。其施工过程分为表面除锈和涂料施工两道工序。涂料、除锈等级以及防腐蚀构造要求应符合现行国家标准《工业建设防腐蚀设计规范》GB 50046—2008 和《涂装前钢材表面锈蚀和除锈等级》GB 8923—1988 的规定。

1. 除锈方法

钢材的除锈好坏，是关系到涂料能否获得良好防护效果的关键因素之一，但这点往往被施工单位忽略。如果除锈不彻底，将严重影响涂料的附着力，并使漆膜下的金属继续生锈扩展，使涂层破坏失效。因此，必须彻底清除金属表面的铁锈、油污和灰尘等，使金属表面露出灰白色，以增强漆膜与构件的粘结力。目前除锈的方法主要有四种：

（1）手工和动力工具除锈

手工和动力工具除锈用 St 表示，分两个等级。工效低，除锈不彻底，影响油漆的附着力，使结构容易透锈。这种除锈方法仅在条件有限时采用，要求认真细致，直到露出金属表面为止。手工除锈应满足表 12-5 的质量标准。

<table>
<tr><td colspan="2" align="center">手工和动力工具除锈质量分级 　　　　　　　　　　　表 12-5</td></tr>
<tr><td>级别</td><td>钢材除锈表面状态</td></tr>
<tr><td>St2</td><td>彻底地手工和动力工具除锈。用铲刀铲刮，用钢丝刷擦，用机械刷子刷擦和砂轮研磨等。除去疏松的氧化皮、锈和污物，最后用清洁干燥的压缩空气或干净的刷子清理表面，表面应具有淡淡的金属光泽</td></tr>
<tr><td>St3</td><td>非常彻底地手工和动力工具除锈。用铲刀铲刮，用钢丝刷擦或用机械刷子擦和砂轮研磨等。表面除锈要求与 St2 相同，但更为彻底，除去灰尘后，该表面应具有明显的金属光泽</td></tr>
</table>

（2）喷射或抛射除锈

喷射或抛射除锈用 Sa 表示，分四个等级。将钢材或构件通过喷砂机将其表面的铁锈清除干净，露出金属本色。这种除锈方法比较彻底、效率较高，目前已经普遍采用。喷射除锈应满足表 12-6 的质量标准。

<table>
<tr><td colspan="2" align="center">喷射除锈质量分级 　　　　　　　　　　　表 12-6</td></tr>
<tr><td>级　别</td><td>钢材除锈表面状态</td></tr>
<tr><td>Sa1</td><td>轻度的喷射或抛射除锈。应除去疏松的氧化皮、锈和污物，表面应无可见的油脂和污垢</td></tr>
<tr><td>Sa2</td><td>彻底地喷射或抛射除锈。应除去几乎所有的氧化皮、锈和污物，最后用清洁干燥的压缩空气或干净的刷子清理表面，表面应无可见的油脂和污垢，表面应稍呈灰色</td></tr>
<tr><td>Sa2$\frac{1}{2}$</td><td>非常彻底地喷射或抛射除锈。达到氧化皮、锈和污物仅剩轻微点状或条状痕迹的程度，除去灰尘后，该表面应具有明显的金属光泽，最后用清洁干燥的压缩空气或干净的刷子清理表面</td></tr>
<tr><td>Sa3</td><td>使钢材表面洁净的喷射或抛射除锈。应完全除去氧化皮、锈和污物，最后表面用清洁干燥的压缩空气或干净的刷子清理，该表面应具有均匀的金属光泽</td></tr>
</table>

（3）酸洗除锈

酸洗除锈亦称化学除锈。利用酸洗液中的酸与金属氧化物进行反应，使金属氧化物溶解从而除去。将构件放入酸洗槽内，除去油污和铁锈，使其表面全部呈铁灰色。酸洗后必须清洗干净，保证钢材表面无残余酸液存在。为防止构件酸洗后再度生锈，可采用压缩空气吹干后立即涂一层硼钡底漆。

（4）酸洗磷化处理

构件酸洗后，再用 2% 左右的磷酸作磷化处理。处理后的钢材表面有二层磷化膜，可防止钢材表面过早返锈，同时能与防腐涂料结合紧密，提高涂料的附着力，从而提高其防腐性能。其工艺过程为：去油－酸洗－清洗－中和－清洗－磷化－热水清洗－涂油漆。

综合来看，除锈效果以酸洗磷化处理效果最好，喷砂除锈、酸洗除锈次之，人工除锈最差。

2. 防锈涂料的选取

涂料（俗称油漆）是一种含油或不含油的胶体溶液，涂在构件表面上后，可以结成一层薄膜来保护钢结构。防腐涂料一般由底漆和面漆组成，底漆主要起防锈作用，故称防锈底漆，它的漆膜粗糙，与钢材表面附着力强，并与面漆结合良好。面漆主要是保护下面的底漆，对大气和湿气有抗气候性和不透水性，它的漆膜光泽，既增加建筑物的美观，又有一定的防锈性能，并增强对紫外线的防护。涂料的选择以货源广、成本低为前提，选取时应注意以下问题：

（1）根据结构所处的环境，选择合适的涂料。即根据室内外的温度和湿度、侵蚀介质的种类和浓度，选用涂料的品种。对于酸性介质，可采用耐酸性好的酚醛树脂漆；对于碱性介质，则应选用耐碱性好的环氧树脂漆。

（2）注意涂料的正确配套，使低漆和面漆之间有良好的粘结力。

（3）根据结构构件的重要性（是主要承重构件或次要构件）分别选用不同品种的涂料，或用相同品种的涂料调整涂覆层数。

（4）考虑施工条件的可能性，采用刷涂或喷涂方法。

（5）选择涂料时，除考虑结构使用性能、经济性和耐久性外，尚应考虑施工过程中的稳定性、毒性以及需要的温度条件等。此外，对涂料的色泽也应予以注意。

建筑钢结构常用的底漆和面漆分别见表 12-7 和表 12-8。

3. 涂料施工方法及涂层厚度

涂料施工气温应在 15～35℃ 之间，且宜在天气晴朗、通风良好、干净的室内进行。钢结构的底漆一般在工厂里进行，待安装结束后再进行面漆施工。涂料施工一般可以分为涂刷法和喷涂法两种。

（1）涂刷法

涂刷法是用漆刷将涂料均匀地涂刷在结构表面，涂刷时应达到漆膜均匀、色泽一致、无皱皮、流坠、分色线清楚整齐的要求。这是最常用的施工方法之一。

（2）喷涂法

喷涂法是将涂料灌入高压空气喷枪内，利用喷枪将涂料喷涂在构件的表面上，这种方法效率高、速度快、施工方便。涂装的厚度按结构使用要求取用，无特殊要求时可按表12-9 选用。

常用的防锈漆 表 12-7

名　称	型号	性　能	使用范围	配套要求
红丹油性防锈漆	Y53-1	防锈能力强，漆膜坚韧，施工性能好，但干燥较慢	室内外钢结构防锈打底用，但不能用于有色金属铝、锌等表面，它们有电化学作用	与油性瓷漆、酚醛瓷漆或醇酸瓷漆配套使用，不能与过氯乙烯漆配套

名　称	型号	性　　能	使用范围	配套要求
铁红油性防锈漆	Y53-2	附着力强，防锈性能仅次于红丹油性防锈漆，耐磨性差	适用于防锈要求不高的钢结构表面防锈打底	与酯胶瓷漆、酚醛瓷漆配套使用
红丹酚醛防锈漆	F53-1	防锈性能好，漆膜坚固，附着力强，干燥较快	同红丹油性防锈漆	与酚醛瓷漆、醇酸瓷漆配套使用
铁红酚醛防锈漆	F53-3	附着力强，漆膜较软，耐磨性差，防锈性能不如红丹酚醛防锈漆	适用于防锈要求不高的钢结构表面防锈打底	与酚醛瓷漆配套使用
红丹醇酸防锈漆	C53-1	防锈性能好，漆膜坚固，附着力强，干燥较快	同红丹油性防锈漆	与醇酸瓷漆、酚醛瓷漆和酯胶瓷漆等配套使用
铁红醇酸底漆	C06-1	具有良好的附着力和防锈性能，在一般气候下耐久性好，但在湿热性气候和潮湿条件下耐久性差些	适用于一般钢结构表面防锈打底	与醇酸瓷漆、硝基瓷漆和过氯乙烯瓷漆等配套使用
各色硼钡酚醛防锈漆	F53-9	具有良好的抗大气腐蚀性能，干燥快，施工方便；逐步取代一部分红丹防锈漆	适用于室内外钢结构防锈打底	与酚醛瓷漆、醇酸瓷漆等配套使用
乙烯磷化底漆	X06-1	对钢材表面附着力极强，在表面形成钝化膜，延长有机涂层的寿命	适用于钢结构表面防锈打底，可省去磷化和钝化处理，不能代替底漆使用。增强涂层附着力	不能与碱性涂料配套使用
铁红过氯乙烯底漆	G06-4	有一定的防锈性及耐化学性，但附着力不太好，与乙烯磷化底漆配套使用可耐海洋性和湿热性气候	适用于沿海地区和湿热条件下的钢结构表面防锈打底	与乙烯磷化底漆和过氯乙烯防腐漆配套使用
铁红环氧酯底漆	H06-2	漆膜坚韧耐久，附着力强，耐化学腐蚀，绝缘性良好。与磷化底漆配套使用，可提高漆膜的防潮，防盐雾及防锈性能	适用于沿海地区和湿热条件下的钢结构表面防锈打底	与磷化底漆和环氧瓷漆、环氧防腐漆配套使用

常用面漆 表 12-8

名　　称	型号	性　　能	使用范围	配套要求
各色油性调和漆	Y03-1	耐候性较酯胶调和漆好，但干燥时间较长，漆膜较软	适用于室内一般钢结构	
各色酯胶调和漆	T03-1	干燥性能比油性调和漆好，漆膜较硬，有一定的耐水性	适用作一般钢结构的面漆	
各色酚醛瓷漆	F04-1	漆膜坚硬，有光泽，附着力较好，但耐候性较醇酸瓷漆差	适用作室内一般钢结构的面漆	与红丹防锈漆、铁红防锈漆配套使用
各色醇酸瓷漆	C04-42	具有良好的耐候性和较好的附着力；漆膜坚韧，有光泽	适用作室外钢结构面漆	先涂 1～2 道 C06-1 铁红醇酸底漆，再涂 C06-10 醇酮底漆二道，再涂该漆

名　　称	型号	性　　能	使用范围	配套要求
各色纯醇酸酚醛漆	F04-11	漆膜坚硬，耐水性、耐候性及耐化学性均比 F04-1 酚醛瓷漆好	适用作防潮和干湿交替的钢结构面漆	与各种防锈漆、酚醛底漆配套使用
灰酚醛防锈漆	F53-2	耐候性较好，有一定的防水性能	适用于室内外钢结构面漆	与红丹或铁红类防锈漆配套使用

涂 装 厚 度   表 12-9

涂层等级	控制厚度（μm）	涂层等级	控制厚度（μm）
一般性涂层	80～100	装饰性涂层	100～150

4. 构造要求

（1）钢结构除必须采取防锈措施外，尚应在构造上尽量避免出现难于检查、清刷油漆之处以及能积留湿气和大量灰尘的死角或凹槽。

（2）腐蚀性等级为强、中时，桁架、柱、主梁等重要受力构件不应采用格构式和冷弯薄壁型钢。

（3）钢结构杆件截面的选择应符合下列规定：

① 杆件应采用实腹式或闭口截面，闭口截面端部应进行封闭；对封闭截面进行热镀浸锌时，应采取开孔防爆措施。

② 腐蚀性等级为强、中时，不应采用由双角钢组成的 T 形截面或由双槽钢组成的 I 形截面；腐蚀性等级为弱时，不宜采用上述 T 形或 I 形截面。

③ 当采用型钢组合的杆件时，型钢间的间隙宽度应满足防护层施工和维修的要求。

（4）钢结构杆件截面厚度应符合下列规定：

① 钢板组合的杆件不小于 6mm。

② 闭口截面杆件不小于 4mm。

③ 角钢截面的厚度不小于 5mm。

（5）门式刚架构件宜采用热轧 H 形钢，当采用 T 形钢或钢板组合时，应采用双面连续焊缝。

（6）网架结构宜采用管形截面球形节点，并应符合下列规定：

① 腐蚀性等级为强、中时，应采用焊接连接的空心球节点。

② 当采用螺栓节点时杆件与螺栓球的接缝应采用密封材料填嵌严密，多余螺栓孔应封堵。

（7）桁架、柱、主梁等重要钢构件和闭口截面杆件的焊缝，应采用连续施焊。角焊缝的焊脚尺寸不应小于杆件厚度。加劲肋应切角，切角尺寸应满足排水、施工维修要求。

（8）焊条、螺栓、垫圈、节点板等连接构件的耐腐蚀性能，不应低于主体材料。螺栓直径不应小于 12mm。垫圈不应采用弹簧垫圈。螺栓、螺母和垫圈应采用热镀浸锌防护，安装后再采用与主体结构相同的防腐蚀措施。

（9）设计使用年限大于或等于 25 年的建筑物，对使用期间不能重新油漆的结构部位应采取特殊的防锈措施。

（10）柱脚在地面以下的部分应采用强度等级较低的混凝土包裹，并应使包裹的混凝土高出地面不小于 150mm。当柱脚底面在地面以上时，则柱脚底面应高出地面不小于 300mm。

（11）当腐蚀等级为强时，重要构件宜采用耐候钢制作。

项 目 3　钢 结 构 的 防 火

由于钢结构耐火能力差，在发生火灾时因高温作用下很快失效倒塌，耐火极限仅 15min。若采取措施，对钢结构进行保护，使其在火灾时温度升高不超过临界温度，钢结构在火灾中就能保持稳定性。进行钢结构防火具有的意义如下。

（1）减轻钢结构在火灾中的破坏，避免钢结构在火灾中局部倒塌造成灭火及人员疏散的困难，钢结构的防火保护的目的是尽可能延长钢结构到达临界温度的过程，以争取时间灭火救人。

（2）避免钢结构在火灾中整体倒塌造成人员伤亡。

（3）减少火灾后钢结构的修复费用，缩短灾后结构功能的恢复周期，减少间接经济损失。

正是由于钢结构的应用广泛和火灾危害，人们在学会使用钢结构的同时，也在不断研究探求钢结构防火保护的最佳方案。目前，钢结构的防火保护有多种方法，这些方法有被动防火法：钢结构防火涂料保护、防火板保护、混凝土防火保护、结构内通水冷却、柔性卷材防火保护等，它们为钢结构提供了足够的耐火时间，从而受到人们的普遍欢迎，而以前三种方法应用较多。另一种为主动防火法，就是提高钢材自身的防火性能（如耐火钢）或设置结构喷淋。

选择钢结构的防火措施时，应考虑下列因素：

（1）钢结构所处部位，需防护的构件性质（如屋架、网架或梁、柱）；

（2）钢结构采取防护措施后结构增加的重量及占用的空间；

（3）防护材料的可靠性；

（4）施工难易程度和经济性。

无论用混凝土，还是防火板保护钢结构，达到规定的防火要求都需要相当厚的保护层，这样必然会增加构件质量和占用较多的室内空间；另外，对于轻钢结构、网架结构和异形钢结构等，采用这两种方法也不适合。在这种情况下，采用钢结构防火涂料较为合理。钢结构防火涂料施工简便，无须复杂的工具即可施工、重量轻、造价低，而且不受构件的几何形状和部位的限制。

对钢结构采取的保护措施，从原理上来讲，主要可划分为两种：截流法和疏导法，见表 12-10。

3.1　截流法

截流法的原理是截断或阻滞火灾产生的热流量向构件的传输，从而使构件在规定的时间内升温不超过其临界温度。其做法是构件表面设置一层保护材料，火灾产生的高温首先传给这些保护材料，再由保护材料传给构件。由于所选材料的导热系数较小，而热容又较大，所以能很好地阻滞热流向构件的传输，从而起到保护作用。截流法又可分为喷涂法、包封法、屏蔽法和水喷淋法。由上述可知，这些方法的共同特点是设法减少传到构件的热流量，因而称之为截流法。

截流法和疏导法的特点比较　　　　　　　　　　　　　　　　　　表 12-10

防火方法		原　　理	保护用材料	适用范围
截流法	喷涂法	用喷涂机具将防火涂料直接喷涂到构件的表面	各种防火涂料	任何钢结构
	包封法	用耐火材料把构件包裹起来	防火板材、混凝土、砖、砂浆	钢柱、钢梁
	屏蔽法	把钢构件包藏在耐火材料组成的墙体或吊顶内	防火板材	钢屋盖
	水喷淋	设喷淋管网，在构件表面形成	水	大空间
疏导法	充水冷却法	蒸发消耗热量或通过循环把热量导走	充水循环	钢柱

1. 喷涂法

喷涂法是用喷涂机具将防火涂料直接喷在构件表面，形成保护层。喷涂法适用范围最为广泛，可用于任何一种钢构件的耐火保护。

2. 包封法

包封法就是在钢结构表面做耐火保护层，将构件包封起来，其具体做法如下。

（1）用现浇混凝土做耐火保护层。所使用的材料有混凝土、轻质混凝土及加气混凝土等。这些材料既有不燃性，又有较大的热容量，用作耐火保护层能使构件的升温减缓。由于混凝土的表层在发生火灾时的高温下易于剥落，可在钢材表面加敷钢丝网，进一步提高其耐火的性能。

（2）用砂浆或灰胶泥作耐火保护层。所使用的材料一般有砂浆、轻质岩浆、珍珠岩砂浆或灰胶泥、蛭石砂浆或石灰胶泥等。上述材料均有良好的耐火性能，其施工方法常为金属网上涂抹上述材料。

（3）用矿物纤维。其材料有石棉、岩棉及矿渣棉等。具体施工方法是将矿物纤维与水泥混合，再用特殊喷枪与水的喷雾同时向底部喷涂，构成海绵状的覆盖层，然后抹平或任其呈凹凸状。上述方式可直接喷在钢构件上，也可以向其上的金属网喷涂，以后者效果较好。

（4）用轻质预制板作耐火保护层。所用材料有轻质混凝土板、泡沫混凝土板、硅酸钙成型板及石棉成型板等，其做法是以上述预制板包覆构件，板间连接可采用钉合及黏合剂黏合。这种构造方式施工简便而工期较短，并有利工业化。同时，承重（钢结构）与防火（预制板）的功能划分明确，火灾后修复简便，且不影响主体结构的功能，因而，具有良好的复原性。

作为钢结构直接包敷保护法的一种，防火板保护钢结构早已在建筑工程中应用。早期使用的防火保护板材主要有蛭石混凝土板、珍珠岩板、石棉水泥板和石膏板，还有的是采用预制混凝土定型套管。板材通过水泥砂浆灌缝、抹灰与钢构件固定，或以合成树脂黏结，也可采用钉子或螺丝固定。这些传统的防火板材虽能在一定程度上提高钢结构的耐火时间，但存在着明显的不足。由此，人们只好把重点投向防火涂料，板材保护法因而发展缓慢。

3. 屏蔽法

屏蔽法是把钢结构包藏在耐火材料组成的墙体或吊顶内，在钢梁、钢屋架下作耐火吊顶，火灾时可以使钢梁、钢屋架的升温大为延缓，大大提高钢结构的耐火能力，而且这种方法还能增加室内的美观，但要注意吊顶的接缝、孔洞处应严密，防止窜火。

4. 水喷淋法

水喷淋法是在结构顶部设喷淋供水管网，火灾时，会自动启动（或手动）开始喷水，在构件表面形成一层连续流动的水膜，从而起到保护作用。

3.2 疏导法

与截流法不同，疏导法允许热量传到构件上，然后设法把热量导走或消耗掉，同样可使构件温度不至升高到临界温度，从而起到保护作用。

疏导法目前主要是充水冷却保护这一种方法，典型的案例是在美国匹兹堡64层的美国钢铁公司大厦上的应用，它的空心封闭截面中（主要是柱）充满水，发生火灾时构件把从火场中吸收的热量传给水，依靠水的蒸发消耗热量或通过循环把热量导走，构件温度便可保持在100℃左右。从理论上讲，这是钢结构保护最有效的方法。该系统工作时，构件相当于盛满水被加热的容器，像烧水锅炉一样工作。只要补充水源，维持足够水位，而水的比热和汽化热又较大，构件吸收的热量将源源不断地被耗掉或导走。冷却水可由高位水箱或供水管网或消防车来补充，水蒸气由排气口排出。当柱高度过高时，可分为几个循环系统，以防止柱底水压过大，为防止锈蚀或水的结冰，水中应掺加阻锈剂和防冻剂。水冷却法既可单根柱自成系统，又可多根柱联通。前者仅依靠水的蒸发耗热，后者既能蒸发散热，还能借水的温差形成循环，把热量导向非火灾区温度较低的柱。由于这种方法对于结构设计有专门要求，目前实际应用很少。

3.3 防火涂料的防火作用

在上面讲述的各类防火方法中，采用防火涂料进行阻燃的方法被认为是有效的措施之一，钢结构防火涂料在90%钢结构防火工程中发挥着重要的保护作用。将防火涂料涂敷于材料表面，除具有装饰和保护作用外，由于涂料本身的不燃性和难燃性，能阻止火灾发生时火焰的蔓延和延缓火势的扩展，较好地保护了基材。钢结构防火涂料按所使用的基料的不同可分为有机防火涂料和无机防火涂料两类，按涂层厚度分为超薄型、薄涂型和厚涂型三类。薄涂型钢结构涂料涂层厚度一般为2～7mm，有一定装饰效果，高温时涂层膨胀增厚，具有耐火隔热作用，耐火极限可达0.5～1.5h，这种涂料又称钢结构膨胀防火涂料。厚涂型钢结构防火涂料厚度一般为8～20mm，粒状表面，密度较小，导热系数低，耐火极限可达0.5～3.0h，这种涂料又称钢结构防火隔热涂料。

在喷涂钢结构防火涂料时，喷涂的厚度必须达到设计值，节点部位宜适当加厚，当遇有下列情况之一时，涂层内应设置与钢结构相连的钢丝网，以确保涂层牢固。

（1）承受冲击振动的梁；

（2）设计层厚度大于40mm；

（3）粘贴强度小于0.05MPa的涂料；

（4）腹板高度大于1.5m的梁。

钢结构防火涂料的防火原理可从三个方面说明：一是涂层对钢基材起屏蔽作用，使钢结构不至于直接暴露在火焰高温中；二是涂层吸热后部分物质分解放出的水蒸气或其他不燃气体，起到消耗热量、降低火焰温度和燃烧速度、稀释氧气的作用；三是涂层本身多孔轻质和受热后形成炭化泡沫层，阻止了热量迅速向钢基材传递，推迟了钢基材强度的降低，从而提高了钢结构的耐火极限。

思 考 题 与 习 题

1. 钢结构为什么要进行防腐、防火处理？
2. 大气腐蚀的影响因素有哪些？
3. 常用的除锈方法有哪些？
4. 钢结构防火涂料的防火原理如何？
5. 钢结构常用的防火措施有哪些？

附 录

附录1 疲劳计算的构件和连接分类

构件和连接分类

附表 1-1

项次	简　图	说　明	类别
1		无连接处的主体金属 1. 轧制型钢 2. 钢板 （1）两边为轧制边或刨边； （2）两侧为自动、半自动切割边（切割质量标准应符合《钢结构工程施工及验收规范》）	1 1 2
2		横向对接焊缝附近的主体金属 1. 符合《钢结构工程施工及验收规范》一级焊缝 2. 经加工磨平的一级焊缝	3 2
3		不同厚度（或宽度）横向对接焊缝附近的主体金属、焊缝加工成平滑过渡并符合一级焊缝标准	2
4		纵向对接焊缝附近的主体金属，焊缝符合二级焊缝标准	2
5		翼缘连接焊缝附近的主体金属 1. 翼缘板与腹板的连接焊缝 （1）自动焊，二级焊缝； （2）自动焊，三级焊缝，外观缺陷符合二级； （3）手工焊，三级焊缝，外观缺陷符合二级 2. 双层翼缘板之间的连接焊缝 （1）自动焊，三级焊缝，外观缺陷符合二级； （2）手工焊，三级焊缝，外观缺陷符合二级	 2 3 4 3 4
6		横向加劲肋端部附近的主体金属 1. 肋端不断弧（采用回焊） 2. 肋端断弧	 4 5

项次	简　　图	说　　明	类别
7		梯形节点板用对接焊缝于梁翼缘、腹板以及桁架构件处的主体金属，过渡处在焊后铲平、磨光、圆滑过渡，不得有焊接起弧、灭弧缺陷	5
8		矩形节点板焊接于构件翼缘或腹板处的主体金属，$l>150mm$	7
9		翼缘板中断处的主体金属（板端有正面焊缝）	7
10		向正面角焊缝过渡处的主体金属	6
11		两侧面角焊缝连接端部的主体金属	8
12		三面围焊缝的角焊缝端部主体金属	7
13		三面围焊或两侧面角焊缝连接的节点板主体金属（节点板计算宽度按应力扩散角 $\theta=30°$ 考虑）	7

项次	简　图	说　明	类别
14		K形对接焊缝处的主体金属，两板轴线偏离小于 0.15t，焊缝为二级，焊趾角 $\alpha \leqslant 45°$	5
15		十字接头角焊缝处的主体金属，两板轴线偏离小于 0.15t	7
16	角焊缝	按有效截面确定的剪应力幅计算	5
17		铆钉连接处的主体金属	3
18		连接螺栓和虚孔处的主体金属	3
19		高强度螺栓摩擦型连接处的主体金属	2

注：1. 所有对接焊缝均需焊透。所有焊缝的外形尺寸均应符合现行国家标准《钢结构焊缝外形尺寸》的规定。

2. 角焊缝应符合现行《钢结构设计规范》第 8.2.7 条和 8.2.8 条的要求。

3. 项次 16 中的剪应力幅 $\Delta\tau = \tau_{max} - \tau_{min}$，其中 τ_{min} 的正负值为：与 τ_{max} 同方向时，取正值；与 τ_{max} 反方向时，取负值。

4. 第 17、18 项中的应力应以净截面面积计算，第 19 项应以毛截面面积计算。

附录 2　轴心受压构件的截面分类

轴心受压构件的截面分类（板厚 $t < 40$mm）　　　　　　　　附表 2-1

截　面　形　式		对 x 轴	对 y 轴
	轧制	a 类	a 类
	轧制，$b/h \leqslant 0.8$	a 类	b 类

截 面 形 式			对 x 轴	对 y 轴
轧制 $b/h>0.8$	焊接，翼缘为焰切边	焊接		
轧制		轧制等边角钢		
轧制，焊接（板件宽厚比>20）	轧制或焊接		b 类	b 类
焊接		轧制截面和翼缘为焰切边的焊接截面		
格构式		焊接，板件边缘焰切		
焊接，翼缘为轧制或剪切边			b 类	c 类
焊接，板件边缘轧制或剪切	焊接，板件宽厚比≤20		c 类	c 类

328

轴心受压构件的截面分类（板厚 $t \geqslant 40$mm）

截 面 情 况		对 x 轴	对 y 轴
轧制工字钢或 H 形截面	$t < 80$mm	b 类	c 类
	$t \geqslant 80$mm	c 类	d 类
焊接工字形截面	翼缘为焰切边	b 类	b 类
	翼缘为轧制或剪切边	c 类	d 类
焊接箱形截面	板件宽厚比>20	b 类	b 类
	板件宽厚比≤20	c 类	d 类

附录 3 轴心受压构件的稳定系数

a 类截面轴心受压构件的稳定系数 φ

$\lambda\sqrt{\dfrac{f_y}{235}}$	0	1	2	3	4	5	6	7	8	9
0	1.000	1.000	1.000	1.000	0.999	0.999	0.998	0.998	0.997	0.996
10	0.995	0.994	0.993	0.992	0.991	0.989	0.988	0.986	0.985	0.983
20	0.981	0.979	0.977	0.976	0.974	0.972	0.970	0.968	0.966	0.964
30	0.963	0.961	0.959	0.957	0.955	0.952	0.950	0.948	0.946	0.944
40	0.941	0.939	0.937	0.934	0.932	0.929	0.927	0.924	0.921	0.919
50	0.916	0.913	0.910	0.907	0.904	0.900	0.897	0.894	0.890	0.886
60	0.883	0.879	0.875	0.871	0.867	0.863	0.858	0.854	0.849	0.844
70	0.839	0.834	0.829	0.824	0.818	0.813	0.807	0.801	0.795	0.789
80	0.783	0.776	0.770	0.763	0.757	0.750	0.743	0.736	0.728	0.721
90	0.714	0.706	0.699	0.691	0.684	0.676	0.668	0.661	0.653	0.645
100	0.638	0.630	0.622	0.615	0.607	0.600	0.592	0.585	0.577	0.570
110	0.563	0.555	0.548	0.541	0.534	0.527	0.520	0.514	0.507	0.500
120	0.494	0.488	0.481	0.475	0.469	0.463	0.457	0.451	0.445	0.440
130	0.434	0.429	0.423	0.418	0.412	0.407	0.402	0.397	0.392	0.387
140	0.383	0.378	0.373	0.369	0.364	0.360	0.356	0.351	0.347	0.343
150	0.339	0.335	0.331	0.327	0.323	0.320	0.316	0.312	0.309	0.305
160	0.302	0.298	0.295	0.292	0.289	0.285	0.282	0.279	0.276	0.273
170	0.270	0.267	0.264	0.262	0.259	0.256	0.253	0.251	0.248	0.246
180	0.243	0.241	0.238	0.236	0.233	0.231	0.229	0.226	0.224	0.222
190	0.220	0.218	0.215	0.213	0.211	0.209	0.207	0.205	0.203	0.201
200	0.199	0.198	0.196	0.194	0.192	0.190	0.189	0.187	0.185	0.183
210	0.182	0.180	0.179	0.177	0.175	0.174	0.172	0.171	0.169	0.168
220	0.166	0.165	0.164	0.162	0.161	0.159	0.158	0.157	0.155	0.154
230	0.153	0.152	0.150	0.149	0.148	0.147	0.146	0.144	0.143	0.142
240	0.141	0.140	0.139	0.138	0.136	0.135	0.134	0.133	0.132	0.131
250	0.130									

$\lambda\sqrt{\dfrac{f_y}{235}}$	0	1	2	3	4	5	6	7	8	9
0	1.000	1.000	1.000	0.999	0.999	0.998	0.997	0.996	0.995	0.994
10	0.992	0.991	0.989	0.987	0.985	0.983	0.981	0.978	0.976	0.973
20	0.970	0.967	0.963	0.960	0.957	0.953	0.950	0.946	0.943	0.939
30	0.936	0.932	0.929	0.925	0.922	0.918	0.914	0.910	0.906	0.903
40	0.899	0.895	0.891	0.887	0.882	0.878	0.874	0.870	0.865	0.861
50	0.856	0.852	0.847	0.842	0.838	0.833	0.828	0.823	0.818	0.813
60	0.807	0.802	0.797	0.791	0.786	0.780	0.774	0.769	0.763	0.757
70	0.751	0.745	0.739	0.732	0.726	0.720	0.714	0.707	0.701	0.694
80	0.688	0.681	0.675	0.668	0.661	0.655	0.648	0.641	0.635	0.628
90	0.621	0.614	0.608	0.601	0.594	0.588	0.581	0.575	0.568	0.561
100	0.555	0.549	0.542	0.536	0.529	0.523	0.517	0.511	0.505	0.499
110	0.493	0.487	0.481	0.475	0.470	0.464	0.458	0.453	0.447	0.442
120	0.437	0.432	0.426	0.421	0.416	0.411	0.406	0.402	0.397	0.392
130	0.387	0.383	0.378	0.374	0.370	0.365	0.361	0.357	0.353	0.349
140	0.345	0.341	0.337	0.333	0.329	0.326	0.322	0.318	0.315	0.311
150	0.308	0.304	0.301	0.298	0.295	0.291	0.288	0.285	0.282	0.279
160	0.276	0.273	0.270	0.267	0.265	0.262	0.259	0.256	0.254	0.251
170	0.249	0.246	0.244	0.241	0.239	0.236	0.234	0.232	0.229	0.227
180	0.225	0.223	0.220	0.218	0.216	0.214	0.212	0.210	0.208	0.206
190	0.204	0.202	0.200	0.198	0.197	0.195	0.193	0.191	0.190	0.188
200	0.186	0.184	0.183	0.181	0.180	0.178	0.176	0.175	0.173	0.172
210	0.170	0.169	0.167	0.166	0.165	0.163	0.162	0.160	0.159	0.158
220	0.156	0.155	0.154	0.153	0.151	0.150	0.149	0.148	0.146	0.145
230	0.144	0.143	0.142	0.141	0.140	0.138	0.137	0.136	0.135	0.134
240	0.133	0.132	0.131	0.130	0.129	0.128	0.127	0.126	0.125	0.124
250	0.123									

c 类截面轴心受压构件的稳定系数 φ

$\lambda\sqrt{\dfrac{f_y}{235}}$	0	1	2	3	4	5	6	7	8	9
0	1.000	1.000	1.000	0.999	0.999	0.998	0.997	0.996	0.995	0.993
10	0.992	0.990	0.988	0.986	0.983	0.981	0.978	0.976	0.973	0.970
20	0.966	0.959	0.953	0.947	0.940	0.934	0.928	0.921	0.915	0.909
30	0.902	0.896	0.890	0.884	0.877	0.871	0.865	0.858	0.852	0.846
40	0.839	0.833	0.826	0.820	0.814	0.807	0.801	0.794	0.788	0.781
50	0.775	0.768	0.762	0.755	0.748	0.742	0.735	0.729	0.722	0.715
60	0.709	0.702	0.695	0.689	0.682	0.676	0.669	0.662	0.626	0.649
70	0.643	0.636	0.629	0.623	0.616	0.610	0.604	0.597	0.591	0.584
80	0.578	0.572	0.566	0.559	0.553	0.547	0.541	0.535	0.529	0.523
90	0.517	0.511	0.505	0.500	0.494	0.488	0.483	0.477	0.472	0.467
100	0.463	0.458	0.454	0.449	0.445	0.441	0.436	0.432	0.428	0.432
110	0.419	0.415	0.411	0.407	0.403	0.399	0.395	0.391	0.387	0.383
120	0.379	0.375	0.371	0.367	0.364	0.360	0.356	0.353	0.349	0.346
130	0.342	0.339	0.335	0.332	0.328	0.325	0.322	0.319	0.315	0.312
140	0.309	0.306	0.303	0.300	0.297	0.294	0.291	0.288	0.285	0.282
150	0.280	0.277	0.274	0.271	0.269	0.266	0.264	0.261	0.258	0.256
160	0.254	0.251	0.249	0.246	0.244	0.242	0.239	0.237	0.235	0.233
170	0.230	0.228	0.226	0.224	0.222	0.220	0.218	0.216	0.214	0.212
180	0.210	0.208	0.206	0.205	0.203	0.201	0.199	0.197	0.196	0.194
190	0.192	0.190	0.189	0.187	0.186	0.184	0.182	0.181	0.179	0.178
200	0.176	0.175	0.173	0.172	0.170	0.169	0.168	0.166	0.165	0.163
210	0.162	0.161	0.159	0.158	0.157	0.156	0.154	0.153	0.152	0.151
220	0.150	0.148	0.147	0.146	0.145	0.144	0.143	0.142	0.140	0.139
230	0.138	0.137	0.136	0.135	0.134	0.133	0.132	0.131	0.130	0.129
240	0.128	0.127	0.126	0.125	0.124	0.124	0.123	0.122	0.121	0.120
250	0.119									

d 类截面轴心受压构件的稳定系数 φ   附表 3-4

$\lambda\sqrt{\dfrac{f_y}{235}}$	0	1	2	3	4	5	6	7	8	9
0	1.000	1.000	0.999	0.999	0.998	0.996	0.994	0.992	0.990	0.987
10	0.984	0.981	0.978	0.974	0.969	0.965	0.960	0.955	0.949	0.944
20	0.937	0.927	0.918	0.909	0.900	0.891	0.883	0.874	0.865	0.857
30	0.848	0.840	0.831	0.823	0.815	0.807	0.799	0.790	0.782	0.744
40	0.766	0.759	0.751	0.743	0.735	0.728	0.720	0.712	0.705	0.697
50	0.690	0.683	0.675	0.668	0.661	0.654	0.646	0.639	0.632	0.625
60	0.618	0.612	0.605	0.598	0.591	0.585	0.578	0.572	0.565	0.559
70	0.552	0.546	0.540	0.534	0.528	0.522	0.516	0.510	0.504	0.498
80	0.493	0.487	0.481	0.476	0.470	0.465	0.460	0.454	0.499	0.444
90	0.439	0.434	0.429	0.423	0.419	0.414	0.410	0.405	0.401	0.397
100	0.394	0.390	0.387	0.383	0.380	0.376	0.373	0.370	0.366	0.363
110	0.359	0.356	0.353	0.350	0.346	0.343	0.340	0.337	0.334	0.331
120	0.328	0.325	0.322	0.319	0.316	0.313	0.310	0.307	0.304	0.301
130	0.299	0.296	0.293	0.290	0.288	0.285	0.282	0.280	0.277	0.275
140	0.272	0.270	0.267	0.265	0.262	0.260	0.258	0.255	0.253	0.251
150	0.248	0.246	0.244	0.242	0.240	0.237	0.235	0.233	0.231	0.229
160	0.227	0.225	0.223	0.221	0.219	0.217	0.215	0.213	0.212	0.210
170	0.208	0.206	0.204	0.203	0.201	0.199	0.197	0.196	0.194	0.192
180	0.191	0.189	0.188	0.186	0.184	0.183	0.181	0.180	0.178	0.177
190	0.176	0.174	0.173	0.171	0.170	0.168	0.167	0.166	0.164	0.163
200	0.162									

附录4 型钢表

符号：h—高度； b—翼缘宽度；
    d—腹板厚；t—翼缘平均厚度；
    I—惯性矩；W—截面抵抗矩
    i—回转半径；
    s—半截面的静力矩

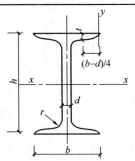

长度：型号10～18，长5～19m
型号20～63，长6～19m

型号	尺 寸					截面积 (cm²)	质量 (kg/m)	x—x轴				y—y轴		
	h	b	t_w	t	r			I_x	W_x	i_x	I_x/S_x	I_y	W_y	i_y
	(mm)							(cm⁴)	(cm³)	(cm)		(cm⁴)	(cm³)	(cm)
10	100	68	4.5	7.6	6.5	14.3	11.3	245	49	4.14	8.69	33	9.6	1.51
12.6	126	74	5.0	8.4	7.0	18.1	14.2	488	77	5.19	11.0	47	12.7	1.61
14	140	80	5.5	9.1	7.5	21.5	16.9	712	102	5.75	12.2	64	16.1	1.73
16	160	88	6.0	9.9	8.0	26.1	20.5	1127	141	6.57	13.9	93	21.1	1.89
18	180	94	6.5	10.7	8.5	30.7	24.1	1699	185	7.37	15.4	123	26.2	2.00
20a	200	100	7.0	11.4	9.0	35.5	27.9	2369	237	8.16	17.4	158	31.6	2.11
20b	200	102	9.0	11.4	9.0	39.5	31.1	2502	250	7.95	17.1	169	33.1	2.07
22a	220	110	7.5	12.3	9.5	42.1	33.0	3406	310	8.99	19.2	226	41.1	2.32
22b	220	112	9.5	12.3	9.5	46.5	36.5	3583	326	8.78	18.9	240	42.9	2.27
25a	250	116	8.0	13.0	10.0	48.5	38.1	5017	401	10.2	21.7	280	48.4	2.40
25b	250	118	10.0	13.0	10.0	53.5	42.0	5278	422	9.93	21.4	297	50.4	2.36
28a	280	122	8.5	13.7	10.5	55.4	43.5	7115	508	11.3	24.3	344	56.4	2.49
28b	280	124	10.5	13.7	10.5	47.9	47.9	7481	534	11.1	24.0	364	58.7	2.44
a		130	9.5			67.1	52.7	11080	692	12.8	27.7	459	70.6	2.62
32b	320	132	11.5	15.0	11.5	73.5	57.7	11626	727	12.6	27.3	484	73.3	2.57
c		134	13.5			79.9	62.7	12173	761	12.3	26.9	510	76.1	2.53
a		136	10.0			76.4	60.0	15796	878	14.4	31.0	555	81.6	2.69
36b	360	138	12.0	15.8	12.0	83.6	65.7	16574	921	14.1	30.5	584	84.6	2.64
c		140	14.0			90.8	71.3	17351	964	13.8	30.2	614	87.7	2.60
a		142	10.5			86.1	67.6	21714	1086	15.9	34.4	660	92.9	2.77
40b	400	144	12.5	16.5	12.5	94.1	73.8	22781	1139	15.6	33.9	693	96.2	2.71
c		146	14.5			102	80.1	23847	1192	15.3	33.5	727	99.7	2.67
a		150	11.5			102	80.4	32241	1433	17.7	38.5	855	114	2.89
45b	450	152	13.5	18.0	13.5	111	87.5	33759	1500	17.4	38.1	895	118	2.84
c		154	15.5			120	94.5	35278	1568	17.1	37.6	938	122	2.79
a		158	12.0			119	93.6	46472	1859	19.7	42.9	1122	142	3.07
50b	500	160	14.0	20	14	129	101	48556	1942	19.4	42.3	1171	146	3.01
c		162	16.0			139	109	50639	2026	19.1	41.9	1224	151	2.96
a		166	12.5			135	106	65576	2342	22.0	47.9	1366	165	3.18
56b	560	168	14.5	21	14.5	147	115	68503	2447	21.6	47.3	1424	170	3.12
c		170	16.5			158	124	71430	2551	21.3	46.8	1485	175	3.07
a		176	13.0			155	121	94004	2984	24.7	53.8	1702	194	3.32
63b	630	178	15.0	22	15	167	131	98171	3117	24.2	53.2	1771	199	3.25
c		180	17.0			180	141	102339	3249	23.9	52.6	1842	205	3.20

H 型钢、T 型钢

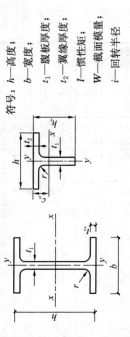

符号：h—高度；
b—宽度；
t_1—腹板厚度；
t_2—翼缘厚度；
I—惯性矩；
W—截面模量；
i—回转半径。

对于 T 型钢：截面高度 h_T，截面面积 A_T，质量 q_T，惯性矩 I_{yT} 等于相应 H 型钢的 1/2，HW、HM、HN 分别代表宽翼缘、中翼缘、窄翼缘 H 型钢；TW、TM、TN 分别代表各自的 TX 型钢。

类型	H 型钢规格 ($h×b×t_1×t_2$)	截面面积 A (cm²)	质量 q (kg/m)	x-x 轴 I_x (cm⁴)	W_x (cm³)	i_x (cm)	y-y 轴 I_y (cm⁴)	W_y (cm³)	i_y, i_{yT} (cm)	重心 C_x (cm)	x_T-x_T 轴 I_{xT} (cm⁴)	i_{xT} (cm)	T 型钢规格 ($h_T×b×t_1×t_2$)	类型
HW	100×100×6×8	21.90	17.2	383	76.5	4.18	134	26.7	2.47	1.00	16.1	1.21	50×100×6×8	TW
	125×125×6.5×9	30.31	23.8	847	136	5.29	294	47.0	3.11	1.19	35.0	1.52	62.5×125×6.5×9	
	150×150×7×10	40.55	31.9	1660	221	6.39	564	75.1	3.73	1.37	66.4	1.81	75×150×7×10	
	175×175×7.5×11	51.43	40.3	2900	331	7.50	984	112	4.37	1.55	115	2.11	87.5×175×7.5×11	
	200×200×9×14	64.28	50.5	4770	477	8.61	1600	160	4.99	1.73	185	2.40	100×200×8×12	
	♯200×204×12×12	72.28	56.7	5030	503	8.35	1700	167	4.85	2.09	256	2.66	♯100×204×12×12	
	250×250×9×14	92.18	72.4	10800	867	10.8	3650	292	6.29	2.08	412	2.99	125×250×9×14	
	250×255×14×14	104.7	82.2	11500	919	10.5	3880	304	6.09	2.58	589	3.36	♯125×255×14×14	
	♯294×302×12×12	108.3	85.0	17000	1160	12.5	5520	365	7.14	2.83	858	3.98	♯147×302×12×12	
	300×300×10×15	120.4	94.5	20500	1370	13.1	6760	450	7.49	2.47	798	3.64	150×300×10×15	
	300×305×15×15	135.4	106	21600	1440	12.6	7100	466	7.24	3.02	1110	4.05	♯150×305×15×15	

续表

H型钢 / H和T / T型钢

类型	H型钢规格 ($h×b×t_1×t_2$)	截面面积 A (cm²)	质量 q (kg/m)	I_x (cm⁴)	W_x (cm³)	i_x (cm)	I_y (cm⁴)	W_y (cm³)	i_y, i_{yT} (cm)	重心 C_x (cm)	I_{xT} (cm⁴)	i_{xT} (cm)	T型钢规格 ($h_T×b×t_1×t_2$)	类型
HW	#344×348×10×16	146.0	115	33300	1940	15.1	11200	646	8.78	2.67	1230	4.11	#172×348×10×16	TW
	350×350×12×19	173.9	137	40300	2300	15.2	13600	776	8.84	2.86	1520	4.18	175×350×12×19	
	#388×402×15×15	179.2	141	49200	2540	16.6	16300	809	9.52	3.69	2480	5.26	#194×402×15×15	
	#394×398×11×18	187.6	147	56400	2860	17.3	18900	951	10.0	3.01	2050	4.67	#197×398×11×18	
	400×400×13×21	219.5	172	66900	3340	17.5	22400	1120	10.1	3.21	2480	4.75	200×400×13×21	
	#400×408×21×21	251.5	197	71100	3560	16.8	23800	1170	9.73	4.07	3650	5.39	#200×408×21×21	
	#414×405×18×28	296.2	233	93000	4490	17.7	31000	1530	10.2	3.68	3620	4.95	#207×405×18×28	
	#428×407×20×35	361.4	284	119000	5580	18.2	39400	1930	10.4	3.90	4380	4.92	#214×407×20×35	
HM	148×100×6×9	27.25	21.4	1040	140	6.17	151	30.2	2.35	1.55	51.7	1.95	74×100×6×9	TM
	194×150×6×9	39.76	31.2	2740	283	8.30	508	67.7	3.57	1.78	125	2.50	97×150×69	
	244×175×7×11	56.24	44.1	6120	502	10.4	985	113	4.18	2.27	289	3.20	122×175×7×11	
	294×200×8×12	73.03	57.3	11400	779	12.5	1600	160	4.69	2.82	572	3.96	147×200×8×12	
	340×250×9×14	101.5	79.7	21700	1280	14.6	3650	292	6.00	3.09	1020	4.48	170×250×9×14	
	390×300×10×16	136.7	107	38900	2000	16.9	7210	481	7.26	3.04	1720	5.03	195×300×10×16	
	440×300×11×18	157.4	124	56100	2550	18.9	8110	541	7.18	4.05	2680	5.84	220×300×11×15	
	482×300×11×15	146.4	115	60800	2520	20.4	6770	451	6.80	4.90	3420	6.83	241×300×12×15	
	488×300×11×18	164.4	129	71400	2930	20.8	8120	541	7.03	4.65	3620	6.64	244×300×11×18	
	582×300×12×17	174.5	137	103000	3530	24.3	7670	511	6.63	6.39	6360	8.54	291×300×12×17	
	588×300×12×20	192.5	151	118000	4020	24.8	9020	601	6.85	6.08	6710	5.35	294×300×12×20	
	#594×302×14×23	222.4	175	137000	4620	24.9	10600	701	6.90	6.33	7920	8.44	#297×302×14×23	
HN	100×50×5×7	12.16	9.54	192	38.5	3.98	14.9	5.96	1.11	1.27	11.9	1.40	50×50×5×7	TN
	125×60×6×8	17.01	13.3	417	66.8	4.95	29.3	9.75	1.31	1.63	27.5	1.80	62.5×60×6×8	
	150×75×5×7	18.16	14.3	679	90.6	6.12	49.6	13.2	1.65	1.78	42.7	2.17	75×75×5×7	

类型	H型钢规格 ($h×b×t_1×t_2$)	截面面积 A (cm²)	质量 q (kg/m)	x-x轴 I_x (cm⁴)	W_x (cm³)	i_x (cm)	y-y轴 I_y (cm⁴)	W_y (cm³)	i_y, i_{yT} (cm)	重心 C_x (cm)	x_T-x_T轴 I_{xT} (cm⁴)	i_{xT} (cm)	T型钢规格 ($h_T×b×t_1×t_2$)	类型
HN	175×90×5×8	23.21	18.2	1220	140	7.26	97.6	21.7	2.05	1.92	70.7	2.47	87.5×90×5×8	TN
	198×99×4.5×7	23.59	18.5	1610	163	8.27	114	23.0	2.20	2.13	94.0	2.82	99×99×4.5×7	
	200×100×5.5×8	27.57	21.7	1880	188	8.25	134	26.8	2.21	2.27	115	2.88	100×100×5.5×8	
	248×124×5×8	32.89	25.8	3560	287	10.4	255	41.1	2.78	2.62	208	3.56	124×124×5×8	
	250×125×6×9	37.87	29.7	4080	326	10.4	294	47.0	2.79	2.78	249	3.62	125×125×6×9	
	298×149×5.5×8	41.55	32.6	6460	433	12.4	443	59.4	3.26	3.22	395	4.36	149×149×5.5×8	
	300×150×6.5×9	47.53	37.3	7350	490	12.4	508	67.7	3.27	3.38	465	4.42	150×150×6.5×9	
	346×174×6×9	53.19	41.8	11200	649	14.5	792	91.0	3.86	3.68	681	5.06	173×174×6×9	
	350×175×7×11	63.66	50.0	13700	782	14.7	985	113	3.93	3.74	816	5.06	175×175×7×11	
	#400×150×8×13	71.12	55.8	18800	942	16.3	734	97.9	3.21	—	—	—	—	
	396×199×7×11	72.16	56.7	20000	1010	16.7	1450	145	4.48	4.17	1190	5.76	198×199×8×12	
	400×200×8×13	84.12	66.0	23700	1190	16.8	1740	174	4.54	4.23	1400	5.76	200×200×8×13	
	#450×150×9×14	83.41	65.5	27100	1200	18.0	793	106	3.08	—	—	—	—	
	446×199×8×12	84.95	66.7	29000	1300	18.5	1580	159	4.31	5.07	1880	6.65	223×199×8×12	
	450×200×9×14	97.41	76.5	33700	1500	18.6	1870	187	4.38	5.13	2160	6.66	225×200×8×13	
	#500×150×10×16	98.23	77.1	38500	1540	19.8	907	121	3.04	—	—	—	—	
	496×199×9×14	101.3	79.5	41900	1690	20.3	1840	185	4.27	5.90	2840	7.49	248×199×9×14	
	500×200×10×16	114.2	89.6	47800	1910	20.5	2140	214	4.33	5.96	3210	7.50	250×200×10×16	
	#506×201×11×19	131.3	103	56500	2230	20.8	2580	257	4.43	5.95	3670	7.48	#253×201×11×19	
	596×199×10×15	121.2	95.1	69300	2330	23.9	1980	199	4.04	7.76	5200	9.27	298×199×10×15	
	600×200×11×17	135.2	106	78200	2610	24.1	2280	228	4.11	7.81	5820	9.28	300×200×11×17	
	#606×201×12×20	153.3	120	91000	3000	24.4	2720	271	4.21	7.76	6580	9.26	#303×201×12×20	
	#692×300×13×20	211.5	166	172000	4980	28.6	9020	602	6.53	—	—	—	—	
	700×300×13×24	235.5	185	201000	5760	29.3	10800	722	6.78	—	—	—	—	

注："#"表示的规格为非常用规格。

符号：同普通工字型钢。

但 W_y 为对应于翼缘肢尖的
截面模量。

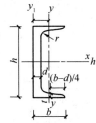

长度：型号 5～8，长 5～12m；

型号 10～18，长 5～19m；

型号 20～40，长 5～19m；

型号	尺 寸					截面面积 (cm²)	质量 (kg/m)	x-x 轴			y-y 轴			y₁-y₁ 轴	x₀
	h	b	t_w	t	r			I_x	W_x	i_x	I_y	W_y	i_y	I_{y1}	x_0
	(mm)							(cm⁴)	(cm³)	(cm)	(cm⁴)	(cm³)	(cm)	(cm⁴)	(cm)
5	50	37	4.5	7.0	7.0	6.92	5.44	26	10.4	1.94	8.3	3.5	1.10	20.9	1.35
6.3	63	40	4.8	7.5	7.5	8.45	6.63	51	16.3	2.46	11.9	4.6	1.19	28.3	1.39
8	80	43	5.0	8.0	8.0	10.24	8.04	101	25.3	3.14	16.6	5.8	1.27	37.4	1.42
10	100	48	5.3	8.5	8.5	12.74	10.00	198	39.7	3.94	25.6	7.8	1.42	54.9	1.52
12.6	126	53	5.5	9.0	9.0	15.69	12.31	389	61.7	4.98	38.0	10.3	1.56	77.8	1.59
14 a	140	58	6.0	9.5	9.5	18.51	14.53	564	80.5	5.52	53.2	13.0	1.70	107.2	1.71
14 b	140	60	8.0	9.5	9.5	21.31	16.73	609	87.1	5.35	61.2	14.1	1.69	120.6	1.67
16 a	160	63	6.5	10.0	10.0	21.95	17.23	866	108.3	6.28	73.4	16.3	1.83	144.1	1.79
16 b	160	65	8.5	10.0	10.0	25.15	19.75	935	116.8	6.10	83.4	17.6	1.82	160.8	1.75
18 a	180	68	7.0	10.5	10.5	25.69	20.17	1273	141.4	7.04	98.6	20.0	1.96	189.7	1.88
18 b	180	70	9.0	10.5	10.5	29.29	22.99	1370	152.2	6.84	111.0	21.5	1.95	210.1	1.84
20 a	200	73	7.0	11.0	11.0	28.83	22.63	1780	178.0	7.86	128.0	24.2	2.11	244.0	2.01
20 b	200	75	9.0	11.0	11.0	32.83	25.77	1914	191.4	7.64	143.6	25.9	2.09	268.4	1.95
22 a	220	77	7.0	11.5	11.5	31.84	24.99	2394	217.6	8.67	157.8	28.2	2.23	298.2	2.10
22 b	220	79	9.0	11.5	11.5	36.24	28.45	2571	233.8	8.42	176.5	30.1	2.21	326.3	2.03
25 a	250	78	7.5	12.0	12.0	34.91	27.4	3359	268.7	9.81	175.9	30.7	2.24	324.8	2.07
25 b	250	80	9.0	12.0	12.0	39.91	31.33	3619	289.6	9.52	196.4	32.7	2.22	355.1	1.99
25 c	250	82	11.0	12.0	12.0	44.91	35.25	3880	310.4	9.30	215.9	34.6	2.19	388.6	1.96
28 a	280	82	7.5	12.5	12.5	40.02	31.42	4753	339.5	10.90	217.9	35.7	2.33	393.3	2.09
28 b	280	84	9.5	12.5	12.5	45.62	35.81	5118	365.6	10.59	241.5	37.9	2.30	428.5	2.02
28 c	280	86	11.5	12.5	12.5	51.22	40.21	5484	391.7	10.35	264.1	40.0	2.27	467.3	1.99
32 a	320	88	8.0	14.0	14.0	48.50	38.07	7511	469.4	12.44	304.7	46.4	2.51	547.5	2.24
32 b	320	90	10.0	14.0	14.0	54.90	43.10	8057	503.5	12.11	335.6	49.1	2.47	592.9	2.16
32 c	320	92	12.0	14.0	14.0	61.30	48.12	8603	537.7	11.85	365.0	51.6	2.44	642.7	2.13
36 a	360	96	9.0	16.0	16.0	60.89	47.80	11874	659.7	13.96	455.0	63.6	2.73	818.5	2.44
36 b	360	98	11.0	16.0	16.0	68.09	53.45	12652	702.9	13.63	496.7	66.9	2.70	880.5	2.37
36 c	360	100	13.0	16.0	16.0	75.29	59.10	13429	745.1	13.36	536.6	70.0	2.67	948.0	2.34
40 a	400	100	10.5	18.0	18.0	75.04	58.91	17578	878.9	15.30	592.0	78.8	2.81	1057.9	2.49
40 b	400	102	12.5	18.0	18.0	83.04	65.19	18644	932.2	14.98	640.6	82.6	2.78	1135.8	2.44
40 c	400	104	14.5	18.0	18.0	91.04	71.47	19711	985.6	14.71	687.8	86.2	2.75	1220.3	2.42

单 角 钢　　　双 角 钢

角钢型号 B×b×t	圆角 r	重心矩 Z_0	截面面积 A	质量	惯性矩 I_x	截面模量		回转半径			i_y, 当 a 为下列数值:				
				(kg/m)		W_x^{max}	W_x^{min}	i_x	i_{x0}	i_{y0}	6mm	8mm	10mm	12mm	14mm
	(mm)	(mm)	(cm²)		(cm⁴)	(cm³)		(cm)			(cm)				
L20×3/4	3.5	6.0	1.13	0.89	0.40	0.66	0.29	0.59	0.75	0.39	1.08	1.17	1.25	1.34	1.43
		6.4	1.46	1.15	0.50	0.78	0.36	0.58	0.73	0.38	1.11	1.19	1.28	1.37	1.46
L25×3/4	3.5	7.3	1.43	1.12	0.82	1.12	0.46	0.76	0.95	0.49	1.27	1.36	1.44	1.53	1.61
		7.6	1.86	1.46	1.03	1.34	0.59	0.74	0.93	0.48	1.30	1.38	1.47	1.55	1.64
L30×3/4	4.5	8.5	1.75	1.37	1.46	1.72	0.68	0.91	1.15	0.59	1.47	1.55	1.63	1.71	1.80
		8.9	2.28	1.79	1.84	2.08	0.87	0.90	1.13	0.58	1.49	1.57	1.65	1.74	1.82
L36×4 (3)	4.5	10.0	2.11	1.66	2.58	2.59	0.99	1.11	1.39	0.71	1.70	1.78	1.86	1.94	2.03
(4)		10.4	2.76	2.16	3.29	3.18	1.28	1.09	1.38	0.70	1.73	1.80	1.89	1.97	2.05
(5)		10.7	3.38	2.65	3.95	3.68	1.56	1.08	1.36	0.70	1.75	1.83	1.91	1.99	2.08
L40×4 (3)	5	10.9	2.36	1.85	3.59	3.28	1.23	1.23	1.55	0.79	1.86	1.94	2.01	2.09	2.18
(4)		11.3	3.09	2.42	4.60	4.05	1.60	1.22	1.54	1.79	1.88	1.96	2.04	2.12	2.20
(5)		11.7	3.79	2.98	5.53	4.72	1.96	1.21	1.52	0.78	1.90	1.98	2.06	2.14	2.23
L45×4 (3)	5	12.2	2.66	2.09	5.17	4.25	1.58	1.39	1.76	0.90	2.06	2.14	2.21	2.29	2.37
(4)		12.6	3.49	2.74	6.65	5.29	2.05	1.38	1.74	0.89	2.08	2.16	2.24	2.32	2.40
(5)		13.0	4.29	3.37	8.04	6.20	2.51	1.37	1.72	0.88	2.10	2.18	2.26	2.34	2.42
(6)		13.3	5.08	3.99	9.33	6.99	2.95	1.36	1.71	0.88	2.12	2.20	2.28	2.36	2.44
L50×4 (3)	5.5	13.4	2.97	2.33	7.18	5.36	1.96	1.55	1.96	1.00	2.26	2.33	2.41	2.48	2.56
(4)		13.8	3.90	3.06	9.26	6.70	2.56	1.54	1.94	0.99	2.28	2.36	2.43	2.51	2.59
(5)		14.2	4.80	3.77	11.21	7.90	3.13	1.53	1.92	0.98	2.30	2.38	2.45	2.53	2.61
(6)		14.6	5.69	4.46	13.05	8.95	3.68	1.51	1.91	0.98	2.32	2.40	2.48	2.56	2.64
L56×4 (3)	6	14.8	3.34	2.62	10.19	6.86	2.48	1.75	2.20	1.13	2.50	2.57	2.64	2.72	2.80
(4)		15.3	4.39	3.45	13.18	8.63	3.24	1.73	2.18	1.11	2.52	2.59	2.67	2.74	2.82
(5)		15.7	5.42.	4.25	16.02	10.22	3.97	1.72	2.17	1.10	2.54	2.61	2.69	2.77	2.85
(8)		16.8	8.37	6.57	23.63	14.06	6.03	1.68	2.11	1.09	2.60	2.67	2.75	2.83	2.91
L63×6 (4)	7	17.0	4.98	3.91	19.03	11.22	4.13	1.96	2.46	1.26	2.79	2.87	2.94	3.02	3.09
(5)		17.4	6.14	4.82	23.17	13.33	5.08	1.94	2.45	1.25	2.82	2.89	2.96	3.04	3.12
(6)		17.8	7.29	5.72	27.12	15.26	6.00	1.93	2.43	1.24	2.83	2.91	2.98	3.06	3.14
(8)		18.5	9.51	7.47	34.45	18.59	7.75	1.90	2.39	1.23	2.87	2.95	3.03	3.10	3.18
(10)		19.3	11.66	9.15	41.09	21.34	9.39	1.88	2.36	1.22	2.91	2.99	3.07	3.15	3.23
L70×6 (4)	8	18.6	5.57	4.37	26.39	14.16	5.14	2.18	2.74	1.40	3.07	3.14	3.21	3.29	3.36
(5)		19.1	6.88	5.40	32.21	16.89	6.32	2.16	2.73	1.39	3.09	3.16	3.24	3.31	3.39
(6)		19.5	8.16	6.41	37.77	19.39	7.48	2.15	2.71	1.38	3.11	3.18	3.26	3.33	3.41
(7)		19.9	9.42	7.40	43.09	21.68	8.59	2.14	2.69	1.38	3.13	3.20	3.28	3.36	3.43
(8)		20.3	10.67	8.37	48.17	23.79	9.68	2.13	2.68	1.37	3.15	3.22	3.30	3.38	3.46

角钢型号 B×b×t	圆角 r	重心矩 Z₀	截面面积 A	质量 (kg/m)	惯性矩 Iₓ	截面模量		回转半径			iᵧ, 当 a 为下列数值:				
						W_x^{max}	W_x^{min}	i_x	i_{x0}	i_{y0}	6mm	8mm	10mm	12mm	14mm
	(mm)		(cm²)		(cm⁴)	(cm³)		(cm)			(cm)				
∟80× 5	9	21.5	7.91	6.21	48.79	22.70	8.34	2.48	3.13	1.60	3.49	3.56	3.63	3.71	3.78
6		21.9	9.40	7.38	57.35	26.16	9.87	2.47	3.11	1.59	3.51	3.58	3.65	3.73	3.80
7		22.3	10.86	8.53	65.58	29.38	11.37	2.46	3.10	1.58	3.53	3.36	3.67	3.75	3.83
8		22.7	12.30	9.66	73.50	32.36	12.83	2.44	3.08	1.57	3.55	3.62	3.70	3.77	3.85
10		23.5	15.13	11.87	88.43	37.68	15.64	2.42	3.04	1.56	3.58	3.66	3.74	3.81	3.89
∟90× 6	10	24.4	10.64	8.35	82.77	33.99	12.61	2.79	3.51	1.80	3.91	3.98	4.05	4.12	4.20
7		24.8	12.30	9.66	94.83	38.28	14.54	2.78	3.50	1.78	3.93	4.00	4.07	4.14	4.22
8		25.2	13.94	10.95	106.5	42.30	16.42	2.76	3.48	1.78	3.95	4.02	4.09	4.17	4.24
10		25.9	17.17	13.48	128.6	49.57	20.07	2.74	3.45	1.76	3.98	4.06	4.13	4.21	4.28
12		26.7	20.31	15.94	149.2	55.93	23.57	2.71	3.41	1.75	4.02	4.09	4.17	4.25	4.32
∟100× 6	12	26.7	11.93	9.37	115.0	43.04	15.68	3.10	3.91	2.00	4.30	4.37	4.44	4.51	4.58
7		27.1	13.80	10.83	131.9	48.57	18.10	3.09	3.89	1.99	4.32	4.39	4.46	4.53	4.61
8		27.6	15.64	12.28	148.2	53.78	20.47	3.08	3.88	1.98	4.34	4.41	4.48	4.55	4.63
10		28.4	19.26	15.12	179.5	63.29	25.06	3.05	3.84	1.96	4.38	4.45	4.52	4.60	4.67
12		29.1	22.80	17.90	208.9	71.72	29.47	3.03	3.81	1.95	4.41	4.49	4.56	4.64	4.71
14		29.9	26.26	20.61	236.5	79.19	33.73	3.00	3.77	1.94	4.45	4.53	4.60	4.68	4.75
16		30.6	29.63	23.26	262.5	85.81	37.82	2.98	3.74	1.93	4.49	4.56	4.60	7.72	4.80
∟110× 7	12	29.6	15.20	11.93	177.2	59.78	22.05	3.41	4.30	2.20	4.72	4.79	4.86	4.94	5.01
8		30.1	17.24	13.53	199.5	66.36	24.95	3.40	4.28	2.19	4.74	4.81	4.88	4.96	5.03
10		30.9	21.26	16.69	242.2	78.48	30.60	3.38	4.25	2.17	7.78	4.85	4.92	5.00	5.07
12		31.6	25.20	19.78	282.6	89.34	36.05	3.35	4.22	2.15	4.82	4.89	4.96	5.04	5.11
14		32.4	29.06	22.811	320.7	99.07	41.31	3.32	4.18	2.14	4.85	4.93	5.00	5.08	5.15
∟125× 8	14	33.7	19.75	15.50	297.0	88.2	32.52	3.88	4.88	2.50	5.34	5.41	5.48	5.55	5.62
10		34.5	24.37	19.13	361.7	104.8	39.97	3.85	4.85	2.48	5.38	5.45	5.52	5.59	5.66
12		35.3	28.91	22.70	423.2	119.9	47.17	3.83	4.82	2.46	5.41	5.48	5.56	5.63	5.70
14		36.1	33.37	26.19	481.7	133.6	54.16	3.80	4.78	2.45	5.45	5.52	5.59	5.67	5.74
∟140× 10	14	38.2	27.37	21.49	514.7	134.6	50.58	4.34	5.46	2.78	5.98	6.05	6.12	6.20	6.27
12		39.0	32.51	25.52	603.7	154.6	59.80	4.31	5.43	2.77	6.02	6.09	6.16	6.23	6.31
14		39.8	37.57	29.49	688.8	173.0	68.75	4.28	5.40	2.75	6.06	6.13	6.20	6.27	6.34
16		40.6	42.54	33.39	770.2	189.9	77.46	4.26	5.36	2.74	6.09	6.16	6.23	6.31	6.38
∟200× 14	18	54.6	54.64	42.89	2104	385.1	144.7	6.20	7.82	3.98	8.47	8.54	8.61	8.67	8.75
16		55.4	62.01	48.68	2366	427.0	163.7	6.18	7.79	3.96	8.50	8.57	8.64	8.71	8.78
18		56.2	69.30	54.40	2621	466.5	182.2	6.15	7.75	3.94	8.53	8.60	8.67	8.75	8.82
20		56.9	76.50	60.06	2867	503.6	200.4	6.12	7.72	3.93	8.57	8.64	8.71	8.78	8.85
24		58.4	90.66	71.17	3338	571.5	235.8	6.07	7.64	3.90	8.63	8.71	8.78	8.85	8.92

角钢型号 $B \times b \times t$		单角钢								双角钢									
	圆角 r	重心矩		截面积面 A	质量 (kg/m)	回转半径			i_{y1}，当 a 为下列数值：				i_{y2}，当 a 为下列数值：						
		Z_x	Z_y			i_x	i_{x0}	i_{y0}	6mm	8mm	10mm	12mm	6mm	8mm	10mm	12mm			
		(mm)		(cm²)		(cm)			(cm)				(cm)						
∟$25 \times 16 \times \begin{matrix}3\\4\end{matrix}$	3.5	4.2	8.6	1.16	0.91	0.44	0.78	0.34	0.84	0.93	1.02	1.11	1.40	1.48	1.57	1.66			
		4.6	9.0	1.50	1.18	0.43	0.77	0.34	0.87	1.05	1.05	1.14	1.42	1.51	1.60	1.68			
∟$32 \times 20 \times \begin{matrix}3\\4\end{matrix}$	3.5	4.9	10.8	1.49	1.17	0.55	1.01	0.43	0.97	1.05	1.14	1.23	1.71	1.79	1.88	1.96			
		5.3	11.2	1.94	1.52	0.54	1.00	0.43	0.99	1.08	1.16	1.25	1.74	1.82	1.90	1.99			
∟$40 \times 25 \times \begin{matrix}3\\4\end{matrix}$	4	5.9	13.2	1.89	1.48	0.70	1.28	0.54	1.13	1.21	1.30	1.38	2.07	2.14	2.23	2.31			
		6.3	13.7	2.47	1.94	0.69	1.26	0.54	1.16	1.24	1.32	1.41	2.09	2.17	2.25	2.34			
∟$45 \times 28 \times \begin{matrix}3\\4\end{matrix}$	5	6.4	14.7	2.15	1.69	0.79	1.44	0.61	1.23	1.31	1.39	1.47	2.28	2.36	2.44	2.52			
		6.8	15.1	2.81	2.20	0.78	1.43	0.60	1.25	1.33	1.41	1.50	2.31	2.39	2.47	2.55			
∟$50 \times 32 \times \begin{matrix}3\\4\end{matrix}$	5.5	7.3	16.0	2.43	1.91	0.91	1.60	0.70	1.37	1.45	1.53	1.61	2.49	2.56	2.64	2.72			
		7.7	16.5	3.18	2.49	0.90	1.59	0.69	1.40	1.47	1.55	1.64	2.51	2.59	2.67	2.75			
∟$56 \times 36 \times \begin{matrix}3\\4\\5\end{matrix}$	6	8.0	17.8	2.74	2.15	1.03	1.80	0.79	1.51	1.59	1.66	1.74	2.75	2.82	2.90	2.98			
		8.5	18.2	3.59	2.82	1.02	1.79	0.78	1.53	1.61	1.69	1.77	2.77	2.85	2.93	3.01			
		8.8	18.7	4.42	3.47	1.01	1.77	0.78	1.56	1.63	1.71	1.79	2.80	2.88	2.96	3.04			
∟$63 \times 40 \times \begin{matrix}4\\5\\6\\7\end{matrix}$	7	9.2	20.4	4.06	3.19	1.14	2.02	0.88	1.66	1.74	1.81	1.89	3.09	3.16	3.24	3.32			
		9.5	20.8	4.99	3.92	1.12	2.00	0.87	1.68	1.76	1.84	1.92	3.11	3.19	3.27	3.35			
		9.9	21.2	5.91	4.64	1.11	1.99	0.86	1.71	1.78	1.86	1.94	3.13	3.21	3.29	3.37			
		10.3	21.6	6.80	5.34	1.10	1.97	0.86	1.73	1.81	1.89	1.97	3.16	3.24	3.32	3.40			
∟$70 \times 45 \times \begin{matrix}4\\5\\6\\7\end{matrix}$	7.5	10.2	22.3	4.55	3.57	1.29	2.25	0.99	1.84	1.91	1.99	2.07	3.39	3.46	3.54	3.62			
		10.6	22.8	5.61	4.40	1.28	2.23	0.98	1.86	1.94	2.01	2.09	3.41	3.49	3.57	3.64			
		11.0	23.2	6.64	5.22	1.26	2.22	0.97	1.88	1.96	2.04	2.11	3.44	3.51	3.59	3.67			
		11.3	23.6	7.66	6.01	1.25	2.20	0.97	1.90	1.98	2.06	2.14	3.46	3.54	3.61	3.69			
∟$75 \times 50 \times \begin{matrix}5\\6\\8\\10\end{matrix}$	8	11.7	24.0	6.13	4.81	1.43	2.39	1.09	2.06	2.13	2.20	2.28	3.60	3.68	3.76	3.83			
		12.1	24.4	7.26	5.70	1.42	2.38	1.08	2.08	2.15	2.23	2.30	3.63	3.70	3.78	3.86			
		12.9	25.2	9.47	7.43	1.40	2.35	1.07	2.12	2.19	2.27	2.35	3.67	3.75	3.83	3.91			
		13.6	26.0	11.6	9.10	1.38	2.33	1.06	2.16	2.24	2.31	2.40	3.71	3.79	3.87	3.95			
∟$80 \times 50 \times \begin{matrix}5\\6\\7\\8\end{matrix}$	8	11.4	26.0	6.38	5.00	1.42	2.57	1.10	2.02	2.09	2.17	2.24	3.88	3.95	4.03	4.10			
		11.8	26.5	7.56	5.93	1.41	2.55	1.09	2.04	2.11	2.19	2.27	3.90	3.98	4.05	4.13			
		12.1	26.9	8.72	6.85	1.39	2.54	1.08	2.06	2.13	2.21	2.29	3.92	4.00	4.08	4.16			
		12.5	27.3	9.87	7.75	1.38	2.52	1.07	2.08	2.15	2.23	2.31	3.94	4.02	4.10	4.18			

340

角钢型号 B×b×t	圆角 r	重心矩 Z_x	Z_y	截面积面 A	质量 (kg/m)	i_x	i_{x0}	i_{y0}	i_{y1},当a为下列数值: 6mm	8mm	10mm	12mm	i_{y2},当a为下列数值: 6mm	8mm	10mm	12mm
		(mm)		(cm²)		(cm)			(cm)				(cm)			
∟ 90×56× 5	9	12.5	29.1	7.21	5.66	1.59	2.90	1.23	2.22	2.29	2.36	2.44	4.32	4.39	4.47	4.55
6		12.9	29.5	8.56	6.72	1.58	2.88	1.22	2.24	2.31	2.39	2.46	4.34	4.42	4.50	4.57
7		13.3	30.0	9.88	7.76	1.57	2.87	1.22	2.26	2.33	2.41	2.49	4.37	4.44	4.52	4.60
8		13.6	30.4	11.2	8.78	1.56	2.85	1.21	2.28	2.35	2.43	2.51	4.39	4.47	4.54	4.62
∟ 100×63× 6		14.3	32.4	9.62	7.55	1.79	3.21	1.38	2.49	2.56	2.63	2.71	4.77	4.85	4.92	5.00
7		14.7	32.8	11.1	8.72	1.78	3.20	1.37	2.51	2.58	2.65	2.73	4.80	4.87	4.95	5.03
8		15.0	33.2	12.6	9.88	1.77	3.18	1.37	2.53	2.60	2.67	2.75	4.82	4.90	4.97	5.05
10		15.8	34.0		12.1	1.75	3.15	1.35	2.57	2.64	2.72	2.79	4.86	4.94	5.02	5.10
∟ 100×80× 6	10	19.7	29.5	10.6	8.35	2.40	3.17	1.73	3.31	3.38	3.45	3.52	4.54	4.62	4.69	4.76
7		20.1	30.0	12.3	9.66	2.39	3.16	1.71	3.32	3.39	3.47	3.54	4.57	4.64	4.71	4.79
8		20.5	30.4	13.9	10.9	2.37	3.15	1.71	3.34	3.41	3.49	3.56	4.59	4.66	4.73	4.81
10		21.3	31.2	17.2	13.5	2.35	3.12	1.69	3.38	3.45	3.53	3.60	4.63	4.70	4.78	4.85
∟ 110×70× 6		15.7	35.3	10.6	8.35	2.01	3.54	1.54	2.74	2.81	2.88	2.96	5.21	5.29	5.36	5.44
7		16.1	35.7	12.3	9.66	2.00	3.53	1.53	2.76	2.83	2.90	2.98	5.24	5.31	5.39	5.46
8		16.5	36.2	13.9	10.9	1.98	3.51	1.53	2.78	2.85	2.92	3.00	5.26	5.34	5.41	5.49
10		17.2	37.0	17.2	13.5	1.96	3.48	1.51	2.82	2.89	2.96	3.04	5.30	5.38	5.46	5.53
∟ 125×80× 7	11	18.0	40.1	14.1	11.1	2.30	4.02	1.76	3.13	3.18	3.25	3.33	5.90	5.97	6.04	6.12
8		18.4	40.6	16.0	12.6	2.29	4.01	1.75	3.13	3.20	3.27	3.35	5.92	5.99	6.07	6.14
10		19.2	41.4	19.7	15.5	2.26	3.98	1.74	3.17	3.24	3.31	3.39	5.96	6.04	6.11	6.19
12		20.0	42.2	23.4	18.3	2.24	3.95	1.72	3.20	3.28	3.35	3.43	6.00	6.08	6.16	6.23
∟ 140×90× 8	12	20.4	45.0	18.0	14.2	2.59	4.50	1.98	3.49	3.56	3.63	3.70	6.58	6.65	6.73	6.80
10		21.2	45.8	22.3	17.5	2.56	4.47	1.96	3.52	3.59	3.66	3.73	6.62	6.70	6.77	6.85
12		21.9	46.6	26.4	20.7	2.54	4.44	1.95	3.56	3.63	3.70	3.77	6.66	6.74	6.81	6.89
14		22.7	47.4	30.5	23.9	2.51	4.42	1.94	3.59	3.66	3.74	3.81	6.70	6.78	6.86	6.93
∟ 160×100× 10	13	22.8	52.4	25.3	19.9	2.85	5.14	2.19	3.84	3.91	3.98	4.05	7.55	7.63	7.70	7.78
12		23.6	53.2	30.1	23.6	2.82	5.11	2.18	3.87	3.94	4.01	4.09	7.60	7.67	7.75	7.82
14		24.3	54.0	34.7	27.2	2.80	5.08	2.16	3.91	3.98	4.05	4.12	7.64	7.71	7.79	7.86
16		25.1	54.8	39.3	30.8	2.77	5.05	2.15	3.94	4.02	4.09	4.16	7.68	7.75	7.83	7.90
∟ 180×110× 10		24.4	58.9	28.4	22.3	3.13	5.81	2.42	4.16	4.23	4.30	4.36	8.49	8.56	8.63	8.71
12		25.2	59.8	33.7	26.5	3.10	5.78	2.40	4.19	4.26	4.33	4.40	8.53	8.60	8.68	8.75
14		25.9	60.6	39.0	30.6	3.08	5.75	2.39	4.23	4.30	4.37	4.44	8.57	8.64	8.72	8.79
16	14	26.7	61.4	44.1	34.6	3.05	5.72	2.37	4.26	4.33	4.40	4.47	8.61	8.68	8.76	8.84
∟ 200×125× 12		28.3	65.4	37.9	29.8	3.57	6.44	2.75	4.75	4.82	4.88	4.95	9.39	9.47	9.54	9.62
14		29.1	66.2	43.9	34.4	3.54	6.41	2.73	4.78	4.85	4.92	4.99	9.43	9.51	9.51	9.66
16		29.9	67.0	49.7	39.0	3.52	6.38	2.71	4.81	4.88	4.95	5.02	9.47	9.55	9.55	9.70
18		30.6	67.8	55.5	43.6	3.49	6.35	2.70	4.85	4.92	4.99	5.06	9.51	9.59	9.59	9.74

注：一个角钢的惯性矩 $I_x = Ai_x^2$，$I_y = Ai_y^2$；一个角钢的截面模量 $W_x^{max} = I_x/Z_x$，$W_x^{min} = I_x/(b-Z_x)$，$W_y^{max} = I_y/Z_y$，$W_y^{min} = I_y/(B-Z_y)$。

I—截面惯性矩；
W—截面模量；
i—截面回转半径

尺寸（mm）		截面面积 A	质 量	特 性		
d	t			I	W	i
		（cm²）	（kg/m）	（cm⁴）	（cm³）	（cm）
32	2.5	2.32	1.82	2.54	1.59	1.05
	3.0	2.73	2.15	2.90	1.82	1.03
	3.5	3.13	2.46	3.23	2.02	1.02
	4.0	3.52	2.76	3.52	2.20	1.00
38	2.5	2.79	2.19	4.41	2.32	1.26
	3.0	3.30	2.59	5.09	2.68	1.24
	3.5	3.79	2.98	5.70	3.00	1.23
	4.0	4.27	3.35	6.26	3.29	1.21
42	2.5	3.10	2.44	6.07	2.89	1.40
	3.0	3.68	2.89	7.03	3.35	1.38
	3.5	4.23	3.32	7.91	3.77	1.37
	4.0	4.78	3.75	8.71	4.15	1.35
45	2.5	3.34	2.62	7.56	3.36	1.51
	3.0	3.96	3.11	8.77	3.90	1.49
	3.5	4.56	3.58	9.89	4.40	1.47
	4.0	5.15	4.04	10.93	4.86	1.46
50	2.5	3.73	2.93	10.55	4.22	1.68
	3.0	4.43	3.48	12.28	4.91	1.67
	3.5	5.11	4.01	13.90	5.56	1.65
	4.0	5.78	4.54	15.41	6.16	1.63
	4.5	6.43	5.05	16.81	6.72	1.62
	5.0	7.07	5.55	18.11	7.25	1.60
54	3.0	4.81	3.77	15.68	5.81	1.81
	3.5	5.55	4.36	17.79	6.59	1.79
	4.0	6.28	4.93	19.76	7.32	1.77
	4.5	7.00	5.49	21.61	8.00	1.76
	5.0	7.70	6.04	23.34	8.64	1.74
	5.5	8.38	6.58	24.96	9.24	1.73
	6.0	9.05	7.10	26.46	9.80	1.71
57	3.0	5.09	4.00	18.61	6.53	1.91
	3.5	5.88	4.62	21.14	7.42	1.90
	4.0	6.66	5.23	23.52	8.25	1.88
	4.5	7.42	5.83	25.76	9.04	1.86
	5.0	8.17	6.41	27.86	9.78	1.85
	5.5	8.90	6.99	29.84	10.47	1.83
	6.0	9.61	7.55	31.69	11.12	1.82

尺寸（mm）		截面面积 A	质 量	特 性		
d	t			I	W	i
		(cm²)	(kg/m)	(cm⁴)	(cm³)	(cm)
60	3.0	5.37	4.22	21.88	7.29	2.02
	3.5	6.21	4.88	24.88	8.29	2.00
	4.0	7.04	5.52	27.73	9.24	1.98
	4.5	7.85	6.16	30.41	10.14	1.97
	5.0	8.64	6.78	32.94	10.98	1.95
	5.5	9.42	7.39	35.32	11.77	1.94
	6.0	10.18	7.99	37.56	12.52	1.92
63.5	3.0	5.70	4.48	26.15	8.24	2.14
	3.5	6.60	5.18	29.79	9.38	2.12
	4.0	7.48	5.87	33.24	10.47	2.11
	4.5	8.34	6.55	36.50	11.50	2.09
	5.0	9.19	7.21	39.60	12.47	2.08
	5.5	10.02	7.87	42.52	13.39	2.06
	6.0	10.84	8.51	45.28	14.26	2.04
68	3.0	6.13	4.81	32.42	9.54	2.30
	3.5	7.09	5.57	36.99	10.88	2.28
	4.0	8.04	6.31	41.34	12.16	2.27
	4.5	8.98	7.05	45.47	13.37	2.25
	5.0	9.90	7.77	49.41	14.53	2.23
	5.5	10.80	8.48	53.14	15.63	2.22
	6.0	11.69	9.17	56.68	16.67	2.20
70	3.0	6.31	4.96	35.50	10.14	2.37
	3.5	7.31	5.74	40.53	11.58	2.35
	4.0	8.29	6.51	45.33	12.98	2.34
	4.5	9.26	7.27	49.89	14.26	2.32
	5.0	10.21	8.01	54.24	15.50	2.30
	5.5	11.14	8.75	58.38	16.68	2.29
	6.0	12.06	9.47	62.31	17.80	2.27
73	3.0	6.60	5.18	40.48	11.09	2.48
	3.5	7.64	6.00	46.26	12.67	2.46
	4.0	8.67	6.81	51.78	14.19	2.44
	4.5	9.68	7.60	57.04	15.63	2.43
	5.0	10.68	8.38	62.07	17.01	2.41
	5.5	11.66	9.16	66.87	18.32	2.39
	6.0	12.63	9.91	71.43	19.57	2.38
76	3.0	6.88	5.40	45.91	12.08	2.58
	3.5	7.97	6.26	52.50	13.82	2.57
	4.0	9.05	7.10	58.81	15.48	2.55
	4.5	10.11	7.93	64.85	17.07	2.53
	5.0	11.15	8.75	70.62	18.59	2.52
	5.5	12.18	9.56	76.14	20.04	2.50
	6.0	13.19	10.36	81.41	21.42	2.48

尺寸（mm）		截面面积 A	质 量	特 性		
d	t			I	W	i
		（cm²）	（kg/m）	（cm⁴）	（cm³）	（cm）
83	3.5	8.74	6.86	69.19	16.67	2.81
	4.0	9.93	7.79	77.64	18.71	2.80
	4.5	11.10	8.71	85.76	20.67	2.78
	5.0	12.25	9.62	93.56	22.54	2.76
	5.5	13.39	10.51	101.04	24.35	2.75
	6.0	14.51	11.39	108.22	26.08	2.73
	6.5	15.62	12.26	115.10	27.74	2.71
	7.0	16.71	13.12	121.69	29.32	2.70
89	3.5	9.40	7.38	86.05	19.34	3.03
	4.0	10.68	8.38	96.68	21.73	3.01
	4.5	11.95	9.38	106.92	24.03	2.99
	5.0	13.19	10.36	116.79	26.24	2.98
	5.5	14.43	11.33	126.29	28.33	2.96
	6.0	15.65	12.28	135.43	30.43	2.94
	6.5	16.85	13.22	144.22	32.41	2.93
	7.0	18.03	14.16	152.67	34.31	2.91
95	3.5	10.06	7.90	105.45	22.20	3.24
	4.0	11.44	8.98	118.60	24.97	3.22
	4.5	12.79	10.04	131.31	27.64	3.20
	5.0	14.41	11.10	143.58	30.23	3.19
	5.5	15.46	12.14	155.43	32.72	3.17
	6.0	16.78	13.17	166.86	35.13	3.15
	6.5	18.07	14.19	177.89	37.45	3.14
	7.0	19.35	15.19	188.51	39.69	3.12
102	3.5	10.83	8.50	131.52	25.79	3.48
	4.0	12.32	9.67	148.09	29.04	3.47
	4.5	13.78	10.82	164.14	32.18	3.45
	5.0	15.24	11.96	179.68	35.23	3.43
	5.5	16.67	13.09	194.72	38.18	3.42
	6.0	18.10	14.21	209.28	41.03	3.40
	6.5	19.50	15.31	223.35	43.79	3.38
	7.0	20.98	16.40	236.96	46.46	3.37
114	4.0	13.82	10.85	209.35	36.73	3.89
	4.5	15.48	12.15	232.41	40.77	3.87
	5.0	17.12	13.44	254.81	44.70	3.86
	5.5	18.75	14.72	276.58	48.52	3.84
	6.0	20.36	15.98	297.73	52.23	3.82
	6.5	21.95	17.23	318.26	55.84	3.81
	7.0	23.53	18.47	338.19	59.33	3.79
	7.5	25.09	19.70	357.58	62.73	3.77
	8.0	26.64	20.91	376.30	66.02	3.76

尺寸（mm）		截面面积 A	质量	特性		
d	t			I	W	i
		（cm²）	（kg/m）	（cm⁴）	（cm³）	（cm）
	4.0	14.70	11.54	251.87	41.63	4.14
	4.5	16.47	12.93	279.83	46.25	4.12
	5.0	18.22	14.30	307.05	50.75	4.11
	5.5	19.96	15.67	333.54	55.13	4.09
121	6.0	21.68	17.02	359.32	59.39	4.07
	6.5	23.38	18.35	384.40	63.54	4.05
	7.0	25.07	19.68	408.80	67.57	4.04
	7.5	26.74	20.99	432.51	71.49	4.02
	8.0	28.40	22.29	455.57	75.30	4.01
	4.0	15.46	12.13	292.61	46.08	4.35
	4.5	17.32	13.59	325.29	51.23	4.33
	5.0	19.16	15.04	357.14	56.24	4.32
	5.5	20.99	16.48	388.19	61.13	4.30
127	6.0	22.81	17.90	418.44	65.90	4.28
	6.5	24.61	19.32	447.92	70.54	4.27
	7.0	26.39	20.72	476.63	75.06	4.25
	7.5	28.16	22.10	504.58	79.46	4.23
	8.0	29.91	23.48	531.80	83.75	4.22
	4.0	16.21	12.73	337.53	50.76	4.56
	4.5	18.17	14.26	375.42	56.45	4.55
	5.0	20.11	15.78	412.40	62.02	4.53
	5.5	22.03	17.29	448.50	67.44	4.51
133	6.0	23.94	18.79	483.72	72.74	4.50
	6.5	25.83	20.28	518.07	77.91	4.48
	7.0	27.71	21.75	551.58	82.94	4.46
	7.5	29.57	23.21	584.25	87.86	4.45
	8.0	31.42	24.66	616.11	92.65	4.43
	4.5	19.16	15.04	440.12	62.87	4.79
	5.0	21.12	16.65	483.76	69.11	4.78
	5.5	23.24	18.24	526.40	75.20	4.76
	6.0	25.26	19.83	568.06	81.15	4.74
	6.5	27.26	21.40	608.76	86.97	4.73
140	7.0	29.25	22.96	648.51	92.64	4.71
	7.5	31.22	24.51	687.32	98.19	4.69
	8.0	33.18	26.04	725.21	103.60	4.68
	9.0	37.04	29.08	798.29	114.04	4.64
	10	40.84	32.06	867.86	123.98	4.61

尺寸（mm）		截面面积 A	质 量	特 性		
				I	W	i
d	t	（cm²）	（kg/m）	（cm⁴）	（cm³）	（cm）
146	4.5	20.00	15.70	501.16	68.65	5.01
	5.0	22.15	17.39	551.10	75.49	4.99
	5.5	24.28	19.06	599.95	82.19	4.97
	6.0	26.39	20.72	647.73	88.73	4.95
	6.5	28.49	22.36	694.44	95.13	4.94
	7.0	30.57	24.00	740.12	101.39	4.92
	7.5	32.63	25.62	784.77	107.50	4.90
	8.0	34.68	27.23	828.41	113.48	4.89
	9.0	38.74	30.41	912.71	125.03	4.85
	10	42.73	33.54	993.16	136.05	4.82
152	4.5	20.85	16.37	567.61	74.69	5.22
	5.0	23.09	18.13	624.43	82.16	5.20
	5.5	25.31	19.87	680.06	89.48	5.18
	6.0	27.52	21.60	734.52	96.65	5.17
	6.5	29.71	23.32	787.82	103.66	5.15
	7.0	31.89	25.03	839.99	110.52	5.13
	7.5	34.05	26.73	891.03	117.24	5.12
	8.0	36.19	28.41	940.97	123.81	5.10
	9.0	40.43	31.74	1037.59	136.53	5.07
	10	44.61	35.02	1129.99	148.68	5.03
159	4.5	21.84	17.15	652.27	82.05	5.46
	5.0	24.19	18.99	717.88	90.30	5.45
	5.5	26.52	20.82	782.18	98.39	5.43
	6.0	28.84	22.64	845.19	106.31	5.41
	6.5	31.14	24.45	906.92	114.08	5.40
	7.0	33.43	26.24	967.41	121.69	5.38
	7.5	35.70	28.02	1026.65	129.14	5.36
	8.0	37.95	29.79	1084.67	136.44	5.35
	9.0	42.41	33.29	1197.12	150.58	5.31
	10	46.81	36.75	1304.88	164.14	5.28
168	4.5	23.11	18.14	772.96	92.02	5.78
	5.0	25.60	20.10	851.14	101.33	5.77
	5.5	28.08	22.04	927.85	110.46	5.75
	6.0	30.54	23.97	1003.12	119.42	5.73
	6.5	32.98	25.89	1076.95	128.21	5.71
	7.0	35.41	27.79	1149.36	136.83	5.70
	7.5	37.82	29.69	1220.38	145.28	5.68
	8.0	40.21	31.57	1290.01	153.57	5.66
	9.0	44.96	35.29	1425.22	169.67	5.63
	10	49.64	38.97	1555.13	185.13	5.60

尺寸 (mm)		截面面积 A	质 量	特 性		
				I	W	i
d	t	(cm²)	(kg/m)	(cm⁴)	(cm³)	(cm)
180	5.0	27.49	21.58	1053.17	117.02	6.19
	5.5	30.15	23.67	1148.79	127.64	6.17
	6.0	32.80	25.75	1242.72	138.08	6.16
	6.5	35.43	27.81	1335.00	148.33	6.14
	7.0	38.04	29.87	1425.63	158.40	6.12
	7.5	40.64	31.91	1514.64	168.29	6.10
	8.0	43.23	33.93	1602.04	178.00	6.09
	9.0	48.35	37.95	1772.12	196.90	6.05
	10	53.41	41.92	1936.01	215.11	6.02
	12	63.33	49.72	2245.84	249.54	5.95
194	5.0	29.69	23.31	1326.64	136.76	6.68
	5.5	32.57	25.57	1447.86	149.26	6.67
	6.0	35.44	27.82	1567.21	161.57	6.65
	6.5	38.29	30.06	1684.61	173.67	6.63
	7.0	41.12	32.28	1800.08	185.57	6.62
	7.5	43.94	34.50	1913.64	197.28	6.60
	8.0	46.75	36.70	2025.31	208.79	6.58
	9.0	52.31	41.06	2243.08	231.25	6.55
	10	57.81	45.38	2453.55	252.94	6.51
	12	68.61	53.86	2853.25	294.15	6.45
203	6.0	37.13	29.15	1803.07	177.64	6.97
	6.5	40.13	31.50	1938.81	191.02	6.95
	7.0	43.10	33.84	2072.43	204.18	6.93
	7.5	46.06	36.16	2203.94	217.14	6.92
	8.0	49.01	38.47	2333.37	229.89	6.90
	9.0	54.85	43.06	2586.08	254.79	6.87
	10	60.63	47.60	2830.72	278.89	6.83
	12	72.01	56.52	3296.49	324.78	6.77
	14	83.13	65.25	3732.07	367.69	6.70
	16	94.00	73.79	4138.78	407.76	6.64
219	6.0	40.15	31.52	2278.74	208.10	7.53
	6.5	43.39	34.06	2451.64	223.89	7.52
	7.0	46.62	36.60	2622.04	239.46	7.50
	7.5	49.83	39.12	2789.96	254.79	7.48
	8.0	53.03	41.63	2955.43	269.90	7.47
	9.0	59.38	46.61	3279.12	299.46	7.43
	10	65.66	51.54	3593.29	328.15	7.40
	12	78.04	61.26	4193.81	383.00	7.33
	14	90.16	70.78	4758.50	434.57	7.26
	16	102.04	80.10	5288.81	483.00	7.20

尺寸（mm）		截面面积 A	质 量	特 性		
d	t			I	W	i
		（cm²）	（kg/m）	（cm⁴）	（cm³）	（cm）
	6.5	48.70	38.23	3465.46	282.89	8.44
	7.0	52.34	41.08	3709.06	302.78	8.42
	7.5	55.96	43.93	3949.52	322.41	8.40
	8.0	59.56	46.76	4186.87	341.79	8.38
245	9.0	66.73	52.38	4652.32	379.78	8.35
	10	73.83	57.95	5105.63	416.79	8.32
	12	87.84	68.95	5976.67	487.89	8.25
	14	101.60	79.76	6801.68	555.24	8.18
	16	115.11	90.36	7582.30	618.96	8.12
	6.5	54.42	42.72	4834.18	354.15	9.42
	7.0	58.50	45.92	5177.30	379.29	9.41
	7.5	62.56	49.11	5516.47	404.14	9.39
	8.0	66.60	52.28	5851.71	428.70	9.37
273	9.0	74.64	58.60	6510.56	476.96	9.34
	10	82.62	64.86	7154.09	524.11	9.31
	12	98.39	77.24	8396.14	615.10	9.24
	14	113.91	89.42	9579.75	701.81	9.17
	16	129.18	101.41	10706.79	784.38	9.10
	7.5	68.68	53.92	7300.03	488.30	10.31
	8.0	73.14	57.41	7747.42	518.22	10.29
	9.0	82.00	64.37	8628.09	577.13	10.26
299	10	90.79	71.27	9490.15	634.79	10.22
	12	108.20	84.93	11159.52	746.46	10.16
	14	125.35	98.40	12757.61	853.35	10.09
	16	142.25	111.67	14286.48	955.62	10.02
	7.5	74.81	58.73	9431.80	580.42	11.23
	8.0	79.64	62.54	10013.92	616.24	11.21
	9.0	89.35	70.14	11161.33	686.85	11.18
325	10	98.96	77.68	12286.52	756.09	11.14
	12	118.00	92.63	14471.45	890.55	11.07
	14	136.78	107.38	16570.98	1019.75	11.01
	16	155.32	121.93	18587.38	1143.84	10.94
	8.0	86.21	67.67	12684.36	722.76	12.13
	9.0	96.70	75.91	14147.55	806.13	12.10
351	10	107.13	84.10	15584.62	888.01	12.06
	12	127.80	100.32	18381.63	1047.39	11.99
	14	148.22	116.35	21077.86	1201.02	11.93
	16	168.39	132.19	23675.75	1349.05	11.86

尺寸（mm）		截面面积 A	质 量	截面特性		
d	t			I	W	i
		（cm²）	（kg/m）	（cm⁴）	（cm³）	（cm）
32	2.0	1.88	1.48	2.13	1.33	1.06
	2.5	2.32	1.82	2.54	1.59	1.05
38	2.0	2.26	1.78	3.68	1.93	1.27
	2.5	2.79	2.19	4.41	2.32	1.26
40	2.0	2.39	1.87	4.32	2.16	1.35
	2.5	2.95	2.31	5.20	2.60	1.33
42	2.0	2.51	1.97	5.04	2.40	1.42
	2.5	3.10	2.44	6.07	2.89	1.40
45	2.0	2.70	2.12	6.26	2.78	1.52
	2.5	3.34	2.62	7.56	3.36	1.51
	3.0	3.96	3.11	8.77	3.90	1.49
51	2.0	3.08	2.42	9.26	3.63	1.73
	2.5	3.81	2.99	11.23	4.40	1.72
	3.0	4.52	3.55	13.08	5.13	1.70
	3.5	5.22	4.10	14.81	5.81	1.68
53	2.0	3.20	2.52	10.43	3.94	1.80
	2.5	3.97	3.11	12.67	4.78	1.79
	3.0	4.71	3.70	14.78	5.58	1.77
	3.5	5.44	4.27	16.75	6.32	1.75
57	2.0	3.46	2.71	13.08	4.59	1.95
	2.5	4.28	3.36	15.93	5.59	1.93
	3.0	5.09	4.00	18.61	6.53	1.91
	3.5	5.88	4.62	21.14	7.42	1.90
60	2.0	3.64	2.86	15.34	5.11	2.05
	2.5	4.52	3.55	18.70	6.23	2.03
	3.0	5.37	4.22	21.88	7.29	2.02
	3.5	6.21	4.88	24.88	8.29	2.00
63.5	2.0	3.86	3.03	18.29	5.76	2.18
	2.5	4.79	3.76	22.32	7.03	2.16
	3.0	5.70	4.48	26.15	8.24	2.14
	3.5	6.60	5.18	29.79	9.38	2.12
70	2.0	4.27	3.35	24.72	7.06	2.41
	2.5	5.30	4.16	30.23	8.64	2.39
	3.0	6.31	4.96	35.50	10.14	2.37
	3.5	7.31	5.74	40.53	11.58	2.35
	4.5	9.26	7.27	49.89	14.26	2.32
76	2.0	4.65	3.65	31.85	8.38	2.62
	2.5	5.77	4.53	39.03	10.27	2.60
	3.0	6.88	5.40	45.91	12.08	2.58
	3.5	7.97	6.26	52.50	13.82	2.57
	4.0	9.05	7.10	58.81	15.48	2.55
	4.5	10.11	7.93	64.85	17.07	2.53
83	2.0	5.09	4.00	41.76	10.06	2.86
	2.5	6.32	4.96	51.26	12.35	2.85
	3.0	7.54	5.92	60.40	14.56	2.83
	3.5	8.74	6.86	69.19	16.67	2.81
	4.0	9.93	7.79	77.64	18.71	2.80
	4.5	11.10	8.71	85.76	20.67	2.78

尺寸 (mm)		截面面积 A	质　量	截面特性		
				I	W	i
d	t	(cm²)	(kg/m)	(cm⁴)	(cm³)	(cm)
89	2.0	5.47	4.29	51.75	11.63	3.08
	2.5	6.79	5.33	63.59	14.29	3.06
	3.0	8.11	6.36	75.02	16.86	3.04
	3.5	9.40	7.38	86.05	19.34	3.03
	4.0	10.68	8.38	96.68	21.73	3.01
	4.5	11.95	9.38	106.92	24.03	2.99
95	2.0	5.84	4.59	63.20	13.31	3.29
	2.5	7.26	5.70	77.76	16.37	3.27
	3.0	8.67	6.81	91.83	19.33	3.25
	3.5	10.06	7.90	105.45	22.20	3.24
102	2.0	6.28	4.93	78.57	15.41	3.54
	2.5	7.81	6.13	96.77	18.97	3.52
	3.0	9.33	7.32	114.42	22.43	3.50
	3.5	10.83	8.50	131.52	25.79	3.48
	4.0	12.32	9.67	148.09	29.04	3.47
	4.5	13.78	10.82	164.14	32.18	3.45
	5.0	15.24	11.96	179.68	35.23	3.43
108	3.0	9.90	7.77	136.49	25.28	3.71
	3.5	11.49	9.02	157.02	29.08	3.70
	4.0	13.07	10.26	176.95	32.77	3.68
114	3.0	10.46	8.21	161.24	28.29	3.93
	3.5	12.15	9.54	185.63	32.57	3.91
	4.0	13.82	10.85	209.35	36.73	3.89
	4.5	15.48	12.15	232.41	40.77	3.87
	5.0	17.12	13.44	254.81	44.70	3.86
121	3.0	11.12	8.73	193.69	32.01	4.17
	3.5	12.92	10.14	223.17	36.89	4.16
	4.0	14.70	11.54	251.87	41.63	4.14
127	3.0	11.69	9.17	224.75	35.39	4.39
	3.5	13.58	10.66	259.11	40.80	4.37
	4.0	15.46	12.13	292.61	46.08	4.35
	4.5	17.32	13.59	325.29	51.23	4.33
	5.0	19.16	15.04	357.14	56.24	4.32
133	3.5	14.24	11.18	298.71	44.92	4.58
	4.0	16.21	12.73	337.53	50.76	4.56
	4.5	18.17	14.26	375.42	56.45	4.55
	5.0	20.11	15.78	412.40	62.02	4.53
140	3.5	15.01	11.78	349.79	44.92	4.83
	4.0	17.09	13.42	395.47	50.76	4.81
	4.5	19.16	15.04	440.12	62.87	4.79
	5.0	21.21	16.65	483.76	69.11	4.78
	5.5	23.24	18.24	526.40	75.20	4.76
152	3.5	16.33	12.82	450.35	59.26	5.25
	4.0	18.60	14.60	509.59	67.05	5.23
	4.5	20.85	16.37	567.61	74.69	5.22
	5.0	23.09	18.13	642.43	82.16	5.20
	5.5	25.31	19.87	680.06	89.48	5.18

附录 5 螺栓和锚栓规格

螺栓螺纹处的有效截面面积　　　　　　附表 5-1

公称直径	12	14	16	18	20	22	24	27	30
螺栓有效截面积 A_e （cm²）	0.84	1.15	1.57	1.92	2.45	3.03	3.53	4.59	5.61
公称直径	33	36	39	42	45	48	52	56	60
螺栓有效截面积 A_e （cm²）	6.94	8.17	9.76	11.2	13.1	14.7	17.6	20.3	23.6
公称直径	64	68	72	76	80	85	90	95	100
螺栓有效截面积 A_e （cm²）	26.8	30.6	34.6	38.9	43.4	49.5	55.9	62.7	70.0

锚 栓 规 格　　　　　　附表 5-2

型　式	Ⅰ			Ⅱ			Ⅲ		

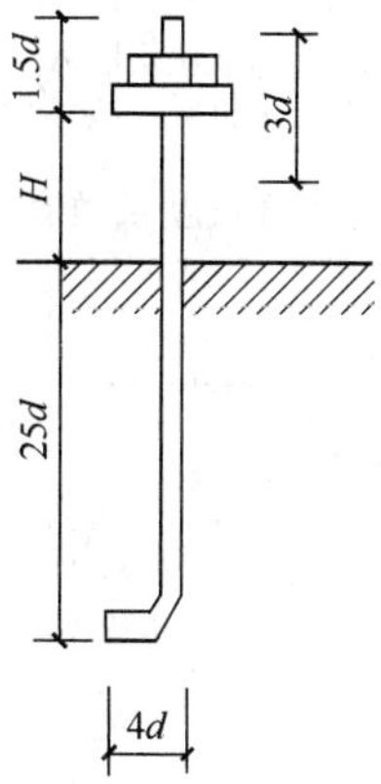

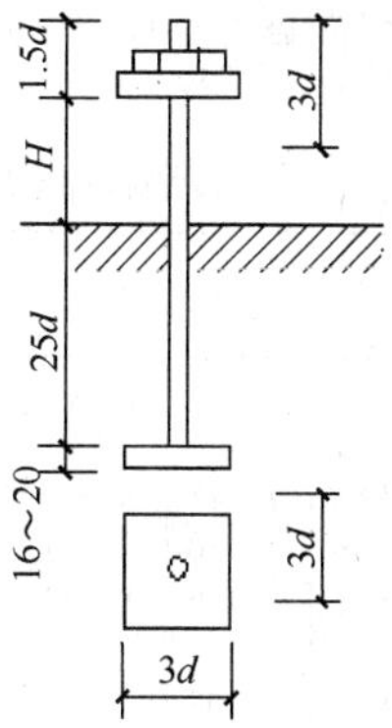

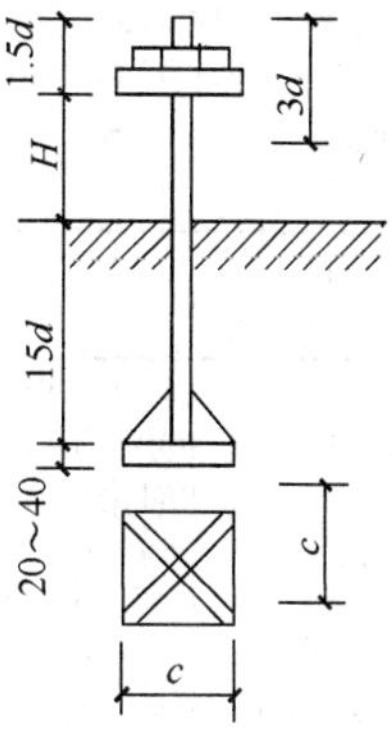

锚栓直径 d （mm）	20	24	30	36	42	48	56	64	72	80	90
锚栓有效截面积 （cm²）	2.45	3.53	5.61	8.17	11.2	14.7	20.3	26.8	34.6	43.4	55.9
锚栓设计拉力 （kN）（Q235 钢）	34.3	49.4	78.5	114.1	156.9	206.2	284.2	375.2	484.4	608.2	782.7
Ⅲ型锚栓　锚板宽度 c （mm）						140	200	240	280	350	400
Ⅲ型锚栓　锚板厚度 t （mm）						20	20	25	30	40	40

附录6 框架柱的计算长度系数

有侧移框架柱的计算长度系数 μ　　附表 6-1

K_1 $\diagdown$ K_2	0	0.05	0.1	0.2	0.3	0.4	0.5	1	2	3	4	5	$\geqslant 10$
0	∞	6.02	4.46	3.42	3.01	2.78	2.64	2.33	2.17	2.11	2.08	2.07	2.03
0.05	6.02	4.46	3.47	2.86	2.58	2.42	2.31	2.07	1.94	1.90	1.87	1.86	1.83
0.1	4.46	3.47	3.01	2.56	2.33	2.20	2.11	1.90	1.79	1.75	1.73	1.72	1.70
0.2	3.42	2.86	2.56	2.23	2.05	1.94	1.87	1.70	1.60	1.57	1.55	1.54	1.52
0.3	3.01	2.58	2.33	2.05	1.90	1.80	1.74	1.58	1.49	1.46	1.45	1.44	1.42
0.4	2.78	2.42	2.20	1.94	1.80	1.71	1.65	1.50	1.42	1.39	1.37	1.37	1.35
0.5	2.64	2.31	2.11	1.87	1.74	1.65	1.59	1.45	1.37	1.34	1.32	1.32	1.30
1	2.33	2.07	1.90	1.70	1.58	1.50	1.45	1.32	1.24	1.21	1.20	1.19	1.17
2	2.17	1.94	1.79	1.60	1.49	1.42	1.37	1.24	1.16	1.14	1.12	1.12	1.10
3	2.11	1.90	1.75	1.57	1.46	1.39	1.34	1.21	1.14	1.11	1.10	1.09	1.07
4	2.08	1.87	1.73	1.55	1.45	1.37	1.32	1.20	1.12	1.10	1.08	1.08	1.06
5	2.07	1.86	1.72	1.54	1.44	1.37	1.32	1.19	1.12	1.09	1.08	1.07	1.05
$\geqslant 10$	2.03	1.83	1.70	1.52	1.42	1.35	1.30	1.17	1.10	1.07	1.06	1.05	1.03

注：1. 表中的计算长度系数 μ 值按下式算得：

$$\left[36K_1K_2 - \left(\frac{\pi}{\mu}\right)^2\right]\sin\left(\frac{\pi}{\mu}\right) + 6\left(K_1 + K_2\right)\frac{\pi}{\mu}\cdot\cos\left(\frac{\pi}{\mu}\right) = 0$$

K_1、K_2——分别为相交于上端、柱下端的横梁线刚度之和与线刚度之和的比值。当横梁远端为铰接时，应将横梁线刚度乘以 0.5；当横梁远端为嵌固时，则应乘以 2/3。

2. 当横梁和柱铰接时，取横梁线刚度为零。

3. 对底层框架柱：当柱与基础铰接时，取 $K_2 = 0$（对平板支座可取 $K_2 = 0.1$）；当柱与基础刚接时，取 $K_2 = 10$。

4. 当与柱刚性连接的横梁轴力较大时，横梁线刚度应予折减，具体计算方法详见《规范》。

无侧移框架柱的计算长度系数 μ　　附表 6-2

K_1 $\diagdown$ K_2	0	0.05	0.1	0.2	0.3	0.4	0.5	1	2	3	4	5	$\geqslant 10$
0	1.000	0.990	0.981	0.964	0.949	0.935	0.922	0.875	0.820	0.791	0.773	0.760	0.732
0.05	0.990	0.981	0.971	0.955	0.940	0.926	0.914	0.867	0.814	0.784	0.766	0.754	0.726
0.1	0.981	0.971	0.962	0.946	0.931	0.918	0.906	0.860	0.807	0.778	0.760	0.748	0.721
0.2	0.964	0.955	0.946	0.930	0.916	0.903	0.891	0.846	0.795	0.767	0.749	0.737	0.711
0.3	0.949	0.940	0.931	0.916	0.902	0.889	0.878	0.834	0.784	0.756	0.739	0.728	0.701
0.4	0.935	0.926	0.918	0.903	0.889	0.877	0.866	0.823	0.774	0.747	0.730	0.719	0.693
0.5	0.922	0.914	0.906	0.891	0.878	0.866	0.855	0.813	0.765	0.738	0.721	0.710	0.685
1	0.875	0.867	0.860	0.846	0.834	0.823	0.813	0.774	0.729	0.704	0.688	0.677	0.654
2	0.820	0.814	0.807	0.795	0.784	0.774	0.765	0.729	0.686	0.663	0.648	0.638	0.615
3	0.791	0.784	0.778	0.767	0.756	0.747	0.738	0.704	0.663	0.640	0.625	0.616	0.593
4	0.773	0.766	0.760	0.749	0.739	0.730	0.721	0.688	0.648	0.625	0.611	0.601	0.580
5	0.760	0.754	0.748	0.737	0.728	0.719	0.710	0.677	0.638	0.616	0.601	0.592	0.570
$\geqslant 10$	0.732	0.726	0.721	0.711	0.701	0.693	0.685	0.654	0.615	0.593	0.580	0.570	0.549

注：1. 表中的计算长度系数 μ 值按下式算得：

$$\left[\left(\frac{\pi}{\mu}\right)^2 + 2\left(K_1 + K_2\right) - 4K_1K_2\right]\frac{\pi}{\mu}\cdot\sin\left(\frac{\pi}{\mu}\right) - 2\left[\left(K_1 + K_2\right)\left(\frac{\pi}{\mu}\right)^2 + 4K_1K_2\right]\cos\left(\frac{\pi}{\mu}\right) + 8K_1K_2 = 0$$

K_1、K_2——分别为相交于柱上端、柱下端的横梁线刚度之和与柱线刚度之和的比值。当横梁远端为铰接时，应将横梁线刚度乘以 1.5；当横梁远端为嵌固时，则应乘以 2.0。

2. 当横梁与柱铰接时，取横梁线刚度为零。

3. 对底层框架柱：当柱与基础铰接时，取 $K_2 = 0$（对平板支座可取 $K_2 = 0.1$）；当柱与基础刚接时，取 $K_2 = 10$。

4. 当与柱刚性连接的横梁轴力较大时，横梁线刚度应予折减，具体计算方法详见《规范》。

参 考 文 献

[1] 张锡璋. 金属结构. 北京：中国建筑工业出版社，1999.

[2] 陈东佐. 钢结构. 北京：中国电力出版社，2004.

[3] 陈绍蕃. 钢结构. 北京：中国建筑工业出版社，2003.

[4] 苏明周. 钢结构. 北京：中国建筑工业出版社，2003.

[5] 胡仪红，洪准舒. 钢结构. 北京：化学工业出版社，2005.

[6] 刘声扬. 钢结构. 北京：中国建筑工业出版社，2004.

[7] 魏明钟. 钢结构. 武汉：武汉理工大学出版社，2002.

[8] 钟善桐. 钢结构. 北京：中国建筑工业出版社，1988.

[9] 刘新，时虎. 钢结构防腐蚀和防火涂装. 北京：化学工业出版社，2005.

[10] 李顺秋. 钢结构制造与安装. 北京：中国建筑工业出版社，2005.

[11] 高文安. 钢结构. 北京：清华大学出版社，2007.